Martin Werner

Signale und Systeme

T0192490

Aus dem Programm Nachrichtentechnik

Digitale Signalverarbeitung
von K. D. Kammeyer und K. Kroschel

Signalverarbeitung
von M. Meyer

Digitale Sprachsignalverarbeitung
von P. Vary, U. Heute und W. Hess

Information und Codierung
von M. Werner

Digitale Signalverarbeitung mit MATLAB®
von M. Werner

Digitale Signalverarbeitung mit MATLAB®-Praktikum
von M. Werner

Nachrichtentechnik
von M. Werner

Nachrichten-Übertragungstechnik
von M. Werner

Digitale Audiosignalverarbeitung
von U. Zölzer

www.viewegteubner.de

Martin Werner

Signale und Systeme

Lehr- und Arbeitsbuch mit MATLAB®-Übungen
und Lösungen

3., vollständig überarbeitete und erweiterte Auflage

Mit 256 Abbildungen, 48 Tabellen und zahlreichen
Beispielen, sowie integriertem Online-Übungsteil
mit 118 gelösten Aufgaben und MATLAB®-Übungen

STUDIUM

**VIEWEG+
TEUBNER**

Bibliografische Information der Deutschen Nationalbibliothek
Die Deutsche Nationalbibliothek verzeichnet diese Publikation in der
Deutschen Nationalbibliografie; detaillierte bibliografische Daten sind im Internet über
<http://dnb.d-nb.de> abrufbar.

1. Auflage 2000
2., vollständig überarbeitete und ergänzte Auflage 2005
3., vollständig überarbeitete und erweiterte Auflage 2008

Lektorat: Reinhard Dapper

Vieweg+Teubner ist Teil der Fachverlagsgruppe Springer Science+Business Media.
www.viewegteubner.de

Umschlaggestaltung: KünkelLopka Medienentwicklung, Heidelberg
Druck und buchbinderische Verarbeitung: MercedesDruck, Berlin
Gedruckt auf säurefreiem und chlorfrei gebleichtem Papier.
Printed in Germany

ISBN 978-3-8348-0233-0

Vorwort

„Signale und Systeme" ist als Lehr- und Arbeitsbuch für Studierende der Informationstechnik, Nachrichtentechnik, der Informatik und verwandter Fächer gedacht. Da es den Lehrstoff anhand praxisnaher Aufgaben mit ausführlichen Lösungswegen entwickelt, ist es auch für Ingenieure und Informatiker in der beruflichen Praxis zum Selbststudium geeignet. Die Grundlagen werden in kompakter Form vorgestellt. Durch die Gegenüberstellung von zeitkontinuierlichen und zeitdiskreten Signalen und Systemen wird das gemeinsame Konzept deutlich hervorgehoben und eine Synergie des Lernens möglich. Wegen der Zusammenstellungen der wichtigsten Formeln in Tabellen und der vielen gelösten Aufgaben eignet es sich auch als Nachschlagewerk.

Die rasante Entwicklung der Informationstechnik hat in den Anwendungen der Signal- und Systemtheorie zu einer Verschiebung des Schwerpunkts geführt: von der klassischen Theorie der Filter, Netzwerke und Leitungen hin zu komplexen Algorithmen der digitalen Signalverarbeitung. Das vorliegende Buch trägt dieser Entwicklung Rechnung, indem es die klassischen Methoden straff behandelt und der digitalen Signalverarbeitung sowie den stochastischen Signalen in der Informationstechnik breiteren Raum gibt.

Zur 3. Auflage

Die Neuauflage des Buches bot Gelegenheit, das Konzept konsequent auf die seit einigen Jahren beobachteten Veränderungen anzupassen. Viele Studierende sind heute mit dem Programmieren und Anwenden von Computern mehr vertraut als mit den physikalischen Grundlagen der Informationstechnik. In der 3. Auflage werden deshalb die Themen zunächst an zeitdiskreten Beispielen eingeführt und dann auf den zeitkontinuierlichen Fall übertragen: Die Differenzengleichung ist der Differenzialgleichung und die z-Transformation der Laplace-Transformation vorangestellt. Dadurch wird es möglich, zunächst mit relativ einfachen Beispielen am PC die Zusammenhänge zu veranschaulichen. Dementsprechend wurde der Übungsteil vollständig überarbeitet, erweitert und mit zahlreichen MATLAB®-Beispielen[1] ergänzt.

Um den studentenfreundlichen Preis zu halten, wird der umfangreiche Übungsteil als Online-Ressource zur Verfügung gestellt. Wie die zum Buch erstellten MATLAB-Programme und Lösungen ist er kostenlos über den Vieweg+Teubner Verlag erhältlich unter www.viewegteubner.de.

Außerdem wurden zahlreiche Verbesserungen und Ergänzungen vorgenommen. Die Lösung von Differenzengleichungen wird ausführlicher behandelt. Die in der Audio- und Bildcodierung wichtige diskrete Kosinus-Transformation rundet nun den Abschnitt zur diskreten Fourier-Transformation ab.

Fulda, Mai 2008   *Martin Werner*

---

[1] MATLAB® ist ein eingetragenes Warenzeichen der Firma The MathWorks, Inc., U.S.A. MATLAB ist auch in einer Studentenversion verfügbar und wird mit einer ausführlichen Online-Hilfe sowie Online-Einführungskursen ausgeliefert.

Für mehr Informationen siehe www.mathworks.com oder www.mathworks.de.

Inhaltsverzeichnis

1 Einführung

Die Begriffe Signale und Systeme sind keineswegs auf die Natur- und Ingenieurwissenschaften beschränkt. In einem System, von griechisch für „gegliedertes Ganzes", werden untereinander in Wechselwirkung stehende Komponenten zusammengefasst, so dass nach dem Prinzip von *Ursache und Wirkung* die Umwelt verstanden und gezielt beeinflusst werden kann, siehe Bild 1-1.

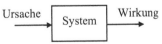

Bild 1-1 System

Das vorliegende Buch geht das Thema Signale und Systeme aus dem Blickwinkel der Informationstechnik an. Die Informationstechnik befasst sich mit der mathematischen Beschreibung von Signalen, den physikalischen Trägern der Information, und Systemen, die die Signale übertragen, speichern und verarbeiten. Die Systeme sind dabei mathematische Modelle physikalischer oder logischer Vorgänge bzw. Einrichtungen. Typische Beispiele sind elektrische Schaltkreise mit Strömen und Spannungen oder auch Programm-Module für Digitale Signalprozessoren, die Audio- und Videosignale verarbeiten.

Die Systeme werden durch ihre Reaktionen auf Signale charakterisiert, siehe Bild 1-2. Man spricht deshalb auch von *Erregung* und *Reaktion*.

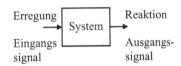

Bild 1-2 Signale und Systeme

Obwohl die zugrunde liegenden physikalischen und logischen Objekte komplex sein können, gelangt man so oft zu einer relativ einfachen *Eingangs-Ausgangsbeschreibung*. Auch komplizierte Zusammenhänge werden modellierbar, da ein System wiederum aus Teilsystemen bestehen kann. Die Komplexität des Gesamtsystems kann so schrittweise verringert werden.

Ein typisches Beispiel aus der Informationstechnik liefert das vereinfachte Modell einer Datenübertragung über eine Leitung in Bild 1-3. Das Eingangssignal, die elektrische Spannung $u_e(t)$, setzt sich aus einer Abfolge von Rechteckimpulsen zusammen. Für eine zu übertragende logische Eins als Nachricht wird ein positiver und für eine logische Null ein negativer Rechteckimpuls gesendet. Die Leitung wird als RC-Glied dargestellt. Der Widerstand R im Längszweig berücksichtigt den Spannungsabfall und die Kapazität C im Querzweig die kapazitive Wirkung entlang der Leitung. Als Modell der Leitung, als System, erhält man hier einen RC-Tiefpass. Die Spannung am Kondensator $u_a(t)$ stellt das Ausgangssignal dar. Der Empfänger hat die Aufgabe, anhand des Signals $u_a(t)$ die gesendeten Daten zu detektieren.

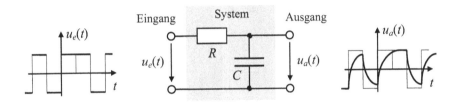

Bild 1-3 Signale und Systeme am Modell einer Datenübertragung über eine Zweidrahtleitung

In der Realität wird die Übertragung nicht nur durch die
Verzerrung der Impulse durch die Leitung erschwert, sondern häufig durch eine zusätzliche Rauschstörung, wie in
Bild 1-4 illustriert. Die Informationstechnik befasst sich
daher intensiv mit der Beschreibung von Zufallssignalen
und der Anwendung der Wahrscheinlichkeitsrechnung zur
Rauschunterdrückung und Signalverbesserung, zur Mustererkennung, Detektion, Codierung usw.

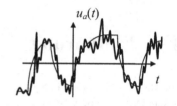

Bild 1-4 Signal mit Rauschstörung

Das Buch Signale und Systeme will Konzepte vorstellen
und Methodenkompetenzen vermitteln. Der Buchumfang
wurde so gewählt, dass es eine Lehrveranstaltung mit vier Semesterwochenstunden gut
ergänzen kann. Dem Trend zum Einsatz der digitalen Signalverarbeitung und den Methoden
der Wahrscheinlichkeitsrechnung wurde durch entsprechende Gewichtung der Themen und
Auswahl der Beispiele Rechnung getragen. Es wird wie folgt vorgegangen:

In Abschnitt 2 werden zunächst die Begriffe Signale und Systeme präzisiert sowie Signale und
Systeme nach ihren grundlegenden Eigenschaften sortiert. In den Anwendungen spielen die
linearen und zeitinvarianten Systeme eine herausragende Rolle. Deshalb werden sie im 3. Abschnitt eingeführt und später Schritt für Schritt ausführlicher behandelt.

Die Abschnitte 4 und 5 behandeln die Systeme, die sich mit Differenzengleichungen bzw. Differenzialgleichungen beschreiben lassen. Mit dem Abschnitt 6 wird am Beispiel der z-Trans-
formation eine neue Form der Signal- und Systembeschreibung, die Beschreibung im Bildbereich, eingeführt. Abschnitt 7 führt die Überlegungen mit der Laplace-Transformation für
zeitkontinuierliche Signale und Systeme fort.

In der Informationstechnik sind die Anwendungen der Fourier-Transformation und ihre Spezia-
lisierungen in den Abschnitten 8, 9 und 10 besonders wichtig. Methoden und Anwendungen
der Signal- und Systembeschreibung im Frequenzbereich werden vorgestellt.

Die Brücke zwischen der analogen und der digitalen „Signalwelt" schlägt Abschnitt 11.

Die Abschnitte 12 und 13 beziehen Zufallssignale mit ein. Der Unterabschnitt zur Detektion
sowie einige Übungsbeispiele zeigen den Bezug zur Anwendung auf.

Abschnitt 14 richtet mit der Zustandsraumdarstellung den Blick auf das Innere der Systeme,
eine Sichtweise, wie sie beispielsweise beim Einsatz adaptiver Systeme in der Regelungstechnik und Nachrichtentechnik gebraucht wird.

Zu den Abschnitten sind weitere Übungsaufgaben mit Lösungen im Übungsteil erhältlich. Er
kann online über die Startseite des Vieweg+Teubner Verlags www.viewegteubner.de kostenlos
bezogen werden. Darin finden sich auch viele MATLAB-Aufgaben. Die zum Buch erstellten
MATLAB-Programme und -Lösungen sind ebenfalls online verfügbar.

2 Grundbegriffe der Signal- und Systemtheorie

Dieser Abschnitt führt in die Beschreibung von Signalen und Systemen ein. Zunächst sortieren wir die Signale nach ihren Eigenschaften. Danach werden Signale vorgestellt, die in der Informationstechnik eine besondere Rolle spielen. Damit wird es möglich, Systeme als Abbildungen von Signalen an ihren Eingängen auf Signale an ihren Ausgängen zu definieren. Je nach Art der Signale und Abbildungen werden die Systeme schließlich in Klassen eingeteilt.

2.1 Klassifizierung von Signalen

Lernziele

Nach Bearbeiten des Abschnitts 2.1 können Sie

- Merkmale zur Unterscheidung von Signalen nennen und die Signale entsprechend einordnen
- die Signalklassen anhand selbst skizzierter Beispiele vorstellen
- die Abtastfolge zu einem zeitkontinuierlichen Signal skizzieren und analytisch angeben
- den Begriff der Energie- und Leistungssignale erläutern und Beispiele angeben
- den Unterschied zwischen deterministischen und stochastischen Signalen erläutern

Ein Signal ist eine mathematische Funktion von mindestens einer unabhängigen Variablen. Je nach Eigenschaften werden verschiedene Klassen von Signalen unterschieden.

Analoge und digitale Signale

Wir schreiben für ein Signal meist $x(t)$, wobei in der Regel die Variable t als die Zeit interpretiert wird. Ist sie kontinuierlich, liegt ein *zeitkontinuierliches Signal* vor. Ist sie nur für diskrete Werte definiert, so spricht man von einem *zeitdiskreten Signal* oder einer *Folge* $x[n]$. Der Laufindex n wird *normierte Zeitvariable* genannt. Bild 2-1 veranschaulicht beide Signalarten. Die Form der Darstellung unten wird auch *Stabdiagramm* genannt.

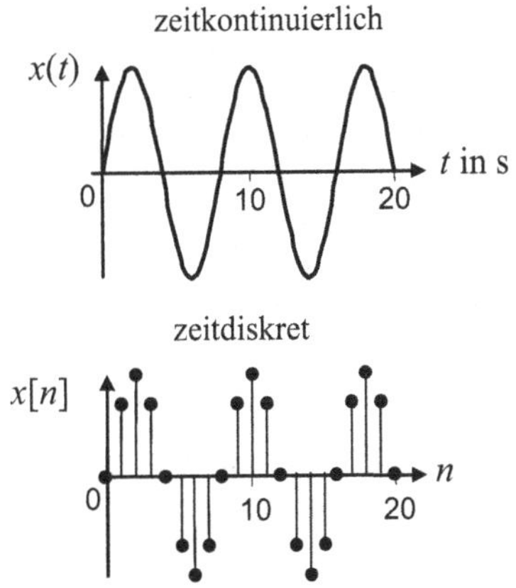

Wie in Bild 2-1 angedeutet, entsteht in den Anwendungen häufig das zeitdiskrete Signal $x[n]$ durch eine gleichförmige zeitliche Diskretisierung des Signals $x(t)$. Man spricht von einer *Abtastung* mit dem *Abtastintervall* T_a. Wie später noch ausführlich behandelt wird, entsteht die *Abtastfolge*

Bild 2-1 Grafische Darstellung eines zeitkontinuierlichen und zeitdiskreten Signals

$$x[n] = x(t = nT_a) \tag{2.1}$$

Anmerkung: Viele Signale sind von Natur aus zeitdiskret, wie beispielsweise der tägliche Börsenschlusswert des deutschen Aktienindexes DAX. Man spricht dann auch allgemein von einer Zeitreihe, einer nach einem Index geordneten Zahlenfolge. Unter dem Schlagwort Zeitreihenanalyse werden einige im Buch vorgestellte Methoden in nichttechnischen Disziplinen, wie den Wirtschaftswissenschaften, angewendet.

Zeitdiskrete Signale können oft kurz durch die Angabe ihrer Werte charakterisiert werden. Wir vereinbaren dazu die kompakte Schreibweise

$$x[n] = \{0, 1, 1, 4\} \qquad \text{mit } n = 0, 1, 2, 3$$

$$x[n] = \{1, 1/2, 1/3, 1/4, 1/5, ...\} \qquad \text{mit } n = 0, 1, 2, ...$$

Der erste Wert der Folge gehört in der Regel zum Index $n = 0$, der zweite zu $n = 1$ usw. Falls nötig werden Folgen endlicher Länge durch führende und nachfolgende Nullen ergänzt.

Betrachtet man die Funktionswerte der Signale, so spricht man von *wertkontinuierlichen* und *wertdiskreten Signalen.*

Bei der Signalverarbeitung mit Digitalrechnern liegen wegen der endlichen Wortlänge der Zahlendarstellung stets wertdiskrete Signale vor. Sie werden taktgesteuert verarbeitet. Man nennt derartige wert- und zeitdiskrete Signale *digitale Signale* im Gegensatz zu *analogen Signalen,* die wert- und zeitkontinuierlich sind.

Der Übergang vom analogen Signal zum digitalen Signal geschieht durch Abtastung und Quantisierung in einem *Analog-Digital-(A/D-)Umsetzer.* Den umgekehrten Weg ermöglicht der *Digital-Analog-(D/A-)Umsetzer.* Der enge Zusammenhang zwischen den beteiligten wertkontinuierlichen und wertdiskreten Signalen und Systemen ist Gegenstand des Abschnitts 11. Dort geht es um die Verarbeitung analoger Signale mit den Mitteln der digitalen Signalverarbeitung.

Man beachte auch den Unterschied zwischen einem digitalen Signal der Systemtheorie und der Digitaltechnik. Bild 2-2 zeigt als Beispiel ein wertdiskretes aber zeitkontinuierliches Signal der Digitaltechnik, wie es für die RS-232-Schnittstelle typisch ist [Wer06].

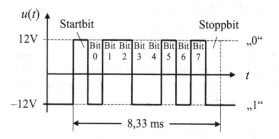

Bild 2-2 Binäres zeitkontinuierliches Signal zur Übertragung eines ASCII-Zeichens

Gerade und ungerade Signale

Im Zusammenhang mit der später behandelten harmonischen Analyse ist es vorteilhaft, Symmetrieeigenschaften der Signale zu berücksichtigen, siehe Bild 2-3. Man spricht von *geraden Signalen*

$$x(-t) = x(t) \quad \text{bzw.} \quad x[-n] = x[n] \tag{2.2}$$

und *ungeraden Signalen*

$$x(-t) = -x(t) \quad \text{bzw.} \quad x[-n] = -x[n] \tag{2.3}$$

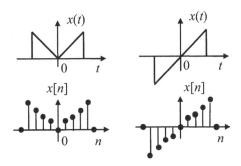

Bild 2-3 Beispiele gerader (links) und ungerader Signale (rechts)

Im Weiteren wichtige Beispiele sind die Kosinussignale und Sinussignale, die gerade beziehungsweise ungerade sind. Prinzipiell kann jedes Signal in einen *geraden* und einen *ungeraden Anteil* zerlegt werden.

$$x(t) = x_g(t) + x_u(t) \quad \text{bzw.} \quad x[n] = x_g[n] + x_u[n] \tag{2.4}$$

mit dem geraden Anteil

$$x_g(t) = \frac{x(t) + x(-t)}{2} \quad \text{bzw.} \quad x_g[n] = \frac{x[n] + x[-n]}{2} \tag{2.5}$$

und dem ungeraden Anteil

$$x_u(t) = \frac{x(t) - x(-t)}{2} \quad \text{bzw.} \quad x_u[n] = \frac{x[n] - x[-n]}{2} \tag{2.6}$$

Periodische Signale

Für die harmonische Analyse mit Fourier-Reihen ist eine weitere Eigenschaft wichtig: Gilt für ein Signal

$$x(t + T_0) = x(t) \quad \text{bzw.} \quad x[n + N_0] = x[n] \tag{2.7}$$

für alle *t* beziehungsweise *n*, so liegt ein *periodisches Signal* vor, siehe Bild 2-4 und Bild 2-1. Die kleinste positive Zahl T_0 bzw. N_0, für die (2.7) gilt, heißt *Periode*. Ist das Signal nicht periodisch, so spricht man von einem *aperiodischen Signal*.

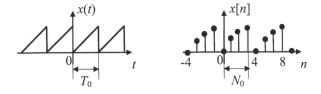

Bild 2-4 Beispiele periodischer Signale

Rechts- und linksseitige Signale

Ein Signal wird *rechtsseitig* genannt, falls es für $t < 0$ bzw. $n < 0$ null ist. Ein Signal, welches für $t \geq 0$ bzw. $n \geq 0$ null ist, bezeichnet man als *linksseitig*. Ansonsten spricht man von *zweiseitigen* Signalen. Diese Eigenschaften sind im Zusammenhang mit den Systemen und den Transformationen noch wichtig.

Komplexe und reelle Signale

Je nachdem, ob die Signale rein reell oder komplex sind, unterscheidet man *reelle Signale* und *komplexe Signale*.

$$x(t) = x_r(t) + jx_i(t) = \rho(t) \cdot e^{j\varphi(t)} \quad \text{bzw.} \quad x[n] = x_r[n] + jx_i[n] = \rho[n] \cdot e^{j\varphi[n]} \quad (2.8)$$

Darin bezeichnet x_r den Realteil, x_i den Imaginärteil, ρ den Betrag und φ das Argument. Die imaginäre Einheit wird in der Informationstechnik vorzugsweise j genannt mit $j^2 = -1$.

Energiesignale und Leistungssignale

Für die spätere Analyse von Signalen und Systemen ist die Unterscheidung in Energiesignale und Leistungssignale wichtig. Betrachten wir zunächst die Spannung $u(t)$ und den Strom $i(t)$ an einem Widerstand R, so erhalten wir aus der Physik die Momentanleistung

$$p(t) = u(t) \cdot i(t) = R \cdot i^2(t) \quad (2.9)$$

Die Energie E und die mittlere Leistung P bezogen auf einen Widerstand von $1\,\Omega$ sind dann

$$E = \int_{-\infty}^{+\infty} i^2(t)dt \quad \text{in Ws} \quad (2.10)$$

$$P = \lim_{T \to \infty} \frac{1}{T} \int_{-T/2}^{+T/2} i^2(t)dt \quad \text{in W} \quad (2.11)$$

In der Systemtheorie ist es wegen ihres interdisziplinären Charakters üblich, ohne Dimensionen zu rechnen. Betrachtet man – durch geeignete Normierung der zugrunde liegenden physikalischen Größen resultierende – dimensionslose Signale, so definiert man ganz allgemein die *normierte Energie* bzw. *normierte mittlere Leistung*

$$E = \int_{-\infty}^{+\infty} |x(t)|^2 \, dt \quad \text{bzw.} \quad E = \sum_{n=-\infty}^{+\infty} |x[n]|^2 \quad (2.12)$$

$$P = \lim_{T \to \infty} \frac{1}{T} \int_{-T/2}^{+T/2} |x(t)|^2 \, dt \quad \text{bzw.} \quad P = \lim_{N \to \infty} \frac{1}{2N+1} \sum_{n=-N}^{+N} |x[n]|^2 \quad (2.13)$$

Man spricht von *Energiesignalen*, wenn $0 < E < \infty$. Gilt stattdessen $0 < P < \infty$, so liegt ein *Leistungssignal* vor.

Anmerkungen: (i) Eine einfache Methode physikalische Signale zu normieren ist es, alle Größen auf das internationale System (SI) zu beziehen. Beispielsweise sind dann Zeitangaben, Spannungen und Ströme in Sekunden, Volt bzw. Ampere anzugeben. (ii) Da in der Technik alle praktischen Signale von ihren Amplituden und zeitlichen Dauern her begrenzt sind, spielt die Frage nach Energie- bzw. Leistungssignalen vor allem in der mathematischen Modellbildung eine Rolle.

Deterministische und stochastische Signale

Die Signale wurden bisher durch ihre Formen charakterisiert. Ein weiterer sehr wichtiger Unterschied ergibt sich aus der Art ihrer Entstehung. Genauer gesagt, ob die Signale „für alle Zeit bekannt" sind oder nicht. Im ersten Fall handelt es sich um ein *deterministisches Signal*, wie beispielsweise die Sinusfunktion oder ein aufgezeichnetes Signal, das beliebig reproduziert werden kann.

Lassen sich für das Signal nur statistische Kenngrößen, wie der Mittelwert, die Varianz oder andere Erwartungswerte angeben, so spricht man von einem *stochastischen Signal*. Einige typische Beispiele, so genannte Musterfunktionen, werden nachfolgend gezeigt. Die Definition stochastischer Signale und ihre Analyse werden in späteren Abschnitten ausführlicher behandelt.

Das Bild 2-5 zeigt eine Folge von unabhängigen Zufallszahlen in der Form eines Streudiagramms. Hier gibt es, außer der gemeinsamen (1,0)-Normalverteilung, keinen Zusammenhang zwischen den aufeinander folgenden Werten. Anhand der Papierschwärzung fällt auf, dass kleine Amplituden häufiger vorkommen als große.

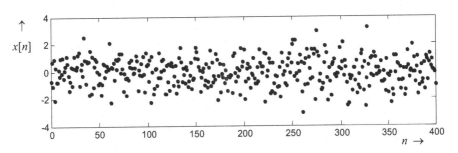

Bild 2-5 Ausschnitt aus einer (0,1)-normalverteilten Zufallszahlenfolge als Streudiagramm

Ein weiteres Beispiel zeigt Bild 2-6, die elektrische Spannung am Mikrofonausgang für das gesprochene Wort „Ful-da". Anders als in Bild 2-5 weist das Sprachsignal über gewisse Zeitintervalle bestimmte Strukturen auf, die sich aus den physikalischen Bedingungen des menschlichen Sprachtraktes ableiten. Die Strukturen werden in der Sprachcodierung gezielt benutzt.

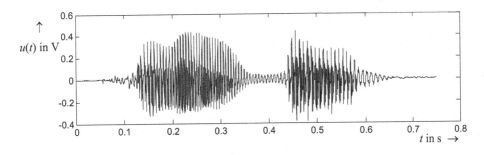

Bild 2-6 Mikrofonspannung zum Wort „*Ful-da*"

Anmerkungen: (i) Alle Signale die eine Information tragen sind stochastische Signale. Andernfalls wäre die Nachricht bereits bekannt und eine Übermittlung könnte unterbleiben. (ii) Die Bilder 2-5 bis 7 wurden mit dem Programm MATLAB am PC erstellt. Der Einfachheit halber werden im Weiteren in den Bildern häufig die MATLAB-üblichen Formateinstellungen, wie der Dezimalpunkt, übernommen.

Um die Breite der Anwendungen zu illustrieren, werden abschließend zwei Beispiele aus der Medizintechnik vorgestellt. Bild 2-7 oben zeigt das Signal eines „Wehenschreibers", ein *Tokogramm*. Dabei werden mit einem Drucksensors auf dem Bauch der Schwangeren indirekt die Gebärmutterbewegungen aufgezeichnet. Das Tokogramm liefert Informationen über die Häufigkeit und Stärke der Bewegungen.

Das untere Bild stammt von einem Elektrokardiographen. Es wurden die Schwankungen des elektrischen Potenzials aufgrund der Herzaktivität aufgezeichnet. Im Bild sind fünf Herzschläge deutlich zu erkennen. Das *Elektrokardiogramm* EKG liefert Informationen über den Zustand des Herzens.

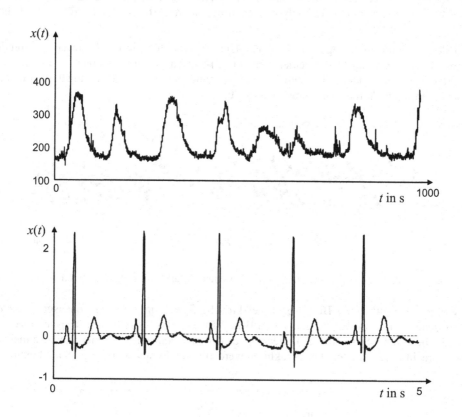

Bild 2-7 Tokogramm (oben) und Elektrokardiogramm (unten)

Digitale Bildsignale

Seit der Verbreitung von Foto-Handys tragen wir digitale Bilder in unseren Taschen herum. Programme zur Bildbearbeitung finden sich auf fast jedem PC. In der Technik ist der Blick weiter gefasst. Die digitale Bildverarbeitung schließt alle technischen Prozesse von der elektronischen Erstellung der Bilder bis zu ihrer Auswertung ein.

In der Systemtheorie sind *digitale Bildsignale* zweidimensionale Signale, die sich als Matrizen angeben lassen. Man schreibt $x[n_1, n_2]$, wobei bei Bildern die Indizes n_1 und n_2 beschränkt sind. Jedes *Bildelement*, auch *Pixel* (picture element) genannt, wird durch ein Indexpaar eindeutig gekennzeichnet.

Bild 2-8 zeigt beispielhaft einen Ausschnitt aus einem *Grauwertbild*. Darin wird der Index n_1 von oben nach unten und der Index n_2 von links nach rechts aufgetragen. Jedes Pixel wird durch ein Quadrat dargestellt. Dessen Grauton entspricht dem Grauwert des Pixels, meist einem ganzzahligen Wert zwischen 0 für Schwarz und 255 für Weiß.

Hält man die Zeile fest, z. B. $n_1 = 3$, so ergibt sich über den Spalten ein gewöhnliches digitales Signal endlicher Länge

$$x[3, n_2] = \{87, 66, 53, 41, 38, 38, 31, 28\} \quad \text{für } n_2 = 1, 2, \ldots, 8$$

Es ist offensichtlich, dass die Methoden der eindimensionalen Signalverarbeitung prinzipiell für jede Zeile und jede Spalte angewendet werden können. Darüber hinaus können auch Zeilen und Spalten verknüpft werden. Man beachte dabei jedoch die Bildränder. Die dort auftretenden Randeffekten bedürfen bei der Signalverarbeitung oft besonderer Maßnahmen.

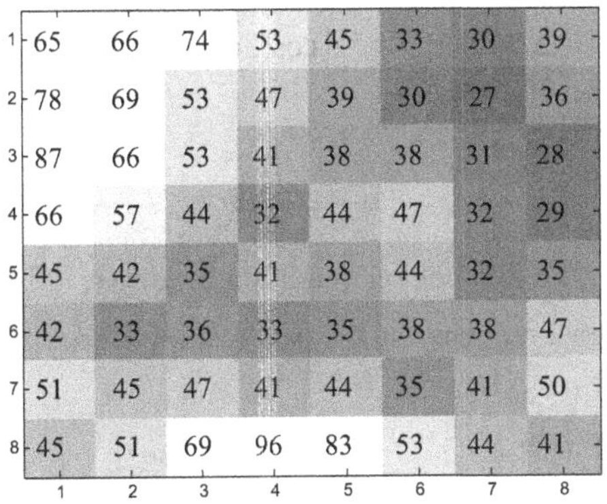

Bild 2-8 Graustufenbild (Ausschnitt) mit Grauwerten für $x[n_1, n_2]$

Anmerkungen: (i) Das Bild wurde mit dem MATLAB-Werkzeug Image Processing Toolbox am PC erstellt. Durch Drehen um 90° erhält man die auch übliche Darstellung mit n_1 als Abszisse und n_2 als Ordinate. (ii) Farbbilder entstehen durch die Angabe eines Zahlentripels zu jedem Pixel, z. B. den RGB-Werten für die Farbkomponenten Rot, Grün und Blau. (iii) Zweidimensionale Signale werden, wie die eindimensionalen, auch in Form eines Stabdiagramms dargestellt, wobei dann mit der Zählung der Indizes meist bei 0 begonnen wird. (iv) Es würde den geplanten Rahmen dieses Buches sprengen, sollte ausführlich auf die digitale Bildverarbeitung eingegangen werden. Andererseits lassen sich die vorgestellten Zusammenhänge und Methoden meist direkt auf den Fall mehrerer Dimensionen erweitern. Auf Bilder angewandt ergeben sich manchmal sehr anschauliche Beispiele, die das Verständnis erleichtern können. Deshalb sollen im Weiteren, dort wo es sinnvoll ist, Bildsignale als anschauliche Unterstützung hinzugenommen werden.

2.2   Standardsignale

In der Systemtheorie haben sich zur Analyse von Systemen bestimmte Signale bewährt. Wir stellen nachfolgend die vier wichtigsten Standardsignale vor: die Exponentielle, die Sprungfunktion, der Rechteckimpuls und die Impulsfunktion.

Lernziele

Nach Bearbeiten des Abschnitts 2.2 können Sie

- die Exponentielle, die Sprungfunktion, den Rechteckimpuls und die Impulsfunktion analytisch beschreiben und skizzieren
- die Idee der Impulsfunktion und ihre Definition über die Ausblendeigenschaft erläutern

2.2.1   Exponentielle Signale

Die *zeitkontinuierliche allgemeine Exponentielle* wird beispielsweise in der komplexen Wechselstromrechnung verwendet und ist in der Physik und Technik auch an anderen Stellen von großer Bedeutung. Mit der eulerschen Formel ergibt sich der Zusammenhang

$$x(t) = e^{st} = e^{\sigma t}\left[\cos(\omega t) + j\sin(\omega t)\right] \tag{2.14}$$

mit der *komplexen Frequenz*

$$s = \sigma + j\omega \tag{2.15}$$

Anmerkung: Leonhard Euler: *1707/†1783, schweizer Mathematiker, $e^{j\pi} + 1 = 0$.

Der Realteil der komplexen Frequenz ist für das Wachstum des Signals verantwortlich. Man unterscheidet drei Fälle:

- die *angefachte* Exponentielle $\sigma > 0$
- die *harmonische* Exponentielle $\sigma = 0$
- die *gedämpfte* Exponentielle $\sigma < 0$

In Bild 2-9 wird der gedämpfte Fall links veranschaulicht. Zusätzlich ist der Verlauf der *Einhüllenden* $e^{\sigma t}$ eingezeichnet. Mit $\sigma = 0$ erhält man den harmonischen Fall mit konstanter Einhüllenden im mittleren Bildausschnitt. Schließlich ist rechts der Signalverlauf des Realteils für die angefachte Exponentielle zu sehen, deren Einhüllende schnell exponentiell wächst.

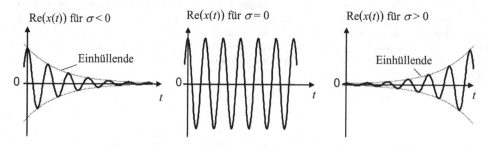

Bild 2-9 Beispiele für zeitkontinuierliche allgemein Exponentielle

Bild 2-10 zeigt den Realteil und den Imaginärteil gemeinsam in einem Ausschnitt der Ortskurve der allgemeinen Exponentiellen in der komplexen Ebene. Man spricht auch von der Polardarstellung. Im gedämpften Fall beginnt die *Ortskurve* außen (im Unendlichen) und läuft mit wachsender Zeit spiralförmig in den Ursprung. Derselbe spiralförmige Verlauf ergibt sich im angefachten Fall. Jedoch beginnt dann die Ortskurve im Ursprung und läuft mit wachsender Zeit nach außen (ins Unendliche). Im harmonischen Fall ist die Ortskurve ein Kreis mit Mittelpunkt im Ursprung und Radius gleich 1.

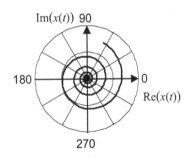

Bild 2-10 Beispiel für eine zeitkontinuierliche allgemein Exponentielle (Polardarstellung, Ortskurve)

Bei der Einführung der *zeitdiskreten allgemein Exponentiellen* gehen wir so vor, dass diese aus der zeitkontinuierlichen allgemeinen Exponentiellen durch Abtastung mit dem Abtastintervall T_a entsteht.

$$e^{sT_a n} = z^n \quad \text{für} \quad n = \ldots, -2, -1, 0, 1, 2, \ldots \tag{2.16}$$

Für die komplexe Variable z folgt daraus

$$z = e^{sT_a} = e^{\sigma T_a + j\omega T_a} = e^{\sigma_n + j\Omega} \tag{2.17}$$

mit der *normierten Kreisfrequenz*

$$\Omega = \omega T_a \tag{2.18}$$

Wir erhalten den harmonischen Fall für $\sigma_r = 0$ und somit $|z| = 1$.

$$x[n] = e^{j\Omega n} = \cos(n\Omega) + j\sin(n\Omega) \tag{2.19}$$

Anmerkung: Die Abtastung einer periodischen Funktion liefert nicht notwendigerweise eine periodische Folge. Nur wenn $2\pi / \Omega$ eine rationale Zahl ist, ergibt sich eine periodische Folge.

2.2.2 Sprungfunktion und Rechteckimpuls

Beginnen wir zunächst mit der *Sprungfunktion*, auch *Heaviside-Funktion* genannt, und ihrer zeitdiskreten Entsprechung.

$$u(t) = \begin{cases} 1 & \text{für} \quad t > 0 \\ 0 & \text{für} \quad t < 0 \end{cases} \quad \text{bzw.} \quad u[n] = \begin{cases} 1 & \text{für} \quad n \geq 0 \\ 0 & \text{für} \quad n < 0 \end{cases} \tag{2.20}$$

Beide Signale sind in Bild 2-11 dargestellt. Wählt man den *Einschaltzeitpunk* t_0 bzw. n_0 von null verschieden, so ergeben sich entsprechend verschobene Versionen.

Anmerkungen: (i) Wir verwenden das in der englischsprachigen Literatur für die „unit step function" eingeführte Formelzeichen u. (ii) Es finden sich auch Definitionen mit $u(0) = 1$ oder $u(0) = 1/2$, die für gewisse Anwendungen von Vorteil sind. (iii) *Oliver Heaviside:* *1850/†1925, britischer Physiker und Elektroingenieur.

Mit der Sprungfunktion lässt sich das Schalten in elektrischen Netzwerken beschreiben. In Bild 2-12 ist als Beispiel das Ein- und Ausschalten einer Gleichspannung an einem *RC-Glied* gezeigt. Der sich nach dem Einschalten an der Kapazität ergebende Spannungsverlauf wird später noch berechnet.

Eine entsprechende Situation ergibt sich bei der Temperaturregelung eines Ofens, wenn die Heizung nur ein- oder ausgeschaltet werden kann. In der Regelungstechnik spricht man dann von einem Zweipunktregler [Schl88].

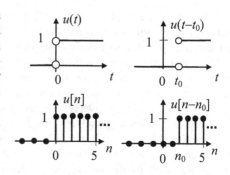

Bild 2-11 Sprungfunktion

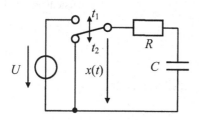

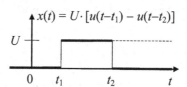

Bild 2-12 Geschaltetes RC-Glied und Beschreibung des Spannungsimpulses mit der Sprungfunktion

Wie in Bild 2-12 und Bild 2-2 schon angedeutet wird, spielen rechteckförmige Signale in der Informationstechnik eine besondere Rolle. Wir führen deshalb den *Rechteckimpuls* als zweiseitiges Signal mit kompakter Schreibweise ein.

$$\Pi_T(t) = \begin{cases} 1 & \text{für} \quad |t| < T/2 \\ 0 & \text{sonst} \end{cases} \qquad \text{bzw.} \qquad \Pi_N[n] = \begin{cases} 1 & \text{für} \quad |n| \leq N \\ 0 & \text{sonst} \end{cases} \tag{2.21}$$

Der Index T wird für $T = 1$ oft weggelassen. Man beachte, der Rechteckimpuls ist hier so definiert, dass die Amplitude gleich 1 ist. Damit besitzt er die Energie T bzw. $2N + 1$. Die zugehörigen grafischen Darstellungen sind in Bild 2-13 zu sehen.

Wie der Vergleich mit Bild 2-12 zeigt, lässt sich der Rechteckimpuls auch als Differenz zweier Sprungfunktionen darstellen.

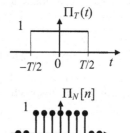

2.2.3 Impulsfunktion

Eine herausragende Rolle in der Systemanalyse besitzt die *Impulsfunktion $\delta(t)$*. Sie vereinfacht die mathematische Beschreibung komplizierter Zusammenhänge, indem sie das formale Rechnen mit den bekannten Regeln erlaubt.

Bild 2-13 Rechteckimpuls (zweiseitig)

Anmerkungen: (i) Die Impulsfunktion wird auch als Dirac-Stoß, Dirac-Impuls oder Deltafunktion bezeichnet. (ii) *Paul Adrien Maurice Dirac:* *1902/†1984, britischer Physiker, Nobelpreis 1933 (Atomtheorie). (iii) Eine kurze Einführung in die Distributionentheorie und weiterführende Literaturhinweise findet man beispielsweise in [Bri97], [Unb98], [Unb02], [Schü91].

Wir verzichten auf eine streng mathematische Herleitung und nähern uns der Impulsfunktion stattdessen auf anschaulichem Weg. Zunächst betrachten wir in Bild 2-14 eine endliche Folge von Rechteckimpulsen mit gleichen eingeschlossenen Flächen.

$$\int_{-\infty}^{+\infty} n \cdot \Pi_{1/n}(t)\, dt = \int_{-1/n}^{+1/n} n \cdot \Pi_{1/n}(t)\, dt = 1 \quad \text{für} \quad n = 1, 2, 3, \ldots, N \qquad (2.22)$$

Für wachsendes n werden die Rechteckimpulse immer schmaler und, wegen der konstanten Fläche, immer höher. Im Grenzfall $N \rightarrow \infty$ streben die Integrationsgrenzen gegen 0 und der Integrand gegen ∞. Es ist offensichtlich, dass dann das Integral im herkömmlichen Sinne nicht mehr existiert.

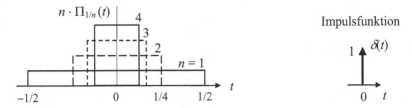

Bild 2-14 Folge von flächengleichen Rechteckimpulsen und symbolische Darstellung der Impulsfunktion

Für die Anwendung ist obiger Grenzübergang jedoch nur in Zusammenhang mit einer (Test-) Funktion $x(t)$ von Interesse. Ist $x(t)$ um $t = 0$ stetig und beschränkt, so erwarten wir gemäß dem Mittelwertsatz der Integralrechnung für n genügend groß aber endlich

$$\int_{-\infty}^{+\infty} x(t) \cdot n\Pi_{1/n}(t)dt \approx x(0) \qquad (2.23)$$

Es ist deshalb vorteilhaft, den Grenzübergang im Sinne eines Funktionals aufzufassen und formal zu schreiben

$$\int_{-\infty}^{+\infty} x(t)\delta(t)\, dt = x(0) \qquad (2.24)$$

In (2.24) wird der Wert der Testfunktion an der Stelle null zugewiesen. Der übrige Funktionsverlauf spielt keine Rolle. Man spricht deshalb von der *Ausblendeigenschaft* der Impulsfunktion. Dementsprechend wird die Impulsfunktion bildlich als nadelförmiger Impuls dargestellt, siehe Bild 2-14. Falls notwendig, wird ihr Gewicht, die Impulsstärke, an die Spitze geschrieben.

Anmerkungen: (i) Ein Funktional ist eine Vorschrift, bei der jeder Funktion aus einer Funktionenmenge eine Zahl zugewiesen wird. In diesem Sinne kann auch die Vorschrift zur Berechnung der Energie (2.12) eines Signals als Funktional aufgefasst werden. Die Impulsfunktion $\delta(t)$ selbst ist keine übliche Funktion, sondern eine Distribution. Sie und das Integral in (2.24) sind im Rahmen der Distributionentheorie erklärt. (ii) Die Impulsfunktion modelliert relativ kurzzeitige aber energiereiche Impulse. Im Beispiel des geschalteten RC-Gliedes in Bild 2-12 entspricht eine Anregung mit der Impulsfunktion der augenblicklichen Ladung der Kapazität, so dass nach Umlegen des Schalters nur noch das Entladen beobachtet wird [Wer06].

Im Weiteren nützen wir die Übereinstimmung mit den gewohnten Rechenregeln. Vier Eigenschaften sind für die Anwendung der Impulsfunktion wichtig:

- *Verschiebung*

$$\int_{-\infty}^{+\infty} x(t)\delta(t-t_0)\, dt = \int_{-\infty}^{+\infty} x(t+t_0)\delta(t)\, dt = x(t_0) \tag{2.25}$$

- *Zeitskalierung*

$$\delta(at) = \frac{\delta(t)}{|a|} \quad \text{für} \quad a \neq 0 \tag{2.26}$$

- *Symmetrie*

$$\delta(-t) = \delta(t) \tag{2.27}$$

- *Ausblendeigenschaft* für $x(t)$ stetig in $t = 0$ bzw. $t = t_0$

$$x(t)\delta(t) = x(0)\delta(t) \quad \text{und} \quad x(t)\delta(t-t_0) = x(t_0)\delta(t-t_0) \tag{2.28}$$

Der Zusammenhang zwischen der Impulsfunktion und der Sprungfunktion ist bei der Systemanalyse von Bedeutung. Um ihn zu verdeutlichen, betrachten wir die Folge von Funktionen $f_n(t)$ in Bild 2-15. Die Funktionen beginnen links mit dem Wert 0. Es folgt jeweils ein linearer Übergang auf den Wert 1, auf dem die Funktion dann verbleibt. Die Folge von Funktionen konvergiert mit wachsendem n zur Sprungfunktion.

Die Ableitungen der Funktionen entsprechen der Folge der Rechteckimpulse in Bild 2-14, welche sich mehr und mehr der Impulsfunktion „annähern".

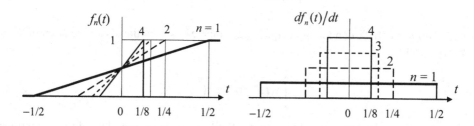

Bild 2-15 Approximation der Sprungfunktion (links) und ihrer Ableitung (rechts)

Die Distributionentheorie zeigt, dass die Impulsfunktion die verallgemeinerte Ableitung, die Derivierte, der Sprungfunktion ist. Deshalb wird formal geschrieben

$$\delta(t) = \frac{du(t)}{dt} \tag{2.29}$$

Mit der Einführung der Derivierten wird der Grundstein zu einer Behandlung von Differenzialgleichungen gelegt, wie sie in der Physik und Technik benötigt wird. Beispielsweise kann mit (2.29) nun das rechteckimpulsförmige Signal $x(t)$ in Bild 2-12 differenziert (deriviert) werden.

$$\frac{d}{dt}x(t) = \frac{d}{dt}U \cdot \left[u(t-t_1)-u(t-t_2)\right] = U \cdot \left[\delta(t-t_1)-\delta(t-t_2)\right] \tag{2.30}$$

Es resultieren zwei Impulse an den Schaltzeitpunkten (Sprungstellen) t_1 und t_2 mit den Gewichten $+U$ bzw. $-U$, siehe Bild 2-16.

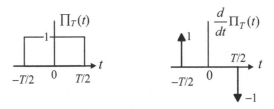

Bild 2-16 Ableitung (Derivierung) des Rechteckimpulses

Im Zeitdiskreten kann die *Impulsfunktion* ohne besondere mathematische Überlegungen eingeführt werden. Man erhält

$$\delta[n] = \begin{cases} 1 & \text{für } n = 0 \\ 0 & \text{für } n \neq 0 \end{cases} \tag{2.31}$$

- mit der *Verschiebung*

$$\delta[n-k] = \begin{cases} 1 & \text{für } n = k \\ 0 & \text{für } n \neq k \end{cases} \tag{2.32}$$

- und der *Ausblendeigenschaft*

$$x[n] \cdot \delta[n] = x[0] \cdot \delta[n] \quad \text{bzw.} \quad x[n] \cdot \delta[n-k] = x[k] \cdot \delta[n-k] \tag{2.33}$$

Zur grafischen Darstellung siehe Bild 2-17.

Entsprechend zur verallgemeinerten Ableitung ergibt sich im Zeitdiskreten die Impulsfunktion durch Differenzbildung aus der Sprungfunktion.

$$\delta[n] = u[n] - u[n-1] \tag{2.34}$$

Der Zusammenhang zwischen der Ableitung im zeitkontinuierlichen Fall und der Differenzbildung im zeitdiskreten Fall ist von prinzipieller Natur. Das wird später bei den Systembeschreibungen noch deutlich. Man vergleiche auch den Zusammenhang zwischen dem Differenzenquotienten und dem Differenzialquotienten in der Mathematik.

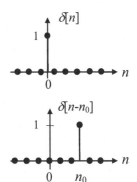

Bild 2-17 Zeitdiskrete Impulsfunktion

2.3   Klassifizierung von Systemen

Dieser Abschnitt gibt einen Überblick über verschiedenen Systemarten. Zuerst werden Systeme als mathematische Abbildungen der Signale vom Systemeingang zum Systemausgang eingeführt. Danach werden sie entsprechend ihren Wirkungen auf die Signale klassifiziert. Die Überlegungen zu den Systemklassen verdeutlichen abschließend drei Übungsbeispiele. Weitere Beispiele finden sich in den Online-Ressourcen zum Buch.

Lernziele

Nach Bearbeiten des Abschnitts 2.3

- verstehen Sie den Systembegriff als Abbildung von Signalen (mathematischen Funktionen)
- kennen Sie wichtige Merkmale zur Klassifizierung von Systemen und können sie anwenden
- können Sie die Begriffe LTI-System und BIBO-Stabilität erklären

---

2.3.1   Systembegriff

Unter einem *System* versteht man ein mathematisches Modell, das einem Eingangssignal ein Ausgangssignal zuordnet. Mathematisch wird das System durch einen Operator T(.) definiert, der das Eingangssignal x auf das Ausgangssignal y abbildet, siehe Bild 2-18.

$$y = \mathrm{T}(x) \tag{2.35}$$

Die *Abbildung* $\mathrm{T} : A \rightarrow B$ ordnet jedem Element (Signal) der Originalmenge A ein Element (Signal) aus der Bildmenge B eindeutig zu. Dabei werden die Existenz der Mengen (Signale) A und B und die Eindeutigkeit der Zuordnung vorausgesetzt. Wir werden – wie in der ingenieurwissenschaftlichen Literatur üblich – im Folgenden auf die strenge mathematische Formulierung verzichten. In der Regel sind aufgrund der praktischen Aufgabenstellung die mathematischen Randbedingungen ersichtlich. Üblicherweise gehen wir von

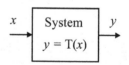

Bild 2-18 System mit einem Ein- und Ausgang

Energie- und Leistungssignalen und den Standardsignalen aus Abschnitt 2.2 aus.

Anmerkungen: (i) Es sind auch Systeme mit mehreren Ein- und Ausgängen möglich. Im Folgenden betrachten wir der Einfachheit halber Systeme mit nur einem Eingang und einem Ausgang. Die vorgestellten Zusammenhänge lassen sich auf den mehrdimensionalen Fall übertragen. (ii) Die folgenden Systemmerkmale gelten in der Regel sowohl für zeitkontinuierliche als auch zeitdiskrete Systeme.

2.3.2   Systemeinteilung nach Signalklassen

Wir beginnen zunächst damit, die Systeme nach der Art ihrer Eingangs- und Ausgangssignale, d. h. den Definitions- und Wertebereichen der Signale, zu klassifizieren, und sprechen von

- *zeitkontinuierlichen* und *zeitdiskreten Systemen,*
- *analogen* und *digitalen Systemen* und
- *reellen Systemen.*

Man beachte, ein System heißt reell, wenn jedem reellen Eingangssignal ein reelles Ausgangssignal zugeordnet wird.

Bei dem in Bild 2-12 gezeigten RC-Glied handelt es sich um ein analoges System. Ein Analog-Digital-Umsetzer wäre dann ein *hybrides System*, das einen analogen Eingang und einen digitalen Ausgang aufweist.

2.3.3 Systeme mit und ohne Gedächtnis

Ein System, dessen Ausgangssignal nur vom aktuellen Wert des Eingangssignals abhängt, nennt man ein *gedächtnisloses System*. Ein einfaches Beispiel ist der ohmsche Widerstand R. Mit dem Strom $i(t)$ als Eingangssignal ergibt sich die Spannung $u(t)$ als Ausgangssignal

$$u(t) = R \cdot i(t) \tag{2.36}$$

Hängt der Wert des Ausgangssignals von einem vorhergehenden Eingangswert ab, so liegt ein *System mit Gedächtnis* oder *dynamisches System* vor. Betrachtet man statt des ohmschen Widerstandes die Kapazität C, so beschreibt die Beziehung zwischen Strom und Spannung ein System mit unendlichem Gedächtnis.

$$u(t) = \frac{1}{C} \cdot \int_{-\infty}^{t} i(\tau) d\tau \tag{2.37}$$

Der *gleitende Mittelwert* einer Folge

$$y[n] = \frac{1}{M+1} \cdot \sum_{m=n-M}^{n} x[m] \tag{2.38}$$

ist ein Beispiel für ein zeitdiskretes dynamisches System mit endlichem Gedächtnis M. Es werden jeweils der aktuelle Wert und die letzten M Werte zu einem neuen Ausgangswert summiert.

Anmerkungen: (i) Der Vorfaktor $1 / (M+1)$ dient zur Normierung. Wird eine konstante Folge eingegeben, z. B. $x[n] = 1$ für alle n, so erscheint – wie man das von einem Mittelwert erwartet – der konstante Wert der Folge am Ausgang. (ii) Für $M \to \infty$ werden alle früheren Werte berücksichtigt wie bei der Kapazität in (2.37). Man spricht dann von der Akkumulation.

2.3.4 Kausale Systeme

Hängt der Verlauf des Ausgangssignals $y(t)$ zu einem beliebigen Zeitpunkt $t = t_1$ nur von Eingangswerten $x(t)$ mit $t \leq t_1$ ab, so ist das System *kausal*. Für zeitdiskrete Systeme gilt Entsprechendes. Physikalische Systeme sind, sobald die Zeit im Spiel ist, gemäß dem Ursache-Wirkungs-Prinzip kausal. In der digitalen Signalverarbeitung ist die Kausalität jedoch oft ohne Bedeutung, da häufig mit gespeicherten Datensätzen gearbeitet wird. Bei der Bildcodierung beispielsweise liegt in der Regel das zweidimensionale Bild zu Beginn der Verarbeitung vollständig vor. Die Signalverarbeitung geschieht dann bzgl. der beiden Ortskoordinaten, siehe Bild 2-8.

2.3.5   Lineare und zeitinvariante Systeme

Eine wichtige Frage bei der Analyse von Systemen ist die Frage nach der *Linearität*. Wir werden sehen, dass für den linearen Fall praktisch anwendbare mathematische Methoden zur Analyse und Synthese von Systemen vorliegen. Dies ist auch der Grund, weshalb in der Technik oft Systeme linearisiert werden, d. h., in der Umgebung des Arbeitspunktes der Zusammenhang zwischen Eingangssignal und Ausgangssignal als linear modelliert wird.

Wir betrachten zwei willkürlich gewählte zeitkontinuierliche Eingangssignale $x_1(t)$ und $x_2(t)$ mit den zugeordneten Ausgangssignalen $y_1(t)$ bzw. $y_2(t)$. Das System ist dann linear, wenn einer beliebigen Linearkombination der Eingangssignale mit den Konstanten α_1 und α_2 die entsprechende Linearkombination der Ausgangssignale zugeordnet wird. Man spricht hierbei von der *Additivität*

$$\mathrm{T}\big(\alpha_1 x_1(t) + \alpha_2 x_2(t)\big) = \alpha_1 y_1(t) + \alpha_2 y_2(t) \tag{2.39}$$

und der *Homogenität*

$$\mathrm{T}\big(\alpha \cdot x(t)\big) = \alpha \cdot \mathrm{T}\big(x(t)\big) \tag{2.40}$$

Letztere folgt unmittelbar aus der Additivität.

Mit der Additivität weist das zugehörige System eine Art von Stetigkeit auf. Betrachtet man nämlich eine Folge von Eingangssignalen, die gegen die Nullfunktion $0(t)$ konvergiert, so konvergiert die Systemreaktion ebenfalls gegen die Nullfunktion.

$$\mathrm{T}\big(x(t)\big) = 0(t) \quad \text{für} \quad x(t) \to 0(t) \tag{2.41}$$

Die Additivität und die Stetigkeit können dazu benutzt werden, die Linearität auf konvergente Funktionenreihen zu erweitern [Unb02], wie beispielsweise die später behandelten Fourier-Reihen, und schließlich auch Integrale zuzulassen.

Eine weitere bedeutende Eigenschaft ist die Zeitinvarianz. Ein System ist genau dann *zeitinvariant*, auch *translationsinvariant* genannt, wenn für ein beliebiges Eingangssignal $x(t)$ und zugehörigem Ausgangssignal $y(t)$ gilt

$$\mathrm{T}\big(x(t - t_0)\big) = y(t - t_0) \tag{2.42}$$

Andernfalls spricht man von einem *zeitvarianten* System.

Anmerkung: Mit translationsinvariant ist gemeint, dass eine Verschiebung des Beginns des Beobachtungszeitraums ohne Einfluss auf die Systemeigenschaften ist.

Die in der Anwendung vielleicht am häufigsten verwendeten Systeme sind linear und zeitinvariant. Man spricht von *linearen zeitinvarianten Systemen,* kurz *LTI-Systemen* (Linear Time-Invariant). Später noch ausführlich behandelte Beispiele für LTI-Systeme sind die elektrischen RLC-Schaltungen, wie das RC-Glied, und Digitalfilter, wie eine Schaltung zur Berechnung des gleitenden Mittelwerts.

In den Online-Ressourcen zum Buch wird gezeigt, dass alle Systeme, die durch eine lineare Differenzengleichung oder lineare Differenzialgleichung mit konstanten Koeffizienten beschrieben werden, LTI-Systeme sind.

2.3.6 Stabile Systeme

Liefert ein System zu jedem beliebigen, aber beschränkten Eingangssignal $|x(t)| < \infty$ ein beschränktes Ausgangssignal $|y(t)| < \infty$, so liegt ein *stabiles System* vor. Diese Art der Stabilität wird *BIBO-Stabilität* (Bounded Input – Bounded Output) genannt.

Die Stabilität ist eine besonders wichtige Eigenschaft. Beispielsweise können bei instabilen digitalen Systemen auf Rechnern Zahlenbereichsüberschreitungen mit Programmabbrüchen auftreten, oder manchmal noch schlimmer falsche Ausgangswerte. Bei elektrischen Systemen können – falls keine Sicherungsmaßnahmen ergriffen werden – Instabilitäten zu Überspannungen bzw. zu großen Strömen und damit zu Schäden an den Bauteilen führen. Entsprechendes gilt für mechanische Systeme.

Anmerkungen: Die Frage nach der Stabilität ist besonders in der Regelungstechnik von großem praktischem Interesse. Die Systemtheorie kennt verschiedene Kriterien der Stabilität und Methoden zu deren Nachweis [Schl88], [Unb02]. Um den Rahmen einer kompakten Einführung nicht zu sprengen, wird im Weiteren nur die BIBO-Stabilität betrachtet.

Mit der Frage nach der Stabilität hängen auch folgende Eigenschaften zusammen: Ein System das innere Quellen enthält wird *aktiv* genannt, andernfalls *passiv*. Ein passives System, bei dem die hinein fließende Leistung gleich der heraus fließenden Leistung ist, bezeichnet man als *verlustfrei*. Andernfalls ist es *verlustbehaftet*.

2.3.7 Beispiele

2.3.7.1 Gleitender Mittelwert

Ein häufig zum Glätten von Messreihen angewendetes zeitdiskretes System ist der *gleitende Mittelwert* (2.38). Die Klassifizierung des Systems führen wir als Aufgabe durch. Dadurch wird die systematische Vorgehensweise besonders deutlich.

a) Skizzieren Sie das Eingangssignal $x[n] = \{1, 2, 1, -1, -1, 2, 2, 1, -1\}$ für den Bereich der normierten Zeitvariablen $n = -2, ..., 10$.

b) Geben Sie für das Eingangssignal und $M = 2$ das Ausgangssignal $y[n]$ an.

c) Skizzieren Sie das Ausgangssignal $y[n]$ in (b) für $n = -2, ..., 10$.

Charakterisieren Sie das System des gleitenden Mittelwerts mit $M = 2$ bezüglich

d) der Reaktion des Systems auf die Impulsfunktion,

e) des Gedächtnisses,

f) der Kausalität,

g) der Linearität,

h) der Zeitinvarianz und

i) der Stabilität.

k) Wie muss die Eingangs-Ausgangsgleichung (2.38) modifiziert werden, damit die Impulsantwort gleich einem symmetrischen Rechteckimpuls wird, d. h. $\Pi_1[n]$? Ist das System dann noch kausal?

Lösung

a,c) Eingangssignal und Ausgangssignal

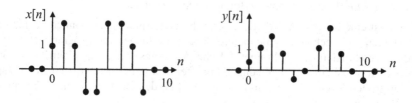

Bild 2-19   Eingangssignal $x[n]$ und Ausgangssignal $y[n]$

b) Ausgangssignal zu gegebenem $x[n]$

$$y[n] = \frac{1}{3} \cdot \{1,3,4,2,-1,0,3,5,2,0,-1\} \text{ für } n = 0, 1, ..., 10 \tag{2.43}$$

d) Reaktion auf die Impulsfunktion (Impulsantwort)

$$y[n] = \mathrm{T}\left(\delta[n]\right) = \frac{1}{3}\sum_{m=n-2}^{n}\delta[m] = \frac{1}{3}\left(\delta[n]+\delta[n-1]+\delta[n-2]\right) \tag{2.44}$$

Wir erhalten genau drei von null verschiedene Werte für $y[n]$, nämlich für $n = 0, 1$ und 2.
Wir können kompakt schreiben

$$y[n] = \frac{1}{3}\Pi_1[n-1] \tag{2.45}$$

e) Es liegt ein Gedächtnis der Länge 2 vor.

f) Das System ist kausal.

g) Das System ist linear, denn es gilt

$$y[n] = T\left(\alpha_1 x_1[n]+\alpha_2 x_2[n]\right) = \frac{1}{3}\sum_{m=n-2}^{n}\alpha_1 x_1[m]+\alpha_2 x_2[m] =$$
$$= \frac{1}{3}\sum_{m=n-2}^{n}\alpha_1 x_1[m]+\frac{1}{3}\sum_{m=n-2}^{n}\alpha_2 x_2[m] = \alpha_1 y_1[n]+\alpha_2 y_2[n] \tag{2.46}$$

h) Es sei $y_1[n]$ das Ausgangssignal zum zeitlich verschobenen Eingangssignal $x_1[n] = x[n-k]$.
Aus der Eingangs-Ausgangsgleichung ergibt sich

$$y_1[n] = T\left(x[n-k]\right) = \frac{1}{3}\sum_{m=n-2}^{n} x[m-k] = \frac{1}{3}\sum_{m=n-k-2}^{n-k} x[m] = y[n-k] \tag{2.47}$$

Das System ist zeitinvariant.

i) Das System ist BIBO-stabil, weil eine endliche Summe endlicher Zahlen stets wieder endlich ist.

k) Mit der Eingangs-Ausgangsgleichung

$$y[n] = \frac{1}{3} \sum_{m=n-1}^{n+1} x[m] \qquad (2.48)$$

wird der gleitende Mittelwert nicht kausal.

2.3.7.2 Medianfilter

Das *Medianfilter*, auch *gleitender Median* genannt, erfüllt ähnliche Aufgaben wie der gleitende Mittelwert (2.38). Wie im Beispiel deutlich wird, entfernt das Medianfilter „Ausreißer" in Messreihen. Anwendungen des Medianfilters sind z. B. in der Bildverarbeitung und der Statistik zu finden.

Wir definieren das Medianfilter

$$y[n] = \text{med}\left(x[n-N], \ldots, x[n], \ldots, x[n+N]\right) \qquad (2.49)$$

das nach Umsortieren in steigender oder fallender Ordnung den Wert in der Mitte liefert, wie beispielsweise

$$\text{med}(8,9,20,8,9) = \text{med}(8,8,9,9,20) = 9 \qquad (2.50)$$

Anmerkungen: Das Beispiel zeigt, warum manche statistische Angaben, wie die mittlere Studiendauer als Median-Werte erfasst werden sollten. Dann werden die persönlichen Entscheidungen einzelner Studierender für eine längere Studiendauer (Babypause, Auslandssemester usw.) und die prinzipielle Studierbarkeit eines Studienprogramms nicht vermengt.

Die Klassifizierung des Systems Medianfilter führen wir wieder als Aufgabe durch.

a) Skizzieren Sie das Eingangssignal $x[n]$ = {1, 2, 1, −1, −1, 5, 2, 1, −1} für den Bereich der normierten Zeitvariablen n = −2, ..., 10.

b) Geben Sie für das Eingangssignal das Ausgangssignal $y[n]$ des Medianfilters mit $N = 1$ an.

c) Skizzieren Sie das Ausgangssignal $y[n]$ in für n = −2, ..., 10.

Klassifizieren Sie das Medianfilter bzgl.

d) der Reaktion des Systems auf die Impulsfunktion,

e) der Kausalität,

f) der Linearität,

g) der Zeitinvarianz und

h) der Stabilität.

i) Wie muss (2.49) abgeändert werden, damit das Medianfilter kausal wird? Wie groß ist dann das Gedächtnis?

Lösung

a,c) Eingangssignal und Ausgangssignal sind in Bild 2-20 skizziert. Es ergibt sich
$y[n]$ = {1, 1, 1, −1, −1, 2, 2, 1, 0} für n = 0, 1, ..., 8. Der Ausreißer $x[5]$ = 5 wurde durch das Medianfilter entfernt.

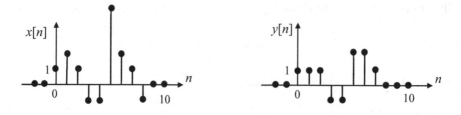

Bild 2-20 Eingangssignal $x[n]$ und Ausgangssignal $y[n]$ des Medianfilters

d) Reaktion auf die Impulsfunktion (Impulsantwort)

$$y[n] = \mathrm{T}\big(x[n]\big) = \mathrm{med}\big(\delta[n-1],\delta[n],\delta[n+1]\big) = 0 \quad \forall\, n \qquad (2.51)$$

Anmerkung: Das Medianfilter reagiert nicht auf einen einzelnen Impuls. Ein Ausreißer wird unterdrückt.

e) Das Medianfilter ist nicht kausal.

f) Das Medianfilter ist nicht linear, wie das Gegenbeispiel zeigt. Mit den Signalen

$$x_1[n] = \delta[n] \quad \text{und} \quad x_2[n] = \delta[n-1] \qquad (2.52)$$

und (2.51) gilt

$$y[n] = \mathrm{T}\big(x_1[n] + x_1[n]\big) = \delta[n] + \delta[n-1] \neq y_1[n] + y_1[n] = 0 \qquad (2.53)$$

g) Es sei $y_1[n]$ das Ausgangssignal zum zeitlich verschobenen Eingangssignal $x_1[n] = x[n-k]$. Aus der Eingangs-Ausgangsgleichung (2.49) ergibt sich

$$y_1[n] = \mathrm{T}\big(x[n-k]\big) = \mathrm{med}\big(x[n-k-1], x[n-k], x[n-k+1]\big) = y[n-k] \qquad (2.54)$$

Das Medianfilter ist zeitinvariant.

h) Das Medianfilter ist BIBO-stabil, weil nur Werte der Eingangsfolge ausgegeben werden.

i) Das Medianfilter wird durch eine Verzögerung des Ausgangswertes um ein normiertes Zeitintervall kausal.

$$y[n] = \mathrm{med}\big(x[n-2], x[n-1], x[n]\big) \qquad (2.55)$$

Das Gedächtnis beträgt zwei. Das Gedächtnis spiegelt die Zahl der benötigten Speicher im System wider.

2.3.7.3 *Gleitender Mittelwert und Median in der Bildverarbeitung*

Die Wirkung des gleitenden Mittelwerts und des Medians lässt sich in der Bildverarbeitung eindrucksvoll veranschaulichen.

In der Bildverarbeitung werden das Mittelwertfilter und das *Medianfilter* über die Bildpunkte einer *Maske* berechnet. Bild 2-21 veranschaulicht das Verfahren an einem Beispiel. Über die Bildelemente wird eine Maske mit der Form eines Quadrates geschoben. Die Maske entspricht einer 3×3-Matrix mit einem Bildelemente im Zentrum.

Anmerkungen: (i) Die Maske ist nicht kausal. (ii) Je nach Anwendung werden unterschiedliche Formen verwendet.

Im Falle des gleitenden Mittelwertes wird der Mittelwert über die Bildelemente in der Maske berechnet und der Mittelwert dem Bildelement im Zentrum zugeordnet.

$$y[n_1, n_2] = \frac{1}{9} \sum_{m_2=-1}^{1} \sum_{m_1=-1}^{1} x[n_1 + m_1, n_2 + m_2] \tag{2.56}$$

Beim Medianfilter wird entsprechend verfahren.

$$y[n_1, n_2] = \text{med}\left(x[n_1 - 1, n_2 - 1], \ldots, x[n_1 + 1, n_2 + 1]\right) \tag{2.57}$$

Besondere Beachtung erhalten die Bildelemente am Rande des Bildes, wenn die Maske den Bildbereich verlässt. Dann sind zwei Verfahren üblich: Auffüllen der Maske mit 0 oder die symmetrische Fortsetzung der Bildelemente über die Bildgrenze hinaus.

Das Medianfilter eignet sich besonders, um Bilder von so genanntem Salz-und-Pfeffer-Rauschen zu befreien. Unter dem *Salz-und-Pfeffer-Rauschen* versteht man eine Störung, bei der zufällig ausgewählte Bildelemente auf Schwarz oder Weiß gesetzt werden; ähnlich dem Bestreuen des Bildes mit Salz und Pfeffer.

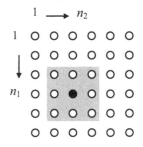

Bild 2-21 Quadratische (3×3)-Maske zur Berechnung von $y[4,3]$

Bild 2-22 zeigt ein Beispiel, das mit der MATLAB Image Processing Toolbox bearbeitet wurde. Im linken Teilbild sind etwa 10 % der Bildelemente gestört. Rechts ist das Ergebnis der Medianfilterung zu sehen. Durch das Medianfilter werden die Ausreißer nach unten (schwarz, 0) und nach oben (weiß, 255) weitgehend eliminiert und durch sinnvolle Werte ersetzt. Anders als bei dem gleitenden Mittelwert wird beim nichtlinearen Medianfilter der Einfluss der Ausreißer weitgehend beseitigt. Insbesondere bleiben die Kanten im Bild erhalten.

 Online-Ressourcen zu Kapitel 2 mit Übungsaufgaben sowie MATLAB-Übungen

Bild 2-22   Bild mit Salz-und-Pfeffer-Rauschen (10 %) links und nach Rauschbefreiung durch ein
Medianfilter (3×3) rechts (Ross River, Townsville QLD)

3 Lineare zeitinvariante Systeme

In diesem Abschnitt werden lineare zeitinvariante Systeme, kurz LTI-Systeme, mit ihre Eigenschaften vorgestellt. Zuerst wird gezeigt, dass die Antworten der Systeme auf die Erregung mit einem Impuls, die Impulsantworten, von besonderer Bedeutung sind. Mit den Impulsantworten können die Systemreaktionen auf beliebige Eingangssignale durch Faltung bestimmt werden. Die Impulsantworten charakterisieren die LTI-Systeme. Es lassen sich an ihnen die wichtigen Systemeigenschaften Kausalität und Stabilität ablesen.

Von ebenso grundsätzlicher Bedeutung sind die Eigenfunktionen der LTI-Systeme. Sie stellen den Zusammenhang zwischen der Impulsantwort und der Übertragungsfunktion her und motivieren später die Anwendung der z- bzw. der Laplace-Transformation.

Aufgrund der gemeinsamen LTI-Eigenschaften ähneln sich die Methoden zur Beschreibung zeitkontinuierlicher und zeitdiskreter LTI-Systeme. Tabelle 3-2 fasst abschließend die Ergebnisse in Form einer Gegenüberstellung zusammen. Die Gemeinsamkeiten der beiden Systemklassen stellt die im Weiteren analoge Vorgehensweise besonders heraus. Der größeren Anschaulichkeit halber wird mit den zeitdiskreten LTI-Systemen begonnen.

3.1 Zeitdiskrete LTI-Systeme

Lernziele

Nach Bearbeiten des Abschnitts 3.1 können Sie für zeitdiskrete LTI-Systeme

- die Faltung als die Eingangs-Ausgangsgleichung der Systeme herleiten
- für überschaubare Beispiele die Faltung selbst berechnen und den Algorithmus durch eine Skizze erläutern
- den Zusammenhang zwischen der Impulsantwort und der Sprungantwort vorstellen
- die Systemeigenschaften Kausalität und Stabilität anhand der Impulsantwort überprüfen
- den Begriff Eigenfunktion des Systems erläutern und die prinzipielle Lösung angeben

3.1.1 Impulsantwort

Die Beschreibung der Signalübertragung durch LTI-Systeme fußt darauf, zunächst die Systemreaktion auf die Impulsfunktion, die *Impulsantwort*

$$h[n] = \mathrm{T}\left(\delta[n]\right) \tag{3.1}$$

zu bestimmen. Lässt sich das Eingangssignal als Linearkombination von Impulsfunktionen darstellen, so folgt aufgrund der Linearität und der Zeitinvarianz des LTI-Systems, dass das Ausgangssignal eine Linearkombination der Impulsantwort sein muss. Diesen grundsätzlichen Zusammenhang wollen wir jetzt analytisch erfassen.

Mit der Ausblendeigenschaft der Impulsfunktion (2.33) kann ein beliebiges Signal $x[n]$ als Summe von gewichteten und verzögerten Impulsfunktionen dargestellt werden.

$$x[n] = \sum_{k=-\infty}^{\infty} x[k] \cdot \delta[n-k] \tag{3.2}$$

Wendet man den Systemoperator auf das Signal an, folgt aufgrund der vorausgesetzten Linearität für das Ausgangssignal

$$y[n] = T\left(x[n]\right) = T\left(\sum_{k=-\infty}^{\infty} x[k] \cdot \delta[n-k]\right) = \sum_{k=-\infty}^{\infty} x[k] \cdot T\left(\delta[n-k]\right) \tag{3.3}$$

Wegen der ebenfalls vorausgesetzten Zeitinvarianz gilt

$$h[n-k] = T\left(\delta[n-k]\right) \tag{3.4}$$

und somit die *Eingangs-Ausgangsgleichung* für zeitdiskrete LTI-Systeme

$$y[n] = \sum_{k=-\infty}^{\infty} x[k] \cdot h[n-k] \tag{3.5}$$

Die Reaktion eines LTI-Systems auf ein beliebiges Eingangssignal wird durch die Impulsantwort vollständig festgelegt. Die Eingangs-Ausgangsgleichung wird als *(diskrete) Faltung* oder auch *Faltungssumme* des Eingangssignals mit der Impulsantwort bezeichnet. Man schreibt mit dem Faltungsstern kurz

$$x[n] * h[n] = \sum_{k=-\infty}^{\infty} x[k] \cdot h[n-k] \tag{3.6}$$

Die Faltungssumme hat die drei wichtigen Eigenschaften:

- *Kommutativität*

$$x[n] * h[n] = h[n] * x[n] = \sum_{k=-\infty}^{\infty} x[k] \cdot h[n-k] = \sum_{k=-\infty}^{\infty} h[k] \cdot x[n-k] \tag{3.7}$$

- *Assoziativität*

$$\left(x[n] * h_1[n]\right) * h_2[n] = x[n] * \left(h_2[n] * h_1[n]\right) \tag{3.8}$$

- *Distributivität*

$$x[n] * \left(h_2[n] + h_1[n]\right) = x[n] * h_1[n] + x[n] * h_2[n] \tag{3.9}$$

Die Assoziativität und die Distributivität der Faltung wird in Bild 3-1 als Ketten- bzw. Parallelschaltung von LTI-Systemen gedeutet. Die Reihenfolge hintereinander geschalteter LTI-Systeme kann beliebig getauscht werden. Auch können die Impulsantworten zweier hintereinander geschalteter LTI-Systeme durch Faltung zur Impulsantwort des Gesamtsystems zusammengefasst werden. Komplexe LTI-Systeme lassen sich gegebenenfalls in LTI-Systeme zerlegen bzw. aus ihnen zusammensetzen.

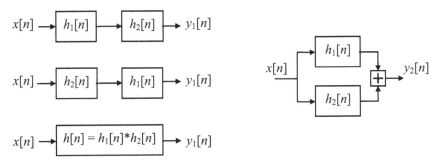

Bild 3-1 Ketten- (links) und Parallelschaltung (rechts) von LTI-Systemen

Beispiel Faltung zweier Rechteckimpulse

In vielen Fällen lässt sich die Faltung auf grafischem Wege veranschaulichen. Hierzu betrachten wir das Beispiel eines rechtsseitigen Rechteckimpulses als Eingangssignal und eines Systems mit zum Eingangssignal identischer Impulsantwort.

$$x[n] = h[n] = \Pi_N[n - N] \tag{3.10}$$

Die Berechnung des Ausgangssignals durch die Faltung

$$y[n] = x[n] * h[n] = \sum_{k=-\infty}^{\infty} x[k] \cdot h[n-k] = \sum_{k=0}^{2N} x[k] \cdot h[n-k] \tag{3.11}$$

lässt sich folgendermaßen durchführen:

Für einen beliebigen, aber fest vorgegebenen Wert n ist in der Summe das Produkt aus $x[k]$ und $h[n-k]$ zu bilden. Hierzu sind in Bild 3-2 das Eingangssignal $x[k]$ und die Impulsantwort $h[n-k]$ für die Werte $n = 0, N, 2N, 3N$ und $4N$ gezeigt. Für $n = 0$ erhält man für $h[-k]$, wegen des Minuszeichens im Argument, den an der Ordinate gespiegelten Rechteckimpuls. Für $n = N$ verschiebt sich der Rechteckimpuls um N Werte nach rechts, usw.

In der Summe wird das Produkt aus dem Eingangssignal und der gespiegelten und verschobenen Impulsantwort gebildet. Da im Beispiel $x[k] = 0$ für $k < 0$ oder $k > 2N$ gilt, unterscheiden wir vier Fälle:

① $n < 0$

Alle Beiträge zur Summe sind für $n < 0$ gleich 0, da sich $x[k]$ und $h[n-k]$ in den von 0 verschiedenen Werten nicht überlappen. Die Faltungssumme liefert demzufolge den Wert 0, siehe Bild 3-2 rechte Hälfte oben.

② $0 \le n < 2N$

Für wachsendes n schiebt sich der Rechteckpuls $h[n-k]$ mehr und mehr unter den Rechteckimpuls $x[k]$. Man beachte, dass für $n = 0$ bereits mit $k = 0$ ein Summand zur Faltungssumme beiträgt. Da es sich um Rechteckimpulse handelt, nimmt die Faltungssumme mit wachsendem n zunächst linear zu.

③ $2N \leq n \leq 4N$

Für $n = 2N$ decken sich die Rechteckimpulse vollständig. Die Faltungssumme liefert den Maximalwert $2N + 1$.

Mit weiter wachsendem n schiebt sich $h[n-k]$ aus dem Bereich des Rechteckimpulses $x[k]$. Die Faltungssumme nimmt linear ab.

④ $4N < n$

Für $n > 4N$ überlappen sich $x[k]$ und $h[n-k]$ nicht mehr. Damit bleibt der Wert der Faltungssumme 0.

Das Faltungsergebnis ist in Bild 3-2 unten rechts gezeigt. Es resultiert ein *Dreieckimpuls* mit der Breite $4N + 1$ und der Höhe $2N + 1$.

$$y[n] = \begin{cases} (2N+1) \cdot \left(1 - \dfrac{|n - 2N|}{2N + 1}\right) & \text{für } 0 \leq n \leq 4N \\ 0 & \text{sonst} \end{cases} \tag{3.12}$$

Anmerkung: Das Beispiel spielt in der Nachrichtentechnik im Zusammenhang mit dem Matched-Filter eine wichtige Rolle.

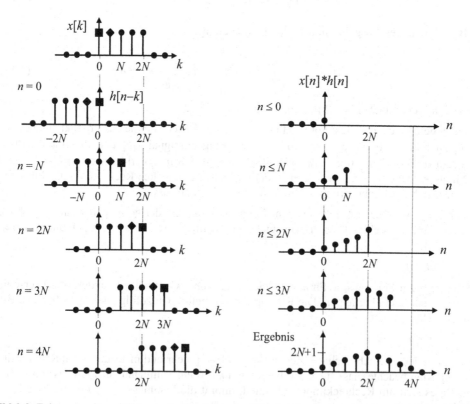

Bild 3-2 Faltung zweier zeitdiskreter Rechteckimpulse ($N = 2$). Um die Spiegelung an der Ordinate für $h[n-k]$ deutlich zu machen, sind die Folgenelemente $x[0] = h[0]$ und $x[1] = h[1]$ besonders gekennzeichnet

3.1.2   Sprungantwort

Eine weitere, besonders in der Regelungstechnik häufig verwendete, charakterisierende Größe der Systeme ist die *Sprungantwort*.

$$s[n] = \mathrm{T}\big(u[n]\big) \tag{3.13}$$

Anmerkung: In der Literatur sind verschiedene Bezeichnungen für die Sprungantwort, englisch „step response", gebräuchlich. Wir folgen hier einer weit verbreiteten Schreibweise. Man beachte jedoch, dass in manchen Veröffentlichungen $s[n]$ für die Sprungfolge, englisch (unit) step function, geschrieben wird.

In die Eingangs-Ausgangsgleichung (3.5) eingesetzt, resultiert die Sprungantwort durch aufsummieren, auch akkumulieren genannt, der Impulsantwortkoeffizienten.

$$s[n] = \sum_{k=-\infty}^{\infty} h[k] \cdot u[n-k] = \sum_{k=-\infty}^{n} h[k] \tag{3.14}$$

Oder anders herum, die Impulsantwort ergibt sich durch Differenzbildung aus der Sprungantwort

$$h[n] = s[n] - s[n-1] \tag{3.15}$$

3.1.3   Kausalität

Zeitdiskrete LTI-Systeme sind *kausal*, wenn die Systemreaktion nicht von zukünftigen Signalwerten am Eingang abhängt. Ist die Impulsantwort eine rechtsseitige Folge, d. h.

$$h[n] = 0 \quad \text{für} \quad n < 0 \tag{3.16}$$

kann die Faltungssumme entsprechend angepasst werden. Es resultiert das Ausgangssignal als Linearkombination des aktuellen Wertes am Systemeingang und früher eingespeister Werte.

$$y[n] = \sum_{k=0}^{\infty} h[k] \cdot x[n-k] = h[0] \cdot x[n] + h[1] \cdot x[n-1] + h[2] \cdot x[n-2] + \cdots \tag{3.17}$$

Das System ist kausal.

3.1.4   Stabilität

Die *BIBO-Stabilität* eines LTI-Systems lässt sich ebenfalls anhand der Impulsantwort feststellen. Für ein beschränktes Eingangssignal $|x[n]| < M < \infty$ gilt die Abschätzung

$$|y[n]| = \left| \sum_{k=-\infty}^{+\infty} h[k] \cdot x[n-k] \right| \le \sum_{k=-\infty}^{+\infty} |h[k] \cdot x[n-k]| \le M \sum_{k=-\infty}^{+\infty} |h[k]| \tag{3.18}$$

Das System ist BIBO-stabil, falls das Ausgangssignal $y[n]$ beschränkt ist, also die Impulsantwort absolut summierbar ist.

$$\sum_{k=-\infty}^{+\infty} |h[k]| < \infty \qquad (3.19)$$

Liegt insbesondere eine Impulsantwort endlicher Dauer vor, ein so genanntes *FIR-System* (Finite-Impulse Response), und sind die Koeffizienten, wie üblich, betragsmäßig beschränkt, dann ist das System stabil.

3.1.5 Eigenfunktion

Wir wenden uns zunächst scheinbar von der Impulsantwort ab und gehen einer eher unvermuteten Fragestellung nach. Es wird sich jedoch zeigen, dass dadurch eine neue Art der Signal- und Systembeschreibung motiviert wird, in der auch die Impulsantwort ihre Rolle hat.

Wir suchen zu den LTI-Systemen ein Eingangssignal, welches bis auf einen Skalierungsfaktor, unverändert übertragen wird. Ein solches Signal wird, entsprechend zum Eigenvektor in der Matrizenrechnung, *Eigenfunktion* des Systems genannt.

Dazu zeigen wir, dass der Ansatz mit einer zeitdiskreten Exponentiellen z^n gilt.

$$y[n] = \mathrm{T}\left(z^n\right) = \lambda \cdot z^n \qquad (3.20)$$

Der konstante Faktor λ wird als *Eigenwert* bezeichnet.

Wegen der vorausgesetzten Zeitinvarianz und der Homogenität dürfen wir für eine beliebige von null verschiedene komplexe Konstante z und einer beliebigen ganzen Zahl k schreiben

$$y[n+k] = \mathrm{T}\left(z^{n+k}\right) = \mathrm{T}\left(z^n \cdot z^k\right) = z^k \cdot \mathrm{T}\left(z^n\right) = z^k \cdot y[n] \qquad (3.21)$$

da z^k ebenfalls eine komplexe Konstante ist. Für $n = 0$ ergibt sich

$$y[k] = y[0] \cdot z^k \qquad (3.22)$$

Da k eine beliebige ganze Zahl ist, kann k auch die Rolle der normierten Zeitvariablen übernehmen. Wir setzen formal n statt k und erhalten wieder den Ansatz (3.20).

$$y[n] = y[0] \cdot z^n = \lambda \cdot z^n \qquad (3.23)$$

Die allgemein Exponentiellen sind Eigenfunktionen von zeitdiskreten LTI-Systemen.

Die Exponentiellen schließen mit der eulerschen Formel die sinusförmigen Folgen ein. Erregen wir ein LTI-System mit einer sinusförmigen Folge, so beobachten wir eine sinusförmige Folge mit gleicher Frequenz am Ausgang.

Nimmt man die Eigenfunktion und setzt sie in die Eingangs-Ausgangsgleichung (3.5) ein, so resultiert mit dem Eigenwert zur komplexen Konstanten z

$$y[n] = \sum_{k=-\infty}^{\infty} h[k] \cdot z^{n-k} = \left[\sum_{k=-\infty}^{\infty} h[k] \cdot z^{-k}\right] \cdot z^n = H(z) \cdot z^n \qquad (3.24)$$

$H(z)$ wird *Übertragungsfunktion* genannt und gibt für eine fest vorgegebene komplexe Konstante z das Übertragungsverhältnis, zwischen der komplexen Exponentiellen am Ausgang zu der am Eingang wieder. Die Abbildung der Impulsantwort auf die Übertragungsfunktion wird als *z*-Transformation später noch genauer behandelt.

3.1.6 Beispiel: Barker-Code

In der Nachrichtenübertragungstechnik wird der binäre Datenstrom in der Regel in Abschnitte, eingeteilt, die mit zusätzlichen Bit zu einem Rahmen zusammengestellt werden, wobei die Bedeutung eines Bits von seiner Position im Rahmen abhängt. Der Empfänger muss deshalb zur Decodierung der Daten den Anfang des jeweiligen Rahmens erkennen, eine Rahmensynchronisation durchführen. Dazu sucht er im Datenstrom nach eingefügten Synchronisationswörtern. Dies geschieht in vielen Anwendungen mit einem auf das Synchronisationswort angepassten LTI-System, einem *Matched-Filter*. Das Synchronisationswort wird dabei so vorgegeben, dass sich sein Empfang im Ausgangssignal des Matched-Filters besonders hervorhebt. Eine wichtige Familie von derartigen Synchronisationswörtern bilden die *Barker-Codes* in Tabelle 3-1.

Anmerkungen: (i) Der Barker-Code der Länge 11 wird zur Rahmensynchronisation des Teilnehmeranschlusses im ISDN-Netz, der U_{K0}-Schnittstelle, verwendet. Barker-Codes mit Längen 7 und 11 findet sich im Access Code drahtloser lokaler Netze (Wireless Personal Area Network, PAN) nach der Bluetooth®-Empfehlung [BrSt02] bzw. WLAN (Wireless Local Area Network) nach IEEE 802.11b [HaMo05], auch unter dem Namen Wi-Fi (Wireless Fidelity) bekannt. Im digitalen Teilnehmeranschluss HDSL (High Speed Digital Subscriber Line) werden Barker-Codes der Längen 7, 11 und 13 vorgeschlagen [Che98]. (ii) Betrachtet man den Betrag des Matched-Filter-Ausgangssignals, so ist bei Barker-Codes das Verhältnis des Haupt- zu den Nebenmaxima stets gleich der Codelänge. Barker-Codes länger als 13 sind nicht bekannt.

Tabelle 3-1 Barker-Codes [LüOh02]

Codelänge	Barker-Code
2	+ −
3	+ + −
4	+ + − +
5	+ + + − +
7	+ + + − − + −
11	+ + + − − − + − − + −
13	+ + + + + − − + + − + − +

Das Beispiel stellen wir in Form einer Aufgabe vor.

a) Geben Sie die Barker-Codefolge $b_5[n]$ der Länge 5 analytisch an und skizzieren Sie die Folge.

b) Skizzieren Sie die Impulsantwort des kausalen Matched-Filters zu $b_5[n]$ mit $h[n] = b_5[-n + 4]$. Wie kann die Wirkung des Arguments „$4 - n$" anschaulich gedeutet werden?

c) Berechnen Sie das Ausgangssignal des Matched-Filters für die gesendete Barker-Codefolge der Länge 5, $y[n] = h[n] * b_5[n]$. Skizzieren Sie das Ergebnis.

Lösung

a,b) Barker-Codefolge der Länge 5 $b_5[n] = \{1, 1, 1, -1, 1\}$

Impulsantwort des kausalen Matched-Filters $h[n] = b_5[-n + 4] = \{1, -1, 1, 1, 1\}$

Die Impulsantwort resultiert wegen des negativen Vorzeichens im Argument *n* aus der Spiegelung der Codefolge. Die Addition von 4 verschiebt das Zwischenergebnis um 4 Zeitschritte nach rechts, so dass sich die Impulsantwort als rechtsseitige Folge ergibt. Das Matched-Filter ist kausal, siehe Bild 3-3.

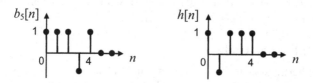

Bild 3-3 Barker-Codefolge der Länge 5 und Impulsantwort des zugehörigen Matched-Filters

Anmerkung: Die Spiegelung der Codefolge für die Impulsantwort hebt die Spiegelung bei der Faltung auf. Im Matched-Filter wird die Barker-Codefolge mit sich selbst verglichen. Man spricht von der Korrelation, wie später noch genauer erläutert.

c) Ausgangssignal des Matched-Filters $y[n] = h[n]*b_5[n] = \{1,0,1,0,5,0,1,0,1\}$, siehe Bild 3-4

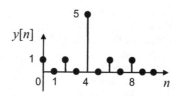

Bild 3-4 Ausgangssignal des Korrelators für die Barker-Codefolge der Länge 5

In Bild 3-4 zeigt sich eine Impulsüberhöhung bei $n = 4$. Das Matched-Filter bündelt die gesamte Signalenergie in einen Impuls am Ausgang. Durch die spezielle Form des Barker-Codes ist für den Betrag des Ausgangssignals das Verhältnis der Amplituden des Hauptmaximums zum Rest stets größer höchstens gleich der Codelänge. Damit wird die Gefahr eines Fehlalarms, einer fehlerhaften Rahmensynchronisation mit Datenverlust, reduziert.

Anmerkung: Betrachtet man den Barker-Code als spezielle Form eines Impulses, wie in der Radartechnik, so zeigt Bild 3-4 eine typische Impulskompression durch das Matched-Filter, vgl. Chirp-Signal in Abschnitt 13.4.4

3.2   Zeitkontinuierliche LTI-Systeme

Wegen den Ähnlichkeiten zwischen zeitkontinuierlichen und zeitdiskreten LTI-Systemen können wir hier wie in Abschnitt 3.1 vorgehen.

Lernziele

Nach Bearbeiten des Abschnitts 3.2 können Sie für zeitkontinuierliche LTI-Systeme

- die Faltung als die Eingangs-Ausgangsgleichung der Systeme herleiten
- für überschaubare Beispiele die Faltung selbst berechnen und den Algorithmus durch eine Skizze erläutern
- den Zusammenhang zwischen Impulsantwort und Sprungantwort vorstellen
- die Systemeigenschaften Kausalität und Stabilität anhand der Impulsantwort überprüfen
- den Begriff Eigenfunktion des Systems erläutern und die prinzipielle Lösung angeben

3.2.1 Impulsantwort

Zunächst betrachten wir die Reaktion eines zeitkontinuierlichen Systems bei Erregung mit der Impulsfunktion, die *Impulsantwort*

$$h(t) = \mathrm{T}\big(\delta(t)\big) \tag{3.25}$$

Um den Zusammenhang zwischen Impulsantwort und der Systemreaktion auf ein Eingangssignal $x(t)$ herzustellen, benutzen wir die Ausblendeigenschaft der Impulsfunktion (2.28) zur Beschreibung des Eingangssignals

$$\int\limits_{-\infty}^{+\infty} x(\tau)\delta(t-\tau)d\tau = \int\limits_{-\infty}^{+\infty} x(t)\delta(t-\tau)d\tau = x(t)\cdot \underbrace{\int\limits_{-\infty}^{+\infty}\delta(t-\tau)d\tau}_{1} = x(t) \tag{3.26}$$

Eingesetzt in den Systemoperator des LTI-Systems, folgt aufgrund der Linearität das Ausgangssignal in der Form

$$y(t) = \mathrm{T}\big(x(t)\big) = \mathrm{T}\left(\int\limits_{-\infty}^{+\infty} x(\tau)\cdot\delta(t-\tau)d\tau\right) = \int\limits_{-\infty}^{+\infty} x(\tau)\cdot\mathrm{T}\big(\delta(t-\tau)\big)d\tau \tag{3.27}$$

Wegen der vorausgesetzten Zeitinvarianz gilt für die Impulsantwort

$$h(t-\tau) = \mathrm{T}\big(\delta(t-\tau)\big) \tag{3.28}$$

und somit die *Eingangs-Ausgangsgleichung* für zeitkontinuierliche LTI-Systeme

$$y(t) = \int\limits_{-\infty}^{+\infty} x(\tau)\cdot h(t-\tau)d\tau \tag{3.29}$$

Die Systemreaktion auf ein beliebiges Eingangssignal wird durch die Impulsantwort vollständig festgelegt. Die Eingangs-Ausgangsgleichung wird Faltungsintegral oder *Faltung* des Eingangssignals mit der Impulsantwort bezeichnet. Man schreibt mit dem Faltungsstern kurz

$$x(t) * h(t) = \int\limits_{-\infty}^{+\infty} x(\tau)\cdot h(t-\tau)d\tau \tag{3.30}$$

Das Faltungsintegral hat, wie die Faltungssumme, die drei wichtigen Eigenschaften:

- *Kommutativität*

$$x(t) * h(t) = h(t) * x(t) = \int\limits_{-\infty}^{+\infty} x(\tau)\cdot h(t-\tau)d\tau = \int\limits_{-\infty}^{+\infty} h(\tau)\cdot x(t-\tau)d\tau \tag{3.31}$$

• *Assoziativität*

$$\left[x(t) * h_1(t)\right] * h_2(t) = x(t) * \left[h_2(t) * h_1(t)\right] \tag{3.32}$$

• *Distributivität*

$$x(t) * \left[h_2(t) + h_1(t)\right] = x(t) * h_1(t) + x(t) * h_2(t) \tag{3.33}$$

Damit ist Bild 3-1 mit den Ketten- und Parallelschaltungen von LTI-Systemen auch für den zeitkontinuierlichen Fall gültig. Ebenso darf die Reihenfolge der zeitkontinuierlichen LTI-Systeme beliebig vertauscht werden.

Beispiel   Faltung zweier Rechteckimpulse

Wie im zeitdiskreten Fall lässt sich die Faltung auf grafischem Wege veranschaulichen. Hierzu betrachten wir wieder das Beispiel eines rechtsseitigen Rechteckimpulses als Eingangssignal und eines Systems mit zum Eingangssignal identischer Impulsantwort.

$$x(t) = h(t) = \Pi_T\left(t - T/2\right) \tag{3.34}$$

Die Faltung

$$y(t) = x(t) * h(t) = \int_{-\infty}^{+\infty} \Pi_T(\tau - T/2) \cdot \Pi_T(t - \tau - T/2) d\tau \tag{3.35}$$

kann wie folgt bestimmt werden:

Für einen beliebigen, aber fest vorgegebenen Wert t ist unter dem Integral das Produkt aus $x(\tau)$ und $h(t-\tau)$ zu bilden. Hierzu ist in Bild 3-5 das Eingangssignal $x(\tau)$ und die Impulsantwort $h(t-\tau)$ für die Werte $t = 0$, $T/2$, T, $3T/2$ und $2T$ gezeigt. Für $t = 0$ erhalten wir für $h(-\tau)$, wegen des Minuszeichens im Argument, den an der Ordinate gespiegelten Rechteckimpuls. Für $t = T/2$ verschiebt sich der Rechteckimpuls um $T/2$ nach rechts, usw.

Da im Beispiel $x(\tau) = 0$ für $\tau < 0$ oder $\tau > T$ gilt, unterscheiden wir vier Fälle:

① $t < 0$

In Bild 3-5 sehen wir, dass der Integrand für $t < 0$ gleich 0 ist, weil sich die Rechteckimpulse $x(\tau)$ und $h(t-\tau)$ nicht überlappen, d. h. mindestens einer der Faktoren und damit auch das Produkt für alle τ ist 0. Demzufolge liefert das Faltungsintegral zunächst den Wert 0 in Bild 3-5 rechts oben.

② $0 \le t < T$

Für wachsendes t schiebt sich der Rechteckimpuls $h(t-\tau)$ mehr und mehr unter den Rechteckimpuls $x(\tau)$. Da es sich um Rechteckimpulse handelt, nimmt die vom Produkt der beiden Rechteckimpulse eingeschlossene Fläche linear zu.

③ $T \le t < 2T$

Für $t = T$ decken sich die Rechteckimpulse vollständig. Das Faltungsintegral liefert den Maximalwert.

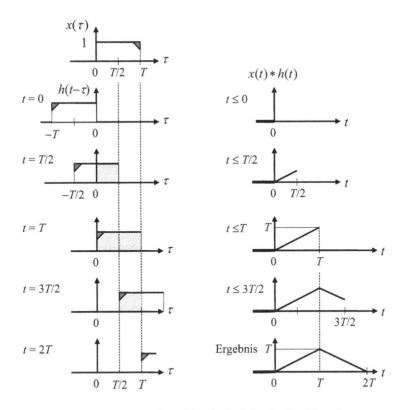

Bild 3-5 Faltung zweier zeitkontinuierlicher Rechteckimpulse

Mit wachsendem t schiebt sich $h(t-\tau)$ aus dem Bereich des Rechteckimpulses $x(\tau)$. Die von den beiden Rechteckimpulsen gemeinsam eingeschlossene Fläche nimmt linear ab.

④ $2T \leq t$

Für $t \geq 2T$ ist der Integrand und damit der Wert des Faltungsintegrals identisch null.

Das gesuchte Faltungsergebnis wird in Bild 3-5 unten rechts gezeigt. Es resultiert ein *Dreieck-impuls* mit der Breite $2T$ und der Höhe T.

$$y(t) = \begin{cases} T\left(1 - \dfrac{|t-T|}{T}\right) & \text{für} \quad 0 < t < 2T \\ 0 & \text{sonst} \end{cases} \tag{3.36}$$

3.2.2   Sprungantwort

Eine weitere die Systeme charakterisierende Größe ist die *Sprungantwort*.

$$s(t) = \mathrm{T}\big(u(t)\big) \tag{3.37}$$

Im Beispiel des geschalteten RC-Gliedes in Bild 2-12 ist die Sprungantwort die Reaktion des Systems auf das Anschalten einer Gleichspannungsquelle zum Zeitpunkt $t = 0$.

Die Sprungfunktion als Erregung in die Eingangs-Ausgangsgleichung eingesetzt, liefert die Sprungantwort als Integral der Impulsantwort.

$$s(t) = u(t) * h(t) = \int_{-\infty}^{+\infty} h(\tau) \cdot u(t - \tau) d\tau = \int_{-\infty}^{t} h(\tau) d\tau \qquad (3.38)$$

Oder andersherum, die Impulsantwort ergibt sich aus der Ableitung der Sprungantwort. Gegebenenfalls ist die Ableitung im Sinne der Distributionentheorie als Derivierung aufzufassen.

$$h(t) = \frac{d}{dt} s(t) \qquad (3.39)$$

3.2.3   Kausalität

Zeitkontinuierliche LTI-Systeme sind genau dann *kausal*, wenn die Impulsantwort rechtsseitig ist, d. h.

$$h(t) = 0 \quad \text{für} \quad t < 0 \qquad (3.40)$$

In diesem Fall können die Integrationsgrenzen des Faltungsintegrals angepasst werden.

$$x(t) * h(t) = \int_{0}^{+\infty} h(\tau) x(t - \tau) d\tau = \int_{-\infty}^{t} x(\tau) h(t - \tau) d\tau \quad \text{für} \quad h(t) = 0 \,\forall\, t < 0 \qquad (3.41)$$

3.2.4   Stabilität

Die *BIBO-Stabilität* eines LTI-Systems lässt sich anhand der Impulsantwort feststellen. Für ein beschränktes Eingangssignal $|x(t)| < M < \infty$ gilt die Abschätzung

$$|y(t)| = \left| \int_{-\infty}^{+\infty} h(\tau) \cdot x(t - \tau) d\tau \right| \leq \int_{-\infty}^{+\infty} |h(\tau) \cdot x(t - \tau)| d\tau \leq M \int_{-\infty}^{+\infty} |h(\tau)| d\tau \qquad (3.42)$$

Das System ist BIBO-stabil, falls das Ausgangssignal $y(t)$ beschränkt ist, d. h. die Impulsantwort absolut integrierbar ist.

$$\int_{-\infty}^{\infty} |h(t)| dt < \infty \qquad (3.43)$$

3.2.5   Eigenfunktion

Wie bei den zeitdiskreten Systemen fragen wir nach der *Eigenfunktion*. Wir suchen ein Eingangssignal, das bis auf einen Skalierungsfaktor, dem *Eigenwert*, vom LTI-System unverändert übertragen wird. Dazu zeigen wir, dass der Ansatz

$$y(t) = \mathrm{T}\left(e^{st}\right) = \lambda \cdot e^{st} \qquad (3.44)$$

mit einer allgemeinen Exponentiellen gilt. Wegen der vorausgesetzten Zeitinvarianz und der Homogenität des Systems erhalten wir

$$y(t+t_0) = \mathrm{T}\left(e^{s(t+t_0)}\right) = \mathrm{T}\left(e^{st} \cdot e^{st_0}\right) = e^{st_0} \cdot \mathrm{T}\left(e^{st}\right) = e^{st_0} \cdot y(t) \qquad (3.45)$$

Mit $t = 0$ resultiert

$$y(t_0) = y(0) \cdot e^{st_0} \qquad (3.46)$$

Da t_0 eine beliebig wählbare reelle Zahl ist, darf der Index weggelassen werden

$$y(t) = y(0) \cdot e^{st} = \lambda \cdot e^{st} \qquad (3.47)$$

und es ergibt sich wieder der Ansatz (3.44). Somit ist gezeigt, dass die allgemein Exponentiellen Eigenfunktionen von zeitkontinuierlichen LTI-Systemen mit den jeweiligen Eigenwerten λ = $y(0)$ sind.

Anmerkung: In der komplexen Wechselstromrechnung werden die RLC-Netzwerke mit sinusförmigen Strömen und Spannungen erregt. Bei den Berechnungen wird vorausgesetzt, dass die resultierenden Ströme und Spannungen ebenfalls sinusförmig sind und die gleiche Frequenz wie die jeweilige Erregung aufweisen. Durch das Netzwerk tritt nur eine Änderung der Amplitude und/oder der Phase ein. Die prinzipielle Zeitabhängigkeit bleibt erhalten.

Nimmt man die Eigenfunktion als Eingangssignal und setzt sie in die Eingangs-Ausgangsgleichung (3.29) ein, so erhält man mit dem Eigenwert zur komplexen Frequenz s

$$y(t) = \mathrm{T}\left(e^{st}\right) = \int_{-\infty}^{+\infty} h(\tau) \cdot e^{s(t-\tau)} d\tau = \left[\int_{-\infty}^{+\infty} h(\tau) \cdot e^{-s\tau} d\tau\right] \cdot e^{st} = H(s) \cdot e^{st} \qquad (3.48)$$

$H(s)$ wird *Übertragungsfunktion* genannt und gibt insbesondere für eine fest vorgegebene komplexe Frequenz $s = j\omega$ das aus der *komplexen Wechselstromrechnung* bekannte Übertragungsverhältnis zwischen der komplexen Amplitude am Ausgang zu der am Eingang wieder. Die Abbildung der Impulsantwort auf die Übertragungsfunktion wird als Laplace-Transformation bzw. Fourier-Transformation später noch genauer behandelt.

Anmerkung: Hier zeigt sich die enge Verwandtschaft zwischen zeitkontinuierlichen und zeitdiskreten LTI-Systemen. In Abschnitt 2.2.1 wurde die zeitdiskrete Exponentielle zunächst als abgetastete zeitkontinuierliche Exponentielle eingeführt. Wenn sowohl zeitdiskrete als auch zeitkontinuierliche Systeme – bis auf die Abtastung der Signale – gleiche Eigenfunktionen besitzen, so stellt sich die sehr praktische Frage: Können die Übertragungseigenschaften zeitkontinuierlicher LTI-Systeme in den Abtastzeitpunkten durch zeitdiskrete LTI-Systeme nachgebildet und so die zeitkontinuierlichen Systeme in bestimmten Anwendungen durch zeitdiskrete ersetzt werden? Wir werden diese Frage in Abschnitt 11 mit ja beantworten. Hinzu kommt, dass wir auch eine enge Verwandtschaft zwischen der Laplace-Transformation und der z-Transformation erwarten dürfen.

3.2.6   Beispiel: RC-Glied

Das Beispiel knüpft an bekannten Zusammenhängen aus der Physik und Grundlagen der Elektrotechnik an. Aus didaktischen Gründen wird die Form einer Aufgabe gewählt.

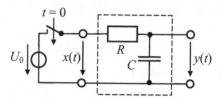

In Bild 3-6 wird ein RC-Glied mit einer zum Zeitpunkt $t = 0$ eingeschalteten Gleichspannung U_0 gezeigt. Zum Einschaltzeitpunkt sei die Kapazität C energiefrei.

Bild 3-6 Geschaltete Gleichspannungsquelle am RC-Glied

a) Berechnen Sie den Spannungsverlauf an der Kapazität nach dem Einschalten. Benutzen Sie dabei die Faltungsbeziehung mit der Impulsantwort, die im Übungsteil oder in [Wer06] hergeleitet wird.

$$h(t) = \frac{1}{RC} e^{-t/RC} \, u(t) \tag{3.49}$$

b) Mit welcher Systemgröße kann der berechnete Spannungsverlauf identifiziert werden?

Bei einer bipolaren Datenübertragung werden rechteckförmige Sendegrundimpulse der Dauer T und Amplitude $+A$ bzw. $-A$ gesendet Im Empfänger wird als Empfangsfilter das RC-Glied in Bild 3-6 mit der Zeitkonstante $\tau = T/2$ verwendet.

c) Berechnen Sie das Signal am Ausgang des RC-Glieds, wenn ein Sendegrundimpuls mit der Amplitude A übertragen wird. Skizzieren Sie das Signal.

d) Skizzieren Sie das Signal am Ausgang des RC-Glieds, wenn drei Sendegrundimpulse mit jeweils den Amplituden A, $-A$ bzw. A seriell gesendet werden. Geben Sie den Wert des Ausgangssignals zum Zeitpunkt $t = 2T$ an.

Lösung

a) Bei dem RC-Glied in Bild 3-6 handelt es sich um ein kausales LTI-System, das durch seine Impulsantwort $h(t)$ charakterisiert wird. Das Eingangssignal wird vorteilhaft als Sprungfunktion angegeben $x(t) = U_0 \, u(t)$. Der gesuchte Spannungsverlauf berechnet sich als Ausgangssignal aus der Faltung nach dem Schaltzeitpunkt, d. h. für $t > 0$.

$$y(t) = \int_0^\infty \underbrace{\frac{1}{RC} e^{-\tau/RC}}_{h(\tau)} \cdot \underbrace{U_0 \, u(t-\tau)}_{x(t-\tau)} \, d\tau = \frac{U_0}{RC} \int_0^t e^{-\tau/RC} \, d\tau = U_0 \left(1 - e^{-t/RC}\right) \quad \text{für } t > 0 \tag{3.50}$$

b) Die Spannung an der Kapazität $y(t)$ ist zum Einschaltzeitpunkt zunächst 0 und wächst dann asymptotisch gegen den Endwert U_0. Bei der Lösung der Aufgabe wurde die Sprungantwort bestimmt.

$$s(t) = \left(1 - e^{-t/RC}\right) u(t) \tag{3.51}$$

c) Mit einem Rechteckimpuls als Eingangssignal, siehe auch Bild 2-11,

$$x(t) = A\big[u(t) - u(t-T)\big] \tag{3.52}$$

ergibt sich das Ausgangssignal mit der Sprungantwort (3.51), siehe Bild 3-7 links

$$y(t) = x(t) * h(t) = A\left[\underbrace{u(t) * h(t)}_{s(t)} - \underbrace{u(t-T) * h(t)}_{s(t-T)}\right] =$$
$$= A\left[(1 - e^{-t/\tau})u(t) - (1 - e^{-(t-T)/\tau})u(t-T)\right] \tag{3.53}$$

d) Wegen der Linearität des Systems überlagern sich die Einzelwirkungen der Impulse additiv entsprechend der jeweiligen zeitlichen Lagen. Zum Zeitpunkt $2T$ gilt, siehe Bild 3-7 rechts

$$y(2T) = A\left[\left(1 - e^{-4} - 1 + e^{-2}\right) - \left(1 - e^{-2}\right)\right] = A \cdot \left[-1 + 2e^{-2} - e^{-4}\right] \approx -A \cdot 0,75 \tag{3.54}$$

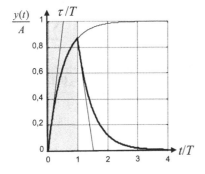
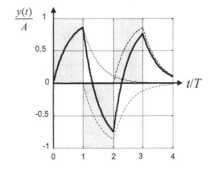

Bild 3-7 Ausgangssignale nach (c) links und (d) rechts

3.3 Gegenüberstellung I: zeitkontinuierliche und zeitdiskrete LTI-Systeme

Die Ergebnisse dieses Abschnitts sind in Tabelle 3-2 zum schnellen Nachschlagen zusammengefasst. Die Impulsantwort erweist sich als die zentrale Systemkenngröße. Sie beschreibt die Abbildung des Eingangssignals auf den Ausgang und es lassen sich an ihr die Kausalität und die Stabilität des Systems ablesen. Die enge Verwandtschaft zwischen zeitkontinuierlichen und zeitdiskreten LTI-Systemen wird in der Gegenüberstellung deutlich.

 Online-Ressourcen zu Kapitel 3 mit Übungsaufgaben und Übungen mit MATLAB

Tabelle 3-2 Eigenschaften von LTI-Systemen mit Impulsantwort

	zeitkontinuierlich	zeitdiskret
	Eingang System Ausgang $\qquad x(t) \rightarrow \boxed{h(t)} \rightarrow y(t)$	Eingang System Ausgang $\qquad x[n] \rightarrow \boxed{h[n]} \rightarrow y[n]$
Impulsantwort	$h(t) = \mathrm{T}\big(\delta(t)\big)$	$h[n] = \mathrm{T}\big(\delta[n]\big)$
Eingangs-Ausgangs-gleichung (Faltung)	$y(t) = x(t) * h(t) =$ $= \int_{-\infty}^{\infty} x(\tau)\cdot h(t-\tau)d\tau$	$y[n] = x[n] * h[n] =$ $= \sum_{k=-\infty}^{\infty} x[k]\cdot h[n-k]$
Sprungantwort	$s(t) = \mathrm{T}\big(u(t)\big)$	$s[n] = \mathrm{T}\big(u[n]\big)$
Impulsantwort und Sprungantwort	$h(t) = \dfrac{d}{dt}s(t)$ $s(t) = \int_{-\infty}^{t} h(\tau)d\tau$	$h[n] = s[n] - s[n-1]$ $s[n] = \sum_{k=-\infty}^{n} h[k]$
Kausalität	$h(t) = 0$ für $t < 0$	$h[n] = 0$ für $n < 0$
BIBO-Stabilität	$\int_{-\infty}^{\infty} |h(t)|\ dt < \infty$	$\sum_{n=-\infty}^{\infty} |h[n]| < \infty$
Eigenfunktion, Eigenwert und Übertragungsfunktion	$\mathrm{T}\big(e^{st}\big) = H(s)\cdot e^{st}$ $H(s) = \int_{-\infty}^{\infty} h(t)\cdot e^{-st}dt$ $e^{st} \rightarrow \boxed{H(s)} \rightarrow H(s)\cdot e^{st}$	$\mathrm{T}\big(z^{n}\big) = H(z)\cdot z^{n}$ $H(z) = \sum_{n=-\infty}^{\infty} h[n]\cdot z^{-n}$ $z^{n} \rightarrow \boxed{H(z)} \rightarrow H(z)\cdot z^{n}$

4 Systeme mit linearen Differenzengleichungen

4.1 Einführung

In der Technik spielen Systeme eine herausragende Rolle, die durch lineare Differenzialgleichungen beschrieben werden. Vieler Naturvorgänge beruhen auf der Änderung bzw. der Akkumulation physikalischer Größen, was mathematisch durch Differenzieren bzw. Integrieren beschrieben werden kann. Naturbeobachtungen gaben wichtige Anstöße zur Entwicklung der Integral- und Differenzialrechnung. Liefert doch die Ableitung als Steigung eines Graphen, ein Maß für die Geschwindigkeit der Veränderung. Und das Integral spiegelt als Fläche unter dem Graphen die akkumulierende Wirkung eines anhaltenden Einflusses wider.

Heute befindet sich auf fast jedem Schreibtisch eines Ingenieurs ein PC mit dem Differenzialgleichungen und Integrale numerisch gelöst werden können; werden doch die Ableitung als Grenzwert des Differenzenquotienten, als Differenzialquotient, und das Riemann-Integral als Grenzwert der Zerlegungssumme eingeführt.

Anmerkungen: (i) Die Integralrechnung und Differenzialrechnung wurde am Ende des 17. Jahrhunderts von G. W. Leibniz und I. Newton begründet. (ii) *Gottfried Wilhelm Leibniz:* *1646/†1716, deutscher Mathematiker und Philosoph. *Isaac Newton:* *1643/†1727, englischer Mathematiker und Naturforscher. *G. F. B. Riemann:* *1826/†1866, deutscher Mathematiker.

Ein typisches Beispiel für die technische Anwendung der Differenzial- und Integralrechnung findet man bei den RLC-Netzwerken in der Elektrotechnik. Sie sind aus Widerständen (R), Induktivitäten (L) und Kapazitäten (C) aufgebaut. Die Spannungen und Ströme in den Netzwerkzweigen berechnen sich aus Integro-Differenzialgleichungen. Weitere aus der Physik bekannte Beispiele sind der elektrische Schwingkreis und seine mechanischen Entsprechungen, wie das Masse-Feder-System und das Pendel. Dabei liegt eine Differenzialgleichung 2. Ordnung zugrunde. Die Systemtheorie behandelt die Phänomene unter einem einheitlichen Gesichtspunkt.

Aufbauend auf die mathematischen Grundlagen, hat die Systemtheorie technisch-naturwissenschaftliche Anwendungen in Blick. Für (zeit-)diskrete Vorgänge übernimmt die Differenzengleichung die Rolle der Differenzialgleichung. Die anhand der Differenzengleichung eingeführten Begriffe und Methoden der Systembeschreibung lassen sich auf die Systeme mit Differenzialgleichungen übertragen.

Wegen der mathematisch einfacheren Methoden und der Möglichkeit die Zusammenhänge durch Simulationen am PC zu verdeutlichen, beginnen wir mit den (zeit-)diskreten Systemen.

Wie in den Übungen zu Abschnitt 2, Aufgabe A2.3-4, gezeigt wird, definiert die Systembeschreibung mit einer *linearen Differenzengleichung* (DGL) der Ordnung N mit *konstanten Koeffizienten* a_k und b_l ein kausales zeitdiskretes LTI-System.

$$\sum_{k=0}^{N} a_k \, y[n-k] = \sum_{l=0}^{M} b_l \, x[n-l] \tag{4.1}$$

Anmerkung: Zur Betonung der Analogie zum folgenden Abschnitt 5 benutzen wir das Akronym DGL, da eine Verwechslung zwischen der Differenzengleichung und der Differenzialgleichung aus dem Zusammenhang heraus ausgeschlossen werden kann.

Anders als mit der Eingangs-Ausgangsbeschreibung durch die Impulsantwort erfahren wir mit der DGL zusätzlich etwas über die innere Struktur des Systems. Sie lässt sich anschaulich in einem Signalflussgraphen darstellen. Noch wichtiger als die Anschauung ist, dass der Signalflussgraph einen Bauplan des Systems liefert. Damit bekommen die bisher abstrakten Überlegungen eine praktische Bedeutung. Darüber hinaus ergeben sich wichtige neue Eigenschaften.

Lernziele

Nach Bearbeiten des Abschnitts 4 können Sie

- die allgemeine Form einer linearen DGL mit konstanten Koeffizienten der Ordnung N anschreiben und die prinzipielle Lösung vorstellen

- die Zusammenhänge zwischen der Lösung der DGL und den Polen, Eigenwerten, Eigenschwingungen und der Stabilität eines Systems erläutern

- zur DGL den Signalflussgraphen und die Übertragungsfunktion und umgekehrt angeben

- das Phänomen des Ein- und Ausschwingens der Systeme, die Transiente und den stationären Anteil im Ausgangssignal der Systeme, an einfachen Beispielen erläutern

- für rekursive Systeme 1. und 2. Ordnung die Impulsantwort und Sprungantwort bestimmen

---

4.2   Signalflussgraph

Für die weiteren Überlegungen ist es günstig, die DGL nach $y[n]$ aufzulösen und dabei eine Normierung auf den Faktor a_0 vorzunehmen. Wir erhalten die *normierte Form der DGL*.

$$y[n] = \sum_{l=0}^{M} b_l \, x[n-l] - \sum_{k=1}^{N} a_k \, y[n-k] \quad \text{mit } a_0 = 1 \tag{4.2}$$

Die Lösung der DGL verschieben wir auf später. Stattdessen gehen wir, der Anschaulichkeit halber, zunächst der Frage zur Struktur der Systeme nach. Sie kann aus der DGL (4.2) direkt abgelesen werden.

Wir erhalten den *Signalflussgraphen* in der *Direktform I* in Bild 4-1. Er liefert eine äquivalente Darstellung des Systems. Der Signalflussgraph enthält *Knoten* und *gerichtete Pfade*, auch *Kanten* oder *Zweige* genannt. Anfangs- und Endknoten erlauben das Einspeisen des Eingangssignals $x[n]$ bzw. Abnehmen der Ausgangssignals $y[n]$. Die von den Knoten über die Zweige abfließenden Signale sind gleich der Summe der zufließenden Signale. Gehen zwei oder mehr Pfade von einem Knoten ab, so enthalten sie alle zunächst eine identische Kopie. In den Zweigen werden die Signale mit Pfadgewichten multipliziert, die an die Pfade geschrieben werden. Das Pfadgewicht 1 wird meist weggelassen.

Eine Sonderrolle spielt der *Verzögerungsoperator*. Er wird mit dem Symbol D, für englisch (Unit) Delay, bezeichnet.

$$\mathrm{D}\big(x[n]\big) = x[n-1] \tag{4.3}$$

Anmerkungen: (i) Der Kürze halber sprechen wir im Weiteren kurz von einer Verzögerung. (ii) Der Verzögerungsoperator ist linear und zeitinvariant. (iii) Wir werden später sehen, dass auch der Verzögerungsoperator als multiplikatives Pfadgewicht verstanden werden kann – und zwar im Bildbereich für die *z*-Transformierten der Signale.

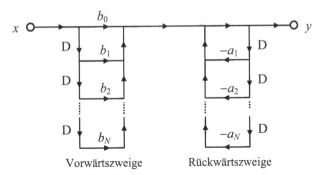

Bild 4-1 Signalflussgraph in Direktform I ($M = N$) des durch die DGL (4.2) beschriebenen Systems mit dem Eingangssignal $x[n]$, dem Ausgangssignal $y[n]$, den Verzögerungen D und den Koeffizienten der DGL a_k und b_k mit $a_0 = 1$

Wir finden somit in Bild 4-1 die DGL (4.2) wieder. Das Ausgangssignal $y[n]$ berechnet sich als Summe aus mit den Koeffizienten b_l gewichteten und jeweils um l verzögerten Repliken des Eingangssignals $x[n-l]$ und aus mit den Koeffizienten a_k gewichteten und jeweils um k verzögerten Repliken des Ausgangssignals $y[n-k]$.

Deutlich zu erkennen sind links die zum Ausgang gerichteten Vorwärtszweige mit den Koeffizienten b_l und rechts die vom Ausgang wegführenden Rückwärtszweige mit den Koeffizienten a_k. Dementsprechend unterscheidet man die Systeme in *rekursive* und *nichtrekursive Systeme*. Letztere besitzen keine Rückwärtszweige.

Anmerkung: In der Technik findet das Prinzip der Rückkopplung im Regelkreis eine prominente Anwendung.

Für die praktische Realisierung der Systeme, z. B. auf digitalen Signalprozessoren, stehen äquivalente Formen zur Verfügung. So kann die Zahl der Verzögerer, und damit Speicher, durch geschicktes Umformen reduziert werden.

Hierzu nehmen wir der Einfachheit halber an, dass $M = N$ ist und zerlegen die Direktform I in eine Kaskade von zwei Teilsystemen, indem wir in Bild 4-1 das System im verbindenden Pfad in der Mitte gedanklich auftrennen. Wegen der LTI-Eigenschaft des Systems und seiner Teilsysteme, siehe Assoziativität und Kommutativität der Faltung, darf die Reihenfolge der Teilsysteme vertauscht werden, siehe Bild 4-2 links. Schließlich vereinfachen wir die Struktur, indem wir die parallel verlaufenden Reihen von Verzögerungen mit identischen Signalen zur *Direktform II* in Bild 4-2 rechts zusammenfassen. Sie weist nur noch N Verzögerungen auf.

Eine weitere wichtige Form ist die *transponierte Direktform II*. Durch Umstellen der DGL erhält man

$$y[n] = b_0\, x[n] + \sum_{k=1}^{N}\left(b_l\, x[n-l] - a_k\, y[n-k] \right) \tag{4.4}$$

und daraus den Signalflussgraphen in Bild 4-3.

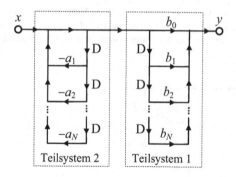 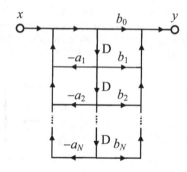

Bild 4-2 Zur Umformung des Signalflussgraphen der Direktform I ($M = N$, $a_0 = 1$) in die Direktform II rechts

Die transponierte Direktform II ist für ein System 2. Ordnung in Bild 4-3 zu sehen. Zusätzlich eingetragen sind die inneren Hilfsgrößen $s_1[n]$ und $s_2[n]$, die auch Zustandsgrößen genannt werden, wie in Abschnitt 13 noch näher erläutert wird. Die Zustandsgrößen beschreiben die Signale an den Ausgängen der als Speicher fungierenden Verzögerungen. Sind das Eingangssignal $x[n]$ für $n \geq n_0$ und die Zustandsgrößen $s_i[n_0]$ bekannt, so ist das Ausgangssignal $y[n]$ für $n \geq n_0$ eindeutig bestimmt.

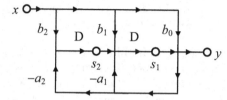

Bild 4-3 Signalflussgraph (transponierte Direktform II) für Systeme 2. Ordnung und den inneren Hilfsgrößen $s_1[n]$ und $s_2[n]$

Eine Erweiterung des Signalflussgraphen auf eine beliebige Ordnung ist einfach möglich.

Anmerkungen: (i) Man beachte, dass in der Literatur, insbesondere [Schü91], [Schü94] in der DGL auch die Form „$[n+k]$" verwendet wird. Dadurch dreht sich die Reihenfolge der Indizes der Koeffizienten um. In [OSB98] findet man die DGL mit negativen Koeffizienten a_k. Eine ungeprüfte Übernahme von Ergebnissen aus der Literatur kann deshalb leicht zu Verwechslungen führen. (ii) In Bild 4-3 handelt es sich um eine spezielle Darstellungsform des Signalflussgraphen. Je nach Anwendung werden äquivalente Formen benützt [Schü91]. Zu beachten ist, bei Systemen mit endlicher Wortlänge, wie z. B. bei Realisierung auf einem Digitalrechner mit begrenzter Anzahl der verfügbaren Binärstellen, entstehen Quantisierungsfehler. Dann verhalten sich die verschiedenen Strukturen nicht mehr gleich [Wer06a], [Wer07]. Die Auswirkungen der Quantisierungsfehler müssen bei Anwendung der digitalen Signalverarbeitung berücksichtigt werden. Im Folgenden gehen wir, falls nicht anders erwähnt, stets von einer idealen Zahlendarstellung und Verarbeitung aus.

Aus dem Signalflussgraph kann umgekehrt die DGL abgelesen werden. Im Beispiel des Systems 2. Ordnung ergibt sich, wenn man den Signalflussgraphen von links nach rechts entwickelt und dabei den Verzögerungsoperator D anwendet

$$
\begin{aligned}
y[n] &= b_0 x[n] + s_1[n] \\
s_1[n] &= \mathrm{D}\big(b_1 x[n] - a_1 y[n] + s_2[n]\big) \\
s_2[n] &= \mathrm{D}\big(b_2 x[n] - a_2 y[n]\big)
\end{aligned}
\tag{4.5}
$$

Ersetzen wir jetzt sukzessive $s_2[n]$ und $s_1[n]$, erhalten wir die gesuchte DGL 2. Ordnung

$$y[n] = b_0 x[n] + b_1 x[n-1] + b_2 x[n-2] - a_1 y[n-1] - a_2 y[n-2] \qquad (4.6)$$

Aus der allgemeinen DGL resultiert mit $a_k = 0$ für $k > 0$ der Sonderfall des *nichtrekursiven Systems*. Wie aus den Signalflussgraphen ersichtlich ist, entfällt dann die Rückführung des Ausgangssignals.

Beispiel Gleitender Mittelwert

Ein Beispiel für ein nichtrekursives System liefert der kausale gleitende Mittelwert (2.38)

$$y[n] = \frac{1}{M+1} \cdot \sum_{k=0}^{M} x[n-k] \qquad (4.7)$$

mit dem Signalflussgraphen in Bild 4-4 links entsprechend der transponierten Direktform II. In der digitalen Signalverarbeitung wird oft der Signalflussgraph wie in Bild 4-4 rechts angegeben und von einem *Transversalfilter* gesprochen.

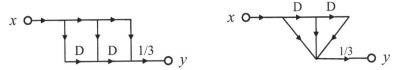

Bild 4-4 Signalflussgraph des gleitenden Mittelwerts für $M = 2$ nach der transponierten Direktform II (links) und als Transversalfilter (rechts)

4.3 Übertragungsfunktion

Im Abschnitt 3.1.5 wurde die Exponentielle $x[n] = z^n$ für eine fest vorgegebene komplexe Konstante z als Eigenfunktion des zeitdiskreten LTI-Systems mit dem Eigenwert $H(z)$ bestimmt. Diesen Zusammenhang machen wir uns jetzt zunutze, indem wir die Exponentielle in die Differenzengleichung (4.1) einsetzen.

$$\sum_{k=0}^{N} a_k \cdot H(z) z^{n-k} = \sum_{l=0}^{M} b_k z^{n-l} \qquad (4.8)$$

Beide Seiten der Gleichung können durch den gemeinsamen Faktor z^n gekürzt werden. Lösen wir noch nach $H(z)$ auf, so erhalten wir die *Übertragungsfunktion* eines Systems N-ter Ordnung.

$$H(z) = \frac{Z(z)}{N(z)} = \frac{\displaystyle\sum_{l=0}^{M} b_l \cdot z^{-l}}{\displaystyle\sum_{k=0}^{N} a_k \cdot z^{-k}} = \frac{b_0}{a_0} \cdot \frac{\displaystyle\prod_{l=1}^{M}\left(1 - z_{0l} \cdot z^{-1}\right)}{\displaystyle\prod_{k=1}^{N}\left(1 - z_{\infty k} \cdot z^{-1}\right)} \qquad (4.9)$$

Die Übertragungsfunktion ist für $N \geq M$ eine rationale Funktion in z^{-1} und wird bis auf einen Skalierungsfaktor durch die *Nullstellen* z_{0l} und die *Pole* $z_{\infty k}$ des Systems vollständig bestimmt. Weitergehende Erläuterungen zur Übertragungsfunktion werden später im Zusammenhang mit der z-Transformation gegeben.

4.4   Eigenschwingungen

Ist das Eingangssignal gegeben, liefert die DGL das Ausgangssignal. Wie sich zeigen wird, enthält die Lösung der DGL darüber hinaus, wichtige Information zum Verständnis der Systeme.

Eine Folge $y[n]$ ist Lösung der DGL, wenn sie in die DGL eingesetzt diese erfüllt.

$$\sum_{k=0}^{N} a_k \, y[n-k] \; = \sum_{l=0}^{M} b_l \, x[n-l] \tag{4.10}$$

Zunächst ist festzustellen, dass jede Folge $y_h[n]$ für die gilt

$$\sum_{k=0}^{N} a_k y_h[n-k] = 0 \tag{4.11}$$

Teil der Lösung ist. Man spricht von der homogenen Form der DGL, kurz *homogene DGL*, und entsprechend von der *homogenen Lösung* $y_h[n]$.

Die Lösung der DGL setzt sich allgemein aus der *homogenen Lösung* $y_h[n]$ und der *partikulären Lösung* $y_p[n]$ für das gegebene Eingangssignal $x[n]$ zusammen.

$$y[n] = y_h[n] + y_p[n] \tag{4.12}$$

Die homogene DGL gilt für alle hier betrachteten Systeme und hängt – die Normierung $a_0 = 1$ vorausgesetzt – nur von den Systemparametern $a_1, \ldots, a_N$ ab. Ihre Lösung liefert spezifische Aussagen über das Verhalten des Systems ganz unabhängig vom jeweiligen Eingangssignal.

Zur Bestimmung der homogenen Lösung setzen wir als Lösung die allgemein Exponentielle, die Eigenfunktion $\lambda \cdot z^n$, ein und erhalten

$$\sum_{k=0}^{N} a_k \cdot \lambda z^{n-k} = 0 \tag{4.13}$$

Nach Kürzen mit $\lambda \cdot z^{n-N}$ entsteht das *charakteristische Polynom* der DGL

$$\sum_{k=0}^{N} a_k \cdot z^{N-k} = a_0 \cdot z^N + a_1 \cdot z^{N-1} + \cdots + a_{N-1} \cdot z + a_N = 0 \tag{4.14}$$

Wie jedes Polynom kann es mit seinen Wurzeln als Produkt dargestellt werden. Mit den K verschiedenen *Wurzeln* $z_{\infty k}$ mit den *Vielfachheiten* V_k gilt

$$\sum_{k=0}^{N} a_k \cdot z^{N-k} = \prod_{k=1}^{K} (z - z_{\infty k})^{V_k} = 0 \tag{4.15}$$

In Anlehnung an die Übertragungsfunktion (4.9) werden die Wurzeln im Weiteren *Pole* genannt.

Anmerkung: Das charakteristische Polynom liefert das Nennerpolynom der Übertragungsfunktion. Die Wurzeln des charakteristischen Polynoms ergeben somit die Nullstellen im Nenner, also singuläre Punkte in denen der Betrag der sonst analytischen Übertragungsfunktion gegen unendlich strebt. Derartige Punkte werden Pole genannt [BSMM99].

Jeder Pol liefert eine Lösung $z_{\infty k}^n$ der homogenen Gleichung. Tritt ein Pol mit der Vielfachheit $V_k > 1$ auf, so sind $n \cdot z_{\infty k}^n, n^2 \cdot z_{\infty k}^n, \ldots, n^{V_k-1} \cdot z_{\infty k}^n$ ebenfalls Lösungen. Die Linearkombination aller Beiträge liefert schließlich die gesuchte allgemeine Lösung der homogenen DGL.

$$y_h[n] = \underbrace{C_1 z_{\infty 1}^n + C_2 z_{\infty 2}^n + \cdots}_{\text{einfache Pole}} + \underbrace{z_{\infty k}^n \cdot \left(C_{k0} + C_{k1}n + C_{k2}n^2 + \cdots + C_{kV_k-1}n^{V_k-1}\right)}_{\text{vielfacher Pol}} + \cdots \tag{4.16}$$

In vielen Anwendungen sind alle Koeffizienten a_k der DGL reell. In diesem Fall können neben reellen Polen nur konjugiert komplexe Polpaare auftreten.

Für ein konjugiert komplexes Polpaar der Vielfachheit 1 in der Exponentialform (Polardarstellung) mit Absolutbetrag (Modul) und Argument

$$z_{\infty 1} = r_\infty \cdot e^{+j\Omega_\infty} = z_{\infty 2}^* \tag{4.17}$$

erhält man den Lösungsbeitrag

$$C_1 \cdot z_{\infty 1}^n + C_2 \cdot z_{\infty 2}^n = r_\infty^n \cdot \left(C_1 e^{j\Omega_\infty n} + C_2 e^{-j\Omega_\infty n}\right) \tag{4.18}$$

Damit die homogene Lösung reell wird, müssen auch die Koeffizienten konjugiert komplex sein.

$$C_2 = C_1^* \tag{4.19}$$

Demzufolge kann der Beitrag in trigonometrischer Form dargestellt werden.

$$C_1 z_{\infty 1}^n + C_2 z_{\infty 2}^n = 2|C_1| \cdot r_\infty^n \cdot \cos\left(\Omega_\infty n + \arg C_1\right) \tag{4.20}$$

Entsprechendes gilt auch bei höherer Vielfachheit.

Die Lösung der homogenen DGL spiegelt die *Eigenschwingungen* des Systems zu den normierten Eigenfrequenzen wider. Wird das System angeregt, so treten am Ausgang für konjugiert komplexe Polpaare Eigenschwingungen der Form auf

$$r_{\infty k}^n \cos\left(\Omega_{\infty k}n + \varphi\right), \quad n \cdot r_{\infty k}^n \cos\left(\Omega_{\infty k}n + \varphi\right), \quad n^2 \cdot r_{\infty k}^n \cos\left(\Omega_{\infty k}n + \varphi\right), \ldots$$

wobei wieder Terme mit Potenzen von n fehlen können. Die Argumente $\Omega_{\infty k}$ werden normierte *Eigenkreisfrequenzen* genannt.

Damit die Eigenschwingungen für wachsendes n abklingen, muss für die Absolutbeträge aller Pole gelten

$$|z_{\infty k}| = r_{\infty k} < 1 \tag{4.21}$$

In diesem Fall ist das System (*strikt*) *stabil*.

Ist der Absolutbetrag eines komplexen Pols gleich 1 und hat der Pol die Vielfachheit 1, so liefert er einen sinusförmigen Beitrag zur homogenen Lösung. Das System ist *bedingt stabil*. Ist die Vielfachheit dieses Pols größer als 1, treten in der homogenen Lösung Potenzen von n auf, die zur Instabilität führen, da sie in diesem Fall nicht durch einen fallenden Exponentialterm gedämpft werden.

4.5   Ein- und Ausschwingen, Transienten

4.5.1   Homogene Lösung der DGL 1. Ordnung

Die allgemeine Lösung der DGL setzt sich aus der homogenen und der partikulären Lösung zusammen. Eine effektive Lösungsmethode steht mit der z-Transformation in Abschnitt 6 zur Verfügung. Aus diesem Grund beschränken wir uns nachfolgend darauf, durch Beispiele die grundsätzlichen Zusammenhänge aufzuzeigen. Wir werden sehen, dass Ein- und Ausschwingvorgänge auftreten und die Stabilität der Systeme ein Abklingen der Einschwingvorgänge voraussetzt. Dazu verwenden wir ein sinusförmiges Testsignal für ein System 1. Ordnung.

Beispiel   Rekursives System 1. Ordnung

Wir gehen vom Signalflussgraphen des zeitdiskreten Systems in Bild 4-5 aus. Aus dem Bild folgt die DGL.

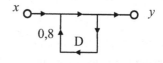

$$y[n] = x[n] + 0,8\, y[n-1] \qquad (4.22)$$

Das System habe den *Anfangswert*

Bild 4-5 Signalflussgraph eines zeitdiskreten LTI-Systems 1. Ordnung

$$y[-1] = -1 \qquad (4.23)$$

Das Eingangssignal sei ein geschaltetes sinusförmiges Signal

$$x[n] = \cos\left(\frac{\pi}{6}n\right) \cdot u[n] \qquad (4.24)$$

Gesucht ist das Ausgangssignal für $n \geq 0$.

Indem wir die charakteristische Gleichung lösen erhalten wir den Pol

$$z - 0,8 = 0 \quad \Rightarrow \quad z_\infty = 0,8 \qquad (4.25)$$

und damit die homogene Lösung

$$y_h[n] = C_1 \cdot z_\infty^n = C_1 \cdot 0,8^n \qquad (4.26)$$

mit der noch zu bestimmenden Konstanten C_1, siehe auch (4.16).

4.5.2   Partikuläre Lösung der DGL 1. Ordnung

Für das Beispiel einer sinusförmigen Erregung wählen wir zunächst die Darstellung als Exponentielle.

$$x[n] = \cos\left(\frac{\pi}{6}n\right) \cdot u[n] = \frac{1}{2}\left(e^{j\frac{\pi}{6}n} + e^{-j\frac{\pi}{6}n}\right) \cdot u[n] \tag{4.27}$$

Da die Exponentielle eine Eigenfunktion des Systems ist – also durch die Signalrückführung in Bild 4-5 stets wieder auf sich abgebildet wird – erwarten wir, dass sie auch am Ausgang auftritt. Wir wählen deshalb für die partikuläre Lösung den Ansatz für $n \geq 0$

$$y_p[n] = c_1 \cdot e^{j\frac{\pi}{6}n} + c_2 \cdot e^{-j\frac{\pi}{6}n} \quad \text{mit} \quad c_1 = c_2^* = c \tag{4.28}$$

Dass die Koeffizienten c_1 und c_2 zueinander konjugiert komplex sind, folgt aus der Reellwertigkeit des Systems. Sind alle Koeffizienten der DGL reell, so ist bei einem reellen Eingangssignal das Ausgangssignal ebenfalls reell. Dazu müssen sich in der Lösung die Imaginärteile gegenseitig kompensieren.

Zur Bestimmung der Koeffizienten setzen wir den Lösungsansatz in die DGL ein. Dabei genügt es wegen der Linearität des Systems nur eine der beiden Exponentiellen im Lösungsansatz (4.28) näher zu betrachten.

$$c \cdot e^{j\frac{\pi}{6}n} = \frac{1}{2} \cdot e^{j\frac{\pi}{6}n} + 0,8 \cdot c \cdot e^{j\frac{\pi}{6}(n-1)} \tag{4.29}$$

Kürzen durch die Exponentielle liefert nach kurzer Zwischenrechnung den gesuchten Koeffizienten

$$c = \frac{1}{2} \cdot \frac{1}{1 - 0,8 \cdot \exp\left(-j\pi/6\right)} = 0,991 \cdot e^{-j0,916} \tag{4.30}$$

Damit ist die Lösung der DGL

$$y[n] = y_h[n] + y_p[n] = C_1 \cdot 0,8^n + 1,982 \cdot \cos\left(\frac{\pi}{6}n - 0,916\right) \tag{4.31}$$

bis auf die Konstante C_1 für die homogene Lösung bekannt.

Diese bestimmen wir nun, indem wir die Lösung stetig fortsetzen, d. h. für $n = 0$ gilt

$$y[0] - 0,8 \cdot y[-1] = x[0] \tag{4.32}$$

Mit

$$C_1 + 1,982 \cdot \cos\left(-0,916\right) + 0,8 = 1 \tag{4.33}$$

erhalten wir schließlich

$$C_1 = -1,007$$

(4.34)

Die gesuchte Lösung der DGL ist

$$y[n] = -1,007 \cdot 0,8^n + 1,982 \cdot \cos\left(\frac{\pi}{6}n - 0,916\right) \quad \text{für} \quad n \geq 0$$

(4.35)

Die Lösung und ihre Anteile zeigt Bild 4-6.

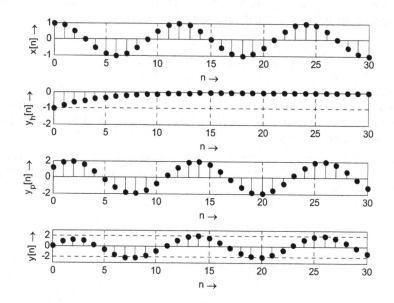

Bild 4-6 Geschaltetes Kosinussignal $x[n]$ am rekursiven System 1. Ordnung (4.22) mit $y[-1] = -1$; homogene Lösung $y_h[n]$, partikuläre Lösung $y_p[n]$ und Gesamtlösung $y[n]$

4.5.3   Transiente, stationärer Anteil, Ein- und Ausschwinganteil

Aus Sicht der Anwendungen unterscheidet man in der Lösung zwei Anteile: die Transiente und den stationären Anteil.

Unter der *Transiente* versteht man den Teil des Ausgangssignal, der für $n \to \infty$ gegen null strebt. Im Beispiel erhalten wir

$$y_{tr}[n] = -1,007 \cdot 0,8^n \cdot u[n]$$

(4.36)

Der verbleibende Teil liefert den *stationäre Anteil*. Im Beispiel ergibt sich

$$y_s[n] = 1,982 \cdot \cos\left(\frac{\pi}{6}n - 0,916\right) \cdot u[n]$$

(4.37)

Im Falle eines stabilen Systems mit harmonischer Erregung liefert die homogene Lösung die Transiente und die partikuläre Lösung den stationären Anteil.

Darüber hinaus werden Signalanteile nach ihren Quellen unterschieden: der von der im Schaltzeitpunkt im System gespeicherten Energie abhängige *Ausschwinganteil* und der vom Eingangssignal abhängige *Erregeranteil*.

Im Beispiel folgt aus dem Signalflussgraph in Bild 4-5 mit dem Anfangswert in (4.23) der Ausschwinganteil

$$y_{aus}[n] = 0,8 \cdot y[-1] \cdot 0,8^n \cdot u[n] = -0,8 \cdot 0,8^n \cdot u[n] \tag{4.38}$$

Der Erregeranteil ergibt sich, wenn das System zum Schaltzeitpunkt als energiefrei angenommen wird. Die Berechnung geschieht im Beispiel wie oben mit $y[-1] = 0$.

$$y_e[n] = -0,207 \cdot 0,8^n \cdot u[n] + 1,982 \cdot \cos\left(\frac{\pi}{6}n - 0,916\right) \cdot u[n] \tag{4.39}$$

Im Erregeranteil lassen sich wiederum zwei Anteile erkennen: der vom System abhängige, abklingende *Einschwinganteil* und der stationäre Anteil.

$$y_{ein}[n] = -0,207 \cdot 0,8^n \cdot u[n] \tag{4.40}$$

Die Signalanteile sind in Bild 4-7 zusammengestellt.

Anmerkungen: (i) Das System trägt nicht zum stationären Anteil bei, da es stabil ist. Die Eigenschwingung klingt ab. (ii) Im Beispiel kompensieren sich der Ausschwing- und der Einschwinganteil teilweise, so dass das Ausgangssignal keine Überhöhungen aufweist und rasch dem stationären Anteil folgt. Die vorgestellte Signalzerlegung gilt auch für zeitkontinuierliche Systeme und ermöglicht in der Elektrotechnik bei Schaltvorgängen an Maschinen Überspannungen oder -ströme zu vermeiden.

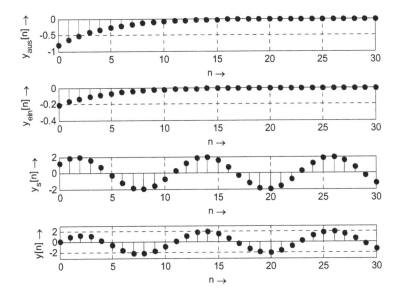

Bild 4-7 Geschaltetes Kosinussignal $x[n]$ am rekursiven System 1. Ordnung (4.22) mit $y[-1] = -1$; Ausschwinganteil $y_{aus}[n]$, Einschwinganteil $y_{ein}[n]$, stationärer Anteil $y_s[n]$ und Ausgangssignal $y[n]$

4.6   Linearität, Zeitinvarianz und Kausalität

Aus der allgemeinen Lösung der DGL mit der von der Erregung unabhängigen homogenen Lösung folgt, dass das System im geschalteten Fall nicht linear ist, da das Ausgangssignal vom inneren Zustand des Systems, den Anfangsbedingungen, abhängt. Nur wenn die homogene Lösung verschwindet, reagiert das System linear. Ist das System zum Einschaltzeitpunkt *energiefrei* oder *im Ruhezustand*, so antwortet das System linear auf das Eingangssignal.

Wegen der Gültigkeit des Überlagerungssatzes, des Superpositionsprinzip, kann die Berechnung des Ausgangssignals stets wie für den ungeschalteten Fall erfolgen. Das System wird hierfür gedanklich in zwei unabhängige Teile zerlegt, siehe Bild 4-8. Die Berechnung des Ausgangssignals geschieht dann unabhängig für den energiefreien Fall mit dem Erregeranteil $y_e[n]$, also dem Einschwinganteil $y_{ein}[n]$ zuzüglich dem stationärer Anteil $y_s[n]$, und dem Ausschwinganteil $y_{aus}[n]$. Da sich das Teilsystem für den Erregeranteil im Einschaltzeitpunkt im Ruhezustand befindet, folgt unmittelbar, dass es zeitinvariant und kausal ist. Durch lineare DGL mit konstanten Koeffizienten charakterisierte Systeme können immer wie in Bild 4-8 dargestellt werden. Deshalb spricht man vereinfachend von kausalen LTI-Systemen.

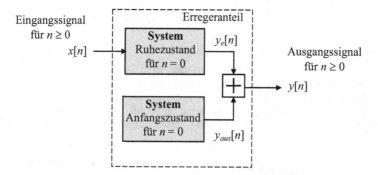

Bild 4-8 Aufteilung des Systems in ein im Einschaltzeitpunkt energiefreies LTI-System, im Ruhezustand, für den Erregeranteil $y_e[n]$ und ein System, das den Ausschwinganteil $y_{aus}[n]$ generiert

4.7   Systemfunktionen für ein rekursives System 1. Ordnung

4.7.1   Impulsantwort

Die Verarbeitung des Eingangssignals durch ein rekursives System 1. Ordnung lässt sich am Signalflussgraphen in Bild 4-5 anschaulich nachvollziehen. Wir setzen deshalb das Beispiel fort und fassen zum Schluss die Ergebnisse für die Systemfunktionen Impulsantwort, Sprungantwort und die Übertragungsfunktion als Formelsammlung in Tabelle 4-1 zusammen.

Beispiel   Rekursives System 1. Ordnung (Fortsetzung)

Aus der DGL (4.22) lassen sich die Impulsantwort und Sprungantwort iterativ bestimmen. Die Ergebnisse sind in Bild 4-9 zu sehen.

Anmerkung: Die exponentiell fallende zeitdiskrete Impulsantwort entspricht der aus der Physik bekannten Entladekurve der Kapazität. Die Sprungantwort zeigt die für den Ladevorgang typische Form der Sättigungskurve. Der Zusammenhang wird später bei der impulsinvarianten Transformation zur Simulation zeitkontinuierlicher Signale und Systeme genauer behandelt.

Wir verifizieren die Ergebnisse, indem wir die Impulsantwort und Sprungantwort auch analytisch berechnen.

Unter Beachtung von $y[n] = 0$ für $n < 0$ bestimmt sich die Impulsantwort in direkter Weise aus der Rekursionsformel (4.22)

$$
\begin{array}{llll}
n = 0 & y[0] = \delta[0] & +0,8 \cdot y[-1] & = 1 \\
n = 1 & y[1] = \delta[1] & +0,8 \cdot y[0] & = 0,8 \\
n = 2 & y[2] = \delta[2] & +0,8 \cdot y[1] & = 0,8 \cdot 0,8 \\
n = 3 & y[3] = \delta[3] & +0,8 \cdot y[2] & = 0,8^3
\end{array}
$$

usw.

Als Impulsantwort resultiert somit

$$ h[n] = 0,8^n \, u[n] \tag{4.41} $$

Es liegt eine rechtsseitige Exponentialfolge vor, siehe auch Bild 4-9.

Die Frage nach der Stabilität, siehe Tabelle 3-2, führt auf die geometrische Reihe.

$$ \sum_{n=0}^{\infty} \left| h[n] \right| = 1 + 0,8 + 0,8^2 + \ldots = \frac{1}{1 - 0,8} = 5 \tag{4.42} $$

Die geometrische Reihe konvergiert, das System ist stabil.

Anmerkungen: (i) Mit $a_1 = 0,8$ folgt $h[n] = (-0,8)^n \, u[n]$, also ein Alternieren der Impulsantwort, ein Vorzeichenwechsel in jedem Zeitschritt. Die Sprungantwort approximiert für $n \to \infty$ den Wert $0,2 / (1 - 0,8^2)$ $\approx 0,556$. (ii) Im Übungsteil, A2.3-1, wird ein identisches System mit $a = 1$ betrachtet. In diesem Fall ist das System nicht stabil. Das Ausgangssignal ist jedoch für ein absolut summierbares Eingangssignal beschränkt und man bezeichnet das System als bedingt stabil, siehe auch Abschnitt 5.

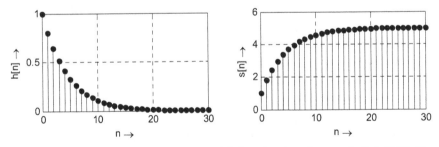

Bild 4-9 Impulsantwort $h[n]$ und Sprungantwort $s[n]$ des rekursiven Systems 1. Ord. (4.22) für $a = -0,8$

4.7.2   Sprungantwort

Die Sprungantwort des Systems 1. Ordnung (4.22) bestimmt sich aus der Impulsantwort durch Aufsummieren der Koeffizienten, siehe Tabelle 3-2. Im Beispiel ergibt sich die endliche geometrische Reihe

$$s[n] = \sum_{k=0}^{n} h[k] = \sum_{k=0}^{n} 0{,}8^k = \begin{cases} 0 & \text{für } n < 0 \\ \dfrac{1 - 0{,}8^{n+1}}{1 - 0{,}8} & \text{für } n \geq 0 \end{cases} \qquad (4.43)$$

Für wachsendes n konvergiert die Sprungantwort asymptotisch gegen 5, siehe Bild 4-9.

4.7.3   Übertragungsfunktion

Zuletzt bestimmen wir noch die Übertragungsfunktion des Systems nach Tabelle 3-2. Mit der rechtsseitigen Impulsantwort (4.41) erhält man wieder eine geometrische Reihe

$$H(z) = \sum_{n=-\infty}^{\infty} h[n]\, z^{-n} = \sum_{n=-\infty}^{\infty} 0{,}8^n u[n] \cdot z^{-n} = \sum_{m=0}^{\infty} \left(0{,}8 \cdot z^{-1}\right)^n = \frac{1}{1 - 0{,}8 z^{-1}} = \frac{z}{z - 0{,}8} \qquad (4.44)$$

Das gleiche Resultat ergibt sich direkt aus dem Signalflussgraphen bzw. der DGL und (4.9) mit den Koeffizienten $a_0 = 1$, $a_1 = -0{,}8$, $b_0 = 1$ und $b_1 = 0$.

4.7.4   Lösungen für rekursive Systeme 1. Ordnung

Die am Beispiel vorgestellten Zusammenhänge sind in Tabelle 4-1 für rekursive Systeme 1. Ordnung zusammengestellt. Darin findet man die Lösungen in Abhängigkeit von den Koeffizienten der normierten DGL 1. Ordnung.

Tabelle 4-1 Systemcharakterisierung für rekursive Systeme 1. Ordnung

Signalflussgraph	
Differenzengleichung	$y[n] + a_1 y[n-1] = b_0 x[n] + b_1 x[n-1]$ und $a_0 = 1$
Nullstelle und Pol	$z_0 = -b_1/b_0 \quad , \quad z_\infty = -a_1$
Impulsantwort[1]	$h[n] = b_0 \cdot \left(-a_1\right)^n u[n] + b_1 \cdot \left(-a_1\right)^{n-1} u[n-1] =$ $= b_0 \cdot z_\infty^n u[n] + b_1 \cdot z_\infty^{n-1} u[n-1]$
Sprungantwort[1]	$s[n] = b_0 \cdot \dfrac{1 - z_\infty^{n+1}}{1 - z_\infty} \cdot u[n] + b_1 \cdot \dfrac{1 - z_\infty^n}{1 - z_\infty} \cdot u[n-1]$
Übertragungsfunktion	$H(z) = \dfrac{b_0 + b_1 z^{-1}}{1 + a_1 z^{-1}} = \dfrac{b_0 z + b_1}{z + a_1} = b_0 \cdot \dfrac{z - z_0}{z - z_\infty}$

1 *Anmerkung:* Hier zeigt sich das Superpositionsprinzip. Der Signalflussgraph kann gedanklich in eine Parallelschaltung zweier rekursiver Systeme zerlegt werden, wobei einmal die Speisung mit der Eingangsverstärkung b_0 und einmal mit b_1 und einem Takt Verzögerung geschieht.

4.8 Rekursive Systeme 2. Ordnung

Im vorangehenden Abschnitt wurden rekursive Systeme 1. Ordnung betrachtet. Bei den üblichen reellwertigen Systemen kann der ebenfalls reelle Pol $z_\infty = -a_1$ nur die Argumente 0 oder π annehmen. Die Werte der Impulsantwort sind entweder nur positiv oder negativ oder alternieren im Vorzeichen, so dass systemeigene Schwingungen im üblichen Sinne nicht beobachtet werden. Diese treten erst bei Systemen mit konjugiert komplexen Polpaaren auf, siehe (4.20).

Da Systeme 2. Ordnung in vielen Anwendungen eine besondere Rolle spielen, diskutieren wir deren Eigenschaften genauer und fassen die Resultate als Formelsammlungen in drei Tabellen zusammen.

4.8.1 Lösungen der homogenen DGL 2. Ordnung

Wir betrachten das reellwertige System 2. Ordnung mit der normierten DGL

$$y[n] + a_1 y[n-1] + a_2 y[n-2] = x[n] \tag{4.45}$$

und dem Signalflussgraphen in Bild 4-10.

Anmerkung: Die Reduktion auf $b_1 = b_2 = 0$ geschieht ohne Beschränkung der Allgemeinheit. Da die Systeme linear sind, können sie gegebenenfalls gedanklich in zwei oder drei unabhängige, parallel geschaltete Systeme zerlegt werden, wobei die rekursiven Zweige jeweils identisch sind, siehe Signalflussgraph. Das Eingangssignal ist für jedes Teilsystem entsprechend dem zugeordneten Koeffizienten b_i zu gewichten und um i Zeitschritte zu verzögern, so dass jeweils die Struktur in Bild 4-10 entsteht. Weil sich die Ausgangssignale der Teilsysteme demzufolge nur um eine multiplikative Konstante und ein oder zwei Verzögerungen unterscheiden, ändert sich das im Folgenden vorgestellte prinzipielle Systemverhalten nicht. Für die homogene Lösung sind nur die rekursiven Zweige relevant.

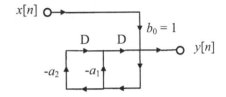

Bild 4-10 Signalflussgraph des rekursiven Systems 2. Ordnung in (4.45)

Die homogene DGL lösen wir, indem wir die Wurzeln des charakteristischen Polynoms 2. Ordnung

$$z^2 + a_1 z + a_2 = 0 \tag{4.46}$$

bestimmen

$$z_{\infty 1,2} = -\frac{a_1}{2} \pm \sqrt{\left(\frac{a_1}{2}\right)^2 - a_2} \tag{4.47}$$

Aus der quadratischen Gleichung erhalten wir, je nach Wert der Koeffizienten, die drei Fälle für die Lösungen für die Pole in Tabelle 4-2. Mit der prinzipiellen Form der Lösung in (4.16) folgen daraus die homogenen Lösungen in der letzten Spalte.

Anmerkung: Wie später noch diskutiert wird, entsprechen die drei Fälle den aus der Physik bekannten Lösungen stark gedämpfter, aperiodischer und schwach gedämpfter Schwingkreise.

Tabelle 4-2   Lösungen der homogenen DGL (4.45) zu einem reellen, kausalen rekursiven System
2. Ordnung

	Fall	Bedingung	Pole	Homogene Lösung
①	Zwei reelle Pole	$a_1^2 > 4a_2$	$z_{\infty 1} \neq z_{\infty 2}$ und $z_{\infty 1}, z_{\infty 2} \in \mathbb{R}$	$y_h[n] = C_1 \cdot z_{\infty 1}^n + C_2 \cdot z_{\infty 2}^n$
②	Doppelter Pol	$a_1^2 = 4a_2$	$z_\infty = z_{\infty 1} = z_{\infty 2} \in \mathbb{R}$	$y_h[n] = (C_1 + C_2 n) \cdot z_\infty^n$
③	Konjugiert komplexes Polpaar	$a_1^2 < 4a_2$	$z_\infty = z_{\infty 1} = z_{\infty 2}^* \in \mathbb{C}$	$y_h[n] = 2 \cdot \mathrm{Re}\left(C_1 \cdot z_\infty^n\right)$

4.8.2   Stabilität

Die Systeme 2. Ordnung sind stabil, wenn die homogenen Lösungen in Tabelle 4-2 für $n \to \infty$ abklingen, also die Absolutbeträge der Pole kleiner 1 sind. Die Stabilitätsbedingung kann auf die Koeffizienten a_1 und a_2 übertragen werden, siehe Aufgabe A4.1-9.

Aus dem charakteristischen Polynom, dem Nenner der Übertragungsfunktion folgt beispielsweise für ein konjugiert komplexes Polpaar

$$a_1 = -2 \cdot \mathrm{Re}\left(z_\infty\right) \quad \text{und} \quad a_2 = \left|z_\infty\right|^2 \quad \text{für } z_\infty = z_{\infty 1} = z_{\infty 2}^* \in \mathbb{C} \tag{4.48}$$

Es kann gezeigt werden, dass stabile Kombinationen der Koeffizienten in der (a_1, a_2)-Ebene innerhalb eines dreieckförmigen Gebietes liegen, dem *Stabilitätsdreieck* in Bild 4-11. Des Weiteren lassen sich die drei Fälle in Tabelle 4-2 zuordnen, wobei doppelte reelle Pole entstehen, wenn das Koeffizientenpaar auf der eingezeichneten Parabel liegt.

Zur Orientierung sind zusätzlich die Pole eingetragen, die sich als Grenzlagen ergeben. Sie besitzen den Absolutbetrag 1; die zugehörigen Systeme sind nicht strikt stabil.

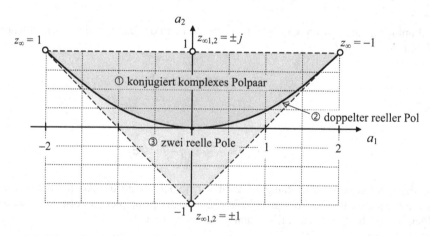

Bild 4-11   Stabilitätsdreieck für die Koeffizienten stabiler, kausaler rekursiver Systeme 2. Ordnung

4.8.3   Lösung der DGL 2. Ordnung für exponentielle Erregungen

Wie im Beispiel des Systems 1. Ordnung wählen wir als Erregung eine geschaltete Exponentielle. Die Lösung für eine harmonische Erregung, wie z. B. die Kosinusfolge in (4.27), resultiert dann als Sonderfall.

Die Exponentielle z_q^n reproduziert sich als Eigenfunktion am Ausgang, so dass wir wieder ansetzen

$$y_p[n] = c \cdot z_q^n \quad \text{für } n \geq 0 \tag{4.49}$$

Mit der homogenen Lösung aus Tabelle 4-2 ergibt sich als Gesamtlösung jeweils einer der drei Fälle in Tabelle 4-3.

Tabelle 4-3   Lösungen der DGL in (4.45) zu einem reellen, kausalen rekursiven System 2. Ordnung mit geschalteter exponentieller Erregung $z_q^n \cdot u[n]$

	Fall	Lösung für $n \geq 0$
①③	Zwei verschiedene Pole (zwei reelle Pole oder ein konjugiert komplexes Polpaar)	$y[n] = C_1 \cdot z_{\infty 1}^n + C_2 \cdot z_{\infty 2}^n + c \cdot z_q^n$
②	Doppelter Pol	$y[n] = \left(C_1 + C_2 n \right) \cdot z_\infty^n + c \cdot z_q^n$

Die Lösungen enthalten zunächst je drei unbekannte Koeffizienten. Sie werden durch Einsetzen der Lösung in die DGL für $n = 0$, 1 und 2 bestimmt.

Im Falle zweier verschiedener Pole entsteht, das lineare Gleichungssystem

$$\begin{aligned}
y[0] &= C_1 + C_2 + c = 1 \\
y[1] &= C_1 \cdot z_{\infty 1} + C_2 \cdot z_{\infty 2} + c \cdot z_q = z_q - a_1 \\
y[2] &= C_1 \cdot z_{\infty 1}^2 + C_2 \cdot z_{\infty 2}^2 + c \cdot z_q^2 = z_q^2 - a_1 \left(z_q - a_1 \right) - a_2
\end{aligned} \tag{4.50}$$

Das Gleichungssystem lässt sich kompakter schreiben und prinzipiell numerisch, z. B. mit der cramerschen Regel, lösen.

$$\begin{pmatrix} 1 & 1 & 1 \\ z_{\infty 1} & z_{\infty 2} & z_q \\ z_{\infty 1}^2 & z_{\infty 2}^2 & z_q^2 \end{pmatrix} \cdot \begin{pmatrix} C_1 \\ C_2 \\ c \end{pmatrix} = \begin{pmatrix} 1 \\ z_q - a_1 \\ z_q^2 - a_1 \left(z_q - a_1 \right) - a_2 \end{pmatrix} \tag{4.51}$$

Aufgrund der besonderen Struktur der ersten Zeile des Gleichungssystems ist eine Vereinfachung möglich. Mit

$$c = 1 - C_1 - C_2 \tag{4.52}$$

für die Fälle ① und ③ mit zwei verschiedenen Polen reduziert sich das Gleichungssystem auf die 2. Ordnung

$$\begin{pmatrix} z_{\infty 1} - z_q & z_{\infty 2} - z_q \\ z_{\infty 1}^2 - z_q^2 & z_{\infty 2}^2 - z_q^2 \end{pmatrix} \cdot \begin{pmatrix} C_1 \\ C_2 \end{pmatrix} = \begin{pmatrix} -a_1 \\ -a_1 (z_q - a_1) - a_2 \end{pmatrix} \qquad (4.53)$$

Die Lösung existiert, wenn die Matrix mit den Polen nicht singulär ist, d. h. $z_q \neq z_{\infty 1}$ und $z_q \neq z_{\infty 2}$. Andernfalls fällt die Erregung mit einer Eigenschwingung zusammen, so dass der Ansatz in Tabelle 4-3, z. B. durch $c = 0$ und demzufolge $C_1 + C_2 = 1$, sich vorab vereinfacht.

Entsprechen kann für den Fall ② mit einem doppelten reellen Pol vorgegangen werden.

$$c = 1 - C_1$$

$$\begin{pmatrix} z_\infty - z_q & z_\infty \\ z_\infty^2 - z_q^2 & 2 \cdot z_\infty^2 \end{pmatrix} \cdot \begin{pmatrix} C_1 \\ C_2 \end{pmatrix} = \begin{pmatrix} -a_1 \\ -a_1 (z_q - a_1) - a_2 \end{pmatrix} \qquad (4.54)$$

Anmerkung: Man beachte im Weiteren, dass die Pole $z_{\infty 1}$ und $z_{\infty 2}$ aus den Koeffizienten a_1 und a_2 bestimmt werden können und umgekehrt. Die Darstellung eignet sich für die numerische Berechnung mit MATLAB, das die Umrechnung der Pole und Koeffizienten mit den Befehlen `roots` und `poly` unterstütz, siehe Übungsteil zum Buch.

Beispiel   Rekursives System 2. Ordnung mit konjugiert komplexem Polpaar und
               sinusförmiger Erregung

Wir gehen von der DGL (4.45), oder äquivalent vom Signalflussgraphen in Bild **4-10**, aus. Um ein konjugiert komplexes Polpaar zu erhalten, wählen wir aus Bild 4-11 die Koeffizienten

$$a_1 = -0,9, \quad a_2 = 0,81 \qquad (4.55)$$

Als Erregung nehmen wir, wie für das Beispiel mit dem System 1. Ordnung, wieder die angeschaltete Kosinusfolge in (4.24) an und stellen sie mit der eulerschen Gleichung als Summe zweier Exponentieller dar (4.27).

$$x[n] = \cos\left(\frac{\pi}{6} n\right) \cdot u[n] = \frac{1}{2} \cdot \left(e^{j\frac{\pi}{6} n} + e^{-j\frac{\pi}{6} n} \right) \cdot u[n] \qquad (4.56)$$

Wir suchen die Reaktion des bis dahin energiefreien Systems für $n \geq 0$.

Anmerkungen: (i) Da die Erregung erst mit dem Zeitpunkt $n = 0$ beginnt, sind die beiden Zustandsgrößen für $n \leq 0$ null. (ii) Für die nachfolgende Rechnung bietet sich ein Rechner mit einem Mathematik-Programm an. Die folgenden Zahlenwerte sind der Einfachheit halber passend gerundet, siehe Übungsteil zum Buch.

Zunächst bestimmen wir aus (4.47) die Pole.

$$z_{\infty 1,2} = r_\infty \cdot e^{\pm j\Omega_\infty} = 0,9 \cdot e^{\pm j\pi/3} \qquad (4.57)$$

Nun setzen wir in das Gleichungssystem (4.53) ein und erhalten mit der erregenden Exponentiellen

$$z_{q1} = e^{j\frac{\pi}{6}n} \tag{4.58}$$

die Koeffizienten

$$\begin{pmatrix} C_{11} \\ C_{21} \end{pmatrix} = \begin{pmatrix} -0,456 - j0,931 \\ -0,080 + j0,378 \end{pmatrix} \tag{4.59}$$

und schließlich

$$c_1 = 1,376 - j0,553 \tag{4.60}$$

Für die konjugiert komplexe Erregung

$$z_{q2} = e^{-j\frac{\pi}{6}n} = z_{q1}^* \tag{4.61}$$

gehen wir genauso vor. Da es sich um ein reellwertiges System handelt, resultieren die Symmetrien für die Koeffizienten

$$C_{11} = C_{22} \in \mathbb{R}, \quad C_{21} = C_{12}^* \quad \text{und} \quad c_1 = c_2^* \tag{4.62}$$

Die Lösung für die Kosinusfolge wird nun entsprechend der Darstellung der Erregung in (4.56) zusammengestellt.

$$y[n] = \frac{1}{2} \cdot \left[(C_{11} + C_{12}) \cdot z_{\infty1}^n + (C_{21} + C_{22}) \cdot z_{\infty2}^n + c_1 \cdot z_{q1}^n + c_2 \cdot z_{q2}^n \right] \cdot u[n] \tag{4.63}$$

Mit den Symmetrien zwischen den Exponentiellen und zwischen den Koeffizienten (4.62) folgt kompakter

$$y[n] = \mathrm{Re}\left(\left[C_{11} + C_{21}^* \right] \cdot z_{\infty1}^n \right) + \mathrm{Re}\left(c_1 \cdot z_{q1}^n \right) \tag{4.64}$$

Setzt man noch die Zahlenwerte ein, resultiert für das gesuchte Ausgangssignal mit einer transienten Eigenschwingung und dem stationären Anteil.

$$y[n] = 1,362 \cdot 0,9^n \cdot \cos\left(\frac{\pi}{3}n - 1,851 \right) \cdot u[n] + 1,483 \cdot \cos\left(\frac{\pi}{6}n + 0,382 \right) \cdot u[n] \tag{4.65}$$

Das Ausgangssignal ist in Bild 4-12 unten zu sehen. Dort sind auch, von oben nach unten, das Eingangssignal, die homogene Lösung und die partikuläre Lösung dargestellt. In der homogenen Lösung deutlich zu erkennen ist die Eigenschwingung des Systems mit der Periode 12, was der normierten Eigenkreisfrequenz $\Omega_\infty = 2\pi/12$ entspricht. Da das System zunächst energiefrei war, liefert die homogene Lösung den Einschwinganteil und stellt die Transiente. Der stationäre Anteil dominiert nach circa 30 Zeitschritten. Danach stellt sich eine amplitudengewichtete und phasenverschobene Replik der erregenden Kosinusfolge ein.

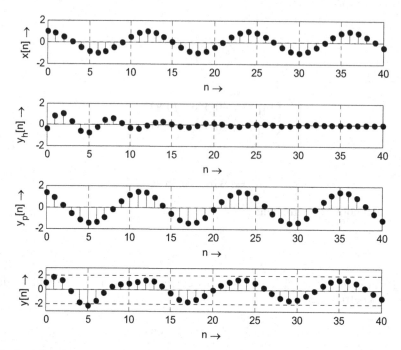

Bild 4-12   Reaktion des rekursiven Systems 2. Ordnung auf die Erregung mit einer Kosinusfolge (Eingangssignal $x[n]$, homogene Lösung $y_h[n]$, partikuläre Lösung $y_p[n]$ und Ausgangssignal $y[n]$)

4.8.4   Systemfunktionen für ein rekursives System 2. Ordnung

Die Berechnung der Impulsantwort und der Sprungantwort kann ähnlich wie im vorhergehenden Abschnitt geschehen. Wir gehen wieder von der DGL in (4.45) oder äquivalent dem Signalflussgraphen in Bild **4-10** aus.

Anmerkung: Ein alternativer, in der Praxis häufig beschrittener Zugang führt über die in Abschnitt 6 behandelte z-Transformation.

Einen schnellen Zugang zur Impulsantwort und Sprungantwort gewinnt man, indem man die Impulsfolge und die Sprungfolge als Grenzfälle von Exponentiellen auffasst.

$$\delta[n] = 0^n \quad \text{und} \quad u[n] = 1^n \quad \text{für } n \geq 0 \tag{4.66}$$

Anmerkung: $\lim\limits_{x \to 0} x^x = \lim\limits_{x \to 0} e^{x \cdot \ln x} = e^0 = 1$

Damit können die Gleichungssysteme in (4.53) und (4.54) zugrunde gelegt werden. Für die Fälle ① und ③ mit zweier verschiedenen Polen gilt für die Impulsantwort mit $z_q = 0$

$$\begin{pmatrix} z_{\infty 1} & z_{\infty 2} \\ z_{\infty 1}^2 & z_{\infty 2}^2 \end{pmatrix} \cdot \begin{pmatrix} D_1 \\ D_2 \end{pmatrix} = \begin{pmatrix} -a_1 \\ a_1^2 - a_2 \end{pmatrix} \tag{4.67}$$

Anmerkungen: (i) Um Verwechslungen vorzubeugen, wählen wir den neuen Formelbuchstaben D für die Koeffizienten. (ii) Der Ansatz, die Impulsantwort über einen lineares Gleichungssystem zu bestimmen, kann unmittelbar auf höhere Ordnungen erweitert werden. Ebenso kann er auch umgedreht werden. Mit dem Prony-Verfahren kann ein IIR-System zu einer Impulsantwort bestimmt werden [Wer07].

Mit den Zusammenhängen zwischen den Koeffizienten a_1 und a_2 mit den Polen $z_{\infty 1}$ und $z_{\infty 2}$ kann gezeigt werden, dass (4.67) die lineare Abhängigkeit

$$D_1 + D_2 = 1 \tag{4.68}$$

impliziert, siehe Übungsteil A4.1-7. Damit vereinfacht sich das Gleichungssystem. Man erhält

$$D_1 = \frac{-a_1 - z_{\infty 2}}{z_{\infty 1} - z_{\infty 2}} \tag{4.69}$$

Weiter folgt mit (4.52) $c = 0$. Der partikuläre Anteil der Lösung in Tabelle 4-3 verschwindet. Es reduziert sich die Impulsantwort auf die Form der homogene Lösung in Tabelle 4-2

$$h[n] = \left(D_1 z_{\infty 1}^n + \left[1 - D_1 \right] z_{\infty 2}^n \right) \cdot u[n] \tag{4.70}$$

Im Falle ③ eines reellwertigen Systems mit konjugiert komplexem Polpaar, siehe Tabelle 4-2, spezialisiert sich die Lösung auf

$$h[n] = 2 \operatorname{Re}\left(D_1 z_{\infty 1}^n \right) \cdot u[n] = 2 |D_1| r_\infty^n \cdot \cos\left(\Omega_\infty n + \arg\left(D_1 \right) \right) \cdot u[n] \tag{4.71}$$

In der Impulsantwort zeigt sich die Eigenschwingung des Systems. Mit dem Absolutbetrag r_∞ und dem Argument Ω_∞ der Exponentialform des Pols $z_{\infty 1}$ wird dies besonders deutlich.

Anmerkung: Bei einem reellwertigen System mit konjugiert komplexem Polpaar muss $D_1 = D_2^*$ gelten. Es folgt aus (4.70) $\operatorname{Re}(D_1) = 1/2$. Tatsächlich ergibt sich aus (4.69) mit (4.48)

$$D_1 = \frac{1}{2} \cdot \left(1 - j \cot \Omega_\infty \right) \tag{4.72}$$

Für den Fall ② mit einem doppelten reellen Pol z_∞ folgt

$$\begin{pmatrix} z_\infty & z_\infty \\ z_\infty^2 & 2z_\infty^2 \end{pmatrix} \cdot \begin{pmatrix} D_1 \\ D_2 \end{pmatrix} = \begin{pmatrix} -a_1 \\ a_1^2 - a_2 \end{pmatrix} \tag{4.73}$$

Wie oben kann gezeigt werden, dass (4.73)

$$D_1 = D_2 = 1 \tag{4.74}$$

impliziert, siehe Übungsteil A4.1-8. Weiter folgt aus (4.54) $c = 0$ und schließlich die Impulsantwort

$$h[n] = \left(1 + n \right) \cdot z_{\infty 1}^n \cdot u[n] \tag{4.75}$$

In Tabelle 4-4 werden die Ergebnisse zusammengefasst. Man beachte die Ähnlichkeit mit der homogenen Lösung der DGL in Tabelle 4-2. Bis auf die konstanten Koeffizienten stimmen die homogene Lösung und die Impulsantwort überein. Die Impulsantwort und damit das Übertragungsverhalten der Systeme werden von den Eigenschwingungen des Systems maßgeblich beeinflusst.

Anmerkung: Sind anders als im Signalflussgraphen in Bild 4-10 die Koeffizienten b_1 und/oder b_2 ungleich null, so kann das Superpositionsprinzip zur Berechnung der Impulsantwort angewendet werden.

Beispiel Rekursives System 2. Ordnung mit konjugiert komplexem Polpaar und Impulserregung

Wir setzen das Beispiel fort. Um den Effekt grafisch deutlicher zu machen, wählen wir für die Koeffizienten $a_0 = 1$, $a_1 = -1,6$ und $a_2 = 0,8$. Es ergibt sich das Polpaar $z_{\infty 1,2} = 0,8 \pm j\,0,4$. Die Lösung geschieht numerisch mit MATLAB wie oben skizziert, siehe Übungsteil zum Buch. Das Ergebnis ist in Bild 4-13 unten zu sehen. Als Reaktion tritt eine Eigenschwingung auf, die rasch abklingt.

Anmerkung: Der Einfluss des Pols ist an der unterlegten Schwingungsperiode zu erkennen. Die Periode von ca. 14 Zeitschritten, beispielsweise abzulesen zwischen $n = 6$ und 20, entspricht dem Argument des Pols $\Omega_\infty = 0,46 = 2\pi / 13,6$.

Tabelle 4-4   Impulsantwort zu einem reellwertigen, kausalen rekursiven Systems 2. Ordnung mit der DGL in (4.45)

	Fall	Pole	Impulsantwort
①	Zwei reelle Pole	$z_{\infty 1} \neq z_{\infty 2}$ und $z_{\infty 1}, z_{\infty 2} \in \mathbb{R}$	$h[n] = \left(D_1 \cdot z_{\infty 1}^n + [1 - D_1] \cdot z_{\infty 2}^n \right) \cdot u[n]$ mit der Konstanten D_1 aus (4.69)
②	Doppelter Pol	$z_\infty \in \mathbb{R}$	$h[n] = (1 + n) \cdot z_\infty^n \cdot u[n]$
③	Konjugiert komplexes Polpaar	$z_\infty = z_{\infty 1} = z_{\infty 2}^* \in \mathbb{C}$	$h[n] = 2 \cdot \mathrm{Re}\left(D_1 \cdot z_\infty^n \right) \cdot u[n]$ mit der Konstanten D_1 aus (4.72)

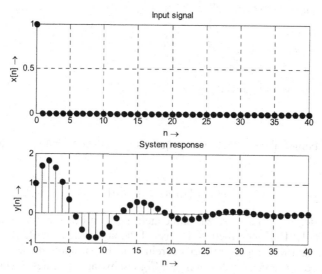

Bild 4-13   Reaktion des rekursiven Systems 2. Ordnung $y[n]$ auf die Erregung mit einem Impuls $x[n]$

4.9   Beispiele zu DGL und Systemen mit DGL

4.9.1   Widerstandsnetzwerk

Anmerkung: Die Anwendung von Differenzengleichungen beschränkt sich nicht auf die digitale Signalverarbeitung. Hier und im nächsten Beispiel zeigen sich uns zwei weitere Anwendungsgebiete.

Gegeben ist das Modell eines unendlich ausgedehnten *Widerstandsnetzwerkes* in Bild 4-14. Es soll der Eingangswiderstand R_e mit Hilfe einer DGL bestimmt werden. Führen Sie dazu die folgenden Schritte aus.

a) Schätzen Sie zunächst durch eine einfache Überlegung den Wertebereich von R_e ab.

b) Berechnen Sie die Zweigspannung U_n am Knoten n in Abhängigkeit von den Zweigspannungen an den Knoten $n-1$ und $n+1$.

c) Stellen Sie die DGL für die Zweigspannungen auf und bestimmen Sie die Randbedingungen für U_0 und U_∞.

d) Lösen Sie die DGL in (c).

e) Berechnen Sie den gesuchten Eingangswiderstand R_e.

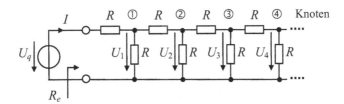

Bild 4-14   Widerstandsnetzwerk

Lösung

a) Da der Gesamtwiderstand bei der Parallelschaltung abnimmt, gilt

$$R < R_e < 2R \tag{4.76}$$

b) Im n-ten Knoten des Widerstandnetzwerkes, siehe Bild 4-15, ergibt sich zunächst aus der kirchhoffschen Knotenregel der Zusammenhang für die Ströme.

$$I_n = I_{na} - I_{nb} \tag{4.77}$$

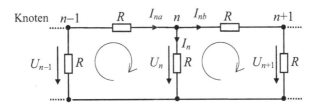

Bild 4-15   Ausschnitt aus dem Widerstandsnetzwerk für den Knoten n zur Anwendung der kirchhoffschen Knoten- und Maschenregel

Die Ströme lassen sich gemäß der kirchhoffschen Maschenregel durch die Zweigspannungen ausdrücken.

$$\frac{U_n}{R} = \frac{U_{n-1} - U_n}{R} - \frac{U_n - U_{n+1}}{R} \tag{4.78}$$

c) Wir erhalten schließlich den gesuchten Zusammenhang der Zweigspannungen als DGL

$$U_{n+1} - 3U_n + U_{n-1} = 0 \quad \text{für} \quad n \geq 1 \tag{4.79}$$

Anmerkungen: (i) Eine Substitution $m = n + 1$ auf $U_m + 3U_{m-1} - U_{m-2} = 0$ mit $m \geq 2$ ist nicht notwendig. (ii) Der Index n kann hier mit einer diskreten Ortskoordinate in Verbindung gebracht werden.

Die Randbedingungen sind

$$U_0 = U_q \quad \text{und} \quad U_\infty = 0 \tag{4.80}$$

d) Die Lösung der homogenen DGL geschieht entsprechend dem Lösungsweg in Abschnitt 4.1.3 Aus der charakteristischen Gleichung

$$z^2 - 3z + 1 = 0 \tag{4.81}$$

ergeben sich die Pole

$$z_{\infty 1,2} = \frac{3 \pm \sqrt{5}}{2} \tag{4.82}$$

Die allgemeine Lösung der DGL ist demzufolge

$$U_n = C_1 \cdot z_{\infty 1}^n + C_2 \cdot z_{\infty 2}^n = C_1 \cdot \left(\frac{3 + \sqrt{5}}{2}\right)^n + C_2 \cdot \left(\frac{3 - \sqrt{5}}{2}\right)^n \quad \text{für} \quad n \geq 1 \tag{4.83}$$

Berücksichtigen wir die Randbedingungen, so muss zunächst aus Stabilitätsgründen wegen

$$z_{\infty 1} = \frac{3 + \sqrt{5}}{2} > 1 \tag{4.84}$$

für den zugehörigen Koeffizienten gelten

$$C_1 = 0 \tag{4.85}$$

Der zweite Koeffizient kann jetzt für $n = 1$ mit (4.79) eindeutig berechnet werden.

$$C_2 \left(\frac{3 - \sqrt{5}}{2}\right)^2 - 3C_2 \left(\frac{3 - \sqrt{5}}{2}\right) + U_q = 0 \tag{4.86}$$

Daraus ergibt sich mit

$$C_2 = U_q \tag{4.87}$$

die gesuchte Lösung der DGL

$$U_n = C_2 \cdot z_{\infty 2}^n = U_q \cdot \left(\frac{3-\sqrt{5}}{2}\right)^n \quad \text{für } n \geq 1 \tag{4.88}$$

e) Der gesuchte Eingangswiderstand R_e berechnet sich nach Bild 4-14 und (4.88).

$$R_e = \frac{U_q}{I} = \frac{U_q}{\dfrac{U_q - U_1}{R}} = R \cdot \frac{1}{1 - \dfrac{3-\sqrt{5}}{2}} = R \cdot \frac{2}{\sqrt{5}-1} \approx 1,618 \cdot R \tag{4.89}$$

4.9.2   Zinsformel

Betrachten Sie die Kapitalbildung bei einer vorschüssigen, jährlichen Einzahlung am 1. Januar. Die Zinsperiode beträgt ein Jahr und die Verzinsung erfolgt jeweils am 31. Dezember. Geben Sie den allgemeinen Zusammenhang des Kontostandes im n-ten Jahr K_n nach Beginn der jährlichen festen Einzahlung E und dem Zins p in Prozent mit Hilfe einer DGL an.

Hinweis: $K_0 = 0$ und $K_1 = (1+p) \cdot E$

Lösung

Bei der Einzahlung E jeweils zu Beginn einer Zinsperiode handelt es sich um eine vorschüssige Einzahlung [BSMM99]. Der Kontostand in € im n-ten Jahr berechnet sich aus dem Vorjahressaldo gemäß

$$K_n = (1 + p) \cdot (K_{n-1} + E) \quad \text{für } n \geq 1 \quad \text{und } K_0 = 0 \tag{4.90}$$

mit dem Zins p in Prozent. Die DGL nimmt deshalb die inhomogene Form an

$$K_n - (1 + p) \cdot K_{n-1} = (1 + p) \cdot E \quad \text{für } n \geq 1 \quad \text{und } K_0 = 0 \tag{4.91}$$

Wir berechnen die Lösung, indem wir mit der homogenen DGL beginnen.

$$K_n - (1 + p) \cdot K_{n-1} = 0 \tag{4.92}$$

Es liegt eine DGL 1. Ordnung vor. Deren homogene Lösung ist

$$K_n^{(h)} = C_1 \cdot (1 + p)^n \tag{4.93}$$

mit der Konstanten C_1.

Für die partikuläre Lösung wählen wir den Ansatz mit der Konstanten C_2, da die Inhomogenität selbst eine Konstante ist.

$$K_n^{(p)} = C_2 \tag{4.94}$$

Den Ansatz in die DGL eingesetzt

$$C_2 - (1 + p) \cdot C_2 = (1 + p) \cdot E \tag{4.95}$$

liefert für die Konstante

$$C_2 = -\frac{1+p}{p} \cdot E \tag{4.96}$$

Die noch unbestimmte Konstante C_1 der homogenen Lösung kann nun durch Einsetzen der Gesamtlösung in die DGL für $n = 1$ berechnet werden.

$$C_1 \cdot (1+p) - \frac{1+p}{p} \cdot E = (1+p) \cdot E \tag{4.97}$$

Es resultiert

$$C_1 = \frac{1+p}{p} \cdot E \tag{4.98}$$

so dass sich für den gesuchten Kontostand ergibt

$$K_n = \frac{1+p}{p} \cdot E \cdot (1+p)^n - \frac{1+p}{p} \cdot E = \frac{1+p}{p} \cdot E \cdot \left((1+p)^n - 1 \right) \quad \text{für } n \geq 1 \tag{4.99}$$

Mit dem Aufzinsungsfaktor

$$q = 1 + p \tag{4.100}$$

mit p in Prozent erhält man die bekannte *Zinsformel* für den *Kontostand* bei vorschüssigen, regelmäßigen Einzahlungen [BSMM99]

$$K_n = E \cdot \frac{q}{q-1} \cdot \left(q^n - 1 \right) \quad \text{für } n \geq 1 \tag{4.101}$$

Drei Anmerkungen zur Anwendungen der Zinsformel

a) A schließt ihr Studium nach 8 Semestern im Alter von 23 Jahren ab. Ab dem 24. Lebensjahr spart sie monatlich 200 € bei einem festen jährlichen Zinssatz p von 4 %. Die Zinsen werden monatlich in Form einer vorschüssigen unterjährigen Einzahlung gutgeschrieben. Der Kontostand im n-ten Jahr K_n wird entsprechend zu oben erstellt. Berechnen Sie das Guthaben für A bei Renteneintritt nach dem 65. Lebensjahr.

   Mit der monatlichen Verzinsung ergibt sich die für A nach 42 Jahren in €

$$K_A = 200 \cdot \frac{1+0,04/12}{0,04/12} \cdot \left[(1+0,04/12)^{12 \cdot 42} - 1 \right] = 261\,905 \tag{4.102}$$

b) B geht in die gleiche Schulklasse wie A. Nach der Schule leistet er seinen Zivildienst ab. Anschließend beginnt er eine 3-jährige Berufsausbildung und arbeitet noch zwei Jahre in seinem Ausbildungsbetrieb. Danach beginnt er sein Studium. Zu dessen Finanzierung arbeitet er halbtags, so dass er erst nach 16 Semestern abschließt. Er startet seine Berufskarriere als Diplom-Ingenieur im Alter von 33 Jahren. Ab dem 34. Lebensjahr spart er monatlich € 200 wie seine Abteilungsleiterin A. Berechnen Sie das Guthaben von B bei Renteneintritt nach dem 65. Lebensjahr.

B hat nach 32 Jahren in €

$$K_B = 200 \cdot \frac{1+0,04/12}{0,04/12} \cdot \left[(1+0,04/12)^{12\cdot32} - 1 \right] = 155\,857 \qquad (4.103)$$

c) Wie viel von ihrem größeren Guthaben hat A mehr einbezahlt als B? Wie viel davon ist auf die längere Laufzeit, d. h. den Zinseszins, zurückzuführen?

Obwohl A in den ersten 10 Jahren nur 24 000 € mehr einbezahlt hat, besitzt sie 106 000 € mehr. Sie hat 82 000 € durch Zinsen hinzugewonnen.

Anmerkungen: (i) A stellt sich nochmals deutlich besser, wenn A und B sich ihr Kapital im Ruhestand in monatlichen Raten über 20 Jahre ausbezahlen lassen, da das Restkapital weiter verzinst wird. (ii) Kaufkraftverluste (Inflation) sind nicht berücksichtigt.

4.9.3   System 2. Ordnung

Gegeben ist das in Bild 4-16 gezeigte Blockdiagramm eines Systems 2. Ordnung.

a) Skizzieren Sie den zugehörigen Signalflussgraphen in der Direktform II.

b) Stellen Sie die Differenzengleichung auf.

c) Geben Sie die Übertragungsfunktion an.

d) Geben Sie für $x[n] = \cos(\Omega_0 n)$ das Ausgangssignal $y[n]$ in reeller Form an.

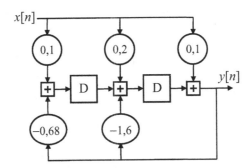

Bild 4-16   Blockdiagramm eines Systems 2. Ordnung

Lösung

a)

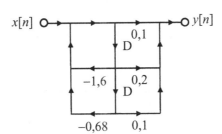

Bild 4-17   Signalflussgraph in Direktform II zum System 2. Ordnung in Bild 4-16

b) Aus dem Blockdiagramm lassen sich durch Vergleich mit dem Signalflussgraphen die Koeffizienten der DGL direkt ablesen, siehe Bild 4-3.

$$y[n]+1,6y[n-1]+0,68y[n-2]=0,1x[n]+0,2x[n-1]+0,1x[n-2] \qquad (4.104)$$

c) Mit den Koeffizienten der DGL ergibt sich die Übertragungsfunktion

$$H(z)=\frac{0,1+0,2\,z^{-1}+0,1z^{-2}}{1+1,6z^{-1}+0,68\,z^{-2}} \qquad (4.105)$$

d) Aus der Darstellung mit der eulerschen Formel

$$x[n]=\cos\Omega_0 n=\frac{1}{2}\left(e^{j\Omega_0 n}+e^{-j\Omega_0 n}\right) \qquad (4.106)$$

erkennt man, dass eine exponentielle Erregung vorliegt. Diese ist eine Eigenfunktion des LTI-Systems, so dass das System mit den zugehörigen Eigenwerten antwortet.

$$y[n]=\frac{1}{2}\left[H\left(z=e^{j\Omega_0}\right)\cdot e^{j\Omega_0 n}+H\left(z=e^{-j\Omega_0}\right)e^{-j\Omega_0 n}\right] \qquad (4.107)$$

Das Ergebnis kann vereinfacht werden. Bei dem System handelt es sich um ein reellwertiges System, da alle Koeffizienten reell sind. Weil $x[n]$ ein reelles Signal ist, muss auch $y[n]$ reell sein. Damit dies für beliebige normierte Kreisfrequenzen gilt, muss die Übertragungsfunktion die Bedingung

$$H^*\left(z=e^{j\Omega_0}\right)=H\left(z=e^{-j\Omega_0}\right) \qquad (4.108)$$

erfüllen. Dadurch vereinfacht sich die Lösung zu

$$y[n]=\mathrm{Re}\left(H\left(z=e^{j\Omega_0}\right)\cdot e^{j\Omega_0 n}\right)=\left|H\left(z=e^{j\Omega_0}\right)\right|\cdot\cos\left(\Omega_0 n+\arg H\left(z=e^{j\Omega_0}\right)\right) \qquad (4.109)$$

Anmerkungen: (i) $H(e^{j\Omega})$ wird später als der Frequenzgang des Systems eingeführt. (ii) Man beachte die Erregung ist hier nicht geschaltet, sonder stationär. Wird die Kosinusfolge geschaltet, z. B. bei $n = 0$ eingeschaltet, so liefert obige Lösung den stationären Anteil, der am Ausgang nach Abklingen der Transiente zu beobachten ist, vergleichbar dem eingeschwungenen Zustand in der komplexen Wechselstromrechnung.

4.9.4   Zeitdiskretes Analogon zum Schwingkreis

Um die Analogie zwischen den zeitdiskreten und den zeitkontinuierlichen Betrachtungsweisen aufzuzeigen, betrachten wir vorbereitend ein Zahlenwertbeispiel für die Impulsantworten von Systemen 2. Ordnung, wobei wir die drei Fälle für die Pole unterscheiden. Die Koeffizienten und Pole sind in Tabelle 4-5 zusammengestellt.

Dazu wurden mit MATLAB, siehe Übungsteil zum Buch, die Impulsantworten berechnet. Die Grafen werden in Bild 4-18 gezeigt, entsprechend der Fälle ① bis ③ von oben nach unten.

Die Impulsantworten entsprechen den bekannten Grafen für die *Schwingkreise* aus der Physik: dem *stark gedämpften* Fall ①, dem *aperiodischen* Grenzfall ② und dem *schwach gedämpften* Fall ③. Im Abschnitt 5 wird am Beispiel des elektrischen Reihenschwingkreises der Zusammenhang verdeutlicht.

Tabelle 4-5 Koeffizienten und Pole der DGL ($b_0 = 1$, $b_1 = b_2 = 0$)

Fall	a_1	a_2	$z_{\infty 1}$	$z_{\infty 2}$
①	-1	$0{,}2$	$0{,}7236$	$0{,}2764$
②	$-1{,}4$	$0{,}49$	$0{,}7$	
③	$-1{,}6$	$0{,}8$	$0{,}8 + j0{,}4$	$0{,}8 - j0{,}4$

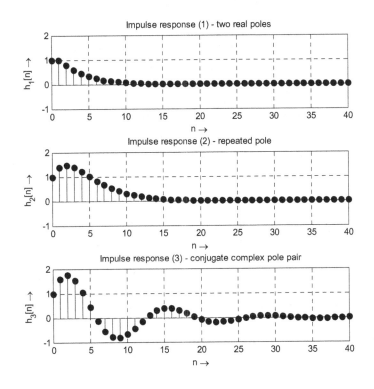

Bild 4-18 Impulsantworten der Systeme 2. Ordnung zu Tabelle 4-5

 Online-Ressourcen zu Kapitel 4 mit Übungsaufgaben und Übungen mit MATLAB

5 Systeme mit linearen Differenzialgleichungen

5.1 Einführung

In diesem Abschnitt betrachten wir zeitkontinuierliche Systeme, die durch *lineare Differenzialgleichungen* mit *konstanten Koeffizienten* (DGL) beschrieben werden. Wegen ihrer großen praktischen Bedeutung wird diese Art von Differenzialgleichungen in der mathematischen Grundausbildung naturwissenschaftlich-technischer Studiengänge ausführlich behandelt. Wir stellen deshalb hier die Anwendungen in den Vordergrund.

Die durch lineare Differenzialgleichungen mit konstanten Koeffizienten beschriebenen zeitkontinuierlichen Systeme sind linear und zeitinvariant, siehe Übungsteil A2.3-7. Mit der Beschreibung durch eine DGL erfahren wir zusätzlich etwas über die innere Struktur der Systeme. Sie lässt sich anschaulich in einem Signalflussgraphen darstellen, so dass wir einen Bauplan zur Realisierung der Systeme erhalten.

Typische Anwendungen aus der Elektrotechnik sind elektrische Netzwerke, die aus den konzentrierten idealen Bauelementen Widerstand (R), Induktivität (L) und Kapazität (C) aufgebaut sind. Wir werden davon einige Beispiele kennen lernen.

Die weitere Vorgehensweise entspricht der für die linearen Differenzengleichungen in Abschnitt 4.

Lernziele

Nach Bearbeiten des Abschnitts 5 können Sie

- die allgemeine Form einer linearen DGL mit konstanten Koeffizienten der Ordnung N anschreiben und die prinzipielle Lösung skizzieren
- die Zusammenhänge zwischen der Lösung der DGL und den Polen, Eigenwerten, Eigenschwingungen und der Stabilität des Systems erläutern
- zur DGL den Signalflussgraphen und die Übertragungsfunktion mit Pol-Nullstellen-Diagramm und umgekehrt angeben
- das Phänomen des Ein- und Ausschwingens der Systeme an einfachen Beispielen erläutern
- für RLC-Netzwerke 1. und 2. Ordnung eine umfassende Systemanalyse durchführen

5.2 Lineare DGL N-ter Ordnung

Wir beginnen mit einem einfachen Beispiel, der linearen DGL 1. Ordnung, für das RC-Glied.

Beispiel RC-Glied

Im Übungsteil, Aufgabe 2.3-6, wird mit der Quellspannung als Eingangsgröße $x(t)$ und der Spannung an der Kapazität als Ausgangsgröße $y(t)$ die Eingangs-Ausgangsgleichung als lineare DGL 1. Ordnung mit konstantem Koeffizienten bestimmt.

Wir verwenden der Einfachheit halber die in der Mathematik übliche kompakte Schreibweise $y'(t)$ für die Ableitung und schreiben

$$y'(t) + \frac{1}{RC} y(t) = \frac{1}{RC} x(t) \qquad (5.1)$$

Die zugrunde liegende mathematische Struktur ist unabhängig von der physikalischen Realisierung. Letztere spiegelt sich nur in den Koeffizienten der DGL wider. In der Systemtheorie arbeitet man deshalb mit normierten Größen und *Signalflussgraphen*, die die Struktur der DGL wiedergeben.

Den Signalflussgraphen zur DGL des RC-Gliedes stellt Bild 5-1 vor. Der Signalflussgraph enthält *Knoten* und gerichtete *Pfade*, auch *Zweige* genannt. Die von einem Knoten über Pfade abfließenden Signale sind gleich der Summe der zufließenden Signale. Der Anfangsknoten und der Endknoten erlauben das Einspeisen des Eingangssignals x bzw. das

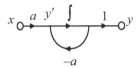

Bild 5-1 Signalflussgraph zum RC-Glied

Abnehmen des Ausgangssignals y. In den Zweigen werden die Signale mit den jeweiligen *Pfadgewichten* multipliziert. Das Pfadgewicht „1" wird in der Regel weggelassen. „ $\int$ " deutet die Integration des Signals an.

Wir betrachten nochmals den Signalflussgraphen. Da nach der Integration das Signal $y(t)$ vorliegt, muss links am Beginn des integrierenden Pfades die Ableitung stehen. Aus dem Signalflussgraphen ist die DGL somit direkt ablesbar

$$y'(t) = a \cdot x(t) - a \cdot y(t) \qquad (5.2)$$

Es ergibt sich wieder die ursprüngliche DGL des RC-Gliedes mit $a = 1/RC$. Der Signalflussgraph ist eine äquivalente Darstellung des Systems.

In Bild 5-1 erkennt man an dem zurückgeführten Pfad, dass es sich bei einem System mit linearer DGL um ein System mit *Rückkopplung*, auch *rekursives* System genannt, handelt.

Im Folgenden werden die aus der Mathematik bekannten Zusammenhänge im Sinne der Systemtheorie interpretiert und die Begriffe Pole und Eigenschwingungen eingeführt.

Allgemein haben wir es mit linearen DGL der Ordnung $N \geq M$ mit konstanten Koeffizienten a_k und b_l zu tun. Die Indizes l und k zeigen jeweils die Ordnungen der Ableitungen des Eingangssignals $x(t)$ bzw. des Ausgangssignals $y(t)$ an.

$$\sum_{k=0}^{N} a_k \cdot y^{(k)}(t) = \sum_{l=0}^{M} b_l \cdot x^{(l)}(t) \qquad (5.3)$$

Anmerkung: Die Forderung $N \geq M$ ist aus Stabilitätsgründen wichtig, wie in Abschnitt 7.4 noch gezeigt wird.

Die allgemeine Lösung der DGL, d. h. die Funktion $y(t)$ die eingesetzt die DGL erfüllt, setzt sich aus der Lösung der homogenen DGL, die *homogene Lösung* $y_h(t)$, und der *partikulären Lösung* $y_p(t)$ für das gegebene Eingangssignal $x(t)$ zusammen.

$$y(t) = y_h(t) + y_p(t) \tag{5.4}$$

Die homogene DGL

$$\sum_{k=0}^{N} a_k \cdot y^{(k)}(t) = 0 \tag{5.5}$$

gilt für alle hier betrachteten Systeme und hängt – die Normierung $a_N = 1$ vorausgesetzt – nur von den Systemparametern, den jeweiligen Konstanten $a_0, ..., a_{N-1}$, ab. Die Lösung der homogenen DGL ist eine für das jeweilige System wichtige charakteristische Größe. Sie liefert generelle Aussagen über das Verhalten des Systems unabhängig vom Eingangssignal.

Die mathematische Lösung wird durch folgende Überlegung motiviert. Die homogene DGL erfordert, dass die Linearkombination der Lösung und ihrer Ableitungen für beliebige Zeitpunkte t im Definitionsbereich null ergibt. Dies ist nur dann der Fall, wenn die Lösungen und ihre Ableitungen vom selben Funktionstyp sind, so dass eine gegenseitige Auslöschung im gesamten Definitionsbereich stattfinden kann. Genau das leistet die Exponentielle e^{st} mit ihrer Ableitung $s \cdot e^{st}$.

Anmerkung: In Abschnitt 3.2.5 wird gezeigt, dass die Exponentielle Eigenfunktion der LTI-Systeme ist. Wird sie, wie in Bild 5-1 durch die DGL über ihre Ableitungen zurückgekoppelt, so bildet sie sich als Eigenfunktion des Systems wieder auf den Ausgang hin ab.

Setzen wir die Exponentielle e^{st} als Lösungsansatz in die homogene DGL ein und klammern e^{st} aus, so resultiert die *charakteristische Gleichung* mit dem *charakteristischen Polynom*.

$$\sum_{k=0}^{N} a_k s^k = 0 \tag{5.6}$$

Das Auffinden der homogenen Lösung erfordert die Berechnung aller *Wurzeln* der charakteristischen Gleichung, also der K verschiedenen Nullstellen $s_{\infty k}$ mit ihren *Vielfachheiten* V_k des charakteristischen Polynoms [BSMM99].

$$\sum_{k=0}^{N} a_k s^k = \prod_{k=1}^{K} (s - s_{\infty k})^{V_k} = 0 \tag{5.7}$$

Die Nullstellen werden – wie später anhand der Übertragungsfunktion noch begründet wird – die *Pole* des Systems genannt. Jeder Pol liefert im Lösungsansatz einen Beitrag $e^{s_{\infty k} t}$ der homogenen Gleichung. Tritt ein Pol mit der Vielfachheit V_k größer als 1 auf, sind die Terme $t \cdot e^{s_{\infty k} t}, t^2 \cdot e^{s_{\infty k} t}, ..., t^{V_k - 1} \cdot e^{s_{\infty k} t}$ ebenfalls Lösungen. Die Linearkombination aller Beiträge der Pole liefert schließlich die gesuchte allgemeine Lösung der homogenen DGL.

$$y_h(t) = \underbrace{C_1 e^{s_{\infty 1} t} + C_2 e^{s_{\infty 2} t} + \cdots}_{\text{einfache Pole}} + \underbrace{e^{s_{\infty k} t} \cdot \left(C_{k0} + C_{k1} t + C_{k2} t^2 + \cdots + C_{kV_k - 1} t^{V_k - 1} \right)}_{\text{vielfacher Pol}} + \cdots \tag{5.8}$$

Sind alle Koeffizienten a_k der DGL reell, wie das bei physikalischen Systemen wie den RLC-Netzwerken der Fall ist, können neben reellen Polen nur konjugiert komplexe Polpaare auftreten. Letztere lassen sich in der Lösung übersichtlich zusammenfassen.

Für ein konjugiert komplexes Polpaar der Vielfachheit 1 mit

$$s_{\infty 1} = \sigma_\infty + j\omega_\infty \quad \text{und} \quad s_{\infty 2} = \sigma_\infty - j\omega_\infty = s_{\infty 1}^* \tag{5.9}$$

erhält man den gemeinsamen Lösungsbeitrag

$$C_1 e^{s_{\infty 1} t} + C_2 e^{s_{\infty 2} t} = e^{\sigma_\infty t} \cdot \left(C_1 e^{j\omega_\infty t} + C_2 e^{-j\omega_\infty t} \right) \tag{5.10}$$

Damit die homogene Lösung, wie in vielen Anwendungen vorausgesetzt werden kann, reell wird, müssen auch die Koeffizienten ein konjugiert komplexes Paar bilden.

$$C_2 = C_1^* \tag{5.11}$$

Demzufolge ist der gemeinsame Lösungsbeitrag für $s_{\infty 2} = s_{\infty 1}^*$ und $C_2 = C_1^*$

$$C_1 e^{s_{\infty 1} t} + C_2 e^{s_{\infty 2} t} = e^{\sigma_\infty t} \cdot 2 |C_1| \cdot \cos\left(\omega_\infty t + \arg C_1 \right) \tag{5.12}$$

Ähnliches gilt auch bei höherer Vielfachheit.

Die Lösung der homogenen DGL spiegelt die *Eigenschwingungen* des Systems zu den Eigenfrequenzen wieder. Wird das System angeregt, so treten am Ausgang für reelle Pole Eigenschwingungen der Form auf

$$e^{\sigma_\infty t}, \ t \cdot e^{\sigma_\infty t}, \ t^2 \cdot e^{\sigma_\infty t}, \ldots$$

wobei die Terme mit Potenzen von t auch fehlen können. Für konjugiert komplexe Polpaare erhält man am Systemausgang die bekannten Eigenschwingungen der Form

$$e^{\sigma_\infty t} \cos\left(\omega_\infty t + \varphi \right), \ t\, e^{\sigma_\infty t} \cos\left(\omega_\infty t + \varphi \right), \ t^2\, e^{\sigma_\infty t} \cos\left(\omega_\infty t + \varphi \right), \ldots$$

wobei gegebenenfalls wieder Terme mit Potenzen von t fehlen können. Die Kreisfrequenzen $\omega_{\infty k}$ werden *Eigenkreisfrequenzen* genannt.

Damit die Eigenschwingungen des Systems für wachsendes t abklingen, muss für alle Pole gelten

$$\mathrm{Re}\left(s_{\infty k} \right) = \sigma_{\infty k} < 0 \tag{5.13}$$

In diesem Fall ist das System (*strikt*) *stabil*.

Anmerkung: Physikalische Systeme, wie RLC-Netzwerke, sind reellwertig und weisen somit Eigenschwingungen der obigen Form auf. Ein bekanntes Beispiel ist der Reihenschwingkreis, der später noch ausführlich diskutiert wird.

Ein Sonderfall ergibt sich, wenn der Realteil eines komplexen Pols gleich null ist und der Pol die Vielfachheit 1 hat. Dann liefert er einen sinusförmigen Beitrag zur homogenen Lösung. In diesem Fall klingt die Eigenschwingung nicht ab; sie wächst aber auch nicht an. Das System ist *bedingt stabil*. Ist die Vielfachheit dieses Pols größer 1, treten in der homogenen Lösung Potenzen von *t* auf, die zur Instabilität führen, da sie nicht durch einen fallenden Exponentialterm gedämpft werden.

Die partikuläre Lösung hängt vom Eingangssignal ab und ist daher jeweils speziell zu bestimmen. Später wird die partikuläre Lösung exemplarisch am Beispiel des RC-Gliedes mit geschalteter Spannungsquelle diskutiert.

Anmerkung: Tatsächlich wird in den Anwendungen der Signale und Systeme in der Informationstechnik selten eine DGL von Hand gelöst. In der Regel beschränkt man sich bei der Systembeschreibung auf die Testsignale für die die Lösungen im Prinzip bekannt sind. Für die stochastischen Signale liegen oft keine analytischen Formen vor, so dass sich die Arbeit erübrigt. Beachten Sie aber: Die DGL ist in vielen Fällen physikalisch begründet und bringt Struktur in die Systeme, mit der wir weitere nützliche Methoden zur Beschreibung von LTI-Systemen ableiten können.

5.3   Signalflussgraph

Systeme, die durch eine lineare DGL charakterisiert werden, lassen sich durch Signalflussgraphen anschaulich darstellen. Dabei sind verschiedene Formen der Realisierung möglich. Wir beginnen mit der direkten Umsetzung der DGL (5.3) indem wir *N*-fach integrieren und nach $y(t)$ auflösen

$$y(t) = \sum_{l=0}^{M} \frac{b_l}{a_N} \cdot \underbrace{\int \cdots \int x(t)\,(dt)^{N-l}}_{(N-l)-mal} + \sum_{k=0}^{N-1} \frac{-a_k}{a_N} \cdot \underbrace{\int \cdots \int y(t)\,(dt)^{N-k}}_{(N-k)-mal} \qquad (5.14)$$

Die DGL kann mit Hilfe von Schaltgliedern für die Addition, die Multiplikation und Integration in ein Blockdiagramm bzw. einen Signalflussgraphen umgesetzt werden.

Vereinfachend setzen wir $a_N = 1$, z. B. durch multiplizieren der DGL mit $1/a_N$. Dann leitet sich aus (5.14) unmittelbar der *Signalflussgraph* in der *Direktform I* in Bild 5-2 ab. Er beschreibt das durch die DGL (5.3) gegebene Systems mit dem Eingangssignal $x(t)$, dem Ausgangssignal $y(t)$, den Integrierern $\int$ und den konstanten Koeffizienten der DGL a_k, mit $a_N = 1$, und b_k als Pfadgewichte.

Anmerkung: Die Realisierung des Systems mit Integrierern statt Differenzierern bringt praktische Vorteile. Integrierer haben einen glättenden Einfluss auf die Signale, während Differenzierer Änderungen im Signal und damit eventuelle vorhandene rauschartige Störungen hervorheben. Integrierer lassen sich z. B. mit Operationsverstärkern aufbauen.

Eine Realisierung des Systems in der Direktform I mit 2*N* Integrierern ist aufwendig. Durch Umformung kann eine äquivalente Struktur angegeben werden, die nur noch *N* Integrierer aufweist, die *Direktform II*.

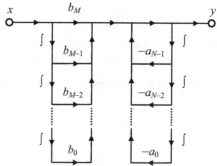

Bild 5-2 Signalflussgraph in Direktform I für $M = N$ zur DGL (5.3)

Hierzu nehmen wir der Einfachheit halber an, dass $M = N$ ist und zerlegen die Direktform I in eine Kaskade von zwei Teilsystemen, indem wir in Bild 5-2 das System im verbindenden Pfad in der Mitte gedanklich auftrennen. Wegen der LTI-Eigenschaft des Systems, darf die Reihenfolge der Teilsysteme vertauscht werden, siehe Bild 5-3 links. Schließlich vereinfachen wir die Struktur, indem wir die parallel verlaufenden Reihen von Integrierern mit identischen Signalen zur Direktform II in Bild 5-3 rechts zusammenfassen. Sie weist nur noch N Integrierer auf.

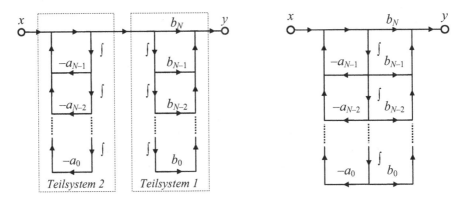

Bild 5-3   Umformung des Signalflussgraphen der Direktform I ($M = N$, $a_N = 1$) in die Direktform II; Vertauschen der Teilsysteme der Direktform I in Bild 5-2 (links) und Zusammenfassen der Teilsysteme in die Direktform II (rechts)

Die Direktform I und II lassen sich durch Transposition in häufig verwendete, bzgl. des Eingangs-Ausgangsverhaltens äquivalente Strukturen umformen, siehe z. B. [GRS03], [Unb02], [Schü91], [Wer07]. Hierzu vertauscht man formal Eingang und Ausgang, dreht alle Pfeile um. So entsteht aus der Direktform II die *transponierte Direktform II* in Bild 5-4.

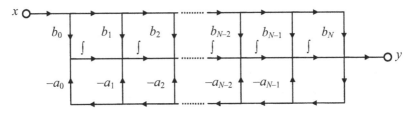

Bild 5-4 Signalflussgraph in transponierter Direktform II ($M = N$, $a_N = 1$)

5.4   Übertragungsfunktion

Abschnitt 3.4.2 zeigt, dass ein zeitkontinuierliches LTI-System bei Erregung mit der Exponentiellen e^{st} mit der vorgegebener komplexer Frequenz s das Ausgangssignal $H(s) \cdot e^{st}$ liefert. e^{st} ist Eigenfunktion des Systems mit dem zugehörigen, systemspezifischen Eigenwert $H(s)$. Daran knüpfen wir jetzt an, indem wir in die homogene DGL (5.5) die Eigenfunktion einsetzen.

Anmerkung: Die Betrachtung entspricht in der komplexen Wechselstromrechnung dem eingeschwungenen Zustand mit $s = j\omega$.

Offensichtlich erhalten wir auf der linken Seite der DGL das charakteristische Polynom. Auf der rechten Seite ergibt sich ebenfalls ein Polynom.

$$H(s)e^{st} \cdot \sum_{k=0}^{N} a_k s^k = e^{st} \cdot \sum_{l=0}^{M} b_l s^l \tag{5.15}$$

Kürzen der Exponentiellen und Auflösen nach der *Übertragungsfunktion H(s)* liefern einen rationalen Ausdruck mit dem Zählerpolynom $Z(s)$ und dem Nennerpolynom $N(s)$.

$$H(s) = \frac{Z(s)}{N(s)} = \frac{\displaystyle\sum_{l=0}^{M} b_l s^l}{\displaystyle\sum_{k=0}^{N} a_k s^k} = \frac{b_M}{a_N} \cdot \frac{\displaystyle\prod_{l=1}^{M}(s-s_{0l})}{\displaystyle\prod_{k=1}^{N}(s-s_{\infty k})} \tag{5.16}$$

Der Grad des Nennerpolynoms, des charakteristischen Polynoms, bezeichnet die *Ordnung* des Systems. Die Nullstellen des Nenners $s_{\infty k}$ werden *Pole* des Systems genannt, weil dort der Betrag der Übertragungsfunktion gegen unendlich strebt. Die Nullstellen des Zählerpolynoms s_{0l} sind auch *Nullstellen* des Systems.

Da das System durch die DGL bis auf einen Skalierungsfaktor vollständig beschrieben ist, liegt mit der Übertragungsfunktion und demnach mit der Pol-Nullstellenverteilung eine bis auf einen Skalierungsfaktor vollständige Charakterisierung des Übertragungsverhaltens des Systems vor. Im Weiteren verwenden wir, falls nicht anders erwähnt, die Übertragungsfunktion in normierter Form mit $a_N = 1$.

5.5 Ein- und Ausschwingen, Transiente

5.5.1 Homogene Lösung der DGL

Das Phänomen des Ein- und Ausschwingens ist typisch für ein LTI-System mit einer DGL und kann in manchen Anwendungen zu Problemen führen. Anhand eines einfachen Beispiels machen wir uns mit dem Phänomen vertraut.

Beispiel Geschaltete Spannungsquelle am RC-Glied (DGL 1. Ordnung)

Exemplarisch für Systeme, die durch eine DGL beschrieben werden, stellen wir, vom einfachen Beispiel des RC-Gliedes ausgehend, die Frage nach den Systemeigenschaften.

Dazu betrachten wir das in Bild 5-5 gezeigte RC-Glied mit einer geschalteten exponentiellen harmonischen Erregung und bestimmen zunächst die homogene und die partikuläre Lösung. Danach wird die DGL unter Berücksichtigung der Anfangsbedingung gelöst.

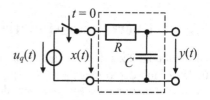

Bild 5-5 RC-Glied mit geschalteter Spannungsquelle

Da in der DGL (5.1) nur die Linearkombination von $y(t)$ und ihrer Ableitung vorkommt, wählen wir für die homogene Lösung den Ansatz einer Exponentiellen multipliziert mit einer reellen Konstante

$$y_h(t) = U_h \cdot e^{s_h t} \tag{5.17}$$

Eingesetzt in die homogene Form der DGL (5.1) resultiert mit $a = 1/RC$

$$\frac{d}{dt}\left(U_h\, e^{s_h t}\right) + a U_h\, e^{s_h t} = \left(s_h + a\right)\cdot U_h\, e^{s_h t} = 0 \tag{5.18}$$

Nur für $s_h = -a$ ist die Gleichung für alle Werte von t erfüllt. Wir erhalten deshalb die homogene Lösung

$$y_h(t) = U_h \cdot e^{-at} \tag{5.19}$$

Der Vergleich mit (5.8) zeigt für $s_\infty = \sigma_\infty = -a$ die Übereinstimmung mit der allgemeinen Lösung.

5.5.2   Partikuläre Lösung der DGL

Die partikuläre Lösung gibt die Systemreaktion auf das spezielle Eingangssignal $x(t)$ wieder. Für das Beispiel wählen wir die Exponentielle, die zum Zeitpunkt $t = 0$ angeschaltet wird.

$$x(t) = U_q e^{s_q t} \cdot u(t) \tag{5.20}$$

Die entsprechende Beschaltung des RC-Gliedes wird in Bild 5-5 gezeigt. Zum Zeitpunkt $t = 0$ wird der Schalter geschlossen.

Die partikuläre Lösung $y_p(t)$ muss die DGL (5.2) für $t > 0$ erfüllen.

$$y_p'(t) + a \cdot y_p(t) = a U_q \cdot e^{s_q t} \quad \text{für } t > 0 \tag{5.21}$$

Aus den Überlegungen zu den Eigenfunktionen von LTI-Systemen wissen wir, dass auch die partikuläre Lösung für hinreichend großes t näherungsweise eine Exponentielle sein muss. Deshalb machen wir den Ansatz

$$y_p(t) = U_p e^{s_p t} \quad \text{für } t > 0 \tag{5.22}$$

mit dem Index p für die partikuläre Lösung. Nach Einsetzen in die DGL (5.21)

$$\frac{d}{dt}\left(U_p \cdot e^{s_p t}\right) + a \cdot U_p\, e^{s_p t} = (s_p + a)\cdot U_p\, e^{s_p t} \overset{!}{=} a \cdot U_q\, e^{s_q t} \tag{5.23}$$

ist die DGL erfüllt für $s_p = s_q$ und $U_p = a U_q / (s_q + a)$. Und somit ist die partikuläre Lösung

$$y_p(t) = \frac{a}{s_q + a}\cdot U_q \cdot e^{s_q t} \quad \text{für } t > 0 \tag{5.24}$$

5.5.3   Lösung der DGL mit Anfangsbedingungen

Zusammenführen der homogenen und der partikulären Lösung liefert das gesuchte Ausgangssignal.

$$y(t) = y_h(t) + y_p(t) = U_h e^{-at} + \frac{a}{s_q + a} U_q e^{s_q t} \quad \text{für} \quad t > 0 \tag{5.25}$$

Durch das Eingangssignal und die Schaltung sind die Parameter s_q, U_q und $a = 1/RC$ vorgegeben. Als unbekannte Größe verbleibt der Skalierungsfaktor der homogenen Lösung U_h. Bei bekanntem *Anfangswert* $y(0) = U_0$ zum Einschaltzeitpunkt kann U_h aus der Lösung für $t = 0$ eindeutig bestimmt werden. Dazu betrachten wir den Grenzübergang

$$y(0+) = \lim_{t \to 0+} \left(U_h \cdot e^{-at} + \frac{a}{s_q + a} \cdot U_q \cdot e^{s_q t} \right) = U_h + \frac{a}{s_q + a} \cdot U_q = U_0 \tag{5.26}$$

Anmerkung: Die Schreibweise 0+ deutet an, dass der Grenzübergang für positive Werte zur Null hin durchzuführen ist.

Daraus resultiert für den Skalierungsfaktor der homogenen Lösung

$$U_h = U_0 - \frac{a}{s_q + a} \cdot U_q \tag{5.27}$$

Unter Berücksichtigung des Anfangswerts U_0 ist die Lösung der DGL

$$y(t) = U_0 \cdot e^{-at} + \frac{a}{s_q + a} \cdot U_q \cdot \left(e^{s_q t} - e^{-at} \right) \quad \text{für } t \geq 0 \tag{5.28}$$

5.5.4   Ein- und Ausschwingen

In der Lösung der DGL (5.28) kann das Phänomen des Ein- und Ausschwingens geschalteter elektrischer Netzwerke gut beobachtet werden. Es treten für $t > 0$ die folgenden drei Terme auf:

- *Ausschwinganteil*

$$y_{aus}(t) = U_0 \cdot e^{-at} \tag{5.29}$$

- *Einschwinganteil*

$$y_{ein}(t) = -\frac{a}{s_q + a} \cdot U_q \cdot e^{-at} \tag{5.30}$$

- *stationärer Anteil*

$$y_s(t) = \frac{a}{s_q + a} \cdot U_q \cdot e^{s_q t} \tag{5.31}$$

Der Ausschwinganteil entspricht dem Entladevorgang an der Kapazität. Er klingt exponentiell entsprechend der Zeitkonstanten des RC-Gliedes ab und ist unabhängig von der Erregung. Der Einschwinganteil zeigt dem Ladevorgang durch das Anschalten der Erregung. Einschwinganteil und Ausschwinganteil sind aufgrund der physikalischen Randbedingungen stets transient, da $a = 1/(RC) > 0$.

Ein für Anwendungen interessanter Sonderfall ergibt sich, wenn sich Ein- und Ausschwinganteil kompensieren. Im Beispiel der Formel (5.28) geschieht dies

$$-y_{ein}(t) = y_{aus}(t) \quad \text{für} \quad \frac{a}{s_q + a} \cdot U_q = U_0 \tag{5.32}$$

Der stationäre Anteil zeigt das Verhalten der Eigenfunktion. Er liefert die Spannung an der Kapazität im eingeschwungenen Zustand, wie er bei der *komplexen Wechselstromrechnung* im eingeschwungenen Zustand zugrunde gelegt wird.

Wir prüfen das kurz nach. Mit U_q, der komplexen Amplitude der Wechselspannungsquelle, erhält man die komplexe Amplitude der Spannung an der Kapazität U_C aus der erweiterten Spannungsteilerregel mit s_q statt $j\omega$

$$U_C = \frac{1/s_q C}{R + 1/s_q C} = \frac{1}{1 + s_q RC} \cdot U_q \tag{5.33}$$

Die Zeitfunktion bestimmt sich entsprechend der komplexen Wechselstromrechnung nach Multiplikation mit der Exponentiellen

$$u_C(t) = U_C e^{s_q t} = \frac{1}{1 + s_q RC} \cdot U_q \cdot e^{s_q t} \tag{5.34}$$

Setzten wir jetzt noch $a = 1/RC$ ein, so resultiert die stationäre Lösung der DGL (5.31).

Das Übergangsverhalten des RC-Gliedes ist in Bild 5-6 durch ein Zahlenwertbeispiel nochmals verdeutlicht. Der Einfachheit halber werden die normierten Größen $U_0 = 1$, $U_q = 8$, $s = j2\pi$ und $RC = 1$ verwendet.

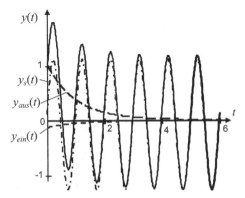

Bild 5-6 Geschaltete Exponentielle am RC-Glied mit dem stationären Anteil $y_s(t)$, dem Ausschwinganteil $y_{aus}(t)$, dem Einschwinganteil $y_{ein}(t)$ und dem Ausgangssignal $y(t)$ (Realteile der normierten Größen)

5.6   Linearität, Zeitinvarianz und Kausalität

Aus der allgemeinen Lösung der DGL mit der von der Erregung unabhängigen homogenen Lösung folgt, dass das System im geschalteten Fall nicht linear ist. Nur wenn die homogene Lösung verschwindet, reagiert das System linear. Im Beispiel muss dafür mit $y(0) = 0$ die Spannung an der Kapazität zum Einschaltzeitpunkt null sein. Diese Feststellung lässt sich auf andere RLC-Netzwerke übertragen. Sind alle Spannungen an den Kapazitäten und alle Ströme in den Induktivitäten zum Einschaltzeitpunkt null, d. h. ist das Netzwerk zum Einschaltzeitpunkt *energiefrei* oder *im Ruhezustand*, so antwortet das Netzwerk linear auf das Eingangssignal.

Wegen der Gültigkeit des Überlagerungssatzes kann die Berechnung des Ausgangssignals jedoch prinzipiell wie für den ungeschalteten Fall erfolgen. Das System wird hierfür gedanklich in zwei unabhängige Teile zerlegt, siehe Bild 5-7. Die Berechnung des Ausgangssignals geschieht dann unabhängig für den energiefreien Fall mit dem Erregeranteil $y_e(t)$, also dem Einschwinganteil $y_{ein}(t)$ zuzüglich dem stationärer Anteil $y_s(t)$, und dem Ausschwinganteil $y_{aus}(t)$. Da sich das Teilsystem für den Erregeranteil im Einschaltzeitpunkt im Ruhezustand befindet, folgt unmittelbar, dass es zeitinvariant und kausal ist. Durch lineare DGL mit konstanten Koeffizienten charakterisierte Systeme können immer wie in Bild 5-7 dargestellt werden. Deshalb spricht man vereinfachend von kausalen LTI-Systemen.

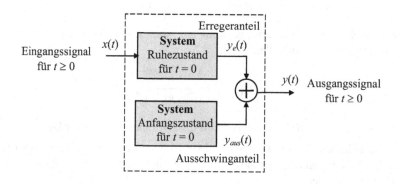

Bild 5-7 Aufteilung des Systems in ein im Einschaltzeitpunkt energiefreies LTI-System für den Erregeranteil $y_e(t)$ und ein System, das den Ausschwinganteil $y_{aus}(t)$ generiert

5.7   Impulsantwort und Übertragungsfunktion

Für LTI-Systeme gilt die Eingangs-Ausgangsgleichung (3.29), die durch die Faltung mit der Impulsantwort jedem Eingangssignal ein Ausgangssignal zuweist. Ferner besitzen LTI-System mit DGL eine Übertragungsfunktion. Wir bestimmen im Folgenden exemplarisch die Impulsantwort und Übertragungsfunktion des RC-Gliedes in Bild 5-5, wobei wir auch die Verbindung zwischen den beiden charakteristischen Systemfunktionen herstellen.

Beispiel RC-Glied (DGL 1. Ordnung)

Berechnung der Impulsantwort

Da die bereits berechnete partikuläre Lösung nur für die geschaltete Exponentielle gilt, muss zuerst die DGL für eine beliebige Inhomogenität (Eingangssignal) gelöst werden. Die Mathematik stellt dazu die *Methode der Variation der Konstanten* bereit. Entsprechend verwenden wir den Produktansatz aus der homogenen Lösung $y_h(t)$ und einer noch zu bestimmenden Funktion $f(t)$ für die partikuläre Lösung

$$y_p(t) = f(t) \cdot y_h(t) \tag{5.35}$$

Die Ableitung liefert nach der Produktregel

$$y_p'(t) = y_h(t) \cdot f'(t) + y_h'(t) \cdot f(t) \tag{5.36}$$

Setzten wir den Produktansatz und seine Ableitung in die DGL (5.1) mit $a = 1/RC$ ein, so ergibt sich

$$y_p'(t) + a\, y_p(t) = y_h(t) \cdot f'(t) + f(t) \cdot y_h'(t) + a\, f(t) \cdot y_h(t) = a\, x(t) \tag{5.37}$$

Klammern wir jetzt in der Mitte $f(t)$ aus, bleibt innerhalb der eckigen Klammer die DGL für die homogene Lösung stehen.

$$y_h(t) \cdot f'(t) + f(t) \underbrace{\left[y_h'(t) + a\, y_h(t) \right]}_{=0} = y_h(t) \cdot f'(t) = a\, x(t) \tag{5.38}$$

Der Klammerausdruck ist somit null, was den Produktansatz nachträglich rechtfertigt. Auflösen nach $f'(t)$ liefert zunächst

$$f'(t) = a \cdot \frac{x(t)}{y_h(t)} \tag{5.39}$$

woraus sich die gesuchte Funktion nach Integration ergibt.

$$f(t) = a \int_0^t \frac{x(\tau)}{y_h(\tau)}\, d\tau \tag{5.40}$$

Setzten wir die gefundene Funktion $f(t)$ und die homogene Lösung (5.19) in den Produktansatz (5.35) ein, nimmt die partikuläre Lösung zunächst die Form an

$$y_p(t) = y_h(t) \cdot f(t) = U_h e^{-at} \cdot a \int_0^t \frac{x(\tau)}{U_h e^{-a\tau}}\, d\tau = a\, e^{-at} \int_0^t x(\tau) e^{a\tau}\, d\tau \tag{5.41}$$

Da die Integration bezüglich der unabhängigen Variablen τ vorgenommen wird, kann der Exponentialterm e^{-at} in den Integrand hinein gezogen werden.

$$y_p(t) = a \int_0^t x(\tau) \cdot e^{-a(t-\tau)} d\tau \qquad (5.42)$$

Der Vergleich mit dem Faltungsintegral (3.29) liefert mit $x(\tau) = 0$ für $\tau < 0$ und $a = 1/RC$ die gesuchte Impulsantwort für das RC-Glied

$$h(t) = \frac{1}{RC} \cdot e^{-t/RC} u(t) \qquad (5.43)$$

Die Kausalität und die BIBO-Stabilität des RC-Gliedes lassen sich direkt aus der Impulsantwort ablesen, siehe Tabelle 3-2.

Berechnung der Übertragungsfunktion

Die BIBO-Stabilität stellt auch die Existenz der Übertragungsfunktion sicher, wie später noch gezeigt wird. Die Übertragungsfunktion kann im Beispiel durch Koeffizientenvergleich über die Differenzialgleichung (5.3) mit (5.16) oder durch Integration der Impulsantwort, siehe Tabelle 3-2, berechnet werden. Wir beschreiten beide Wege und verifizieren so die Lösung.

(i) Berechnung der Übertragungsfunktion mit Hilfe der DGL

Der Vergleich der DGL des RC-Gliedes (5.1) mit der allgemeinen DGL N-ter Ordnung (5.3) liefert die Koeffizienten $a_0 = 1/RC$, $a_1 = 1$ und $b_0 = 1/RC$. Setzt man die Koeffizienten in (5.16) ein, so resultiert die Übertragungsfunktion 1. Ordnung

$$H(s) = \frac{1}{1 + sRC} \qquad (5.44)$$

(ii) Berechnung der Übertragungsfunktion aus der Impulsantwort

Nach Tabelle 3-2 ergibt sich die Übertragungsfunktion aus

$$H(s) = \int_{-\infty}^{+\infty} h(t) e^{-st} dt = \frac{1}{RC} \int_{-\infty}^{+\infty} e^{-t/RC} u(t) e^{-st} dt = \frac{1}{RC} \int_0^{+\infty} \exp\left[-\left(s + \frac{1}{RC}\right)t\right] dt \qquad (5.45)$$

Die Integration der Exponentialfunktion liefert

$$H(s) = \frac{1}{RC} \cdot \frac{1}{-(s+1/RC)} \cdot \exp\left[-\left(s + \frac{1}{RC}\right)t\right]\Bigg|_0^{\infty} = \frac{1}{1+sRC} \quad \text{für } \mathrm{Re}\left[s + \frac{1}{RC}\right] > 0 \qquad (5.46)$$

Die am Beispiel des RC-Gliedes vorgestellten Methoden und Ergebnisse lassen sich auf Systeme höherer Ordnung übertragen. Auf eine weitere Diskussion wird hier jedoch verzichtet, da mit der später noch eingeführten Laplace-Transformation ein effektives Werkzeug zur Lösung von linearen DGL mit konstanten Koeffizienten zur Verfügung steht. Im nächsten Unterabschnitt sind zwei Beispiele zu finden.

Anmerkung: Weiterführende Darstellungen findet man z. B. in [Schü88], [Schü91] und [Unb02].

5.8   Beispiele mit RLC-Netzwerken

5.8.1   System 1. Ordnung

Anmerkung: Das Beispiel befasst sich mit einem einfachen RLC-Netzwerk, einem System 1. Ordnung. Zunächst ist der Übergang von der physikalischen Schaltung auf die abstrakte Systembeschreibung, im Beispiel
die Übertragungsfunktion, zu leisten. Danach kann die
Analyse der Systemtheorie Schritt für Schritt ablaufen.

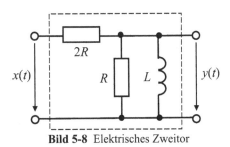

Bild 5-8 Elektrisches Zweitor

Gegeben ist das in Bild 5-8 gezeigte *elektrische
Zweitor*.

a) Geben Sie die Übertragungsfunktion für $x(t)$ als
    Eingangs- und $y(t)$ als Ausgangssignal des Systems an.

b) Bestimmen Sie die Pole und Nullstellen der Übertragungsfunktion. Skizzieren Sie ihre
    Lagen in der komplexen s-Ebene, das *Pol-Nullstellendiagramm*.

c) Ist das System stabil? Begründen Sie Ihre Antwort.

d) Zeichnen Sie den Signalflussgraphen in der transponierten Direktform II.

e) Bestimmen Sie die DGL des Systems.

Lösung

a) Aus der Spannungsteilerregel für komplexe Amplituden folgt die Übertragungsfunktion

$$H(s) = \frac{sRL/(R+sL)}{2R+sRL/(R+sL)} = \frac{s/3}{s+2R/3L} \tag{5.47}$$

b) Das System 1. Ordnung weist einen Pol und eine Nullstelle auf.

$$s_\infty = -\frac{2R}{3L} \quad \text{und} \quad s_0 = 0 \tag{5.48}$$

Es resultiert das Pol-Nullstellendiagramm mit dem
Pol (×) und der Nullstelle (o) in der komplexen
s-Ebene in Bild 5-9.

c) Das System ist stabil, weil der einzige Pol, wie in
    (5.13) gefordert, einen Realteil kleiner als null be-
    sitzt, im Pol-Nullstellendiagramm also in der linken
    s-Halbebene liegt.

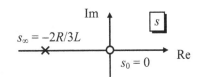

Bild 5-9   Pol-Nullstellendiagramm
                zum Zweitor in Bild 5-8

d) Der Koeffizientenvergleich der Übertragungsfunk-
    tion mit der allgemeinen Polynomdarstellung (5.16)
    liefert die Entsprechungen

$$a_0 = 2R/3L, \quad a_1 = 1, \quad b_0 = 0 \quad \text{und} \quad b_1 = 1/3 \tag{5.49}$$

Damit kann der Signalflussgraph in transponierter Direktform II nach Bild 5-4 angegeben werden, siehe Bild 5-10.

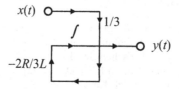

Bild 5-10   Signalflussgraph in transponierter Direktform II zum Zweitor in Bild 5-8

e) Mit den Koeffizienten der Übertragungsfunktion (5.47) folgt aus (5.3) die DGL des Systems.

$$y'(t) + \frac{2R}{3L}\,y(t) = \frac{1}{3}\,x'(t) \qquad (5.50)$$

5.8.2   Reihenschwingkreis

Anmerkung: Systeme 1. Ordnung lassen sich relativ einfach analysieren. Erhöht sich die Systemordnung, so nimmt der erforderliche Aufwand zu. Zur Bestimmung der Pole eines Systems n-ter Ordnung sind die n Nullstellen des charakteristischen Polynoms zu bestimmen, also die charakteristische Gleichung n-ter Ordnung zu lösen. Aus der Schulmathematik ist bekannt, dass sich quadratische Gleichungen noch kompakt lösen lassen. Bei kubischen Gleichungen oder gar Gleichungen 4. Grades gestaltet sich die Lösung meist so aufwendig, dass bereits Näherungen der numerischen Mathematik empfohlen werden [BSMM99]. Wir beschränken uns im Weiteren deshalb auf den Fall 2. Ordnung.

Eine wichtige Rolle in der Technik spielen Systeme 2. Ordnung. Ein prominenter Vertreter in der Elektrotechnik ist der *Reihenschwingkreis* in Bild 5-11. Eine ausführliche Analyse mit Bestimmung der Übertragungsfunktion, der Pole und Nullstellen, des Signalflussgraphen, der DGL, der Lösung der homogenen DGL und der Reaktion auf eine angeschaltete Gleichspannung wird im Übungsteil A5.1-2, 3 und 5 vorgestellt. Dabei werden die aus der Physik bekannten Ergebnissen in der Sprache

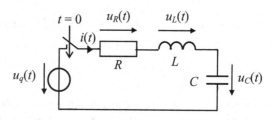

Bild 5-11   Geschaltete Spannungsquelle am Reihenschwingkreis

der Systemtheorie ausgedrückt und verallgemeinert. Beispielhaft wird im Folgenden das Resultat für den elektrischen Strom im Reihenschwingkreis vorgestellt.

Wir beginnen mit den physikalischen Zusammenhängen zwischen dem Strom und den Spannungen in den idealen Bauelementen und stellen die Maschengleichung für $t \geq 0$ auf.

$$u_q(t) = R \cdot i(t) + L \cdot \frac{d}{dt} i(t) + \frac{1}{C} \cdot \int_0^t i(\tau)d\tau + u_c(0) \qquad (5.51)$$

Durch Differenzieren nach der Zeit überführen wir die Gleichung in eine DGL 2. Ordnung. Auflösen nach der 2. Ableitung des Stromes und Normieren liefert die gewünschte DGL

$$i''(t) + \frac{R}{L} \cdot i'(t) + \frac{1}{LC} \cdot i(t) = \frac{1}{L} \cdot u_q'(t) \tag{5.52}$$

wenn bei zunächst energiefreiem Zustand eine Spannungsquelle angeschaltet wird. Bild 5-12 zeigt für den Fall einer Gleichspannungsquelle den Strom nach dem Einschalten. Es sind drei Fälle zu unterscheiden, je nachdem ob die Lösung der charakteristischen (quadratischen) Gleichung

$$s^2 + \frac{R}{L} \cdot s + \frac{1}{LC} = 0 \tag{5.53}$$

zwei reelle Nullstellen, zwei zueinander konjugiert komplexe Nullstellen oder eine doppelte reelle Nullstelle besitzt.

Die Lösungen für ein Zahlenwertbeispiel in Bild 5-12 erlauben einen anschaulichen Vergleich mit den aus der Physik oder den Grundlagen der Elektrotechnik bekannten Ergebnissen.

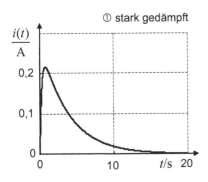

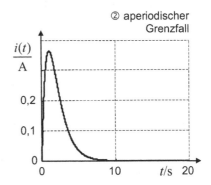

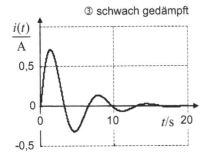

Fall	$s_{\infty 1}$	$s_{\infty 2}$
①	−0,2679	−3,7321
②	−1	−1
③	−0,25+j0,9682	−0,25−j0,9682

Polstellen (normiert)

Bild 5-12 Einschwingverhalten des Reihenschwingkreises in Bild 5-11 bei Erregung mit einer geschalteten Gleichspannung und zunächst energiefreiem Zustand

Im oberen linken Teilbild ① ist der Strom für den Fall des überaperiodisch (stark) gedämpften Schwingkreises dargestellt. Er ergibt sich für zwei reelle Pole, d. h. $1/LC < (R/2L)^2$. Der Strom beginnt im Zeitpunkt $t = 0$ bei null, wächst dann sehr schnell an, um schließlich in den exponentiellen Abfall entsprechend dem schwächer dämpfenden Pol über zu gehen.

Der aperiodische Grenzfall im rechten oberen Teilbild ② zeichnet sich durch den höchsten Anstieg und das schnellste Abklingen des Stromes aus, bei dem noch keine Schwingung auftritt. Er tritt ein für $1/LC = (R/2L)^2$.

Beim schwach gedämpften Reihenschwingkreis ③ beobachten wir das typische Einschwingverhalten mit der Eigenschwingung. Er ergibt sich für eine konjugiert komplexe Lösung, d. h. $1/LC > (R/2L)^2$. Aus dem Abstand der Nulldurchgänge schließen wir auf eine Periode von 2π Sekunden, was mit den für das Bild verwendeten normierten Wert $\omega_\infty = 0,9682 \approx 1$ für den Imaginärteil der Pole harmoniert.

5.9   Gegenüberstellung II: zeitkontinuierliche und zeitdiskrete LTI-Systeme

In den beiden letzten Abschnitten 4 und 5 wurden zeitdiskrete bzw. zeitkontinuierliche LTI-Systeme vorgestellt, deren Eingangs-Ausgangsgleichungen als lineare Differenzengleichungen bzw. Differenzialgleichungen vorliegen. Die Systembeschreibungen gelten prinzipiell sowohl für den zeitdiskreten als auch zeitkontinuierlichen Fall.

Die Lösungen der DGL, die Ausgangssignale, ergeben sich aus den Additionen der jeweils homogenen und partikulären Lösungen. Darin sind die homogenen Lösungen nur von den Systemen, also den Ordnungen der DGL und den Koeffizienten a_k, abhängig. Die partikulären Lösungen werden durch die Eingangssignale induziert.

Wird das Signal am Systemeingang geschaltet, können im Ausgangssignal prinzipiell drei Anteile auftreten: der Ausschwinganteil, der Einschwinganteil und der stationäre Anteil. Der Ausschwinganteil hängt vom Zustand des Systems im Schaltzeitpunkt ab. Der Einschwinganteil und der stationäre Anteil treten in Abhängigkeit von der Erregung auf und werden zum Erregeranteil zusammengefasst. Ist das System (strikt) stabil, so sind der Ein- und der Ausschwinganteil transient. Mit der Zeit klingen sie ab, so dass nur der von der Erregung getriebene, stationäre Anteil verbleibt.

Die DGL liefert als Lösung einer Erregung mit einer Exponentiellen wieder die Exponentielle, jedoch gewichtet mit dem Wert der Übertragungsfunktion. Letztere ist eine rationale Funktion deren Zähler- und Nennerpolynom durch die Koeffizienten der DGL festgelegt sind. Die Nullstellen des Nennerpolynoms werden Pole des Systems genannt. Sie bestimmen die Eigenschwingungen des Systems und damit das Ein- und Ausschwingen sowie die Stabilität des Systems.

Durch die DGL tritt als neue Systembeschreibung der Signalflussgraph hinzu. Der Signalflussgraph liefert prinzipiell eine Anleitung zur Realisierung der Systeme. Da für ihn äquivalente Formen existieren, existieren auch unterschiedliche Realisierungen von Systemen mit gleichen Eingangs-Ausgangsverhalten.

Anmerkung: Letzteres eröffnet ein weites Feld der Optimierung für den Entwurf und die Implementierung realer Systeme, bei denen nichtideale Bedingungen in Kauf genommen werden müssen [OSB98], [Schü73], [Unb93], [Wer06a], [Wer07].

Zusammenfassend werden die wichtigsten neu hinzukommenden Systemeigenschaften in der Tabelle 5-1 gegenübergestellt. Die Verwandtschaft zwischen den zeitkontinuierlichen und zeitdiskreten Systemen wird dadurch nochmals deutlich.

Tabelle 5-1 Eigenschaften von LTI-Systemen mit DGL (siehe auch Tabelle 3-2)

	zeitkontinuierlich	zeitdiskret
DGL N-ter Ordnung mit homogener und partikulärer Lösung ($N \geq M$)	$$\sum_{k=0}^{N} a_k y^{(k)}(t) = \sum_{l=0}^{M} b_l x^{(l)}(t)$$ $$y(t) = y_h(t) + y_p(t)$$	$$\sum_{k=0}^{N} a_k y[n-k] = \sum_{l=0}^{M} b_l x[n-l]$$ $$y[n] = y_h[n] + y_p[n]$$
Übertragungsfunktion mit Polen $s_{\infty k}$ bzw. $z_{\infty k}$ und Nullstellen s_{0k} bzw. z_{0k} ($N \geq M$)	$$H(s) = \frac{\sum_{l=0}^{M} b_l\, s^l}{\sum_{k=0}^{N} a_k\, s^k} =$$ $$= \frac{b_M}{a_N} \cdot \frac{\prod_{l=1}^{M}(s - s_{0l})}{\prod_{k=1}^{N}(s - s_{\infty k})}$$	$$H(z) = \frac{\sum_{l=0}^{M} b_l\, z^{-l}}{\sum_{k=0}^{N} a_k\, z^{-k}} =$$ $$= \frac{b_0}{a_0} \cdot \frac{\prod_{l=1}^{M}(1 - z_{0l}\, z^{-1})}{\prod_{k=1}^{N}(1 - z_{\infty k}\, z^{-1})}$$
Signalflussgraph für ein System 2. Ordnung in transponierter Direktform II mit den Zustandsgrößen s_1 und s_2	$x(t)$ b_0 b_1 b_2 $\int$ $\int$ $y(t)$ $s_2(t)$ $s_1(t)$ $-a_0$ $-a_1$ Normierung: $a_2 = 1$	$x[n]$ b_2 b_1 b_0 D D $y[n]$ $s_2[n]$ $s_1[n]$ $-a_2$ $-a_1$ Normierung: $a_0 = 1$

Online-Ressourcen zu Kapitel 5 mit Übungsaufgaben und Übungen mit MATLAB

6 *z*-Transformation und LTI-Systeme

6.1 Einführung

Für LTI-Systeme kann die Systembeschreibung durch Integraltransformationen vereinfacht werden. Für zeitkontinuierliche Signale steht die *Laplace-Transformation* zur Verfügung. Mit ihr lassen sich beispielsweise Schaltvorgänge in RLC-Netzwerken mit Anfangsbedingungen berechnen. Für zeitdiskrete Signale wird die *z-Transformation* eingesetzt. Beide Verfahren führen die systembeschreibende Differenzialgleichung bzw. Differenzengleichung (DGL) in eine einfachere algebraische Gleichung über. Sie liefern als Gegenstücke zu der Impulsantwort des Systems die Übertragungsfunktion, siehe Bild 6-1.

Die oft schwierig zu berechnende Faltung des Eingangssignals mit der Impulsantwort wird nach der Transformation in den Bildbereich zu einer einfachen Multiplikation. Darüber hinaus liefert die Darstellung der Systeme im Bildbereich neue Zusammenhänge. Mit dem Pol-Nullstellendiagramm lässt sich die Frage nach der Stabilität durch die Betrachtung des Konvergenzgebiets beantworten. Auch der Entwurf analoger und digitaler Filter wird meist im Bildbereich durchgeführt. Oft lässt sich das Übertragungsverhalten der Systeme mit dem Frequenzgang schnell abschätzen. Dazu wird die *Fourier-Transformation* benutzt.

Alle drei Transformationen, die *z*-, die Laplace- und die Fourier-Transformation, sind eng miteinander verwandt.

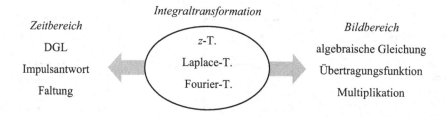

Bild 6-1 Integraltransformationen für LTI-Systeme

In diesem Abschnitt befassen wir uns mit der *z*-Transformation und ihrer Anwendung auf zeitdiskrete LTI-Systeme. Dazu erinnern wir uns an bisher wichtige Zusammenhänge:

- Die Reaktion des LTI-Systems auf ein Eingangssignal ist durch die Faltung des Eingangssignals mit der Impulsantwort gegeben.

- Die allgemeine Exponentielle ist Eigenfunktion des LTI-Systems mit der Übertragungsfunktion als Eigenwert.

- Die in der digitalen Signalverarbeitung wichtigen Systeme, die durch Multiplizierer und Verzögerer aufgebaut werden, gehören zu der Familie von zeitdiskreten und kausalen LTI-Systemen, die durch lineare DGL mit konstanten Koeffizienten beschrieben werden.

An den Beispielen in den vorherigen Abschnitten wird deutlich, dass die Analyse von Systemen mit DGL relativ mühsam sein kann. Deshalb wurden in den Beispielen exponentielle

Anregungen angenommen, für die sich die partikulären Lösungen relativ einfach bestimmen lassen. Wir führen die z-Transformation ein, um solche Aufgaben effizienter zu lösen. Nicht zuletzt werden wir dabei zum Verständnis der Systeme wichtige neue Zusammenhänge kennen lernen und den Begriff der Übertragungsfunktion wesentlich erweitern.

Anmerkung: Für eine kompakte Zusammenstellung der z-Transformation und ihrer Eigenschaften siehe auch [BSMM99]. Ausführlichere Darstellungen findet man z. B. in [Ben95] und [Schü94].

6.2 Die *z*-Transformation

Lernziele

Nach Bearbeiten des Abschnitts 6.2 können Sie

- die Definition der z-Transformation angeben und die Frage nach der Konvergenz mit einer Skizze in der z-Ebene erläutern

- wichtige Eigenschaften der z-Transformation in Tabelle 6-1 erläutern und ihre Bedeutungen für LTI-Systeme mit DGL einschätzen

- die z-Transformierten der Impuls- und Sprungfunktion angeben und weitere Korrespondenzen in Tabelle 6-2 anwenden

6.2.1 Definition

Wir knüpfen an dem Zusammenhang zwischen der Übertragungsfunktion und der Impulsantwort (3.24) an und bezeichnen, falls die Summe

$$X(z) = Z\{x[n]\} = \sum_{n=-\infty}^{\infty} x[n]\, z^{-n} \tag{6.1}$$

existiert, $X(z)$ als die *z-Transformierte* von $x[n]$. Die komplexe Variable z hat die Exponentialform (Polardarstellung)

$$z = r \cdot e^{j\Omega} \tag{6.2}$$

mit dem Absolutbetrag r und dem Argument Ω. Die Folge $x[n]$ und ihre z-Transformierte $X(z)$ bilden ein *z-Transformationspaar*. Man schreibt kurz

$$x[n] \quad \leftrightarrow \quad X(z) \tag{6.3}$$

Anmerkung: In der Literatur sind auch andere Symbole, wie z. B. o- oder o-•, gebräuchlich. Zur besonderen Kennzeichnung kann auch z über den Doppelpfeil geschrieben werden.

Im Falle eines rechtsseitigen Signals reduziert sich die Summe auf $n \geq 0$. Entsprechendes gilt für linksseitige Signale, $n < 0$. Man spricht deshalb von der *zweiseitigen z-Transformation* (6.1) und spaltet sie in zwei *einseitige z-Transformationen* auf

$$X_{II}(z) = Z_{II}\{x[n]\} = \underbrace{\sum_{n=-\infty}^{-1} x[n]\, z^{-n}}_{X_I^-(z)} + \underbrace{\sum_{n=0}^{\infty} x[n]\, z^{-n}}_{X_I^+(z)} \tag{6.4}$$

mit dem rechtsseitigen Anteil $X_I^+(z)$ und dem linksseitigen Anteil $X_I^-(z)$.

Anmerkungen: (i) Zur Unterscheidung zwischen zweiseitiger und einseitiger z-Transformation wird in der Literatur oft ein Index, z. B. Z_{II} bzw. Z_I, benutzt. Rechtsseitiger und linksseitiger Anteil werden durch hochgestelltes „+" bzw. „–" gekennzeichnet. (ii) Im Weiteren wird, wenn aus dem Zusammenhang keine Verwechslung zu erwarten ist, auf die spezielle Kennzeichnung verzichtet.

6.2.2   Existenz

Der Frage nach der Existenz der z-Transformierten gehen wir zunächst anhand zweier Beispiele nach. Wir betrachten eine rechtsseitige und eine linksseitige Exponentielle mit der reellen Konstanten a und berechnen jeweils die z-Transformierte.

• Für die rechtsseitige Folge ergibt sich

$$x^+[n] = a^n u[n] \quad \leftrightarrow \quad X^+(z) = \sum_{n=0}^{\infty} a^n \cdot z^{-n} = \sum_{n=0}^{\infty} (az^{-1})^n =$$
$$= \frac{1}{1 - az^{-1}} = \frac{z}{z-a} \quad \text{für } |z| > |a| \tag{6.5}$$

Die z-Transformierte existiert, wenn die zugrunde liegende geometrische Reihe konvergiert. In der komplexen *z-Ebene* in Bild 6-1 (rechts) bedeutet dies anschaulich, dass $X^+(z)$ nur in der grauen äußeren Kreisfläche, dem *Konvergenzgebiet*, definiert ist.

• Im Falle der linksseitigen Exponentiellen resultiert mit ein paar Zwischenschritten

$$x^-[n] = a^n u[-n-1] \quad \leftrightarrow \quad X^-(z) = \sum_{n=-\infty}^{-1} a^n z^{-n} = \sum_{n=0}^{\infty} \left(\frac{1}{az^{-1}}\right)^n - 1 =$$
$$= \frac{1}{1 - (az^{-1})^{-1}} - 1 = -\frac{z}{z-a} \quad \text{für } |z| < |a| \tag{6.6}$$

Die z-Transformierte $X^-(z)$ existiert demnach nur in der grauen inneren Kreisscheibe der z-Ebene in Bild 6-1 links.

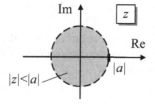
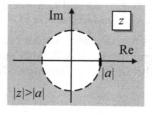

Bild 6-1 Konvergenzgebiete (grau) der rechtsseitigen Folge (rechts) und der linksseitigen Folge (links) in der z-Ebene

Im Beispiel ergeben sich bis auf das Vorzeichen für beide Folgen die gleichen z-Transformierten. Die Konvergenzgebiete sind jedoch disjunkt. Eine eindeutige Zuordnung zwischen der Folge und der z-Transformierten erfordert die Kenntnis des Konvergenzgebietes oder der Eigenschaft der Rechts- oder Linksseitigkeit.

Wie das Beispiel illustriert, wird für die Existenz der z-Transformierten nur vorausgesetzt, dass die Folge einer *exponentiellen Wachstumsbeschränkung* unterliegt. Das heißt, mit den positiven reellen Konstanten K und r ist für die Existenz von $X^+(z)$ hinreichend

$$\left|x[n]\right| \leq K r^n \quad \text{für } n \geq n_0 \geq 0 \qquad (6.7)$$

bzw. für $X^-(z)$

$$\left|x[n]\right| \leq K r^n \quad \text{für } n \leq n_0 < 0 \qquad (6.8)$$

Existiert die z-Transformierte, so ist das Konvergenzgebiet in der z-Ebene mindestens

- für eine rechtsseitige Folge die äußere Kreisscheibe mit $|z| > r_{\min}$

- für eine linksseitige Folge die innere Kreisscheibe mit $|z| < r_{\max}$

- und für eine zweiseitige Folge ein Ring mit $r_{\min} < |z| < r_{\max}$

Letzteres verdeutlicht das folgende Beispiel. Wir betrachte die in Bild 6-2 nach beiden Seiten exponentiell gegen null fallende Folge mit der reellen Konstanten $0 < a < 1$ und zerlegen die Folge in den rechtsseitigen und linksseitigen Anteil

$$x[n] = a^{|n|} = a^n u[n] + a^{-n} u[-n-1] \qquad (6.9)$$

Die zweiseitige z-Transformierte ergibt sich aus der Summe der zugehörigen einseitigen z-Transformierten. Mit (6.5)

$$X^+(z) = \frac{z}{z-a} \quad \text{für } |z| > r_{\min} = a \qquad (6.10)$$

und (6.6)

$$X^-(z) = -\frac{z}{z-1/a} \quad \text{für } |z| < r_{\max} = \frac{1}{a} \qquad (6.11)$$

folgt

$$X(z) = X^+(z) + X^-(z) = \frac{z}{z-a} - \frac{z}{z-1/a} \quad \text{für } r_{\min} < r < r_{\max} \qquad (6.12)$$

Die zweiseitige z-Transformierte existiert nur in dem in Bild 6-2 grau unterlegten Ring in der z-Ebene.

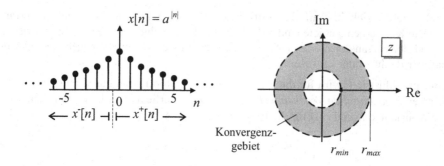

Bild 6-2 Zweiseitige Folge $x[n] = a^{|n|}$ und ihr Konvergenzgebiet (grau) in der z-Ebene

6.2.3   Eigenschaften

Die z-Transformation besitzt Eigenschaften, die ihre Anwendung in der Signalverarbeitung besonders attraktiv macht. Wichtige Eigenschaften sind in Tabelle 6-1 zusammengestellt. Die Eigenschaften resultieren in unmittelbarer Weise aus der Definition durch die Summe (6.1) bzw. der noch zu behandelnden Definition der inversen z-Transformation (6.34).

Beispielhaft zeigen wir die *Faltungseigenschaft*

$$x_1[n] * x_2[n] \quad \leftrightarrow \quad X_1(z) \cdot X_2(z) \tag{6.13}$$

wobei wir annehmen, dass die z-Transformierten der Signale in einem gemeinsamen Konvergenzgebiet existieren. Wir wenden die z-Transformation (6.1) auf die Faltung (3.6) an.

$$Z\{x_1[n] * x_2[n]\} = \sum_{n=-\infty}^{\infty} \left(\sum_{k=-\infty}^{\infty} x_1[k] \cdot x_2[n-k] \right) z^{-n} \tag{6.14}$$

Vertauschen wir nun die Reihenfolge der Summen, resultiert unter Berücksichtigung der Zeitverschiebung um k zuerst die z-Transformierte $X_2(z)$ und anschließend $X_1(z)$.

$$Z\{x_1[n] * x_2[n]\} = \sum_{k=-\infty}^{\infty} x_1[k] \cdot \underbrace{\sum_{n=-\infty}^{\infty} x_2[n-k] z^{-n}}_{z^{-k} \cdot X_2(z)} = X_1(z) \cdot X_2(z) \tag{6.15}$$

Die z-Transformation überführt die Faltung im Zeitbereich in eine Multiplikation im Bildbereich.

Schließlich sei noch zur Darstellung des *Verzögerungsoperators* D im Bildbereich bemerkt:

$$Z\{D(x[n])\} = Z\{x[n-1]\} \quad \leftrightarrow \quad z^{-1} \cdot X(z) \tag{6.16}$$

Der Verzögerungsoperator D entspricht im Bildbereich der Multiplikation mit z^{-1}.

Anmerkung: Weitere Eigenschaften entnehme man gegebenenfalls der Literatur, z. B. [Ben95], [BSMM99], [Doe85], [GRS07], [OpWi89a], [OSB98] und [Schü94].

Tabelle 6-1 Eigenschaften der z-Transformation

Eigenschaft	Folge	z-Transformierte	Konvergenzgebiet*)
	$x[n], x_1[n], x_2[n]$	$X(z), X_1(z), X_2(z)$	R, R_1, R_2
Linearität	$\alpha_1 x_1[n] + \alpha_2 x_2[n]$	$\alpha_1 X_1(z) + \alpha_2 X_2(z)$	mindestens $R_1 \cap R_2$
Zeitverschiebung	$x[n-n_0]$	$z^{-n_0} X(z)$	$R \cap \{0<|z|<\infty\}$
Modulation	$z_0^n \cdot x[n]$	$X\left(\dfrac{z}{z_0}\right)$	$|z_0| \cdot R$
Zeitumkehr	$x[-n]$	$X\left(\dfrac{1}{z}\right)$	$1/R$
Differenziation im Bild-bereich	$n \cdot x[n]$	$-z\dfrac{d}{dz}X(z)$	R
Akkumulation (Summation)	$\displaystyle\sum_{k=-\infty}^{n} x[k]$	$\dfrac{1}{1-z^{-1}}X(z)$	Mindestens $R \cap \{|z|>1\}$
Faltung im Zeitbereich	$x_1[n] * x_2[n]$	$X_1(z) \cdot X_2(z)$	mindestens $R_1 \cap R_2$

*) Man beachte, dass manche Rechenoperationen das Konvergenzgebiet ändern und dass nur die Verknüpfung von z-Transformierten sinnvoll ist, deren Konvergenzgebiete sich überschneiden. Die Rechenoperationen in der Spalte beziehen sich auf die Grenzen der Konvergenzgebiete r_{min} und r_{max}.

6.2.4   z-Transformierte von Standardsignalen

In diesem Unterabschnitt werden Korrespondenzpaare wichtiger Standardsignale vorgestellt. Wir beginnen mit der *Sprungfunktion* (2.20).

$$Z\{u[n]\} = \sum_{n=0}^{\infty} z^{-n} = \frac{1}{1-z^{-1}} \quad \text{für } |z| > 1 \tag{6.17}$$

Für die *Impulsfunktion* (2.31) ergibt sich

$$Z\{\delta[n]\} = 1 \quad \text{für alle } z \tag{6.18}$$

In Tabelle 6-2 sind in der Anwendung häufig vorkommende z-Transformationspaare rechtsseitiger Signale zusammengestellt. Die Anwendung von Tabelle 6-1 und Tabelle 6-2 erläutern die noch vorgestellten Beispiele. Weitere umfangreichere Korrespondenztafeln findet man in der genannten Literatur.

Tabelle 6-2 z-Transformationspaare

Zeitfunktion	z-Transformierte	Konvergenzgebiet
$\delta[n]$	1	für alle z
$u[n]$	$\dfrac{1}{1-z^{-1}} = \dfrac{z}{z-1}$	$\lvert z\rvert > 1$
$\delta[n-k]$	z^{-k}	$\forall\, z$ ausgenommen 0 für k > 0 bzw. ∞ für $k < 0$
$a^{n}\,u[n]$	$\dfrac{1}{1-az^{-1}} = \dfrac{z}{z-a}$	$\lvert z\rvert > \lvert a\rvert$
$n\cdot a^{n}\,u[n]$	$\dfrac{a\cdot z^{-1}}{\left(1-a\cdot z^{-1}\right)^{2}} = \dfrac{a\cdot z}{\left(z-a\right)^{2}}$	$\lvert z\rvert > \lvert a\rvert$
$\dbinom{n}{k}\cdot a^{n-k}\cdot u[n-k]$ *)	$\dfrac{z}{\left(z-a\right)^{k+1}}$	$\lvert z\rvert > \lvert a\rvert$
$\cos(\Omega_0 n)\,u[n]$	$\dfrac{z^{2}-z\cdot\cos(\Omega_0)}{z^{2}-z\cdot 2\cos(\Omega_0)+1}$	$\lvert z\rvert > 1$
$\sin(\Omega_0 n)\,u[n]$	$\dfrac{z\cdot\sin(\Omega_0)}{z^{2}-z\cdot 2\cos(\Omega_0)+1}$	$\lvert z\rvert > 1$
$r^{n}\cdot\cos(\Omega_0 n)\,u[n]$	$\dfrac{z^{2}-z\cdot r\cos(\Omega_0)}{z^{2}-z\cdot 2r\cos(\Omega_0)+r^{2}}$	$\lvert z\rvert > r > 0$
$r^{n}\cdot\sin(\Omega_0 n)\,u[n]$	$\dfrac{z\cdot r\sin(\Omega_0)}{z^{2}-z\cdot 2r\cos(\Omega_0)+r^{2}}$	$\lvert z\rvert > r > 0$
$2r^{n}\cdot\big[B_r\cos(n\Omega)+ {}-B_i\sin(n\Omega)\big]\,u[n]$	$\dfrac{B\,z}{z-z_\infty}+\dfrac{B^{*}z}{z-z_\infty^{*}}$ $z_\infty = re^{j\Omega}\;;\; B = B_r + jB_i$	$\lvert z\rvert > r > 0$

*) Binomialkoeffizient $\dbinom{n}{k} = \begin{cases} \dfrac{n!}{k!\cdot(n-k)!} & \text{für } n \ge k \\ 0 & \text{sonst} \end{cases}$

6.3 Anwendung der *z*-Transformation bei LTI-Systemen

Lernziele

Nach Bearbeiten des Abschnitts 6.3 können Sie

- die Übertragungsfunktion aus der DGL des Systems bestimmen
- aus der BIBO-Stabilität auf das Konvergenzverhalten schließen
- die Zusammenhänge zwischen Impulsantwort, Sprungantwort und Übertragungsfunktion erläutern
- die Eingangs-Ausgangsgleichung im Bildbereich ableiten

6.3.1 Übertragungsfunktion

Nach den Überlegungen zu den Konvergenzgebieten und Eigenschaften wenden wir die *z*-Transformation auf die *DGL* mit *konstanten Koeffizienten* eines zeitdiskreten LTI-Systems (4.1) an.

$$Z\left\{\sum_{k=0}^{N} a_k\, y[n-k]\right\} = Z\left\{\sum_{l=0}^{M} b_l\, x[n-l]\right\} \tag{6.19}$$

Existieren die *z*-Transformierten $X(z)$ und $Y(z)$ zu $x[n]$ bzw. $y[n]$, so erhält man mit der Verschiebungseigenschaft in Tabelle 6-1

$$\sum_{k=0}^{N} a_k\, z^{-k} \cdot Y(z) = \sum_{l=0}^{M} b_l\, z^{-l} \cdot X(z) \tag{6.20}$$

Nach Umstellen resultiert die *Übertragungsfunktion* als Quotient der *z*-Transformierten der Ausgangsgröße und Eingangsgröße

$$\frac{Y(z)}{X(z)} = H(z) = \frac{\displaystyle\sum_{l=0}^{M} b_l z^{-l}}{\displaystyle\sum_{k=0}^{N} a_k z^{-k}} \tag{6.21}$$

Man beachte, dass, obwohl die Beziehungen (6.20) und (6.21) ähnlich wie (4.8) und (4.9) aussehen, hier Unterschiede bestehen. Die früheren Beziehungen gelten bei Erregung eines LTI-Systems mit einer Exponentiellen. Hier wird jedoch keine spezielle Form der Erregung vorausgesetzt, sondern nur die Existenz der beiden *z*-Transformierten $X(z)$ und $Y(z)$. Für zeitdiskrete LTI-Systeme mit DGL werden somit der Begriff der Übertragungsfunktion und die Klasse der zulässigen Eingangsfolgen wesentlich erweitert.

Wir behandeln noch kurz die Eigenschaften von $H(z)$ als *z*-Transformierte aufgrund der gebrochen-rationalen Gestalt.

$$H(z) = \frac{\displaystyle\sum_{l=0}^{M} b_l z^{-l}}{\displaystyle\sum_{k=0}^{N} a_k z^{-k}} = \frac{b_0}{a_0} \cdot \frac{\displaystyle\prod_{l=1}^{M}(1 - z_{0l}z^{-1})}{\displaystyle\prod_{k=1}^{N}(1 - z_{\infty k}z^{-1})} = \frac{b_0}{a_0} \cdot z^{N-M} \cdot \frac{\displaystyle\prod_{l=1}^{M}(z - z_{0l})}{\displaystyle\prod_{k=1}^{N}(z - z_{\infty k})} \tag{6.22}$$

Da $H(z)$ für $z = z_{\infty k}$ nicht existiert, müssen die Pole außerhalb des Konvergenzgebietes liegen. An die Lage der Nullstellen z_{0l} ergeben sich keine Forderungen.

Die Übertragungsfunktion hat keinen Pol oder keine Nullstelle bei $z = \infty$, wie man im mittleren Ausdruck durch Einsetzen prüft. Anhand des rechten Ausdrucks erkennt man, dass $H(z)$ an der Stelle $z = 0$ eine $(M{-}N)$-fache Nullstelle besitzt, wenn $M > N$.

Falls $N > M$ liegt ein $(N{-}M)$-facher Pol bei $z = 0$ vor. Ein solcher Pol bedeutet eine Multiplikation der restlichen Übertragungsfunktion mit $z^{-(N-M)}$; im Zeitbereich eine $(N{-}M)$-fache Verzögerung des Ausgangssignals.

Anmerkung: Da in den Anwendungen zusätzliche Verzögerungen meist unerwünscht sind bzw. gegebenenfalls als ein in Kaskade geschaltetes neues System interpretiert werden, wird dieser Fall im Weiteren nicht mehr beachtet.

Die Darstellung des Systems mit rationaler Übertragungsfunktion durch die *Signalflussgraphen* in Abschnitt 4.2 kann mit der Verzögerungseigenschaft der z-Transformation direkt in den Bildbereich übertragen werden. Es wird nur der Verzögerungsoperator D im Zeitbereich im Bildbereich durch die Multiplikation mit z^{-1} ersetzt, siehe Bild 6-3.

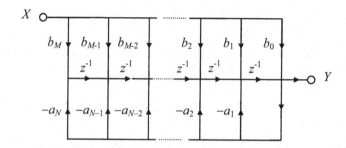

Bild 6-3 Signalflussgraph im Bildbereich (transponierte Direktform II, $M = N$) des durch die DGL (6.19) beschriebenen Systems mit der z-Transformierten des Eingangssignals $X(z)$, der z-Transformierten des Ausgangssignals $Y(z)$ und den Koeffizienten der DGL a_k und b_k mit $a_0 = 1$

Beispiel   System 2. Ordnung

Ein kausales System 2. Ordnung wird durch die Übertragungsfunktion

$$H(z) = c \cdot \frac{\left(1 - z_{01}z^{-1}\right)\left(1 - z_{02}z^{-1}\right)}{\left(1 - z_{\infty 1}z^{-1}\right)\left(1 - z_{\infty 2}z^{-1}\right)} = c \cdot \frac{(z - z_{01})(z - z_{02})}{(z - z_{\infty 1})(z - z_{\infty 2})} \tag{6.23}$$

mit dem konjugiert komplexen Polpaar

$$z_{\infty 1,2} = r_\infty\, e^{\pm j\Omega_\infty} = z_{\infty r} \pm jz_{\infty i} = 0{,}8 \pm j0{,}2 \tag{6.24}$$

der doppelten Nullstelle

$$z_{01,2} = -1 \tag{6.25}$$

und dem Skalierungsfaktor $c = 0{,}1$ vorgegeben.

Da das System kausal ist, ergibt sich das Konvergenzgebiet als äußeres Kreisgebiet im Pol-Nullstellendiagramm in Bild 6-4 links.

Anhand des Beispiels zeigen wir, wie mit der z-Transformierten und dem Signalflussgraphen die Übertragungsfunktion bestimmt werden kann. Der Signalflussgraph ist entsprechend zu (6.23) und den vorgegebenen Polen und Nullstellen in Bild 6-4 rechts gezeigt. Zur rekursiven Berechnung der Übertragungsfunktion führen wir zwei innere Hilfsgrößen an den Ausgängen der Verzögerungsglieder ein, die *Zustandsgrößen* mit ihren z-Transformierten $S_1(z)$ und $S_2(z)$.

Mit den Zustandsgrößen entwickeln wir den Signalflussgraphen von rechts nach links. Es ergeben sich die Abhängigkeiten

$$Y(z) = 0{,}1 \cdot X(z) + S_1(z)$$

$$S_1(z) = z^{-1} \cdot \left[0{,}2 \cdot X(z) + 1{,}6 \cdot Y(z) + S_2(z) \right] \tag{6.26}$$

$$S_2(z) = z^{-1} \cdot \left[0{,}1 \cdot X(z) - 0{,}68 \cdot Y(z) \right]$$

Durch sukzessives Einsetzen der Beziehungen von unten nach oben in (6.26) resultiert

$$\begin{aligned} Y(z) &= 0{,}1X(z) + z^{-1} \cdot \left(0{,}2X(z) + 1{,}6Y(z) + z^{-1} \cdot \left[0{,}1X(z) - 0{,}68Y(z) \right] \right) = \\ &= 0{,}1X(z) + 0{,}2z^{-1}X(z) + 0{,}1z^{-2}X(z) + 1{,}6z^{-1}Y(z) - 0{,}68z^{-2}Y(z) \end{aligned} \tag{6.27}$$

Auflösen nach $Y(z) / X(z)$ liefert wieder die Übertragungsfunktion in (6.23).

$$\frac{Y(z)}{X(z)} = H(z) = 0{,}1 \cdot \frac{\left(1 + z^{-1} \right)^2}{1 - 1{,}6 \cdot z^{-1} + 0{,}68 \cdot z^{-2}} = 0{,}1 \cdot \frac{\left(z + 1 \right)^2}{z^2 - z \cdot 1{,}6 + 0{,}68} \tag{6.28}$$

Anmerkung: Das demonstrierte Verfahren mit den Zustandsgrößen ist nicht auf das Beispiel beschränkt. In der Systemtheorie werden unter dem Stichwort Zustandsraumbeschreibung weiterführende Überlegungen vorgestellt, siehe auch Abschnitt 14.

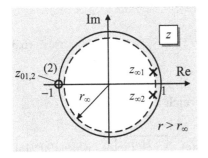
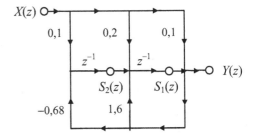

Bild 6-4 Pol-Nullstellendiagramm mit Konvergenzgebiet (grau) zur Übertragungsfunktion $H(z)$ des Systems 2. Ordnung (links); Signalflussgraph im Bildbereich zu (6.23) mit Zustandsgrößen $S_1(z)$ und $S_2(z)$ (rechts)

6.3.2   BIBO-Stabilität

Eine weitere Aussage zum Konvergenzgebiet ergibt sich aus der *BIBO-Stabilität* (3.19). Ist ein LTI-System BIBO-stabil, so ist die Impulsantwort absolut summierbar und es muss für die *z*-Transformierte auf dem *Einheitskreis* der *z*-Ebene, d. h. für $z = e^{j\Omega}$, die Abschätzung gelten

$$\left| H(e^{j\Omega}) \right| = \left| \sum_{n=-\infty}^{\infty} h[n]\, e^{-j\Omega n} \right| \leq \sum_{n=-\infty}^{\infty} \left| h[n]\, e^{-j\Omega n} \right| \leq \sum_{n=-\infty}^{\infty} \left| h[n] \right| < \infty \qquad (6.29)$$

Für BIBO-stabile LTI-Systeme liegt der Einheitskreis im Konvergenzgebiet der Übertragungsfunktion.

Weiter folgt, dass alle Pole eines kausalen BIBO-stabilen Systems innerhalb des Einheitskreises der *z*-Ebene liegen. Man nennt deshalb ein zeitdiskretes kausales System (*strikt*) *stabil*, wenn

$$\left| z_\infty \right| = r_\infty < 1 \qquad (6.30)$$

für alle Pole gilt. Liegen ein Pol oder mehrere Pole auf dem Einheitskreis und hat dieser bzw. haben diese jeweils nur die Vielfachheit 1, spricht man von einem *bedingt stabilen* System.

Anmerkung: Der Einheitskreis der *z*-Ebene und die Existenz der *z*-Transformierten dort ist u. a. für den Zusammenhang mit der Fourier-Transformation für Folgen in Abschnitt 9 noch wichtig.

6.3.3   Impulsantwort und Sprungantwort

Wie bereits mehrfach angedeutet, bilden die *Impulsantwort* und die Übertragungsfunktion ein *z*-Transformationspaar.

$$h[n] \quad \leftrightarrow \quad H(z) \qquad (6.31)$$

Der Zusammenhang folgt unmittelbar aus der Definition der Übertragungsfunktion (6.21) für die Impulsfunktion als Erregung mit $X(z) = 1$.

Da sich die Sprungantwort durch Akkumulation der Impulsantwort ergibt (3.14), kann aus der Tabelle 6-1 die Korrespondenz für die *Sprungantwort* abgeleitet werden

$$s[n] \quad \leftrightarrow \quad \frac{1}{1 - z^{-1}} \cdot H(z) \qquad (6.32)$$

6.3.4   Eingangs-Ausgangsgleichung im Bildbereich

Mit der Übertragungsfunktion als *z*-Transformierte der Impulsantwort und der Faltungseigenschaft der *z*-Transformation resultiert aus der Eingangs-Ausgangsgleichung im Zeitbereich die Eingangs-Ausgangsgleichung im Bildbereich, siehe Bild 6-5.

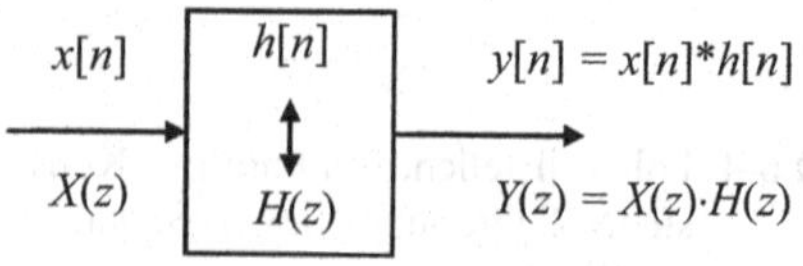

Bild 6-5 Eingangs-Ausgangsgleichung von zeitdiskreten LTI-Systemen in Zeit- und Bildbereich

Dies ist zunächst nicht überraschend, da sie Grundlage der Definition der Übertragungsfunktion in (6.21) ist. Anders als nach (6.21) muss jedoch keine Systembeschreibung durch eine DGL vorliegen. Existieren die z-Transformierten am Systemein- und -ausgang, $X(z)$ bzw. $Y(z)$, eines zeitdiskreten LTI-Systems, so ist die Übertragungsfunktion definiert

$$H(z) = \frac{Y(z)}{X(z)} \qquad (6.33)$$

Eine rationale Gestalt wie in (6.21) wird im Allgemeinen nicht vorausgesetzt.

6.4 Inverse z-Transformation

Die Attraktivität der z-Transformation steigt und fällt mit der Einfachheit der Rücktransformation. Wir werden sehen, dass für typische Anwendungen mit der Partialbruchzerlegung ein einfaches Verfahren zum Auffinden der Zeitfolgen existiert.

Lernziele

Nach Bearbeiten des Abschnitts 6.4 können Sie

- begründen, warum die z-Transformation zur Familie der Integraltransformationen gezählt wird
- die inverse z-Transformation für rationale Funktionen mit der Partialbruchzerlegung durchführen
- erläutern, wie die Impulsantworten von Systemen 1. und 2. Ordnung prinzipiell aussehen können
- die Bedeutung des Konvergenzgebietes für die inverse z-Transformation an einem einfachen Beispiel aufzeigen

6.4.1 Komplexe Umkehrformel

Die Umkehrung der z-Transformation liefert das Integral

$$x[n] = Z^{-1}\{X(z)\} = \frac{1}{2\pi j} \cdot \oint_C X(z)\, z^{n-1} dz \qquad (6.34)$$

Die Integration ist als einfach geschlossenes Linienintegral entlang der geschlossenen Kurve C im Konvergenzgebiet um den Ursprung $z = 0$ durchzuführen. Die Auswertung des Integrals erfordert Kenntnisse der Integrationstheorie im Komplexen [BSMM99].

Für die meisten Anwendungen braucht die komplexe Umkehrformel nicht explizit ausgewertet zu werden, sondern es kann – gegebenenfalls nach geeigneter Umformung entsprechend der Eigenschaften in Tabelle 6-1 – auf Tabelle 6-2 und umfangreiche Korrespondenztafeln in der Literatur zurückgegriffen werden.

6.4.2 Inverse z-Transformation rationaler Funktionen

Für die als Übertragungsfunktionen auftretenden echt gebrochenrationalen Funktionen (6.22) gibt es mit der Partialbruchzerlegung ein effizientes Verfahren zur inversen z-Transformation. Wir demonstrieren das Verfahren zunächst anhand eines Systems 2. Ordnung, bevor wir die allgemeine Lösung angeben.

Beispiel System 2. Ordnung mit verschiedenen Polen

Die Rücktransformation der Übertragungsfunktion eines kausalen Systems 2. Ordnung in (4.9) mit verschiedenen Polen gelingt nach der Partialbruchzerlegung durch den Vergleich der resultierenden Summanden mit den Transformationspaaren in Tabelle 6-2. Für einfache Pole findet man die Korrespondenz

$$z_\infty^n \; \leftrightarrow \; \frac{z}{z - z_\infty} \quad \text{für } |z| > |z_\infty| \tag{6.35}$$

Man beachte, dass die Transformationsvariable z auch im Zähler auftritt. Dies legt eine leicht modifizierte Vorgehensweise nahe. Führen wir die Partialbruchzerlegung bzgl. $H(z)\,/\,z$ durch, so können wir anschließend mit z multiplizieren und bekommen so die in den Tabellen angegebenen Ausdrücke.

Die Partialbruchzerlegung zur normieren Übertragungsfunktion 2. Ordnung (4.9) mit verschiedenen Polen

$$H(z) = \frac{b_0 + b_1 z^{-1} + b_2 z^{-2}}{1 + a_1 z^{-1} + a_2 z^{-2}} = \frac{b_0 z^2 + b_1 z + b_2}{z^2 + a_1 z + a_2} = \frac{b_0 z^2 + b_1 z + b_2}{(z - z_{\infty 1}) \cdot (z - z_{\infty 2})} \tag{6.36}$$

liefert

$$\frac{H(z)}{z} = \frac{B_0}{z} + \frac{B_1}{z - z_{\infty 1}} + \frac{B_2}{z - z_{\infty 2}} \tag{6.37}$$

mit den Koeffizienten

$$B_0 = \frac{b_2}{z_{\infty 1} \cdot z_{\infty 2}} \;\; ; \quad B_1 = \frac{b_0 z_{\infty 1}^2 + b_1 z_{\infty 1} + b_2}{z_{\infty 1} \cdot (z_{\infty 1} - z_{\infty 2})} \;\; ; \quad B_2 = \frac{b_0 z_{\infty 2}^2 + b_1 z_{\infty 2} + b_2}{z_{\infty 2} \cdot (z_{\infty 2} - z_{\infty 1})} \tag{6.38}$$

Speziell für das Zahlenwertbeispiel der Übertragungsfunktion (6.28) mit konjugiert komplexem Polpaar erhalten wir nach kurzer Zwischenrechnung mit Runden

$$B_0 = 0{,}147 \;;\quad B_1 = -0{,}024 - j\,0{,}994 \;;\quad B_2 = B_1^* \tag{6.39}$$

Die Berechnung der gesuchten rechtsseitigen Impulsantwort ist nun mit (6.35) schnell erledigt. Es ergibt sich

$$h[n] = B_0\, \delta[n] + \left(B_1 z_{\infty 1}^n + B_2\, z_{\infty 2}^n \right) u[n] \leftrightarrow H(z) = B_0 + B_1 \cdot \frac{z}{z - z_{\infty 1}} + B_2 \cdot \frac{z}{z - z_{\infty 2}} \tag{6.40}$$

Liegt wie im Beispiel ein reellwertiges System mit konjugiert komplexem Polpaar vor, sind die Koeffizienten B_1 und B_2 ebenfalls konjugiert komplex zueinander, d. h. $B_1 = B_2^*$, so dass die Impulsantwort die Form annimmt

$$h[n] = B_0 \delta[n] + r_\infty^n \cdot \left(2\,\mathrm{Re}\left[B_1\right] \cdot \cos n\Omega_\infty - 2\,\mathrm{Im}\left[B_1\right] \cdot \sin n\Omega_\infty \right) u[n] \tag{6.41}$$

mit $z_{\infty 1} = r_\infty \cdot \exp(j\Omega_\infty)$.

Und mit den gegebenen Zahlenwerten erhalten wir

$$h[n] = 0,147\,\delta[n] + 0,825^n \cdot \big[-0,047 \cdot \cos\big(0,245n\big) + 1,988 \cdot \sin\big(0,245n\big)\big]u[n] \qquad (6.42)$$

Ein Ausschnitt aus der Impulsantwort ist in Bild 6-6 zu sehen. Es ergibt sich im Wesentlichen ein exponentiell gedämpfter sinusförmiger Verlauf, da der Imaginärteil von B_1 den Realteil dominiert. Entsprechend der Eigenkreisfrequenz des Systems bei $\Omega_\infty = 0,245 \approx \pi/13$ liegt der erste Vorzeichenwechsel (Nulldurchgang) der Impulsantwort in der Nähe von $n = 13$. Ein Vergleich mit Bild 5-12 zeigt die Analogie zum schwach gedämpften Reihenschwingkreis in der Physik.

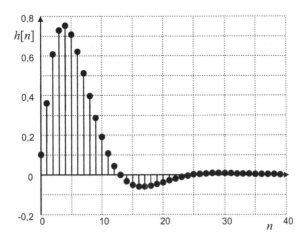

Bild 6-6 Impulsantwort $h[n]$ des Systems 2. Ordnung mit konjugiert komplexen Polen $z_{\infty 1,2} = 0,8 \pm j0,2$

6.4.3 Rücktransformation durch Partialbruchzerlegung

Das Beispiel für Systeme 2. Ordnung kann auf rationale Funktionen mit N_k verschiedenen Polen mit den zugehörigen Vielfachheiten V_k verallgemeinert werden.

$$\frac{X(z)}{z} = \frac{Z(z)}{\displaystyle\prod_{k=1}^{N_k}(z - z_{\infty k})^{V_k}} \qquad (6.43)$$

Anmerkung: Den neu hinzukommenden Pol bei $z = 0$ nicht vergessen!

Die *Partialbruchzerlegung* liefert den Ausdruck

$$\frac{X(z)}{z} = \sum_{k=1}^{N_k}\sum_{l=1}^{V_k}\frac{B_{kl}}{(z - z_{\infty k})^l} \qquad (6.44)$$

mit den Koeffizienten

$$B_{kl} = \frac{1}{(V_k - l)!}\cdot\lim_{z \to z_{\infty k}}\frac{d^{V_k - l}}{dz^{V_k - l}}\left[(z - z_{\infty k})^{V_k}\,\frac{X(z)}{z}\right] \qquad (6.45)$$

Die rechtsseitigen Zeitfunktionen zu den Partialbrüchen im Bildbereich können den Korrespondenztabellen für die z-Transformation entnommen werden, z. B. [BSMM99].

$$\binom{n}{l-1} \cdot z_{\infty k}^{n-(l-1)} \, u[n-(l-1)] \quad \leftrightarrow \quad \frac{z}{(z-z_{\infty k})^l} \tag{6.46}$$

Es ergibt sich schließlich die Korrespondenz für die rationale Funktion $X(z)$

$$x[n] = \sum_{k=1}^{N_k} \sum_{l=1}^{V_k} \binom{n}{l-1} B_{kl} \, z_{\infty k}^{n-(l-1)} \, u[n-(l-1)] \leftrightarrow X(z) = \sum_{k=1}^{N_k} \sum_{l=1}^{V_k} B_{kl} \frac{z}{(z-z_{\infty k})^l} \tag{6.47}$$

Mit dieser allgemeinen Lösung ist die prinzipielle Form der Impulsantworten zeitdiskreter LTI-Systeme, die durch eine DGL charakterisiert werden, festgelegt. Es tritt eine gewichtete Summe der *Eigenschwingungen* zu den komplexen *Eigenfrequenzen* $z_{\infty k}$ auf.

Anmerkung: Das Verfahren ist nicht auf rechtsseitige Signale beschränkt. Die Pole sind dann jedoch mit Hilfe weiterer Vorgaben dem rechtsseitigen bzw. dem linksseitigen Anteil zuzuordnen.

Beispiel   System 2. Ordnung mit doppeltem reellen Pol

Die Übertragungsfunktion eines reellwertigen kausalen Systems mit doppeltem Pol sei

$$H(z) = \frac{b_0 z^2}{(z-z_\infty)^2} \tag{6.48}$$

Die inverse z-Transformation liefert die zugehörige Impulsantwort. Es bietet sich hier an, die Rücktransformation ohne eine Partialbruchzerlegung direkt durchzuführen. Wir wollen jedoch beide Verfahren vergleichen und beginnen mit der Partialbruchzerlegung

$$\frac{H(z)}{z} = \frac{b_0 z}{(z-z_\infty)^2} = \frac{B_{11}}{z-z_\infty} + \frac{B_{12}}{(z-z_\infty)^2} \tag{6.49}$$

mit

$$B_{11} = \lim_{z \to z_\infty} \frac{d}{dz}[b_0 z] = b_0 \quad \text{und} \quad B_{12} = \lim_{z \to z_\infty} [b_0 z] = b_0 z_\infty \tag{6.50}$$

Mit (6.46) resultiert die Impulsantwort

$$h[n] = b_0 \cdot z_\infty^n \, u[n] + b_0 z_\infty \cdot n \cdot z_\infty^{n-1} \, u[n-1] = b_0 \, (n+1) \cdot z_\infty^n \, u[n] \tag{6.51}$$

Alternativ dazu kann die inverse z-Transformation anhand Tabelle 6-1 und Tabelle 6-2 durchgeführt werden. $H(z)$ lässt sich so umformen, dass die Korrespondenz deutlich wird. Der vorgezogene Faktor z ist dann mit dem Verschiebungssatz zu interpretieren.

$$H(z) = b_0 \, z \cdot \frac{z}{(z-z_\infty)^{1+1}} = z \tilde{H}(z) \tag{6.52}$$

Es ergibt sich somit die Hilfsgröße

$$\tilde{h}[n] = b_0 \cdot \binom{n}{1} \cdot z_\infty^{n-1} \, u[n-1] = b_0 \cdot n \cdot z_\infty^{n-1} \, u[n-1] \tag{6.53}$$

und daraus mit der Verschiebungseigenschaft, $h[n] = \tilde{h}[n+1]$, wieder die gesuchte Impulsantwort.

$$h[n] = b_0 \left(n+1 \right) z_\infty^n \, u[n] \tag{6.54}$$

Zum Abschluss des Beispiels betrachten wir noch das Zahlenwertbeispiel in Bild 6-7. Dort ist die Impulsantwort für ein System 2. Ordnung mit doppeltem reellem Pol gezeigt. Es liegt ein, dem aperiodischen Grenzfall des Reihenschwingkreises entsprechendes, zeitdiskretes System vor.

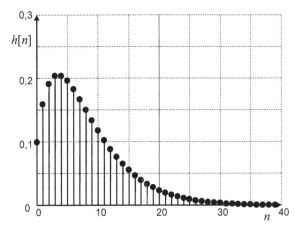

Bild 6-7 Impulsantwort eines Systems 2. Ordnung mit doppeltem reellem Pol

Die bisherigen Ergebnisse zu den Impulsantworten rekursiver Systeme 1. Ordnung und 2. Ordnung sind im Sinne einer Formelsammlung in Tabelle 6-3 und Tabelle 6-4 zusammengestellt. Es werden reellwertige, kausale und stabile Systeme vorausgesetzt. Die z-Transformation liefert einen schnellen Weg, die Impulsantwort aus der Übertragungsfunktion und umgekehrt zu bestimmen.

Die Impulsantworten stimmen mit den Ergebnissen zu den DGL in Abschnitt 4 überein bzw. können ineinander umgerechnet werden. Beim Vergleich mit Tabellen 4-4 beachte man, dass dort für die Koeffizienten $b_1 = b_2 = 0$ gilt.

Tabelle 6-3 Impulsantwort eines kausalen, rekursiven Systems 1. Ordnung, siehe auch Tabelle 4-1

Übertragungsfunktion $a_0 = 1$	$H(z) = \dfrac{b_0 z + b_1}{z + a_1} = \dfrac{b_0 z + b_1}{z - z_\infty}$ mit Pol $z_\infty = -a_1$
Impulsantwort	$h[n] = b_0 \cdot z_\infty^n \, u[n] + b_1 \cdot z_\infty^{n-1} \, u[n-1] = \left(b_0 + \dfrac{b_1}{z_\infty} \right) \cdot z_\infty^n \, u[n] - \dfrac{b_1}{z_\infty} \, \delta[n]$

Tabelle 6-4 Impulsantwort eines kausalen, rekursiven Systems 2. Ordnung, siehe auch Tabelle 4-4

Übertragungsfunktion $a_0 = 1$	$H(z) = \dfrac{b_0 z^2 + b_1 z + b_2}{z^2 + a_1 z + a_2} = \dfrac{b_0 z^2 + b_1 z + b_2}{(z - z_{\infty 1}) \cdot (z - z_{\infty 2})}$
Fall ① – zwei reelle Pole	$z_{\infty 1} \neq z_{\infty 2}$ und $z_{\infty 1}, z_{\infty 2} \in \mathbb{R}$
Impulsantwort	$h[n] = B_0\, \delta[n] + \left(B_1 z_{\infty 1}^n + B_2\, z_{\infty 2}^n \right) u[n]$ $B_0 = \dfrac{b_2}{z_{\infty 1} \cdot z_{\infty 2}}$; $B_1 = \dfrac{b_0 z_{\infty 1}^2 + b_1 z_{\infty 1} + b_2}{z_{\infty 1} \cdot (z_{\infty 1} - z_{\infty 2})}$; $B_2 = \dfrac{b_0 z_{\infty 2}^2 + b_1 z_{\infty 2} + b_2}{z_{\infty 2} \cdot (z_{\infty 2} - z_{\infty 1})}$
Fall ② – doppelter Pol	$z_\infty = z_{\infty 1} = z_{\infty 2} \in \mathbb{R}$
Impulsantwort	$h[n] = z_\infty^n \cdot \left[b_0 \cdot (n+1) + \dfrac{b_1}{z_\infty} \cdot n + \dfrac{b_2}{z_\infty^2} \cdot (n-1) \right] \cdot u[n] + \dfrac{b_2}{z_\infty^2} \delta[n]$
Fall ③ – konjugiert komplexes Polpaar	$z_\infty = z_{\infty 1} = z_{\infty 2}^* \in \mathbb{C}$
Impulsantwort	$h[n] = B_0 \delta[n] + r_\infty^n \cdot \left(2\,\mathrm{Re}[B_1] \cdot \cos n\Omega_\infty - 2\,\mathrm{Im}[B_1] \cdot \sin n\Omega_\infty \right) u[n]$ $B_0 = \dfrac{b_2}{r_\infty^2}$; $B_1 = \dfrac{b_0 z_\infty^2 + b_1 z_\infty + b_2}{z_\infty \cdot j2\,\mathrm{Im}[z_\infty]}$; $B_2 = B_1^*$

6.4.4   Beispiel: Konvergenzgebiete und inverse z-Transformation

In diesem Beispiel stellen wir nochmals den Einfluss des Konvergenzgebiets auf die inverse z-Transformation bzw. den resultierenden Folgen dar. Das Beispiel wird in Form einer gelösten Aufgabe präsentiert.

Gegeben ist die z-Transformierte

$$X(z) = \frac{z}{(z - 1/3) \cdot (z - 2)} \tag{6.55}$$

a) Skizzieren Sie das Pol-Nullstellendiagramm.

b) Geben Sie die möglichen Konvergenzgebiete an.

c) Bestimmen Sie zu allen Konvergenzgebieten in b) die zugehörigen Folgen.

d) Welche der Folgen in (c) könnte die Impulsantwort eines kausalen bzw. antikausalen Systems sein?

e) Welche der Folgen in (c) könnte die Impulsantwort eines stabilen Systems sein?

Lösung

a) Mit den Polen $z_{\infty 1} = 1/3$ und $z_{\infty 2} = 2$ und der Nullstelle $z_0 = 0$ ergibt sich das Pol-Nullstellendiagramm in Bild 6-8.

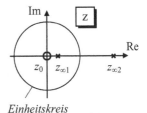

b) Die möglichen drei Konvergenzgebiete sind

R_1 mit $|z| > 2$ äußere Kreisscheibe

R_2 mit $1/3 < |z| < 2$ Ringgebiet

R_3 mit $|z| < 1/3$ innerer Kreisscheibe

Bild 6-8 Pol-Nullstellendiagramm

c) Die Rücktransformationen ergeben sich nach der Partialbruchzerlegung von zunächst $X(z) / z$

$$X(z) = \frac{z}{(z-1/3)\cdot(z-2)} = \frac{3}{5}\cdot\left(\frac{z}{z-2} - \frac{z}{z-1/3}\right) \tag{6.56}$$

und Abschnitt 6.1.2 jeweils zu

für R_1, rechtsseitig $x_1[n] = \dfrac{3}{5}\cdot\left[2^n - \left(\dfrac{1}{3}\right)^n\right] u[n]$

für R_2, zweiseitig $x_2[n] = \dfrac{3}{5}\cdot\left[-2^n u[-n-1] - \left(\dfrac{1}{3}\right)^n u[n]\right]$ (6.57)

für R_3, linksseitig $x_3[n] = \dfrac{3}{5}\cdot\left[-2^n + \left(\dfrac{1}{3}\right)^n\right] u[-n-1]$

d) Die Folge $x_1[n]$ ist rechtsseitig. Sie könnten deshalb zu einem kausalen System gehören. Die Folge $x_3[n]$ ist linksseitig, was einem antikausalen System entspräche.

e) Nur $x_2[n]$ ist absolut summierbar und erfüllt damit die Forderung an eine Impulsantwort eines BIBO-stabilen Systems. Man beachte, das System ist nicht kausal.

6.4.5   Inverse z-Transformation mit der Potenzreihenentwicklung

Weil die z-Transformation als *Potenzreihe* (6.1) definiert ist, ist es bei endlich langen Folgen günstig, die Folgenelemente direkt der z-Transformierten und umgekehrt zuzuordnen. Wir zeigen den Zusammenhang anhand dreier Beispiele.

• Im Beispiel des zweiseitigen Dreieckimpulses für $N = 3$ erhält man

$$\frac{1}{3}\{1,2,3,2,1\} \quad \leftrightarrow \quad \frac{1}{3}\left(z^2 + 2z + 3 + 2z^{-1} + z^{-2}\right) \tag{6.58}$$

• Als weiteres Beispiel dient der gleitende Mittelwert (2-38) in kausaler Form. Seine Impulsantwort lässt sich direkt aus dem Signalflussgraphen ablesen, da das System nichtrekursiv ist.

$$h[n] = \frac{1}{M+1} \cdot \left(u[n] - u[n-M-1]\right) \qquad (6.59)$$

Man erhält die z-Transformierte der Impulsantwort als endliche geometrische Folge.

$$H(z) = \frac{1}{M+1} \cdot \left(1 + z^{-1} + z^{-2} + \cdots + z^{-M}\right) = \frac{1}{M+1} \cdot \frac{z^{-(M+1)} - 1}{z^{-1} - 1} \qquad (6.60)$$

- Als letztes Beispiel betrachten wir die Potenzreihenentwicklung der Logarithmusfunktion [BSMM99].

$$\log\left(1 + az^{-1}\right) = az^{-1} - \frac{1}{2}a^2 z^{-2} + \frac{1}{3}a^3 z^{-3} \pm \cdots (-1)^{n+1} \frac{1}{n} a^n z^{-1} \cdots \qquad \text{für } |z| > |a| \quad (6.61)$$

Fasst man die Logarithmusfunktion als z-Transformierte einer rechtsseitigen Folge auf, so ergibt sich die Korrespondenz

$$x[n] = (-1)^{n+1} \frac{a^n}{n} u[n-1] \quad \leftrightarrow \quad X(z) = \log\left(1 + az^{-1}\right) = \sum_{n=1}^{\infty} (-1)^{n+1} \frac{1}{n} a^n z^{-n} \qquad (6.62)$$

6.4.6   Beispiel: System 3. Ordnung

Dem Beispiel liegt eine praktische Anwendung aus dem Bereich der Übertragungstechnik zugrunde, das sogenannte *T-Glied*. Es handelt sich um eine elektrische Schaltung mit zwei Induktivitäten und einer Kapazität, also einem zeitkontinuierlichen System 3. Ordnung. Es wird in Abschnitt 7.4.4 und 8.6 noch ausführlich diskutiert. Dann werden auch die im Folgenden angesprochenen Querverbindungen deutlicher.

Impulsantwort und Sprungantwort

Wir gehen vom zeitkontinuierlichen System aus und entwerfen das zeitdiskrete durch eine impulsinvariante Transformation. Bei der impulsinvarianten Transformation wird die Übertragungsfunktion des zeitdiskreten Systems so bestimmt, dass die zeitdiskrete Impulsantwort der Abtastung der Impulsantwort des zeitkontinuierlichen Systems entspricht. Sie wird in Abschnitt 11 noch genauer erläutert. Es ergibt sich zu (7.48) die Darstellung der Übertragungsfunktion des zeitdiskreten Systems nach Partialbruchzerlegung

$$\frac{H(z)}{z} = \frac{1}{z - z_{\infty 1}} + \frac{1}{6} \cdot \frac{-3 + j\sqrt{3}}{z - z_{\infty 2}} + \frac{1}{6} \cdot \frac{-3 - j\sqrt{3}}{z - z_{\infty 3}} \qquad (6.63)$$

Anmerkung: Die Division der Übertragungsfunktion durch z begründet sich wieder aus der z-Transformation der Exponentialfolge in Tabelle 6-2.

Für die Pole wählen wir

$$z_{\infty 1} = e^{-1 \cdot T_a} \; ; \quad z_{\infty 2} = e^{-0,5 \cdot \left(1 + j\sqrt{3}\right)T_a} \; ; \quad z_{\infty 3} = e^{-0,5 \cdot \left(1 - j\sqrt{3}\right)T_a} \qquad (6.64)$$

Der Faktor T_a entspricht einem normierten Abtastintervall und gibt an, wie viele Abtastwerte pro Sekunde genommen werden.

Die Impulsantwort des zeitdiskreten Systems resultiert aus der Rücktransformation der Übertragungsfunktion entsprechend zu (6.63). Es ergibt sich nach Tabelle 6-2

$$h[n] = e^{-T_a \cdot n} \cdot u[n] + \frac{1}{3} \cdot e^{-(T_a/2) \cdot n} \cdot \left[-3\cos\left(\frac{\sqrt{3}}{2} T_a \cdot n\right) - \sqrt{3}\sin\left(\frac{\sqrt{3}}{2} T_a \cdot n\right) \right] \cdot u[n] \qquad (6.65)$$

Die Kosinusfunktion und die Sinusfunktion gleicher Frequenz können noch zusammengefasst werden.

$$h[n] = e^{-T_a \cdot n} \cdot u[n] - \frac{2}{\sqrt{3}} \cdot e^{-(T_a/2) \cdot n} \cdot \cos\left(\frac{\sqrt{3}}{2} T_a \cdot n + \tan\frac{1}{\sqrt{3}}\right) \cdot u[n] \qquad (6.66)$$

Bild 6-9 zeigt links die Impulsantwort des zeitdiskreten Systems für $T_a = 1/2$. Wie erwartet, verbindet die berechnete Impulsantwort des zeitkontinuierlichen Systems (7.49) die Folgenelemente, siehe Bild 7-10.

Rechts daneben sind die zugehörigen Sprungantworten zu sehen. Im Anstiegsbereich weicht die Sprungantwort des zeitdiskreten Systems von der zeitkontinuierlichen Sprungantwort geringfügig ab.

Anmerkung: Letzteres ist eine Konsequenz der impulsinvarianten bzw. sprunginvarianten Transformation. Es können nicht beide Systemfunktionen gleichzeitig konserviert werden. Je kleiner das Abtastintervall gewählt wird, umso kleiner werden jedoch die Abweichungen.

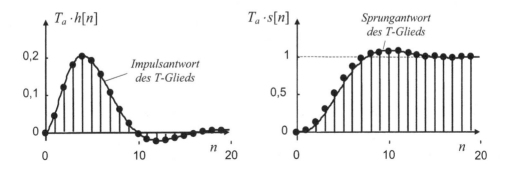

Bild 6-9 Impulsantwort $h[n]$ und Sprungantwort $s[n]$ des Systems 3. Ordnung ($T_a = 1/2$)

Signalflussgraph

Zur Ergänzung geben wir unten den Signalflussgraphen an. Aus (6.63) folgen mit (6.64) und $T_a = 1/2$ für die Übertragungsfunktion

$$H(z) = 0,01 \cdot \frac{8,83z^2 + 6,33z}{z^3 - 2,02z^2 + 1,46z - 0,368} \qquad (6.67)$$

wobei die Koeffizienten auf drei signifikante Stellen gerundet wurden.

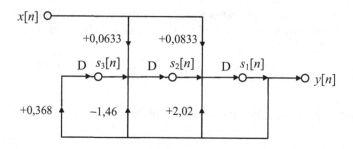

Bild 6-10   Signalflussgraph des Systems 3. Ordnung in der transponierten Direktform II

Anmerkung: Am Signalflussgraphen ist zu erkennen, dass pro Ausgangswert nur wenige Multiplikationen und Additionen durchzuführen sind. Mit Blick auf die moderne leistungsfähige Digitaltechnik ist es nicht verwunderlich, dass heute die digitale Signalverarbeitung die analoge Nachrichtentechnik in vielen Gebieten abgelöst hat. In Abschnitt 11 wird darauf noch ausführlicher eingegangen.

Grafische Darstellung der Übertragungsfunktion

Mit Software-Paketen wie MATLAB lässt sich die Übertragungsfunktion veranschaulichen. Häufig wird der Betrag in der komplexen Ebene als *3D-Darstellung* visualisiert. Bild 6-11 zeigt das Beispiel der Übertragungsfunktion 3. Ordnung (6.67).

Eine alternative Darstellungsform ist das *Kontourbild*, auch *Höhenlinienbild* genannt. Es werden Schnittlinien gleicher Höhe (Höhenlinien) gezeigt. Die Beschriftungen geben die Werte des Betrages an. Die Lagen der Pole und Nullstellen sind deutlich erkennbar.

Der Anschaulichkeit halber ist der Betrag logarithmisch in Dezibel (dB) aufgetragen und auf den Anzeigebereich von -30 bis 10 dB beschränkt, so dass bei den Polen und Nullstellen abgeschnittene Stümpfe erscheinen.

Deutlich erkennbar sind der reelle Pol $z_{\infty 1} = 0{,}745$ und das konjugiert komplexe Polpaar $z_{\infty 2,3} \approx 0{,}707 \pm j0{,}327$ und die beiden Nullstellen $z_{01} = 0$ und $z_{02} = 0{,}760$.

Anmerkungen: (i) Logarithmisches Maß $20 \cdot \log_{10} |H(z)|$ dB (ii) Betrachtet man im Kontourbild den Betrag der Übertragungsfunktion auf dem Einheitskreis der z-Ebene, so erhält man den Maximalwert für $z = 1$ und einen monotonen Abfall zu $z = -1$ hin. Wir werden das Verhalten der Übertragungsfunktion auf dem Einheitskreis später unter dem Stichwort Frequenzgang noch genauer diskutieren.

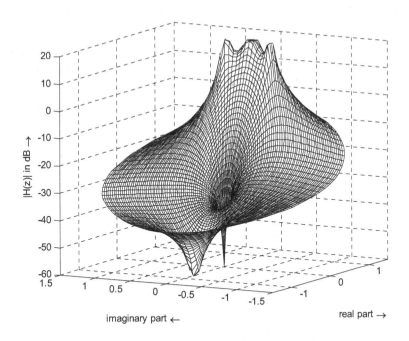

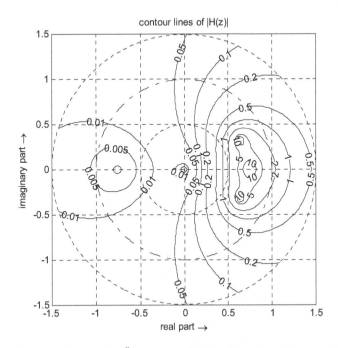

Bild 6-11 Darstellung des Betrags der Übertragungsfunktion (oben) und der zugehörigen Höhenlinien (unten) in der komplexen Ebene des Systems 3. Ordnung mit den Zähler und Nennerkoeffizienten $b = [0, 0.0883, 0.0633]$ bzw. $a = [1, -2.02, 1.46, -0.368]$

6.5   Einseitige *z*-Transformation und ihre Anwendung

In diesem Abschnitt wenden wir beispielhaft die *z*-Transformation auf LTI-Systeme mit Anfangswerten an. Der Schaltzeitpunkt sei $n = 0$. Für die Beschreibung der Systemreaktion ist bei bekannten Anfangswerten, den Zustandsgrößen (Werten in den Speichern), die Vorgeschichte des Systems ohne Belang.

Anmerkung: Letzteres ist im Grunde die Definition, wann eine Zustandsraumbeschreibung vorliegt und ist aus den Signalflussgraphen offensichtlich.

Die Berechnung der Systemreaktion geschieht vorteilhaft mit der einseitigen *z*-Transformation. Die Eigenschaften der einseitigen *z*-Transformation entsprechen weitgehend denen der zweiseitigen. Jedoch ergibt sich durch die vorausgesetzte Rechtsseitigkeit der Signale beim Verschiebungssatz eine wichtige Modifikation.

Lernziele

Nach Bearbeiten des Abschnitts 6.5 können Sie

- den Verschiebungssatz für die einseitig *z*-Transformierten erläutern

- die einseitigen *z*-Transformation zur Lösung einer DGL mit Anfangswerten anwenden

Verschiebung nach rechts

Zunächst betrachten wir den Fall, dass das rechtsseitige Signal $x[n]$ mit der *z*-Transformierten $X(z)$ um $k > 0$ Werte nach rechts verschoben wird. Dann liefert die einseitige *z*-Transformation

$$Z\{x[n-k]\} = \sum_{n=0}^{\infty} x[n-k]\,z^{-n} = z^{-k}\sum_{n=0}^{\infty} x[n-k]\,z^{-(n-k)} \tag{6.68}$$

Die Substitution $m = n - k$ führt auf

$$Z\{x[n-k]\} = z^{-k}\sum_{m=-k}^{\infty} x[m]\,z^{-m} = z^{-k}\sum_{m=0}^{\infty} x[m]\,z^{-m} = z^{-k}X(z) \quad \text{für } k > 0 \tag{6.69}$$

wobei wegen der Rechtsseitigkeit von $x[n]$ und $k > 0$ der Summenindex auf $m \geq 0$ beschränkt werden kann.

Verschiebung nach links

Im Falle einer Verschiebung nach links gilt mit $k > 0$

$$Z\{x[n+k]\} = \sum_{n=0}^{\infty} x[n+k]\,z^{-n} = z^{k}\sum_{n=0}^{\infty} x[n+k]\,z^{-(n+k)} \tag{6.70}$$

Hier führt die Substitution mit $m = n + k$ auf

$$Z\{x[n+k]\} = z^{k}\sum_{m=k}^{\infty} x[m]\,z^{-m} \tag{6.71}$$

Die Summe entspricht einer *z*-Transformation bei der die ersten k Glieder fehlen. Fügt man diese hinzu – um sie gleich wieder abzuziehen

$$Z\{x[n+k]\} = z^k \sum_{m=0}^{\infty} x[m]z^{-m} - z^k \sum_{m=0}^{k-1} x[m]z^{-m} \tag{6.72}$$

so erhält man den *Verschiebungssatz der einseitigen z-Transformation* für die Verschiebung nach links

$$Z\{x[n+k]\} = z^k X(z) - \sum_{m=0}^{k-1} x[m]z^{k-m} \quad \text{für } k > 0 \tag{6.73}$$

Die Ergebnisse sind in Tabelle 6-5 zusammengefasst.

Tabelle 6-5 Verschiebungssätze der einseitigen z-Transformation

	Zeitbereich	Bildbereich
Rechtsseitige Folge	$x[n] = 0 \; \forall \, n < 0$	$X(z) = \sum_{n=0}^{\infty} x[n]z^{-n}$
Nach rechts	$x[n-k]$ mit $k > 0$	$z^{-k} X(z)$
Nach links	$x[n+k]$ mit $k > 0$	$X(z) = z^k X(z) - \sum_{m=0}^{k-1} x[m]z^{k-m}$

Wir zeigen anhand eines Beispiels die Anwendung und verifizieren frühere Aussagen zum Ein- und Ausschwingverhalten der Systeme mit DGL.

Beispiel System 1. Ordnung mit Anfangswert

Wir greifen auf das Beispiel in Abschnitt 4.5.1 zurück und stellen so der Rechnung im Zeitbereich die Rechnung mit der z-Transformation gegenüber. Die DGL des Systems (4.23) ist

$$y[n] + a\,y[n-1] = x[n] \tag{6.74}$$

Um den Verschiebungssatz (6.73) auf die DGL anwenden zu können, wird zunächst ohne Einschränkung in (6.74) $n-1$ durch n ersetzt. Die modifizierte DGL

$$y[n+1] + a\,y[n] = x[n+1] \tag{6.75}$$

kann nun der einseitigen z-Transformation unterworfen werden.

$$z\,Y(z) - z\,y[0] + a\,Y(z) = zX(z) - z\,x[0] \tag{6.76}$$

Das gesuchte rechtsseitige Ausgangssignal resultiert im Bildbereich zu

$$Y(z) = X(z) \cdot \frac{z}{z+a} + (y[0] - x[0]) \cdot \frac{z}{z+a} \tag{6.77}$$

Wir wiederholen das Zahlenwertbeispiel aus Abschnitt 4.5 mit dem reellen Koeffizienten der DGL

$$a = -0{,}8 \tag{6.78}$$

dem rechtsseitigen Eingangssignal (4.28)

$$x[n] = \cos\left(\frac{\pi}{6}n\right) \cdot u[n] = \frac{1}{2} \cdot \left(e^{j\frac{\pi}{6}n} + e^{-j\frac{\pi}{6}n} \right) \cdot u[n] \tag{6.79}$$

und den Anfangswerten

$$x[0] = 1 \quad ; \quad y[0] = x[0] - a \cdot y[-1] = 0{,}2 \tag{6.80}$$

Die z-Transformation des Eingangssignals liefert

$$X(z) = \frac{1}{2} \cdot \left(\frac{z}{z - z_q} + \frac{z}{z - z_q^*} \right) \quad \text{mit} \quad z_q = e^{j\pi/6} \tag{6.81}$$

Damit in (6.77) eingesetzt führt auf die gesuchte z-Transformierte des Ausgangssignals

$$Y(z) = \frac{1}{2} \cdot \left[\frac{z}{\left(z - z_q\right)} + \frac{z}{\left(z - z_q^*\right)} \right] \cdot \frac{z}{\left(z + a\right)} + \left(y[0] - x[0]\right) \cdot \frac{z}{z + a} \tag{6.82}$$

Zur Rücktransformation wenden wir die Partialbruchzerlegung an. Wir beginnen mit

$$\frac{z}{\left(z - z_q\right) \cdot \left(z + a\right)} = \frac{B_q}{z - z_q} + \frac{B_a}{z + a} \tag{6.83}$$

wobei

$$B_q = \frac{z_q}{z_q + a} \quad \text{und} \quad B_a = \frac{a}{z_q + a} \tag{6.84}$$

Nun werden die Ergebnisse der Partialbruchzerlegung in (6.82) eingesetzt. Nach kurzer Zwischenrechnung resultiert die Darstellung

$$Y(z) = \frac{B_q}{2} \cdot \frac{z}{z - z_q} + \frac{B_q^*}{2} \cdot \frac{z}{z - z_q^*} + \frac{B_a + B_a^*}{2} \cdot \frac{z}{z + a} + \left(y[0] - x[0]\right) \cdot \frac{z}{z + a} \tag{6.85}$$

Die Korrespondenzen in Tabelle 6-2 unterstützen die Rücktransformation, wobei wir im Ergebnis die konjugiert komplexen Terme zusammenfassen.

$$y[n] = \text{Re}\left(B_q \cdot e^{j\pi n/6} \right) + \left(\text{Re}\left(B_a \right) + y[0] - x[0] \right) \cdot \left(-a \right)^n \quad \text{für } n \geq 0 \tag{6.86}$$

Damit ist die DGL mit Anfangswert prinzipiell gelöst, es bleibt die Zahlenwerte einzusetzen.

$$y[n] = 1,982 \cdot \cos\left(\frac{\pi}{6}n - 0,916\right) \cdot u[n] - 1,007 \cdot 0,8^n \cdot u[n] \tag{6.87}$$

Der Vergleich mit dem Ergebnis aus der Rechnung im Zeitbereich (4.36) zeigt die Übereinstimmung.

Abschließend betrachten wir nochmals das Ergebnis im Bildbereich (6.85). Die z-Transformierte kann, entsprechend dem Pol der Erregung z_q und dem Pol des Systems a gruppiert werden, so dass der Erregeranteil und der Ein- und der Ausschwinganteil schnell identifiziert werden können.

$$Y(z) = \underbrace{\frac{B_q}{2} \cdot \frac{z}{z - z_q} + \frac{B_q^*}{2} \cdot \frac{z}{z - z_q^*}}_{\text{stationärer Anteil}} + \underbrace{\left(\text{Re}\left(B_a\right) - x[0]\right) \cdot \frac{z}{z + a}}_{\substack{\text{Einschwing-}\\\text{anteil}}} + \underbrace{y[0] \cdot \frac{z}{z + a}}_{\substack{\text{Ausschwing-}\\\text{anteil}}} \tag{6.88}$$

 Online-Ressourcen zu Kapitel 6 mit Übungsaufgaben und Übungen mit MATLAB

7 Laplace-Transformation und LTI-Systeme

7.1 Einführung

Das Beispiel der z-Transformation für zeitdiskrete Systeme in Abschnitt 6 zeigt, wie für LTI-Systeme die Systembeschreibung mit der z-Transformation vereinfacht werden kann. Der Bildbereich eröffnet einen neuen Blick auf die Zusammenhänge. Die Definition der Übertragungsfunktion im Bildbereich erschließt neue Möglichkeiten in der Systemanalyse und -synthese.

Die Analogie zwischen zeitdiskreten und zeitkontinuierlichen Signalen und Systemen kann hier fortgeführt werden. Mit der *Laplace-Transformation* steht ein mathematisches Werkzeug zur Verfügung, das analog zur z-Transformation eingesetzt werden kann. An die Stelle der Differenzengleichung tritt nun die Differenzialgleichung (DGL). Die in Abschnitt 6 eingeführten Begriffe und Zusammenhänge finden sich im Folgenden wieder.

Anmerkungen: (i) Eine mathematisch orientierte Darstellung der Laplace-Transformation und ihre Anwendungen findet man in [Doe76] [Doe85] und [Unb02]. Für eine kompakte Zusammenstellung der Laplace-Transformation und ihrer Eigenschaften siehe auch [BSMM99]. (ii) *Pierre Simon Marquis de Laplace:* *1749/†1827, französischer Mathematiker und Astronom.

7.2 Die Laplace-Transformation

Lernziele

Nach Bearbeiten des Abschnitts 7.2 können Sie

- die Definition der Laplace-Transformation angeben und die Frage nach der Konvergenz mit einer Skizze in der s-Ebene erläutern
- wichtige Eigenschaften der Laplace-Transformation in Tabelle 7-1 erläutern und ihre Bedeutungen für LTI-Systeme mit DGL einschätzen
- die Laplace-Transformierten der Impuls- und Sprungfunktion angeben und weitere Korrespondenzen aus Tabelle 7-2 anwenden

7.2.1 Definition

Wir knüpfen an den Zusammenhang (3.48) zwischen der Übertragungsfunktion und der Impulsantwort an. Die Erweiterung auf beliebige komplexe Frequenzen führt auf die Übertragungsfunktion $H(s)$ und deren Berechnung in (3.48) aus der Impulsantwort $h(t)$ mit der Laplace-Transformation. Definition und Eigenschaften der Laplace-Transformation werden im Folgenden vorgestellt. Später wird am Beispiel von Schaltvorgängen in der Elektrotechnik der Einsatz der Laplace-Transformation als nützliches Werkzeug aufgezeigt.

Falls das Integral existiert, bezeichnet man

$$X(s) = L\{x(t)\} = \int_{-\infty}^{+\infty} x(t)\, e^{-st} dt \qquad (7.1)$$

als die *Laplace-Transformierte* von $x(t)$.

Die Variable s entspricht der komplexen Frequenz

$$s = \sigma + j\omega \qquad (7.2)$$

mit den reellen Veränderlichen σ und ω. Die Zeitfunktion $x(t)$ und ihre Laplace-Transformierte $X(s)$ bilden ein *Laplace-Transformationspaar* und man schreibt kurz

$$x(t) \leftrightarrow X(s) \qquad (7.3)$$

Anmerkungen: (i) Man spricht im Zusammenhang mit den Transformationen auch allgemein von Originalfunktion und Bildfunktion bzw. Originalbereich und Bildbereich. (ii) In der Literatur sind auch andere Symbole, wie z. B. o- oder o-•, gebräuchlich. Um die Transformationsart deutlich zu machen, kann auch ein L über den Doppelpfeil geschrieben werden.

Im Falle eines rechtsseitigen Signals reduziert sich die Integration auf das Intervall $t \geq 0$. Entsprechendes gilt für linksseitige Signale. Man spricht deshalb von der *zweiseitigen Laplace-Transformation* (7.1) und spaltet sie bei Bedarf in zwei *einseitige Laplace-Transformationen* auf

$$X_{II}(s) = L_{II}\left\{x(t)\right\} = \underbrace{\int\limits_{-\infty}^{0} x(t) \cdot e^{-st} dt}_{X_I^-(s)} + \underbrace{\int\limits_{0}^{+\infty} x(t) \cdot e^{-st} dt}_{X_I^+(s)} \qquad (7.4)$$

mit dem rechtsseitigen Anteil $X_I^+(s)$ und den linksseitigen Anteil $X_I^-(s)$. Die Aufspaltung führt die zweiseitige Laplace-Transformation auf die einseitige zurück. Damit lassen sich die Fragen nach der Existenz der Laplace-Transformierten einfacher beantworten. Im Weiteren wird, wenn aus dem Zusammenhang keine Verwechslung zu erwarten ist, auf die besondere Kennzeichnung verzichtet.

Anmerkungen: (i) Zur Unterscheidung zwischen zweiseitiger und einseitiger Laplace-Transformation wird in der Literatur oft ein Index, z. B. L_{II} bzw. L_I, benutzt. Rechtsseitiger und linksseitiger Anteil werden durch hochgestelltes „+“ bzw. „–“ gekennzeichnet. (ii) Man beachte, dass in vielen Büchern und Tafeln nur die einseitige Laplace-Transformation betrachtet wird, z. B. [BSMM99]. Der Grund dafür ist, dass die Laplace-Transformation häufig auf Schaltvorgänge angewandt wird, siehe Abschnitt 7.5. Legt man den Schaltzeitpunkt und den Zeitursprung zusammen, treten nur rechtsseitige Signale auf.

7.2.2   Existenz

Die Frage nach der Existenz der Laplace-Transformierten behandeln wir anhand zweier Beispiele. Wir betrachten eine rechtsseitige und eine linksseitige Exponentielle mit der reellen Konstanten $a > 0$ und berechnen die Laplace-Transformierten.

Für die rechtsseitige Funktion ergibt sich

$$X_I^+(s) = \int\limits_{0}^{+\infty} e^{-at} e^{-st} dt = \int\limits_{0}^{+\infty} e^{-(s+a)t} dt = \frac{-1}{s+a} e^{-(s+a)t}\Big|_0^\infty = \frac{1}{s+a} \qquad \text{für } \operatorname{Re}(s) > -a \qquad (7.5)$$

Das Integral existiert offensichtlich für den Realteil von s größer als $-a$. In der komplexen Ebene, hier *s-Ebene* genannt und in Bild 7-1 rechts veranschaulicht, bedeutet dies, dass $X_I^+(s)$ nur in der grauen rechten Halbebene, dem *Konvergenzgebiet*, definiert ist.

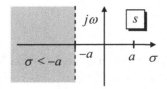 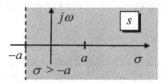

Bild 7-1 Konvergenzhalbebenen (grau) der linksseitigen Funktion (links) und der rechtsseitigen Funktion (rechts) in der s-Ebene

Im Falle der linksseitigen Exponentiellen resultiert

$$X_I^-(s) = \int_{-\infty}^{0} e^{-at} e^{-st} dt = \int_{-\infty}^{0} e^{-(s+a)t} dt = \frac{-1}{s+a} \quad \text{für} \quad \text{Re}(s) < -a \tag{7.6}$$

Die Laplace-Transformierte $X_I^-(s)$ existiert demnach nur in der grauen linken Halbebene der s-Ebene in Bild 7-1 links.

Man beachte, dass bis auf den Skalierungsfaktor −1 für beide Funktionen die gleiche Laplace-Transformierte resultiert, die Konvergenzgebiete jedoch disjunkt sind. Eine eindeutige Zuordnung zwischen der Zeitfunktion und der Laplace-Transformierten erfordert demzufolge die Kenntnis des Konvergenzgebietes oder die Eigenschaft der Rechtsseitigkeit bzw. der Linksseitigkeit.

Wie das Beispiel illustriert, wird für die Existenz der Laplace-Transformierten neben der prinzipiellen Integrierbarkeit der Zeitfunktion vorausgesetzt, dass die Zeitfunktion einer *exponentiellen Wachstumsbeschränkung* unterliegt. D. h., mit einer positiven reellen Konstanten K muss für $X^+(s)$ gelten

$$|x(t)| \le K e^{\sigma t} \quad \text{für} \quad t \ge 0 \quad \text{und} \quad \sigma > \sigma_{\min} \tag{7.7}$$

bzw. für $X^-(s)$

$$|x(t)| \le K e^{\sigma t} \quad \text{für} \quad t < 0 \quad \text{und} \quad \sigma < \sigma_{\max} \tag{7.8}$$

Existiert die Laplace-Transformierte, so ist das Konvergenzgebiet in der s-Ebene

- für eine rechtsseitige Funktion die rechte Halbebene mit $\sigma > \sigma_{\min}$,

- für eine linksseitige Funktion die linke Halbebene mit $\sigma < \sigma_{\max}$

- und für eine zweiseitige Funktion ein Konvergenzstreifen mit $\sigma_{\min} < \sigma < \sigma_{\max}$.

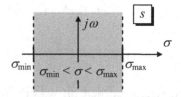

Letzteres verdeutlicht ein weiteres Beispiel, siehe Bild 7-2. Man betrachte eine nach beiden Seiten exponentiell gegen null fallende Funktion und zerlege sie in den rechtsseitigen und linksseitigen

Bild 7-2 Konvergenzstreifen (grau) von $x(t) = e^{-a|t|}$ in der s-Ebene für $a > 0$

Anteil

$$x(t) = e^{-a|t|} = e^{-at}u(t) + e^{+at}u(-t) \quad \text{mit } a > 0 \tag{7.9}$$

Die zweiseitige Laplace-Transformierte ergibt sich aus den zugehörigen einseitigen Laplace-Transformierten in (7.5) für $\sigma_{min} = -a$ und entsprechend in (7.6) mit $\sigma_{max} = a$ zu

$$X(s) = X^+(s) + X^-(s) = \frac{1}{s+a} - \frac{1}{s-a} = \frac{-2a}{(s+a)\cdot(s-a)} \quad \text{für } \sigma_{min} < \sigma < \sigma_{max} \tag{7.10}$$

Die zweiseitige Laplace-Transformierte existiert nur in dem in Bild 7-2 grau gekennzeichneten Streifen der s-Ebene.

7.2.3 Eigenschaften

Die Laplace-Transformation besitzt Eigenschaften, die sie für die Anwendung in der Physik und Technik besonders interessant machen. Die wichtigsten Eigenschaften sind in Tabelle 7-1 zusammengestellt [BSMM99], [Hsu95]. Sie resultieren in unmittelbarer Weise aus der Definition durch das Integral (7.1) bzw. der noch zu behandelnden Definition der inversen Laplace-Transformation (7.35).

Beispielhaft zeigen wir die für LTI-Systeme wichtige *Faltungseigenschaft*. Die Existenz der Laplace-Transformationspaare in einem gemeinsamen Konvergenzbereich vorausgesetzt, wende man die Laplace-Transformation (7.1) auf das Faltungsintegral (3.30) an.

$$L\{x_1(t) * x_2(t)\} = \int_{-\infty}^{+\infty} \left[\int_{-\infty}^{+\infty} x_1(\tau) \cdot x_2(t-\tau) d\tau \right] e^{-st} dt \tag{7.11}$$

Vertauscht man die Reihenfolge der Integration, erhält man unter Berücksichtigung der Zeitverschiebung um τ zuerst die Laplace-Transformierte $X_2(s)$ und anschließend $X_1(s)$.

$$L\{x_1(t) * x_2(t)\} = \int_{-\infty}^{+\infty} x_1(\tau) \underbrace{\left[\int_{-\infty}^{+\infty} x_2(t-\tau) \cdot e^{-st} dt \right]}_{e^{-s\tau} X_2(s)} d\tau = X_1(s) \cdot X_2(s) \tag{7.12}$$

Die Laplace-Transformation bildet also die Faltung zweier Funktionen im Originalbereich auf das Produkt ihrer Laplace-Transformierten im Bildbereich ab.

Anmerkung: Da das Produkt im Bildbereich kommutativ ist, muss auch die Faltung im Zeitbereich kommutativ sein.

Von besonderem Interesse ist auch die in den Signalflussgraphen in Abschnitt 5.3 als Pfadgewicht auftretende Integration im Zeitbereich. Mit der Differenziationseigenschaft lässt sich am einfachsten verifizieren, dass für

$$x(t) = \frac{d}{dt} f(t) \ \leftrightarrow \ X(s) \quad \text{und} \quad f(t) = \int_{-\infty}^{t} x(\tau) d\tau \ \leftrightarrow \ F(s) \tag{7.13}$$

mit

$$X(s) = s \cdot F(s) \tag{7.14}$$

umgekehrt für die Integration gelten muss

$$\int_{-\infty}^{t} x(\tau)d\tau \quad \leftrightarrow \quad s^{-1} \cdot X(s) \tag{7.15}$$

Tabelle 7-1 Einige wichtige Eigenschaften der (zweiseitigen) Laplace-Transformation

Eigenschaften	Zeitfunktion (Originalfunktion)	Laplace-Transformierte (Bildfunktion)	Konvergenzgebiet*)
	$x(t), x_1(t), x_2(t)$	$X(s), X_1(s), X_2(s)$	R, R_1, R_2
Linearität	$\alpha_1 x_1(t) + \alpha_2 x_2(t)$	$\alpha_1 X_1(s) + \alpha_2 X_2(s)$	mindestens $R_1 \cap R_2$
Zeitverschiebung	$x(t - t_0)$	$e^{-st_0} X(s)$	R
Frequenzverschiebung (Modulation)	$e^{-s_0 t} x(t)$	$X(s + s_0)$	$R + \mathrm{Re}(s_0)$
Ähnlichkeit (Zeit-skalierung)	$x(at)$	$\dfrac{1}{\|a\|} X\left(\dfrac{s}{a}\right)$	$a\,R$
Zeitumkehr	$x(-t)$	$X(-s)$	$-R$
Differenziation im Zeitbereich	$\dfrac{d}{dt} x(t)$	$s \cdot X(s)$	mindestens R
Differenziation im Bildbereich	$-t\, x(t)$	$\dfrac{d}{ds} X(s)$	R
Integration im Zeit-bereich	$\displaystyle\int_{-\infty}^{t} x(\tau)d\tau$	$\dfrac{1}{s} X(s)$	mindestens $R \cap \{\mathrm{Re}(s) > 0\}$
Faltung im Zeitbereich	$x_1(t) * x_2(t)$	$X_1(s) \cdot X_2(s)$	mindestens $R_1 \cap R_2$

*   Man beachte, dass manche Rechenoperationen das Konvergenzgebiet ändern und nur die Verknüpfungen von Laplace-Transfor-
     mierten sinnvoll sind, deren Konvergenzgebiete sich überschneiden. Die Rechenoperationen in der Spalte beziehen sich auf die
     Grenzen der Konvergenzbereiche σ_{min} und σ_{max}.

7.2.4   Laplace-Transformierte von Standardsignalen

In diesem Unterabschnitt werden einige Korrespondenzpaare wichtiger Standardsignale kurz
vorgestellt. Wir beginnen mit der *Sprungfunktion*.

$$\mathrm{L}\{u(t)\} = \int_{-\infty}^{+\infty} u(t)e^{-st}dt = \frac{1}{s} \quad \text{für } \sigma > 0 \tag{7.16}$$

Für die *Impulsfunktion* ergibt sich aus der Definition (2.24) mit der Ausblendeigenschaft (2.28)

$$L\{\delta(t)\} = \int_{-\infty}^{+\infty} \delta(t)e^{-st}dt = 1 \;\; \forall \; \sigma \tag{7.17}$$

Anmerkung: An dieser Stelle lässt sich die frühere Behauptung (2.29) überprüfen, dass die Impulsfunktion die Ableitung der Sprungfunktion ist. Wendet man den Differenziationssatz der Laplace-Transformation in der Tabelle 7-1 auf (7.16) an, so ergibt sich wie gefordert (7.17).

In Tabelle 7-2 sind in den Anwendungen häufig vorkommende Laplace-Transformationspaare rechtsseitiger Signale zusammengestellt. Umfangreiche Korrespondenztafeln findet man in der Literatur, z. B. [BSMM99] für die einseitige Laplace-Transformation. Daraus lassen sich gegebenenfalls auch Korrespondenzen für die zweiseitige Laplace-Transformation gewinnen.

Tabelle 7-2 Laplace-Transformationspaare von Standardsignalen

Zeitfunktion	Laplace-Transformierte	Konvergenzgebiet
$\delta(t)$	1	für alle s
$u(t)$	$\dfrac{1}{s}$	$\sigma > 0$
$e^{-at} \cdot u(t)$	$\dfrac{1}{s+a}$	$\sigma > \mathrm{Re}(-a)$
$\dfrac{t^{n-1}}{(n-1)!} e^{-at} \cdot u(t)$	$\dfrac{1}{(s+a)^n}$	$\sigma > \mathrm{Re}(-a)$
$t^k \cdot u(t)$	$\dfrac{k!}{s^{k+1}}$	$\sigma > 0$
$\cos(\omega_0 t) \cdot u(t)$	$\dfrac{s}{s^2 + \omega_0^2}$	$\sigma > 0$
$\sin(\omega_0 t) \cdot u(t)$	$\dfrac{\omega_0}{s^2 + \omega_0^2}$	$\sigma > 0$
$e^{-at} \cos(\omega_0 t) \cdot u(t)$	$\dfrac{s+a}{(s+a)^2 + \omega_0^2}$	$\sigma > \mathrm{Re}(-a)$
$e^{-at} \sin(\omega_0 t) \cdot u(t)$	$\dfrac{\omega_0}{(s+a)^2 + \omega_0^2}$	$\sigma > \mathrm{Re}(-a)$
$2e^{\sigma_\infty t} \big[B_r \cos(\omega_\infty t) + {}$ $- B_i \sin(\omega_\infty t)\big] \cdot u(t)$	$\dfrac{B}{s - s_\infty} + \dfrac{B^*}{s - s_\infty^*}$ $s_\infty = \sigma_\infty + j\omega_\infty \, ; B = B_r + jB_i$	$\sigma > \mathrm{Re}(s_\infty)$

7.3   Anwendung der Laplace-Transformation bei LTI-Systemen

Lernziele

Nach Bearbeiten des Abschnitts 7.3 können Sie

- die Übertragungsfunktion des Systems aus der beschreibenden DGL ableiten und die Bedeutung der Definition der Übertragungsfunktion im Bildbereich erklären
- aus der BIBO-Stabilität auf das Konvergenzverhalten schließen
- die Zusammenhänge zwischen Impulsantwort, Sprungantwort und Übertragungsfunktion angeben
- die Eingangs-Ausgangsgleichung im Bildbereich ableiten

7.3.1   Übertragungsfunktion

Nach den Überlegungen zu den Konvergenzgebieten und Eigenschaften wenden wir die Laplace-Transformation auf die *linearen Differenzialgleichungen* mit *konstanten Koeffizienten* (DGL) (5.3) zeitkontinuierlicher LTI-Systeme an.

$$L\left\{\sum_{k=0}^{N} a_k \cdot y^{(k)}(t)\right\} = L\left\{\sum_{l=0}^{M} b_l \cdot x^{(l)}(t)\right\} \tag{7.18}$$

Existieren die Laplace-Transformierten $X(s)$ und $Y(s)$ zu $x(t)$ bzw. $y(t)$, so resultiert mit der Differenziationsregel in Tabelle 7-1

$$\sum_{k=0}^{N} a_k\, s^k Y(s) = \sum_{l=0}^{M} b_l\, s^l X(s) \tag{7.19}$$

Umstellen liefert die *Übertragungsfunktion* im Bildbereich als Quotient von Ausgangsgröße durch Eingangsgröße.

$$\frac{Y(s)}{X(s)} = H(s) = \frac{\displaystyle\sum_{l=0}^{M} b_l\, s^l}{\displaystyle\sum_{k=0}^{N} a_k\, s^k} \tag{7.20}$$

Obwohl die Beziehungen (7.19) und (7.20) ähnlich wie (5.15) und (5.16) aussehen, besteht ein entscheidender Unterschied. Die früheren Beziehungen gelten, wenn das System mit einer Exponentiellen erregt wird und sich im eingeschwungenen Zustand befindet. Hier wird nur die Existenz der Laplace-Transformierten $X(s)$ und $Y(s)$ vorausgesetzt. Damit werden der Begriff der Übertragungsfunktion und die Klasse der zulässigen Eingangsfunktionen wesentlich erweitert.

Anmerkung: Auch bzgl. der Dimension gibt es einen Unterschied. Während die Exponentiellen $x(t)$ bzw. $y(t)$ in der Elektrotechnik meist als Strom oder Spannung aufzufassen sind und die Dimensionen Ampere (A) oder Volt (V) tragen, wären – falls nicht wie gewöhnlich ohne Dimensionen gerechnet wird – die entsprechenden Laplace-Transformierten $X(s)$ bzw. $Y(s)$ wegen der Integration über t mit den Dimensionen As oder Vs behaftet.

Wir behandeln noch kurz die Eigenschaften von $H(s)$ als Laplace-Transformierte aufgrund der rationalen Gestalt.

$$H(s) = \frac{\sum\limits_{l=0}^{M} b_l s^l}{\sum\limits_{k=0}^{N} a_k s^k} = \frac{b_M}{a_N} \frac{\prod\limits_{l=1}^{M}(s - s_{0l})}{\prod\limits_{k=1}^{N}(s - s_{\infty k})} \tag{7.21}$$

Es ist offensichtlich, dass $H(s)$ an den Polen $s_{\infty k}$ nicht existiert und deshalb die Pole außerhalb des Konvergenzgebietes liegen müssen. An die Lage der Nullstellen s_{0l} ergeben sich keine Forderungen. Eine Einschränkung auf den rationalen Fall $N \geq M$ ist sinnvoll, da das Konvergenzgebiet $|s| \to \infty$ einschließt. Ist der Grad des Zählerpolynoms M größer als der Grad des Nennerpolynoms N besitzt die Übertragungsfunktion einen Pol bei $|s| \to \infty$.

Die Darstellung eines Systems mit rationaler Übertragungsfunktion (7.21) durch den *Signalflussgraphen* in Bild 5-4 kann mit der Integrationseigenschaft der Laplace-Transformation direkt in den Bildbereich übertragen werden. Nach Tabelle 7-1 ist die Integration im Zeitbereich durch die Multiplikation mit s^{-1} im Bildbereich zu ersetzen.

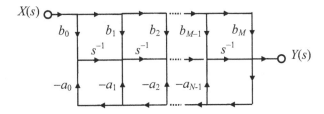

Bild 7-3 Signalflussgraph im Bildbereich (transponierte Direktform II, $M = N$) des durch die DGL (7.18) beschriebenen Systems mit der Laplace-Transformierten des Eingangssignals $X(s)$, der Laplace-Transformierten des Ausgangssignals $Y(s)$ und den Koeffizienten der DGL a_k und b_k mit $a_N = 1$

Beispiel Schwach gedämpfter Reihenschwingkreis

Im Beispiel des schwach gedämpften Reihenschwingkreises mit einer erregenden Spannungsquelle und dem Strom als Ausgangssignal liegt ein System 2. Ordnung

$$H(s) = \frac{s/L}{s^2 + s(R/L) + 1/LC} = \frac{1}{L} \cdot \frac{s}{(s - s_{\infty 1})(s - s_{\infty 2})} \tag{7.22}$$

mit konjugiert komplexem Polpaar vor.

$$s_{\infty 1,2} = \sigma_\infty \pm j\omega_\infty = -\frac{R}{2L} \pm \sqrt{\frac{1}{LC} - \left(\frac{R}{2L}\right)^2} \tag{7.23}$$

Anmerkung: Für eine ausführliche Diskussion siehe Übungsteil A5.1-2, -3 und -4.

Da das System kausal ist, ergibt sich das Konvergenzgebiet als rechte Halbebene im *Pol-Nullstellendiagramm* in Bild 7-4.

Anhand des Beispiels zeigen wir, wie mit der Laplace-Transformierten und dem Signalflussgraphen die Übertragungsfunktion bestimmt werden kann.

Der Signalflussgraph ergibt sich aus (7.22) und Bild 7-3. Er ist in Bild 7-5 gezeigt. Zur rekursiven Berechnung der Übertragungsfunktion führen wir zwei Hilfsgrößen, die Laplace-Transformierten der *Zustandsgrößen*, $S_1(s)$ und $S_2(s)$ am Ausgang der Integrierer mit s^{-1} ein.

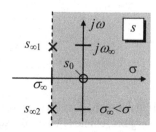

Mit den Zustandsgrößen entwickeln wir den Signalflussgraphen von rechts nach links. Es ergeben sich die Abhängigkeiten

Bild 7-4 Konvergenzgebiet (grau) beim schwach gedämpften Reihenschwingkreis

$$I(s) = S_1(s)$$

$$S_1(s) = \frac{1}{s}\left[S_2(s) + \frac{1}{L}U_q(s) - \frac{R}{L}I(s)\right]$$
$$\hspace{8cm}(7.24)$$

$$S_2(s) = \frac{1}{s}\left[-\frac{1}{LC}I(s)\right]$$

Durch sukzessives Einsetzen der letzten beiden Beziehungen von unten nach oben resultiert die Laplace-Transformierte des Stroms.

$$I(s) = -\frac{1}{s^2 LC}I(s) + \frac{1}{sL}U_q(s) - \frac{R}{sL}I(s) \hspace{2cm} (7.25)$$

Auflösen nach $I(s)$ / $U_q(s)$ liefert wieder die Übertragungsfunktion in (7.22).

Anmerkung: Das demonstrierte Verfahren ist nicht auf das Beispiel beschränkt. Weiterführende Überlegungen werden in der Systemtheorie unter dem Begriff Zustandsraumdarstellung behandelt, z. B. [GRS03], [Unb02], [Schü91] und Abschnitt 13.

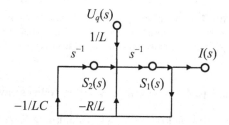

Bild 7-5 Signalflussgraph im Bildbereich zu (7.22) mit den inneren Hilfsgrößen $S_1(s)$ und $S_2(s)$

7.3.2 BIBO-Stabilität

Eine weitere Aussage zum Konvergenzgebiet ergibt sich aus der *BIBO-Stabilität* (3.43). Ist ein LTI-System BIBO-stabil, so muss für die Laplace-Transformierte auf der imaginären Achse $s = j\omega$ folgende Abschätzung gelten

$$|H(j\omega)| = \left|\int_{-\infty}^{+\infty} h(t)\,e^{-j\omega t}\,dt\right| \le \int_{-\infty}^{+\infty}\left|h(t)\,e^{-j\omega t}\right|dt \le \int_{-\infty}^{+\infty}|h(t)|\,dt < \infty \hspace{1cm} (7.26)$$

Demzufolge liegt für BIBO-stabile LTI-Systeme die imaginäre Achse im Konvergenzgebiet der Übertragungsfunktion. Wie im Abschnitt 8 noch zu diskutieren ist, sind in diesem Fall die Laplace-Transformierte für $s = j\omega$ und die Fourier-Transformierte identisch.

Mit gegebener BIBO-Stabilität ist das System auch (strikt) stabil im Sinne von (5.13), so dass die Eigenschwingungen des Systems mit der Zeit abklingen.

7.3.3 Impulsantwort und Sprungantwort

Wie im Zusammenhang mit der Eigenfunktion bereits angedeutet, bilden die *Impulsantwort* und die Übertragungsfunktion ein Laplace-Transformationspaar.

$$h(t) \leftrightarrow H(s) \tag{7.27}$$

Da sich die Sprungantwort durch Integration der Impulsantwort ergibt (3.38), kann mit der Integrationseigenschaft in Tabelle 7-1 die Korrespondenz für die *Sprungantwort* schnell gefunden werden.

$$s(t) \leftrightarrow \frac{H(s)}{s} \tag{7.28}$$

7.3.4 Eingangs-Ausgangsgleichung im Bildbereich

Die Laplace-Transformation bietet sich an, die *Signalübertragung* durch zeitkontinuierliche LTI-Systeme besonders effizient zu beschreiben. Bild 7-6 veranschaulicht die Idee.

Das zeitkontinuierliche System und seine Reaktionen auf ein Eingangssignal wird durch die Faltung der Impulsantwort $h(t)$ mit dem Eingangssignal $x(t)$ charakterisiert. Da die Übertragungsfunktion $H(s)$ die Laplace-Transformierte der Impulsantwort $h(t)$ ist, und die Faltung als einfache Multiplikation der Laplace-Transformierten im Bildbereich resultiert, liegt es nahe, die Systemreaktion über den Bildbereich zu berechnen. Dazu transformiert man das Eingangssignal in den Bildbereich, bestimmt die Laplace-Transformierte des Ausgangssignals durch Multiplikation mit der Übertragungsfunktion und berechnet das Ausgangssignal durch die Umkehrung der Laplace-Transformation.

Die Attraktivität der Methode steigt und fällt mit der Einfachheit der Rücktransformation. Wir werden sehen, dass für typische Anwendungen ein einfaches Verfahren zum Auffinden der Zeitfunktionen existiert.

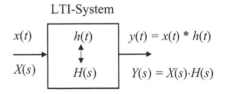

Bild 7-6 Eingangs-Ausgangsgleichung von zeitkontinuierlichen LTI-Systemen in Zeit- und Bildbereich

Beispiel Einschleifiger Standardregelkreis

Viele Prozesse und Funktionen in der Biologie, der Gesellschaft, der Wirtschaft und der Technik bedürfen einer feinen Steuerung bzw. Regelung. Als fachübergreifende Disziplin für die Steuerung und Regelung von Systemen hat sich die von N. Wiener 1948 begründete Kybernetik, griechisch für Steuermannskunst, herausgebildet [Wie48]. Im Folgenden wird das Grundprinzip des Regelkreises vorgestellt und wie mit der Laplace-Transformation ein Einstieg in dessen Beschreibung gefunden werden kann. Um den Rahmen nicht zu sprengen, muss hier für konkrete Anwendungen z. B. auf Lehrbücher der Regelungstechnik verwiesen werden [Schl88].

Das Prinzip der Regelung beruht darauf, dass eine Abweichung (Regelabweichung) eines Istwerts (Regelgröße) von einem vorgegebenen Ziel (Führungsgröße) als Information an das System zurückgeführt wird. Mit dieser Rückkopplung (Feedback) wird ein Regelkreis geschlossen.

Wir gehen von dem in Bild 7-7 skizzierten *Regelkreis* mit linearem Regler und linearer Strecke aus und bestimmen den Einfluss, die Übertragungsfunktion, der Führungsgröße bzw. der Störgröße auf die Regelgröße [Schl88].

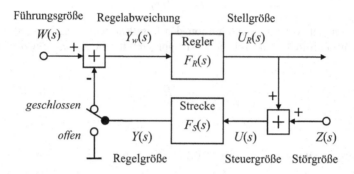

Bild 7-7 Standardregelkreis

Anmerkung: Da wegen der eindeutigen Schreibweise keine Verwechslungsgefahr zwischen den Zeitsignalen und den Laplace-Transformierten besteht, wird der Zusatz Laplace-Transformierte gewöhnlich weggelassen.

Da der Regelkreis nur lineare Elemente (zwei Addierer und die LTI-Systeme Regler und Strecke) enthält, dürfen die Wirkungen der Führungsgröße und der Störgröße unabhängig voneinander berechnet werden. Es gilt das Superpositionsprinzip. Aus Bild 7-7 folgt im ungestörten Fall für die Regelgröße

$$Y_1(s) = F_S(s) \cdot U(s) = F_S(s) \cdot F_R(s) \cdot Y_w(s) = F_S(s) \cdot F_R(s) \cdot [W(s) - Y_1(s)] \qquad (7.29)$$

Auflösen nach $Y_1(s)$ liefert

$$Y_1(s) \cdot [1 + F_R(s) \cdot F_S(s)] = F_R(s) \cdot F_S(s) \cdot W(s) \qquad (7.30)$$

Damit wird die gesuchte *Führungsübertragungsfunktion*

$$\frac{Y_1(s)}{W(s)} = F_w(s) = \frac{F_R(s) \cdot F_S(s)}{1 + F_R(s) \cdot F_S(s)} = \frac{F_0(s)}{1 + F_0(s)} \qquad (7.31)$$

mit $F_0(s) = F_R(s) \cdot F_S(s)$, der Übertragungsfunktion des offenen Kreises.

Zur Bestimmung des Einflusses der Störgröße gehen wir entsprechend vor.

$$Y_2(s) = F_S(s) \cdot U(s) = F_S(s) \cdot [Z(s) + U_R(s)] = F_S(s) \cdot Z(s) - F_S(s) \cdot F_R(s) \cdot Y_2(s) \qquad (7.32)$$

Auflösen nach der *Störungsübertragungsfunktion* liefert

$$\frac{Y_2(s)}{Z(s)} = F_z(s) = \frac{F_S(s)}{1 + F_R(s) \cdot F_S(s)} = \frac{F_S(s)}{1 + F_0(s)} \qquad (7.33)$$

Da der Regelkreis linear ist, summieren sich die Wirkungen der Führungsgröße (7.31) und der Störgröße (7.33). Die Regelgröße bestimmt sich dann aus

$$Y(s) = F_w(s) \cdot W(s) + F_z(s) \cdot Z(s) = \frac{F_0(s)}{1 + F_0(s)} \left[\frac{Z(s)}{F_R(s)} + W(s) \right] \qquad (7.34)$$

Das dynamische Verhalten des Regelkreises ist in der Regelungstechnik von großer Bedeutung. Wie reagiert der Regelkreis auf Störungen bei einer gewählten Parametrisierung des Reglers und der Strecke, z. B. der Pole und Nullstellen von $F_R(s)$ und $F_S(s)$. Treten Betriebszustände auf, die zu einem Unfall führen können? Ist das System stabil? Wie lange dauert es bis eine Störung abgeklungen ist, d. h., wie ist das Ein- und Ausschwingverhalten des Regelkreises? Überlegungen zum *Stör-* und *Führungsverhalten*, die von den hier berechneten Größen ausgehen, findet man beispielsweise in [Schl88]. Für Stabilitätsbetrachtungen mit dem *Nyquist-Kriterium* oder dem *Wurzelortsverfahren* wird auf [Schü91] oder [Unb92] verwiesen.

7.4   Inverse Laplace-Transformation

Lernziele

Nach Bearbeiten des Abschnitts 7.4 können Sie

- die inverse Laplace-Transformation für rationale Funktionen mit der Partialbruchzerlegung durchführen
- erläutern, wie die Impulsantworten von Systemen 1. und 2. Ordnung prinzipiell aussehen

7.4.1   Komplexe Umkehrformel

Die Umkehrung der Laplace-Transformation liefert das Integral

$$x(t) = L^{-1}\{X(s)\} = \frac{1}{2\pi j} \int_{c-j\infty}^{c+j\infty} X(s)e^{st}\,ds \qquad (7.35)$$

Die Integration ist für eine feste reelle Konstante c als Linienintegral parallel zur imaginären Achse im Konvergenzgebiet durchzuführen. In den meisten Anwendungen braucht die komplexe Umkehrformel nicht explizit ausgewertet zu werden, sondern es kann – gegebenenfalls nach geeigneter Umformung entsprechend der Eigenschaften in Tabelle 7-1 – auf Korrespondenztafeln in der Literatur zurückgegriffen werden, z. B. [BSMM99].

Anmerkung: Die Auswertung von (7.35) erfordert Kenntnisse der Integrationstheorie im Komplexen, die hier nicht vorausgesetzt werden, siehe beispielsweise [GRS03], [Unb02].

7.4.2   Inverse Laplace-Transformation rationaler Funktionen

Für die rationalen Übertragungsfunktionen (7.21) gibt es mit der Partialbruchzerlegung ein effizientes Verfahren zur inversen Laplace-Transformation. Wir demonstrieren das Verfahren zunächst am Beispiel des Reihenschwingkreises, bevor wir die allgemeine Lösung angeben.

Beispiel Schwach gedämpfter Reihenschwingkreis

Die Übertragungsfunktion des schwach gedämpften Reihenschwingkreises, mit erregender Spannungsquelle und dem Strom als Ausgangssignal (7.22), besitzt ein konjugiert komplexes Polstellenpaar (7.23). Demzufolge lässt sie sich als Summe zweier Partialbrüche

$$H(s) = \frac{1}{L} \cdot \frac{s}{(s - s_{\infty 1})(s - s_{\infty 2})} = \frac{1}{L} \cdot \left[\frac{B_1}{s - s_{\infty 1}} + \frac{B_2}{s - s_{\infty 2}} \right] \tag{7.36}$$

mit den Koeffizienten der Partialbruchzerlegung

$$B_1 = \frac{s_{\infty 1}}{s_{\infty 1} - s_{\infty 2}} \quad \text{und} \quad B_2 = \frac{-s_{\infty 2}}{s_{\infty 1} - s_{\infty 2}} \tag{7.37}$$

darstellen. Durch rückwärtiges Einsetzen kann man die Richtigkeit der Aussage zeigen. Speziell für das konjugiert komplexe Polpaar (7.23), $\sigma_\infty + j\omega_\infty = s_{\infty 1} = s_{\infty 2}{}^*$, ergibt sich nach kurzer Zwischenrechnung

$$B_1 = \frac{1}{2} \cdot \left[1 - j \frac{\sigma_\infty}{\omega_\infty} \right] = B_2^* \tag{7.38}$$

Durch inverse Laplace-Transformation von (7.36) erhält man die Impulsantwort. Der Vergleich mit (7.5) oder Tabelle 7-2 liefert die rechtsseitige Impulsantwort.

$$h(t) = L^{-1}\{H(s)\} = \frac{1}{L}\left[B_1\, e^{s_{\infty 1} t} + B_2\, e^{s_{\infty 2} t} \right] u(t) \tag{7.39}$$

Setzt man noch die Koeffizienten der Partialbruchzerlegung ein, so resultiert schließlich die Impulsantwort des schwach gedämpften Reihenschwingkreises in reeller Form.

$$h(t) = \frac{1}{L} \cdot e^{\sigma_\infty t} \cdot 2\,\mathrm{Re}\left(B_1 e^{j\omega_\infty t} \right) \cdot u(t) = \frac{2|B_1|}{L} \cdot e^{\sigma_\infty t} \cdot \cos\left(\omega_\infty t + \arg B_1 \right) \cdot u(t) \tag{7.40}$$

7.4.3   Rücktransformation durch Partialbruchzerlegung

Das einfache Beispiel kann auf echt rationale Funktionen (Zählergrad < Nennergrad) mit $\tilde{N}$ verschiedenen Polen mit den zugehörigen Vielfachheiten V_k verallgemeinert werden.

$$X(s) = \frac{Z(s)}{\displaystyle\prod_{k=1}^{\tilde{N}} (s - s_{\infty k})^{V_k}} \tag{7.41}$$

Die *Partialbruchzerlegung* von $X(s)$ liefert den Ausdruck

$$X(s) = \sum_{k=1}^{\tilde{N}} \sum_{l=1}^{V_k} \frac{B_{kl}}{(s - s_{\infty k})^l} \tag{7.42}$$

mit den Koeffizienten

$$B_{kl} = \frac{1}{(V_k - l)!} \cdot \lim_{s \to s_{\infty k}} \frac{d^{V_k - l}}{ds^{V_k - l}} \left[(s - s_{\infty k})^{V_k} X(s) \right] \tag{7.43}$$

Die rechtsseitigen Zeitfunktionen zu den Partialbrüchen im Bildbereich können den Korrespondenztabellen für die Laplace-Transformation entnommen werden, z. B. Tabelle 7-2 oder [BSMM99].

$$\frac{1}{(l-1)!} \cdot t^{l-1} \cdot e^{s_{\infty k} t} \cdot u(t) \quad \leftrightarrow \quad \frac{1}{(s - s_{\infty k})^l} \tag{7.44}$$

Es ergibt sich schließlich die Korrespondenz für die rationale Funktion $X(s)$

$$x(t) = \sum_{k=1}^{\tilde{N}} \sum_{l=1}^{V_k} \frac{B_{kl}}{(l-1)!} t^{l-1} e^{s_{\infty k} t} \cdot u(t) \quad \leftrightarrow \quad X(s) = \sum_{k=1}^{\tilde{N}} \sum_{l=1}^{V_k} \frac{B_{kl}}{(s - s_{\infty k})^l} \tag{7.45}$$

Vergleicht man $x(t)$ mit der Lösung der homogenen DGL in (5.8) mit dem Nennerpolynom von $X(s)$ als charakteristisches Polynom, so erkennt man die prinzipielle Übereinstimmung. Für zeitkontinuierliche LTI-Systeme, die durch eine DGL charakterisiert werden, ist mit (7.45) die prinzipielle Form der Impulsantworten mit den Eigenschwingungen des Systems festgelegt.

Anmerkung: Das Verfahren ist nicht auf rechtsseitige Signale beschränkt. Die Pole sind dann jedoch mit weiteren Vorgaben dem rechtsseitigen bzw. dem linksseitigen Anteil zuzuordnen.

Beispiel Reihenschwingkreis im aperiodischen Grenzfall

Im aperiodischen Grenzfall besitzt der Reihenschwingkreis, mit erregender Spannungsquelle und dem Strom als Ausgangssignal, einen doppelten reellen Pol. Die Übertragungsfunktion (7.22) ist dann

$$H(s) = \frac{1}{L} \cdot \frac{s}{(s - s_\infty)^2} \tag{7.46}$$

Für die Rücktransformation wählen wir zwei Wege und verifizieren so die Zusammenhänge. Wir beginnen mit der Partialbruchzerlegung

$$H(s) = \frac{1}{L} \left[\frac{B_{11}}{(s - s_\infty)} + \frac{B_{12}}{(s - s_\infty)^2} \right] \tag{7.47}$$

mit

$$B_{11} = \lim_{s \to s_\infty} \frac{d}{ds} s = 1 \quad \text{und} \quad B_{12} = \lim_{s \to s_\infty} s = s_\infty \tag{7.48}$$

Anmerkung: Die Zerlegung bestätigt man schnell durch rückwärtiges Einsetzen.

Aus den Korrespondenzen in Tabelle 7-2 folgt für die Impulsantwort

$$h(t) = \frac{1}{L} \cdot \left[e^{s_\infty t} + s_\infty \, t \cdot e^{s_\infty t} \right] \cdot u(t) = \frac{1}{L} \cdot e^{s_\infty t} \cdot \left(1 + s_\infty \, t \right) \cdot u(t) \tag{7.49}$$

Alternativ wenden wird sofort Tabelle 7-2 in Verbindung mit der Differenziationseigenschaft in Tabelle 7-1 an. Mit der Kettenregel der Ableitung ergibt sich wie oben

$$h(t) = \frac{1}{L} \cdot \frac{d}{dt} \left(t \cdot e^{s_\infty t} \right) \cdot u(t) = \frac{1}{L} \cdot e^{s_\infty t} \cdot \left(1 + s_\infty \, t \right) \cdot u(t) \tag{7.50}$$

7.4.4   Beispiel: T-Glied

Den Ausgangspunkt bildet die in Bild 7-8 links gezeigte elektrische Schaltung, die wegen ihrer Form *T-Glied* genannt wird. Eine in der Nachrichtentechnik übliche Parametrierung der beiden (Längs-)Induktivitäten und der (Quer-)Kapazität entspricht dem rechts skizzierten Pol-Nullstellendiagramm. Die Schaltungsgrößen im Bild sind normierte Größen, siehe Tabelle 7-3 mit den Indizes *n* für die normierten Größen und *b* für die Bezugsgrößen. Wir stellen das T-Glied die Form einer gelösten Aufgabe vor ([Mil94], Aufgabe 5.2.2).

Anmerkungen: (i) Das Beispiel wird im Abschnitt 8.6 mit Aufgaben zum Frequenzgang weitergeführt. (ii) Für die Simulation durch ein zeitdiskretes System siehe auch Abschnitt 6.4.6.

Tabelle 7-3 Normierte Größen

Zeit	$t_n = t / t_b$	Widerstand	$R_n = R / R_b$
Frequenz	$f_n = f / f_b$	Induktivität	$L_n = \omega_b L / R_b$
Spannung	$u_n = u / u_b$	Kapazität	$C_n = \omega_b C R_b$
Strom	$i_n = i / i_b$	mit $\omega_b = 2\pi f_b$ und $t_b = 1 / f_b$	

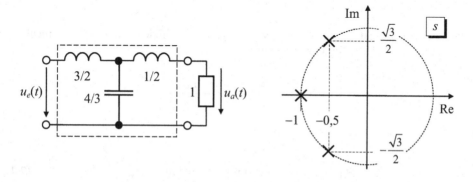

Bild 7-8 Blockschaltbild und Pol-Nullstellendiagramm für das T-Glied

a) Ist das System stabil?

b) Geben Sie die Übertragungsfunktion an. Skalieren Sie die Übertragungsfunktion so, dass $H(0) = 1$.

c) Berechnen Sie die Impulsantwort.

d) Berechnen Sie die Sprungantwort.

Lösung

a) Das kausale System ist (strikt) stabil, da in der s-Ebene alle Pole links von der imaginären Achse liegen.

b) Aus dem Pol-Nullstellendiagramm kann die Übertragungsfunktion bis auf einen Skalierungsfaktor entnommen werden. Mit den Polen aus Bild 7-8

$$s_{\infty 1} = -1; \quad s_{\infty 2,3} = -0{,}5 \pm j\frac{\sqrt{3}}{2} \tag{7.51}$$

ergibt sich die Übertragungsfunktion

$$H(s) = \frac{b_0}{(s+1) \cdot \left(s+1/2 - j\sqrt{3}/2\right) \cdot \left(s+1/2 + j\sqrt{3}/2\right)} = \frac{b_0}{(s+1) \cdot (s^2 + s + 1)} \tag{7.52}$$

Aus $H(0) = 1$ folgt $b_0 = 1$.

c) Die Impulsantwort bestimmt sich aus der Übertragungsfunktion durch inverse Laplace-Transformation. Die Partialbruchzerlegung ergibt nach kurzer Zwischenrechnung

$$H(s) = \frac{1}{s+1} + \frac{1}{6} \cdot \frac{-3 - j\sqrt{3}}{s+1/2 - j\sqrt{3}/2} + \frac{1}{6} \cdot \frac{-3 + j\sqrt{3}}{s+1/2 + j\sqrt{3}/2} \tag{7.53}$$

Die Rücktransformation in den Zeitbereich liefert mit Tabelle 7-2 die gesuchte Impulsantwort

$$h(t) = \left[e^{-t} - \frac{2}{\sqrt{3}} \cdot e^{-t/2} \cdot \cos\left(\frac{\sqrt{3}}{2}t + 0{,}5236\right)\right] \cdot u(t) \tag{7.54}$$

d) Die Sprungantwort bestimmt sich aus der mit s dividierten Übertragungsfunktion ebenfalls durch inverse Laplace-Transformation.

$$\frac{H(s)}{s} = \frac{1}{s \cdot (s+1) \cdot (s^2 + s + 1)} = \frac{1}{s} + \frac{-1}{s+1} + \frac{j/\sqrt{3}}{s+1/2 - j\sqrt{3}/2} + \frac{-j/\sqrt{3}}{s+1/2 + j\sqrt{3}/2} \tag{7.55}$$

Die Rücktransformation in den Zeitbereich ergibt mit Tabelle 7-2

$$s(t) = \left[1 - e^{-t} - \frac{2}{\sqrt{3}} \cdot e^{-t/2} \cdot \sin\left(\frac{\sqrt{3}}{2}t\right)\right] \cdot u(t) \tag{7.56}$$

Impuls- und Sprungantwort sind in Bild 7-9 zu sehen. Sie zeigen typisches Tiefpassverhalten. In die Eingangs-Ausgangsgleichung (3.29), die Faltung des Eingangssignal mit der Impulsantwort, eingesetzt, entwickelt die Impulsantwort wegen ihres dominanten Hauptbereiches eine glättende Wirkung. Mit hoher Frequenz alternierende Signalkomponenten am Systemeingang, d. h. Perioden kürzer als die Breite des Hauptbereiches, werden unterdrückt. Wie in Abschnitt 8 noch gezeigt wird, handelt es sich um einen Buttworth-Tiefpass 3. Ordnung.

Die Sprungantworten zeigt das Einschwingen des Systems auf eine angeschaltete Gleichgröße, im Beispiel eine Gleichspannung. Auch sie zeigt typisches Tiefpassverhalten.

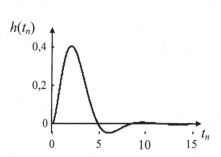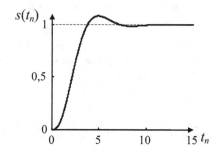

Bild 7-9 Impulsantwort $h(t)$ und Sprungantwort $s(t)$ des Systems 3. Ordnung über der normierten Zeit t_n

7.5   Einseitige Laplace-Transformation und ihre Anwendung

In diesem Abschnitt wenden wir die Laplace-Transformation auf geschaltete RLC-Netzwerke an. Der Schaltzeitpunkt sei in der Regel $t = 0$. Für die Beschreibung der Systemreaktion nach dem Schalten ist bei bekannten Anfangswerten (Spannungen an den Kapazitäten, Ströme durch die Induktivitäten) die Vorgeschichte des Systems ohne Belang. Die Analyse geschieht deshalb vorteilhaft mit der einseitigen Laplace-Transformation. Die Eigenschaften der einseitigen Laplace-Transformation entsprechen weitestgehend denen der zweiseitigen. Jedoch ergibt sich durch die mögliche Diskontinuität zum Schaltzeitpunkt speziell beim Differenziationssatz eine wesentliche Modifikation, die die Berücksichtigung der Anfangsbedingungen erlaubt.

Lernziele

Nach Bearbeiten des Abschnitts 7.5 sollten Sie

- den Differenziationssatz für die einseitig Laplace-Transformierte kennen
- Ersatzschaltbilder für RLC-Netzwerke im Bildbereich angeben können
- Ströme und Spannungen in geschalteten RLC-Netzwerken mit der Laplace-Transformation berechnen können

7.5.1   Differenziationssatz der einseitigen Laplace-Transformation

Dazu betrachte man eine im Schaltzeitpunkt $t = 0$ stetige Funktion $x(t)$. Der bei der einseitigen Laplace-Transformation verwendete rechtsseitige Teil $x^+(t)$ wird durch Multiplikation von $x(t)$ mit der Sprungfunktion erzeugt. Die Situation ist in Bild 7-10 veranschaulicht. Das Abschneiden der Funktion im Ursprung führt, falls $x(0) \neq 0$, zu einer sprunghaften Änderung im Signal.

Insbesondere ist dann $x^+(t)$ für $t = 0$ nicht differenzierbar, so dass die Voraussetzung für den Differenziationssatz in Tabelle 7-1 nicht mehr gegeben ist.

Man beachte auch, dass die Sprungfunktion an der Stelle $t = 0$ nicht definiert ist. Damit geht der Wert $x(0)$ zunächst verloren. An seine Stelle tritt der Grenzwert für den rechtsseitigen Anteil.

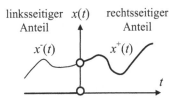

$$x(0+) = \lim_{\varepsilon \to 0} x(0 + \varepsilon) \quad \text{mit} \quad \varepsilon \geq 0 \qquad (7.57)$$

Die Funktion $x^+(t)$ wird in der Null von rechts her stetig fortgesetzt, was insbesondere bei der Betrachtung stetiger physikalischer Größen sinnvoll ist.

Bild 7-10 Zur Beschreibung des Schaltvorgangs

Der Differenziationssatz der einseitigen Laplace-Transformation kann am einfachsten mit Hilfe der partiellen Integration motiviert werden. Dazu betrachten wir die Transformationsgleichung

$$L_I \left\{ \frac{dx(t)}{dt} \right\} = \int_0^\infty \frac{dx(t)}{dt} e^{-st} dt = x(t) e^{-st} \Big|_0^\infty + s \int_0^\infty x(t) e^{-st} dt = -x(0) + s X_I^+(s) \qquad (7.58)$$

wobei die Stetigkeit der Ableitung von $x(t)$ für $t \geq 0$ und die Existenz von $X(s)$ vorausgesetzt wird. Im Vergleich zur Tabelle 7-1 erhält man hier einen zusätzlichen Korrekturterm $x(0)$ der die sprunghafte Änderung von $x(t)$ in $t = 0$ berücksichtigt, siehe Bild 7-10. Allgemeine Überlegungen führen auf den *Differenziationssatz der einseitigen Laplace-Transformation* [BSMM99]

$$\frac{d^n}{dt^n} x^+(t) \quad \leftrightarrow \quad s^n X_I^+(s) - s^{n-1} x^+(0+) - s^{n-2} x^{+(1)}(0+) - x^{+(n-1)}(0+) - \cdots \qquad (7.59)$$

mit

$$x^{+(k)}(0+) = \lim_{t \to 0+} \frac{d^k}{dt^k} x^+(t) \qquad (7.60)$$

wobei die Differenzierbarkeit vorausgesetzt wird. Die hier auftretenden Werte der Funktion und ihrer Ableitungen zum Einschaltzeitpunkt $t = 0$ werden im nachfolgenden Beispiel dazu verwendet, die Anfangsbedingungen zu erfüllen.

Anmerkung: Da wir in diesem und im nächsten Unterabschnitt stets nur rechtsseitige Signale und ihre zugehörigen einseitigen Laplace-Transformierten betrachten, wird die besondere Kennzeichnung der rechtsseitigen Signale und der einseitigen Laplace-Transformierten durch Indizes weggelassen.

Beispiel Geschaltete Gleichspannungsquelle am RC-Glied

Mit dem Beispiel einer geschalteten Gleichspannungsquelle knüpfen wir an frühere Ergebnisse in Abschnitt 5.5 an. In Bild 7-11 ist nochmals das Blockschaltbild mit den relevanten Größen dargestellt.

Wendet man die Laplace-Transformation auf die DGL (5.1) an, so erhält man mit dem Differenziationssatz (7.59) mit $y(0) = U_0$, dem Anfangswert der Spannung an der Kapazität zum Einschaltzeitpunkt.

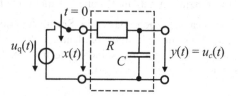

Bild 7-11   Geschaltete Gleichspannungsquelle am RC-Glied

$$sU_c(s) - y(0) + \frac{1}{RC}U_c(s) = \frac{1}{RC}X(s) \qquad (7.61)$$

Einsetzen der Laplace-Transformierten der Gleichspannungsquelle $X(s) = U_q/s$ und Auflösen nach $U_c(s)$ liefert nach kurzer Zwischenrechnung

$$U_c(s) = \frac{U_q}{s(s+1/RC)} + \frac{U_0}{s+1/RC} \qquad (7.62)$$

Zur Bestimmung der gesuchten Spannung durch die inverse Laplace-Transformation führen wir zunächst eine Partialbruchzerlegung durch.

$$U_c(s) = U_q\left(\frac{1}{s} - \frac{1}{s+1/RC}\right) + \frac{U_0}{s+1/RC} \qquad (7.63)$$

Die Rücktransformation ergibt die gesuchte Spannung an der Kapazität

$$u_c(t) = U_q \cdot \left(1 - e^{-t/RC}\right) + U_0 \cdot e^{-t/RC} \quad \text{für} \ \ t \ge 0 \qquad (7.64)$$

wobei der Schaltzeitpunkt $t = 0$ mit eingeschlossen ist.

Das Ein- und Ausschwingen lässt sich im Zeit- (7.64) und Bildbereich (7.63) beobachten. Man erhält von links nach rechts den Erregeranteil, der sich aus dem stationären Anteil und dem Einschwinganteil zusammensetzt, und den Ausschwinganteil mit der Anfangsbedingung. Der Vergleich mit der früheren Lösung (5.28) zeigt die Übereinstimmung für $s_q = 0$ (Gleichspannung) und $a = 1/RC$.

7.5.2   Ersatzschaltbild für Laplace-Transformierte

Das im Beispiel oben gezeigte Lösungsverfahren lässt sich mit der Methode des *Ersatzschaltbildes für Laplace-Transformierte* in eine anschauliche und zur komplexen Wechselstromrechnung analoge Form bringen. Die Grundlage liefern die Beziehungen zwischen Strom und Spannung an den idealen Bauelementen Widerstand, Induktivität und Kapazität. Unterwirft man diese der Laplace-Transformation, so erhält man die Bauelemente für das Ersatzschaltbild im Bildbereich in Tabelle 7-4. Bei der Induktivität und der Kapazität ergeben sich jeweils zwei alternative Formen. Für die Laplace-Transformierten gelten die erweiterten kirchhoffschen Knoten- und Maschenregeln und daraus abgeleitete Regeln, wie beispielsweise die Spannungsteilerregel.

Tabelle 7-4 Elemente des Ersatzschaltbildes im Bildbereich für (einseitige) Laplace-Transformierte

Bauelemente	Zeitbereich	Bildbereich
Spannungsquelle	$u_q(t)$	$U_q(s)$
Stromquelle	$i_q(t)$	$I_q(s)$
Widerstand	$u_R(t) = R \cdot i_R(t)$ $R \quad i_R(t)$	$U_R(s) = R \cdot I_R(s)$ $R \quad I_R(s)$
Induktivität	$u_L(t) = L \cdot \dfrac{di_L(t)}{dt}$ $L \quad i_L(t)$	$U_L(s) = sL \cdot I_L(s) - L \cdot i_L(0)$ $L \quad I_L(s)$ $L \cdot i_L(0)$ sL $I_L(s)$ $i_L(0)/s$
Kapazität	$i_C(t) = C \cdot \dfrac{du_C(t)}{dt}$ $i_C(t) \quad C$	$I_C(s) = sC \cdot U_C(s) - C \cdot u_C(0)$ $1/sC$ $I_C(s)$ $C \cdot u_C(0)$ $I_C(s) \quad 1/sC \quad u_C(0)/s$ $U_C(s)$

Beispiel   Geschaltete Gleichspannungsquelle am RC-Glied

Wir erproben das Verfahren anhand des
letzten Beispiels. In Bild 7-12 ist das Ersatzschaltbild der Laplace-Transformierten nach
dem Schaltvorgang gezeigt. Die Bauelemente sind entsprechend Tabelle 7-4 eingetragen. Für die Kapazität wurde das Ersatz-
bild mit Spannungsquelle gewählt, da sich
die Anwendung der Maschenregel empfiehlt.

Wir gehen formal wie in der komplexen
Wechselstromrechnung vor. Die Laplace-
Transformierte der Spannung an der Kapazi-
tät ist

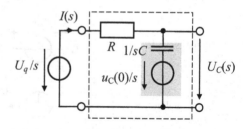

Bild 7-12   Geschaltete Gleichspannungsquelle
am RC-Glied im Bildbereich mit
Anfangsbedingung

$$U_C(s) = \frac{1}{sC} I(s) + \frac{u_C(0)}{s} \qquad (7.65)$$

Die noch unbestimmte Laplace-Transformierte des Stromes erhält man aus dem Maschen-
umlauf für die Laplace-Transformierten der Teilspannungen.

$$RI(s) + \frac{1}{sC} I(s) + \frac{u_C(0)}{s} = \frac{U_q}{s} \qquad (7.66)$$

Nach $I(s)$ aufgelöst ergibt sich

$$I(s) = \frac{sC}{1+sRC} \cdot \left(\frac{U_q}{s} - \frac{u_C(0)}{s} \right) \qquad (7.67)$$

Jetzt kann die Laplace-Transformierte des Stromes in (7.67) eingesetzt werden.

$$U_C(s) = \frac{1}{sC} \cdot \frac{sC}{1+sRC} \cdot \left(\frac{U_q}{s} - \frac{u_C(0)}{s} \right) + \frac{u_C(0)}{s} \qquad (7.68)$$

Nach kurzer Zwischenrechnung resultiert

$$U_C(s) = \frac{U_q}{s(1+sRC)} - \frac{u_C(0)}{s(1+sRC)} + \frac{u_C(0)}{s} \qquad (7.69)$$

Vor der Rücktransformation führen wir noch eine Partialbruchzerlegung durch.

$$U_C(s) = U_q \cdot \left(\frac{1}{s} - \frac{RC}{1+sRC} \right) - u_C(0)\left(\frac{1}{s} - \frac{RC}{1+sRC} \right) + \frac{u_C(0)}{s} =$$

$$= U_q \cdot \left(\frac{1}{s} - \frac{1}{s+1/RC} \right) + \frac{u_C(0)}{s+1/RC} \qquad (7.70)$$

Die Rücktransformation nach Tabelle 7-2 bestätigt das Ergebnis in (7.64).

Beispiel Geschaltetes RLC-Netzwerk

Anhand eines Systems 2. Grades wird die Methode der Ersatzschaltung nochmals vorgeführt.

Das zugrunde liegende Netzwerk in Bild 7-13 enthält eine Induktivität und eine Kapazität [Hsu95]. Es wird angenommen, dass der Schalter lange vor $t = 0$ geschlossen wurde. Wir berechnen den Strom nach dem Öffnen des Schalters, d. h. für $t > 0$.

Die Lösung der Aufgabe geschieht in zwei Schritten:

- Schritt 1: Bestimmung der Anfangsbedingungen durch Analyse des Netzwerkes für $t < 0$.

Es wird angenommen, dass der Schalter lange genug geschlossen ist, so dass sich das Netzwerk im eingeschwungenen Zustand befindet. Im gegebenen Fall einer Gleichspannungsquelle bedeutet dies, dass die Induktivität wie ein Kurzschluss und die Kapazität wie ein Leerlauf angesehen werden dürfen. Damit liegt die Spannungsquelle direkt an der Kapazität an und es gilt im Schaltzeitpunkt

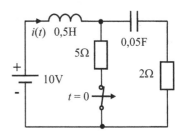

Bild 7-13 Geschaltetes RLC-Netzwerk

$$u_C(0-) = 10 \text{ V} \tag{7.71}$$

Für den Strom durch die Induktivität ergibt sich demzufolge

$$i(0-) = 2 \text{ A} \tag{7.72}$$

Anmerkung: „Im Schaltzeitpunkt" ist hier als linksseitiger Grenzwert bei $t = 0$ zu verstehen und wird durch „0–" symbolisiert.

- Schritt 2: Bestimmung des Stromes für $t > 0$ mit Hilfe des Ersatzschaltbildes für Laplace-Transformierte.

Für das Netzwerk nach Öffnen des Schalters entwickeln wir aus Tabelle 7-4 das Ersatzschaltbild für die Laplace-Transformierten. Da dann eine Reihenschaltung (Masche) vorliegt, wählen wir die Ersatzelemente mit Spannungsquellen. Das Ergebnis ist in Bild 7-14 zu sehen. Darin sind normierte Werte eingetragen. Alle Größen beziehen sich jeweils entsprechend ihrer physikalischen Interpretation auf 1 V, 1 A, 1 Ω, 1 H bzw. 1 F. Darüber hinaus wurde die Kennzeichnung der Anfangsgrößen als linksseitiger Grenzwert der Einfachheit halber weggelassen. Die Größen sollen im Schaltzeitpunkt stetig fortgesetzt werden.

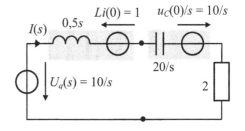

Bild 7-14 Ersatzschaltbild mit normierten Größen für die Laplace-Transformierten zu Bild 7-13

Anhand des Ersatzschaltbildes Bild 7-14 ergibt sich aus der erweiterten kirchhoffschen Maschenregel

$$0{,}5sI(s)-1+\frac{20}{s}I(s)+\frac{10}{s}+2I(s)=\frac{10}{s} \tag{7.73}$$

Auflösen nach der Laplace-Transformierten des Stromes liefert

$$I(s)=\frac{2s}{s^2+4s+40} \tag{7.74}$$

Zur Vorbereitung der Rücktransformation bringen wir $I(s)$ in eine Form, die einer Laplace-Transformierten in Tabelle 7-2 entspricht.

Zunächst führen wir eine quadratische Ergänzung im Nenner durch. Zum Nenner lassen sich dann die passenden Korrespondenzen in der Tabelle heraussuchen. Es bleibt die Anpassung des Zählers. Schließlich resultiert die für die Rücktransformation geeignete Form

$$I(s)=\frac{2s}{\left(s+2\right)^2+36}=2\cdot\frac{s+2}{\left(s+2\right)^2+6^2}-\frac{2}{3}\cdot\frac{6}{\left(s+2\right)^2+6^2} \tag{7.75}$$

Mit Tabelle 7-2 kann der Verlauf des Stromes für $t>0$ angegeben werden. Mit der Zeitkonstanten $\tau=2\mathrm{s}$ und der Kreisfrequenz $\omega_0=6\,\mathrm{Hz}$ erhalten wir, siehe Bild 7-15

$$\frac{i(t)}{\mathrm{A}}=e^{-t/\tau}\left[2\cos(\omega_0 t)-\frac{2}{3}\sin(\omega_0 t)\right]u(t) \tag{7.76}$$

Den Zusammenhang mit den Ergebnissen zum Reihenschwingkreis im Übungsteil, Abschnitt 5, zeigt das konjugiert komplexe Polpaar für die vorliegenden Zahlenwerte.

$$s_{\infty 1,2}=\sigma_\infty\pm j\omega_\infty=\frac{2R}{L}\pm\sqrt{\frac{1}{LC}-\left(\frac{2R}{L}\right)^2}=(2\pm j6)\,\mathrm{Hz} \tag{7.77}$$

Es ergeben sich der Realteil $\sigma_\infty=1/\tau$ und die Eigenkreisfrequenz $\omega_\infty=\omega_0=6\,\mathrm{Hz}$.

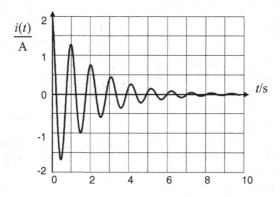

Bild 7-15 Stromverlauf nach dem Öffnen des Schalters in Bild 7-13

Wir schließen das Beispiel mit der Untersuchung der Stetigkeit des Stroms durch die Induktivität zum Schaltzeitpunkt ab. Wir betrachten den Grenzwert von (7.76) für t gegen null. Mit

$$i(0+) = \lim_{t \to 0+} i(t) = 2A \tag{7.78}$$

ergibt sich der gleiche Wert wie für $i(0-)$ in (7.72). Damit ist – wie die physikalische Energiebetrachtung fordert – der Strom durch die Induktivität stetig im Schaltaugenblick.

Anmerkung: Der Abschnitt 7.5 stellt die Anwendung der Laplace-Transformation zur Lösung typischer Aufgaben aus der Elektrotechnik vor. Für die Anwendung der Laplace-Transformation bei Sonderfällen, so genannter degenerierter Schaltungen (z. B. mit Sternschaltungen von Induktivitäten oder Dreiecksschaltungen von Kapazitäten), bei Behandlung periodischer Erregung oder periodischen Schaltvorgängen oder auf partielle Differenzialgleichungen (z. B. bei Wärmeleitungsproblemen) wird auf die weiterführende Literatur verwiesen.

7.6 Gegenüberstellung III: zeitkontinuierliche und zeitdiskrete LTI-Systeme

In Tabelle 7-5 werden wichtige, im Bildbereich sichtbare Eigenschaften der kausalen und reellwertigen LTI-Systeme zusammengestellt. Der Vergleich zwischen den zeitkontinuierlichen und zeitdiskreten Systemen zeigt wieder die prinzipiellen Ähnlichkeiten auf, siehe auch Tabelle 3-2 und Tabelle 5-1.

Zunächst werden die Übertragungsfunktionen als rationale Funktionen nach der Partialbruchzerlegung vorgestellt. Die Übertragungsfunktionen besitzen Nullstellen und Pole. Für kausale, zeitkontinuierliche Systeme müssen die Pole in der linken s-Halbebene liegen, damit die Eigenschwingungen abklingen, d. h. das System (strikt) stabil ist. Für kausale, zeitdiskrete Systeme müssen sich dazu die Pole innerhalb des Einheitskreises der z-Ebene befinden.

Die Signalflussgraphen beider Systemklassen sehen, wenn man s mit z vertauscht, auf den ersten Blick gleich aus. Man beachte jedoch die Indizes der Koeffizienten, die sich aus den Differenzialgleichungen bzw. Differenzengleichungen unterschiedlich ableiten.

Impulsantworten und Übertragungsfunktionen bilden Laplace- bzw. z-Transformationspaare. Wegen der rationalen Gestalt der Übertragungsfunktionen sind im zeitkontinuierlichen wie im zeitdiskreten die Impulsantworten von ähnlicher Form. Beide zeigen die typischen Eigenschwingungen der Systeme in Abhängigkeit von den jeweiligen Polen. Entsprechendes gilt auch für die Sprungantworten.

Durch die analoge Definition der Faltung im Zeitkontinuierlichen wie im Zeitdiskreten sind auch die Eingangs-Ausgangsgleichungen im Zeitbereich sowie im Bildbereich analog. Die Laplace-Transformation und die z-Transformation bilden die Faltung in den zugehörigen Zeitbereichen in die Multiplikation im jeweiligen Bildbereich ab.

Anmerkung: Eine besonders umfangreiche Gegenüberstellung findet man in [Schü91].

 Online-Ressourcen zu Kapitel 7 mit Übungsaufgaben und Übungen mit MATLAB

Tabelle 7-5　Gegenüberstellung reellwertiger, kausaler LTI-Systeme im Bildbereich, siehe auch Tabelle 3-2 und 5-1

	zeitkontinuierlich	zeitdiskret
Übertragungsfunktion mit N_0 verschiedenen Polen mit den Vielfachheiten V_k ($M \le N$)	$$H(s) = \frac{\sum\limits_{l=0}^{M} b_l s^l}{\sum\limits_{k=0}^{N} a_k s^k} =$$ $$= b_n + \sum_{k=1}^{N_0}\sum_{l=1}^{V_k} \frac{B_{kl}}{\left(s - s_{\infty k}\right)^l}$$	$$H(z) = \frac{\sum\limits_{l=0}^{M} b_l z^{-l}}{\sum\limits_{k=0}^{N} a_k z^{-k}} =$$ $$= b_0 + \sum_{k=1}^{N_0}\sum_{l=1}^{V_k} \frac{B_{kl}}{\left(z - z_{\infty k}\right)^l}$$
Pol-Nullstellen-diagramm mit Konvergenzgebiet für kausale Systeme (grau) mit Polen (×) und Nullstellen (o)	$\mathrm{Re}(s) \ge 0$	$\lvert z \rvert \ge 1$
(strikt) stabil	$\mathrm{Re}\left(s_{\infty k}\right) < 0 \;\; \forall k$ Nennergrad $\ge$ Zählergrad	$\lvert z_{\infty k} \rvert < 1 \;\; \forall k$
Bedingt stabile Systeme	Pole auf der imaginären Achse mit der Vielfachheit 1 zugelassen	Pole auf dem Einheitskreis mit der Vielfachheit 1 zugelassen
Signalflussgraph für ein System 3. Ordnung mit a_3 bzw. $a_0 = 1$		
Impulsantwort (rechtsseitig)	$$h(t) \leftrightarrow H(s) = \int_0^\infty h(t)\cdot e^{-st}\,dt$$ $$h(t) = b_n \delta(t) +$$ $$+\sum_{k=1}^{N_k}\sum_{l=1}^{V_k} B_{kl}\cdot \frac{t^{l-1}}{(l-1)!}\cdot e^{s_{\infty k}t}\cdot u(t)$$	$$h[n] \leftrightarrow H(z) = \sum_{n=0}^\infty h[n]z^{-n}$$ $$h[n] = b_0 \delta[n] +$$ $$+\sum_{k=1}^{N_k}\sum_{l=1}^{V_k} B_{kl}\cdot \binom{n-1}{l-1}\cdot z_{\infty k}^{n-l}\cdot u[n-l]$$
Sprungantwort	$$s(t) \leftrightarrow \frac{H(s)}{s}$$	$$s[n] \leftrightarrow \frac{H(z)}{1-z^{-1}} = \frac{z}{z-1}\cdot H(z)$$
Eingangs-Ausgangs-gleichungen im Zeit- und Bildbereich		

8 Fourier-Transformation für zeitkontinuierliche Signale

8.1 Fourier-Reihen

Die Entwicklung einer Funktion in ihre Fourier-Reihe wird *harmonische Analyse* genannt. Die Funktion wird dabei als Überlagerung von sinusförmigen Schwingungen dargestellt. Ist die Funktion ein Eingangssignal eines LTI-Systems, kann das Ausgangssignal relativ einfach berechnet werden, da das Signal als Überlagerung von Eigenfunktionen des Systems vorliegt.

Die harmonische Analyse ist sowohl auf zeitkontinuierliche als auch zeitdiskrete Signale anwendbar. Sie ist deshalb eines der wichtigsten mathematischen Werkzeuge in der Informationstechnik, z. B. in der Mustererkennung und Audiocodierung, und spielt auch in anderen Gebieten eine herausragende Rolle.

Lernziele

Nach Bearbeiten des Abschnitts 8.1 können Sie

- die Idee der harmonischen Analyse erläutern
- die Fourier-Reihe berechnen und die unterschiedlichen Formen ineinander überführen
- die Definition der si-Funktion si(x) und ihre Eigenschaften angeben
- das gibbsche Phänomen anhand einer Skizze vorstellen
- die parsevalsche Gleichung angeben und ihre Bedeutung erläutern

In diesem Abschnitt betrachten wir zeitkontinuierliche, periodische, reelle Signale, wie den periodische Rechteckimpulszug in Bild 8-1.

Ein periodisches Signal $x(t)$ kann stets durch eine Fourier-Reihe dargestellt werden, wenn es den *Dirichlet-Bedingungen* genügt. Das heißt, innerhalb einer Periode T_0

(i)   ist $x(t)$ absolut integrierbar

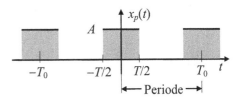

Bild 8-1 Periodischer Rechteckimpulszug mit Periode T_0 und Tastverhältnis T/T_0

$$\int_{t_0}^{t_0+T_0} |x(t)|\, dt < \infty \tag{8.1}$$

(ii) hat $x(t)$ endlich viele Maxima und Minima und

(iii) besitzt $x(t)$ höchstens eine endliche Anzahl von Sprungstellen, deren Sprunghöhen alle endlich sind.

Die Dirichlet-Bedingungen sind hinreichend für die Existenz der Fourier-Reihe. Die in der Informationstechnik wichtigen periodischen Signale erfüllen diese Bedingungen. Je nach Bedarf kann eine der drei nachfolgenden äquivalenten Formen der Fourier-Reihe benutzt werden.

Anmerkungen: (i) *[Jean-Baptiste] Joseph Baron de Fourier:* *1768/†1830, franz. Mathematiker und Physiker. (ii) *[Lejeune] Peter Dirichlet:* *1805/†1859, deutscher Mathematiker franz. Abstammung.

8.1.1   Trigonometrische Form

Die trigonometrische Form der *Fourier-Reihe* stellt ein Signal $x(t)$ als Überlagerung von Sinus- und Kosinusschwingungen dar

$$x(t) = \frac{a_0}{2} + \sum_{k=1}^{\infty} \left(a_k \cos k\omega_0 t + b_k \sin k\omega_0 t \right) \qquad (8.2)$$

mit der *Grundkreisfrequenz*

$$\omega_0 = \frac{2\pi}{T_0} \qquad (8.3)$$

und den *Fourier-Koeffizienten*

$$a_0 = \frac{2}{T_0} \int_{t_0}^{t_0+T_0} x(t)dt \quad \text{und} \quad a_k = \frac{2}{T_0} \int_{t_0}^{t_0+T_0} x(t)\cos\left(k\omega_0 t\right)dt \quad \text{für } k = 1,2,3,\dots \qquad (8.4)$$

$$b_k = \frac{2}{T_0} \int_{t_0}^{t_0+T_0} x(t)\sin\left(k\omega_0 t\right)dt \quad \text{für } k = 1, 2, 3, \dots \qquad (8.5)$$

Für den praktischen Umgang mit Fourier-Reihen liegen nützliche Symmetrieeigenschaften vor, wenn $x(t)$ in $t \in [-T_0/2, T_0/2]$

- *mittelwertfrei* ist

$$a_0 = 0 \qquad (8.6)$$

- oder eine *ungerade* Funktion ist

$$a_k = 0 \quad \text{für } k = 1, 2, 3, \dots \qquad (8.7)$$

- oder eine *gerade* Funktion ist

$$b_k = 0 \quad \text{für } k = 1, 2, 3, \dots \qquad (8.8)$$

Weitere Vereinfachungen ergeben sich, wenn die periodische Funktion eine *Symmetrie 3.* oder *4. Art* besitzt, siehe [BSMM99].

8.1.2   Harmonische Form

Mit den trigonometrischen Formeln können die Sinus- und Kosinusterme gleicher Frequenz zu einer *Harmonischen* zusammengefasst werden.

$$x(t) = C_0 + \sum_{k=1}^{\infty} C_k \cos\left(k\omega_0 t + \theta_k\right) \tag{8.9}$$

mit

$$C_0 = \frac{a_0}{2} \quad ; \quad C_k = \sqrt{a_k^2 + b_k^2} \quad \text{für } k = 1, 2, 3, \dots \tag{8.10}$$

$$\tan\theta_k = \frac{b_k}{a_k} \quad \text{für } k = 1, 2, 3, \dots \tag{8.11}$$

Das konstante Glied C_0 entspricht dem *Gleichanteil* des Signals. Der Anteil für $k = 1$ wird *Grundschwingung* oder *erste Harmonische* genannt. Die Summanden zu $k = 2, 3, \dots$ werden als *erste Oberschwingung* oder *zweite Harmonische* usw. bezeichnet.

8.1.3 Komplexe Form

Schließlich können die Sinus- und Kosinusterme mit der eulerschen Formel auch als Linearkombinationen von Exponentialfunktionen geschrieben werden

$$x(t) = \sum_{k=-\infty}^{\infty} c_k\, e^{jk\omega_0 t} \tag{8.12}$$

mit den *komplexen Fourier-Koeffizienten*

$$c_k = \frac{1}{T_0} \int_{t_0}^{t_0+T_0} x(t)\, e^{-jk\omega_0 t}\, dt \quad \text{für } k = \dots, -2, -1, 0, 1, 2, \dots \tag{8.13}$$

Es wird formal und ohne Unterschied mit positiven ($k > 0$) und negativen ($k < 0$) Frequenzen gerechnet.

Für reelle Signale gilt die Symmetrie

$$c_{-k} = c_k^* \tag{8.14}$$

und der Zusammenhang mit den Koeffizienten der trigonometrischen Form

$$c_0 = \frac{a_0}{2} \quad ; \quad c_k = \frac{1}{2}\left(a_k - jb_k\right) \quad \text{für } k = 1, 2, 3, \dots \tag{8.15}$$

Beispiel Fourier-Reihe des periodischen Rechteckimpulszuges

Anmerkung: In der Nachrichtenübertragungstechnik werden häufig Rechteckimpulse zur binären Datenübertragung verwendet, siehe auch Bild 2-2.

Wir betrachten als Beispiel den *periodischen Rechteckimpulszug* in Bild 8-1 mit der Periode T_0 und dem *Tastverhältnis* $T/T_0 \leq 1$. Er soll in die trigonometrische Fourier-Reihe (8.2) entwickelt werden. Als Integrationsintervall über eine Periode wählen wir der Einfachheit halber das Intervall $[-T_0/2, T_0/2]$, wobei die Funktion nur in $[-T/2, T/2]$ von null verschieden ist.

Da die Funktion gerade ist, sind die Fourier-Koeffizienten zu den Sinusfunktionen $b_k = 0$ für $k = 1, 2, 3, ...$ Für die Fourier-Koeffizienten zu den Kosinusfunktionen ergibt sich

$$a_0 = \frac{2}{T_0} \int\limits_{-T/2}^{T/2} A\, dt = \frac{2AT}{T_0}$$

$$a_k = \frac{2}{T_0} \int\limits_{-T/2}^{T/2} A \cos\left(k\omega_0 t\right) dt =$$

$$= \frac{2A}{T_0} \cdot \frac{1}{k\omega_0} \cdot \left[\sin\left(\frac{k\omega_0 T}{2}\right) - \sin\left(\frac{-k\omega_0 T}{2}\right)\right] \quad \text{und } \omega_0 = \frac{2\pi}{T_0}, k = 1, 2, 3, ... \tag{8.16}$$

Das Minuszeichen können wir aus dem Argument der Sinusfunktion vorziehen, da die Sinusfunktion ungerade ist. Nach Zusammenfassen der beiden Sinusterme ergibt sich nach kurzer Umformung für die Fourier-Koeffizienten

$$a_k = \frac{2AT}{T_0} \cdot \frac{\sin\left(k\omega_0 T/2\right)}{k\omega_0 T/2} = 2A \frac{T}{T_0} \operatorname{si}\left(k\omega_0 T/2\right) \qquad \text{für } k = 0, 1, 2, ... \tag{8.17}$$

wobei die *si-Funktion* benutzt wurde.

$$\operatorname{si}(x) = \frac{\sin x}{x} \tag{8.18}$$

Anmerkung: In der Literatur wird auch die Kurzschreibweise $\operatorname{sinc}(x) = \operatorname{si}(\pi x)$ verwendet.

Die Gleichung (8.17) ist auch für $k = 0$ gültig. Mit der Regel von L'Hospital lässt sich zeigen, dass für die si-Funktion an der Stelle null gilt

$$\operatorname{si}(0) = \lim_{x \to 0} \frac{\sin x}{x} = 1 \tag{8.19}$$

Ersetzen wir schließlich in (8.17) noch ω_0 durch $2\pi / T_0$, so hängen die Fourier-Koeffizienten nur vom Tastverhältnis ab. Die Fourier-Reihe des periodischen Rechteckimpulszuges nimmt damit ihre endgültige Form an.

$$x_p(t) = \frac{2AT}{T_0} \cdot \left[\frac{1}{2} + \sum_{k=1}^{\infty} \operatorname{si}\left(\pi k \frac{T}{T_0}\right) \cdot \cos\left(2\pi k \frac{t}{T_0}\right)\right] \tag{8.20}$$

In praktischen Anwendungen ist es oft vorteilhaft oder sogar notwendig, Signale nur durch eine endliche Zahl von Gliedern der Fourier-Reihe anzunähern. Der dabei in Kauf zu nehmende Approximationsfehler wird in Bild 8-2 veranschaulicht.

Man erkennt deutlich die Annäherung der abgebrochenen Fourier-Reihe $\tilde{x}_K(t)$ an den Rechteckimpulszug bei wachsender Zahl K von berücksichtigten Harmonischen. An den Sprungstellen zeigt sich das als *gibbsches Phänomen* bekannte Über- bzw. Unterschwingen der Approximation. Erhöht man die Zahl der berücksichtigten Harmonischen weiter, so ist das

Über- bzw. Unterschwingen von ca. 9 % der Sprunghöhe der Unstetigkeitsstelle weiter zu beobachten. Die Oszillationen rücken dabei immer näher an die Sprungstelle. Erst im Grenzfall $k \to \infty$ fallen sie zusammen und kompensieren sich. Eine quantitative Behandlung des Approximationsfehlers ist mit der parsevalschen Gleichung (8.21) möglich.

Anmerkung: Josiah Willard Gibbs: *1839/†1903, US-amerik. Physiker und Mathematiker.

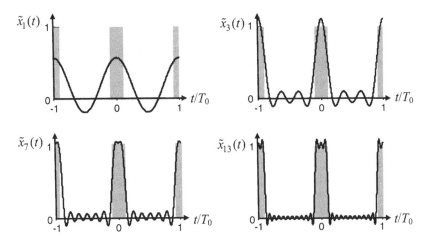

Bild 8-2 Abgebrochene Fourier-Reihendarstellung $\tilde{x}_K(t)$ des periodischen Rechteckimpulszuges (grau, Tastverhältnis $T/T_0 = 1/5$) mit der Approximation durch den Gleichanteil und K Harmonischen

8.1.4 Parsevalsche Gleichung

Die Sinus- und Kosinusfunktionen der Fourier-Reihenentwicklung bilden ein vollständiges Orthogonalsystem, das den mittleren quadratischen Fehler minimiert. Diese wichtige mathematische Eigenschaft drückt sich in der *parsevalschen Gleichung* aus.

$$\frac{1}{T_0} \int_{-T_0/2}^{T_0/2} |x(t)|^2 \, dt = \sum_{k=-\infty}^{\infty} |c_k|^2 \tag{8.21}$$

Anmerkung: Marc-Antoine Parseval des Chênes: *1755/†1836, franz. Mathematiker.

Die parsevalsche Gleichung verknüpft die mittlere Signalleistung in einer Periode mit den Fourier-Koeffizienten. Damit kann die Approximationsgüte einer abgebrochenen Fourier-Reihe quantitativ bestimmt werden. Wir veranschaulichen dies am Beispiel des periodischen Rechteckimpulszuges in Bild 8-2 und der Approximation des Signals durch den Gleichanteil und den ersten K Harmonischen.

$$\tilde{x}_K(t) = \sum_{k=-K}^{K} c_k e^{jk\omega_0 t} \tag{8.22}$$

Die Approximation kann als Überlagerung des Signals $x(t)$ mit einer Störung, dem Approximationsfehler $n(t)$, gedacht werden.

$$\tilde{x}_K(t) = x(t) - n(t) \tag{8.23}$$

Mit der parsevalschen Gleichung werden die zugehörigen Signalleistungen (2.13) bestimmt. Für das interessierende Verhältnis von Signalleistung P_S zur Störleistung P_N ergibt sich nach kurzer Zwischenrechnung

$$\frac{P_S}{P_N} = \frac{P_S}{P_S - \sum\limits_{k=-K}^{K} |c_k|^2} \tag{8.24}$$

Anmerkung: Das Verhältnis von Signalleistung zu Störleistung wird in der Nachrichtentechnik oft kurz Signal-Rauschverhältnis (Signal-to-Noise Ratio, SNR) genannt.

Die Güte der Approximation nimmt im Sinne des mittleren quadratischen Fehlers mit jeder zusätzlichen Harmonischen zu. Wegen der Konvergenz im quadratischen Mittel ist eine überall punktweise Abnahme des Fehlers jedoch nicht garantiert, siehe gibbsches Phänomen.

Eine weitere wichtige Anwendung in diesem Zusammenhang ist die Berechnung des *Klirrfaktors*. Während durch lineare zeitinvariante Systeme keine neuen Frequenzkomponenten entstehen, führt die nichtlineare Verarbeitung von Signalen auf neue Frequenzanteile. Beispiele hierfür sind anschnittgesteuerte Spannungen und Ströme in Elektrogeräten, reale Signalverstärker bei Betrieb in der Nähe des Sättigungsbereichs in Rundfunkempfängern, HiFi-Anlagen usw. Die (störenden) nichtlinearen Verzerrungen werden häufig mit dem Klirrfaktor d, dem Verhältnis des Effektivwertes der unerwünschten Oberschwingungen zum Effektivwert der Gesamtschwingung bewertet.

$$d = \frac{\sqrt{|c_2|^2 + |c_3|^2 + \dots}}{\sqrt{|c_1|^2 + |c_2|^2 + |c_3|^2 + \dots}} \tag{8.25}$$

Je nach Anwendungsgebiet beschränkt man sich manchmal auf den Klirrfaktor einer bestimmten Ordnung k.

$$d_k = \frac{\sqrt{|c_k|^2}}{\sqrt{|c_1|^2 + |c_2|^2 + |c_3|^2 + \dots}} \tag{8.26}$$

Anmerkungen: (i) Typische Werte für tolerierbare Klirrfaktoren in der analogen Audiotechnik liegen im Bereich bis zu 3 %. Bei größeren Klirrfaktoren werden störende Klirrgeräusche hörbar. (ii) Der Formelbuchstabe d leitet sich von der englischen Bezeichnung distortion ab.

8.2   Periodische Quellen in RLC-Netzwerken

Lernziele

Nach Bearbeiten des Abschnitts 8.2 können Sie

- die Grundlagen und die Anwendung der Methode der Ersatzspannungsquellen erläutern
- die Wirkung periodischer Strom- und Spannungsquellen auf Zweigströme und Zweigspannungen in RLC-Netzwerken berechnen

Die Fourier-Reihe ermöglicht es, die Reaktion auf periodische Spannungs- und Stromquellen in RLC-Netzwerken mit der *komplexen Wechselstromrechnung* zu bestimmen. Grundlage hierzu ist, dass das Superpositionsprinzip gilt und die Harmonischen Eigenfunktionen der Netzwerke sind. Es darf die Wirkung jeder einzelnen Harmonischen getrennt berechnet werden. Die Teillösungen werden schließlich zur Gesamtlösung addiert. Das folgende Beispiel stellt das Verfahren vor.

Beispiel Periodischer Rechteckimpulszug am RC-Glied

Wir modellieren ein Datensignal durch einen periodischen Rechteckimpulszug. Nehmen wir an, es wird für jede logische „1" ein Rechteckimpuls gesendet und ansonsten das Signal ausgetastet. Dann entspricht der Datenfolge ...01010101... ein periodischer Rechteckimpulszug mit dem Tastverhältnis $T/T_0 = 1/2$. Nehmen wir weiter an, die Übertragungsstrecke lasse sich näherungsweise durch das in Bild 8-3 gezeigte RC-Glied beschreiben, so kann die Signalform am Ausgang durch die Fourier-Reihe und die komplexe Wechselstromrechnung bestimmt werden.

Anmerkung: R repräsentiert die Dämpfung des Signals entlang der Leitung und C die Querkapazität zwischen den Leitern.

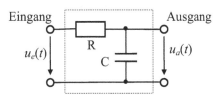

Bild 8-3 RC-Glied

Im ersten Schritt werden die Ersatzspannungsquellen bestimmt. Danach werden im zweiten Schritt mit der komplexen Wechselstromrechnung die zugehörigen Spannungen an der Kapazität angegeben. Deren Überlagerung im dritten Schritt liefert schließlich das Ausgangssignal als Gesamtlösung.

① Ersatzspannungsquellen

Mit der Fourier-Reihe des Rechteckimpulszuges (8.20) kann die Eingangsspannung

$$u_e(t) = 2\,\mathrm{V} \cdot \frac{T}{T_0} \left[\frac{1}{2} + \sum_{k=1}^{\infty} \mathrm{si}\!\left(\pi k \frac{T}{T_0} \right) \cdot \cos\!\left(2\pi k \frac{t}{T_0} \right) \right] \qquad (8.27)$$

entsprechend Bild 8-4 als Überlagerung der *Ersatzspannungsquellen*

$$u_e(t) = U_0 + \sum_{k=1}^{\infty} \hat{u}_k \cdot \cos\left(2\pi k\, t/T_0 \right) \qquad (8.28)$$

mit der Gleichspannungsquelle

$$U_0 = \frac{T}{T_0}\,\mathrm{V} \qquad (8.29)$$

und den Wechselspannungsquellen

$$u_k(t) = \hat{u}_k \cos\left(\omega_k t \right) \quad \text{für } k = 1, 2, 3, \ldots \qquad (8.30)$$

aufgefasst werden.

Die Wechselspannungsquellen besitzen die Scheitelwerte

$$\hat{u}_k = 2\text{V} \cdot \frac{T}{T_0} \cdot \text{si}\left(\pi k\, T/T_0\right) \quad \text{für } k = 1, 2, 3, \dots \tag{8.31}$$

zu den Kreisfrequenzen

$$\omega_k = k\, \frac{2\pi}{T_0} \quad \text{für } k = 1, 2, 3, \dots \tag{8.32}$$

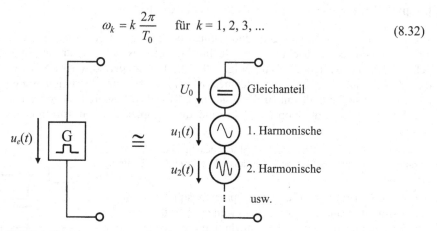

Bild 8-4 Ersatzspannungsquellen für den periodischen Rechteckimpulszug

② Komplexe Wechselstromrechnung

Aus der erweiterten Spannungsteilerregel folgt mit der komplexen Amplitude am Eingang U_k für die komplexe Amplitude am Ausgang des RC-Gliedes

$$U_{a,k} = U_k \cdot \frac{1}{1 + j\omega_k RC} \quad \text{für } k = 1, 2, 3, \dots \tag{8.33}$$

Mit der *Zeitkonstanten* des RC-Gliedes, $\tau = RC$, vereinfacht sich die Schreibweise etwas. Es ergeben sich schließlich die zugehörigen Spannungsfunktionen für $k = 1, 2, 3, \dots$

$$u_{a,k}(t) = \text{Re}\left(\frac{U_k}{1 + j\omega_k \tau} \cdot e^{+j\omega_k t}\right) = \frac{\hat{u}_k}{\sqrt{1 + \left(\omega_k \tau\right)^2}} \cdot \cos\left(\omega_k t - \arctan\left[\omega_k \tau\right]\right) \tag{8.34}$$

③ Überlagerung der Teilspannungen zur Ausgangsspannung

Die Überlagerung des Gleichspannungsanteils und der Harmonischen liefert die gesuchte Spannung an der Kapazität.

$$u_a(t) = U_0 + \sum_{k=1}^{\infty} \frac{\hat{u}_k}{\sqrt{1 + (\omega_k \tau)^2}} \cdot \cos\left(\omega_k t - \arctan\left[\omega_k \tau\right]\right) \tag{8.35}$$

Das Ergebnis ist in Bild 8-5 für verschiedene Zeitkonstanten veranschaulicht. Links oben ist die Zeitkonstante relativ groß. In diesem Fall wird bereits die Amplitude der 1. Harmonischen stark gedämpft, so dass das Ausgangssignal im Wesentlichen unvollständigen Lade- und

Entladevorgängen für den Gleichspannungsanteil an der Kapazität entspricht. Wählt man, wie oben rechts, die Zeitkonstante gleich der Inversen der Grundkreisfrequenz, so wird die Kapazität während der Impulsdauer fast vollständig geladen bzw. entladen. Bei noch kleiner werdenden Zeitkonstanten nähert sich die Spannung an der Kapazität dem periodischen Rechteckimpuls immer mehr an.

Anmerkung: Für die Anwendung von Rechteckimpulsen zu Datenübertragung lässt sich aus Bild 8-5 entnehmen, dass in allen vier Teilbildern die Rechteckimpulse augenscheinlich richtig zugeordnet werden können. In realen Übertragungsstrecken treten u. U. nicht zu vernachlässigende, additive Störungen (Rauschen) und weitere Störeinflüsse (Verzerrungen) auf.

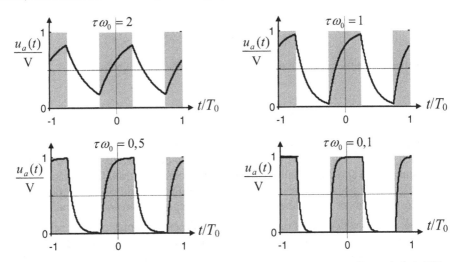

Bild 8-5 Übertragung eines periodischen Rechteckimpulszuges (grau schattiert, Tastverhältnis $T/T_0 = 1/2$) durch ein RC-Glied mit Zeitkonstante $\tau = RC$

8.3 Spektrum periodischer Signale und Frequenzgang von LTI-Systemen

Lernziele

Nach Bearbeiten des Abschnitts 8.3 können Sie

- die Bedeutung des Spektrums anhand des Beispiels der Ersatzspannungsquellen physikalisch begründen
- die Bedeutung des Frequenzgangs eines LTI-Systems für die Signalübertragung an einem Beispiel aufzeigen
- für ein Signal mit bekannter Fourier-Reihe als Eingangssignal eines LTI-Systems bei gegebenem Frequenzgang das Ausgangssignal berechnen

Das Beispiel des periodischen Rechteckimpulszuges am RC-Glied in Abschnitt 8.2 lässt sich verallgemeinern. Es führt auf die wichtigen Begriffe: Spektrum und Frequenzgang.

Betrachten wir nochmals die Definition der Fourier-Reihe, so unterscheiden sich sehr unterschiedliche Signale bei gleicher Periode nur durch die Gewichtung der Harmonischen, den Fourier-Koeffizienten. Die Fourier-Koeffizienten entsprechen den Amplituden der Ersatzspannungsquellen und haben somit eine physikalische Bedeutung. Sie stehen in Zusammenhang mit den Leistungen, die die einzelnen Quellen an das Netzwerk abgeben. Das in Bild 8-4 illustrierte Konzept der Ersatzspannungsquellen kann deshalb als Verteilung der Signalleistung auf die Signalanteile zu diskreten Frequenzen interpretiert werden.

Zur Verdeutlichung stellen wir den Zusammenhang zwischen den komplexen Fourier-Koeffizienten und den Größen der Wechselstromrechnung her. Aus der harmonischen Form der Fourier-Reihe (8.9) folgt mit (8.10) und (8.15) für die Amplitude des Gleichanteils

$$U_0 = c_0 \qquad (8.36)$$

und die Amplitude der k-ten Harmonischen

$$\hat{u}_k = 2|c_k| \quad \text{für } k = 1, 2, 3, \dots \qquad (8.37)$$

Damit sind auch die mittleren Leistungen an einem Widerstand R bekannt.

$$P_0 = \frac{U_0^2}{R} = \frac{c_0^2}{R} \quad \text{und } P_k = \frac{\hat{u}_k^2}{2R} = \frac{2|c_k|^2}{R} \quad \text{für } k = 1, 2, 3, \dots \qquad (8.38)$$

Der Betrag des k-ten komplexen Fourier-Koeffizienten ist proportional zur Amplitude der k-ten Harmonischen und das Betragsquadrat ist proportional zu der am Referenzwiderstand R umgesetzten Leistung. Man spricht deshalb von einem *Amplitudenspektrum* bzw. *Leistungsspektrum* eines periodischen Signals und nennt die einzelnen Signalanteile *Spektral-* oder *Frequenzkomponenten*. Oft wird der Einfachheit halber nur der Begriff *Spektrum* verwendet.

Entsprechend der verschiedenen Formen der Fourier-Reihe benutzt man einseitige Spektren mit nur positiven (physikalischen) Frequenzen und zweiseitige Spektren entsprechend der komplexen Fourier-Reihe. Die komplexe Form bietet rechentechnische Vorteile und ist darum in der Physik und Technik gebräuchlich.

Im Beispiel des periodischen Rechteckimpulszuges (8.20) resultieren das Amplituden- und Leistungsspektrum in Bild 8-6. Darin sind die Amplituden (Fourier-Koeffizienten c_k) bzw. die Leistungen ($|c_k|^2$) der Signalanteile über dem Index k aufgetragen. Wegen der eindeutigen Zuordnung zwischen den Indizes k der Fourier-Koeffizienten und den Kreisfrequenzen $\omega_k = 2\pi f_0 k$ der Harmonischen lassen sich in Bild 8-6 die zugehörigen Frequenzen ablesen.

Dem Wesen der Fourier-Reihe entsprechend resultieren *Linienspektren* mit äquidistant im Abstand f_0 verteilten *Spektrallinien*. Mit (8.17) interpoliert die si-Funktion die Fourier-Koeffizienten im oberen Teilbild.

Bemerkenswert ist hier auch der Zusammenhang zwischen dem Tastverhältnis und den Nullstellen des Spektrums. Mit

$$\text{si}\left(\pi k T / T_0\right) = 0 \quad \text{nur für } k T / T_0 = \pm 1, \ \pm 2, \ \pm 3, \ \dots \qquad (8.39)$$

ergeben sich im Beispiel mit $T/T_0 = 1/5$ die Nullstellen bei $k = \pm 5, \pm 10, \pm 15, \dots$ Der periodische Rechteckimpulszug besitzt keine Harmonischen bei diesen Frequenzen.

Aus der Verteilung der Leistungen auf die Frequenzkomponenten im unteren Teilbild erkennt man, dass die wesentlichen Anteile auf Frequenzen bis zur ersten Nullstelle des Spektrums beschränkt sind. Man spricht deshalb von der *Bandbreite* des Signals und gibt je nach Anwendung einen geeigneten Kennwert an. Der Begriff Bandbreite wird in Abschnitt 8.4.7 noch ausführlicher behandelt.

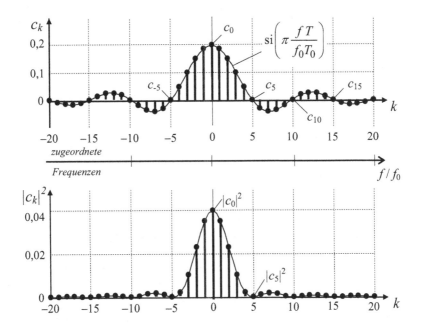

Bild 8-6 Amplituden- (oben) und Leistungsspektrum (unten) des periodischen Rechteckimpulszuges mit dem Tastverhältnis $T/T_0 = 1/5$ und $f_0 = 1/T_0$

Beispiel Periodischer Rechteckimpulszug am RC-Glied

In vielen Anwendungen genügt es, die Übertragung oder Weiterverarbeitung der Signale auf die Frequenzkomponenten innerhalb der Bandbreite zu beschränken. Wir machen uns das anhand der Übertragung des Rechteckimpulszuges mit dem RC-Glied deutlich. Dazu wählen wir die Zeitkonstante τ so, dass die Leistung der Frequenzkomponente bei $f = 1/\tau$ beim Durchgang durch das RC-Glied auf 50 % bzw. die Amplitude auf $1/\sqrt{2}$ abgeschwächt wird, siehe Bild 8-7 oben rechts. Wie im Abschnitt 8.4.7 noch erläutert wird, bezeichnet man die zugehörige Stelle im Frequenzgang als 3dB-Punkt mit der 3dB-Grenzfrequenz.

Jede Frequenzkomponente des Rechteckimpulszuges wird bei der Übertragung durch das RC-Glied entsprechend der Übertragungsfunktion (5.44) an der zugehörigen Frequenzstelle mit dem *Frequenzgang*

$$H(j\omega) = H(s)\big|_{s=j\omega} = \frac{1}{1+j\omega\tau} \tag{8.40}$$

gewichtet. Die Existenz des Frequenzgangs wird durch die BIBO-Stabilität des Systems sichergestellt.

Am Ausgang des RC-Gliedes liegt eine periodische Spannung mit den Fourier-Koeffizienten

$$c_{k,a} = c_{k,e} \cdot H\left(j\omega_0 k\right) = \frac{c_{k,e}}{1+j\omega_0 k\tau} = \frac{c_{k,e}}{1+jk/5} \tag{8.41}$$

an. Bild 8-7 zeigt dazu links oben das Spektrum $c_{k,e}$ vor der Übertragung, siehe auch Bild 8-6. Da die Spektren bzw. die Betragsspektren gerade sind, wird die Darstellung auf nichtnegative Frequenzen beschränkt. Der Betrag des Frequenzganges des RC-Gliedes ist rechts daneben in der Form

$$\left|H(f)\right| = \left|H(j\omega)\right|\Big|_{\omega=2\pi f} \tag{8.42}$$

zu sehen. Der 3dB-Punkt ist hervorgehoben. Der *Betragsfrequenzgang* fällt monoton mit wachsender Frequenz und zeigt damit ein ausgeprägtes Tiefpassverhalten: Spektralanteile bei Frequenzen kleiner der 3dB-Grenzfrequenz werden kaum gedämpft, während Anteile bei Frequenzen viel größer als die 3dB-Grenzfrequenz unterdrückt werden. Dies sieht man deutlich im linken unteren Teilbild, das den Betrag des Spektrums nach der Übertragung zeigt. Das resultierende Ausgangssignal ist rechts unten dargestellt. Es nähert gut den Rechteckimpulszug an und erreicht annähernd die Impulshöhe, siehe auch Bild 8-5.

Das am Beispiel erläuterte Verfahren lässt sich allgemein auf LTI-Systeme anwenden. Bild 8-8 fasst die Überlegungen zusammen.

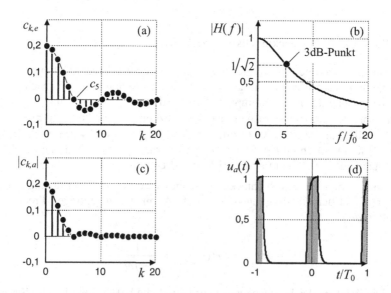

Bild 8-7 (a) Amplitudenspektrum $c_{k,e}$ des periodischen Rechteckimpulszuges mit dem Tastverhältnis $T/T_0 = 1/5$ und $f_0 = 1/T_0$. (b) Betragsfrequenzgang des RC-Gliedes $|H(f)|$. (c) Betrag des Amplitudenspektrums des Signals am Ausgang $|c_{k,a}|$ und (d) Signal am Ausgang $u_a(t)$

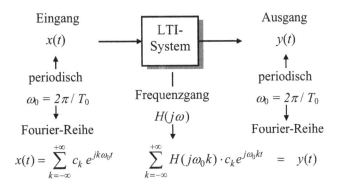

Bild 8-8 Berechnung des Ausgangssignals von LTI-Systemen bei periodischen Eingangssignalen

8.4 Die Fourier-Transformation

Nachdem im vorangehenden Abschnitt die Begriffe Spektrum und Frequenzgang an einem konkreten Beispiel verdeutlicht wurden, führen wir die allgemeine harmonische Analyse mit der Fourier-Transformation ein. Darauf aufbauend, werden die Begriffe Spektrum, Bandbreite, Frequenzgang und Filter diskutiert.

Die Fourier-Transformation steht in engem Zusammenhang mit der Fourier-Reihe und der Laplace-Transformation. Letztere hat traditionell ihre Bedeutung insbesondere in der Anwendung auf Differenzialgleichungen mit Anfangsbedingungen, während die Fourier-Transformation zur Analyse zeitlicher Vorgänge im Frequenzbereich eingesetzt wird.

Anmerkung: Die Fourier-Transformation spielt auch bei der Lösung von partiellen Differenzialgleichungen, z. B. der Wärmeleitungsgleichung, eine wichtige Rolle. Um den Rahmen einer Einführung nicht zu sprengen, werden wir jedoch im Weiteren nicht darauf eingehen.

Lernziele

Nach Bearbeiten des Abschnitts 8.4 können Sie

- den Zusammenhang zwischen der Fourier-Reihe und der Fourier-Transformation erläutern
- die Transformationsgleichungen angeben
- die Fourier-Transformierte des Rechteckimpulses analytisch angeben und skizzieren
- den Zusammenhang zwischen Fourier-Transformation und Laplace-Transformation und ihren Transformierten aufzeigen
- wichtige Eigenschaften der Fourier-Transformation in Tabelle 8-1 anwenden
- die Fourier-Transformierten der Impuls- und Sprungfunktion, der Sinus- und Kosinusfunktion und der Exponentialfunktion angeben
- die Begriffe Bandbreite und 3dB-Bandbreite durch eine Skizze veranschaulichen
- das Zeitdauer-Bandbreite-Produkt und seine Bedeutung für die Informationstechnik erläutern

8.4.1   Übergang von der Fourier-Reihe zur Fourier-Transformation

Ausgehend vom bekannten Sonderfall periodischer Signale erweitern wir die Fourier-Analyse auf nichtperiodische Signale. Hierfür betrachten wir in Bild 8-9 das zeitlich begrenzte Signal $x(t)$, mit $x(t) = 0$ für $|t| > T$, und setzen es zunächst periodisch fort.

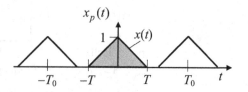

Das periodisch fortgesetzte Signal $x_p(t)$ besitzt die Fourier-Reihe mit den komplexen Fourier-Koeffizienten (8.13)

Bild 8-9 Aperiodisches Signal $x(t)$ und seine periodische Fortsetzung $x_p(t)$

$$c_k = \frac{1}{T_0} \int_{-T_0/2}^{+T_0/2} x_p(t)\, e^{-jk\omega_0 t}\, dt \quad \text{mit} \quad \omega_0 = \frac{2\pi}{T_0} \tag{8.43}$$

Ähnlich den Fourier-Koeffizienten definieren wir nun die Hilfsfunktion

$$X(j\omega) = \int_{-\infty}^{+\infty} x(t)\, e^{-j\omega t}\, dt \tag{8.44}$$

Das Integrationsintervall erstreckt sich zwar über die gesamte reelle Achse, die Funktion $x(t)$ ist aber nur im Intervall von $-T$ bis $+T$ von null verschieden. Es liegt ein Integral wie zur Berechnung der Fourier-Koeffizienten (8.43) vor. Mit

$$c_k = \frac{1}{T_0} \cdot X\left(j\omega_0 k\right) \tag{8.45}$$

kann jetzt die Hilfsfunktion in die Fourier-Reihe für $x_p(t)$ eingesetzt werden.

$$x_p(t) = \frac{\omega_0}{2\pi} \cdot \sum_{k=-\infty}^{\infty} X(j\omega_0 k)\, e^{j\omega_0 kt} \tag{8.46}$$

Um den Zusammenhang mit der Integralrechnung aufzuzeigen, ersetzen wir formal ω_0 durch $\Delta\omega$ und nehmen $\Delta\omega$ in die Summe hinein.

$$x_p(t) = \frac{1}{2\pi} \cdot \sum_{k=-\infty}^{\infty} X(jk \cdot \Delta\omega)\, e^{jkt \cdot \Delta\omega} \cdot \Delta\omega \tag{8.47}$$

Wie in Bild 8-10 veranschaulicht, entsteht die aus der Integralrechnung bekannte Zerlegungssumme. Rücken wir nun in Bild 8-9 die periodischen Wiederholungen immer weiter auseinander, ergibt sich für den Grenzübergang $T_0 \to \infty$ wieder das aperiodische Signal. Im Grenzübergang geht die Frequenzschrittweite $\Delta\omega = 2\pi / T_0 \to 0$ und somit der Summenausdruck in (8.46) in das Integral über

$$\lim_{T_0 \to \infty} \frac{1}{2\pi} \sum_{k=-\infty}^{\infty} X\left(jk\Delta\omega\right) e^{jk\Delta\omega t}\, \Delta\omega = \frac{1}{2\pi} \int_{-\infty}^{+\infty} X(j\omega)\, e^{j\omega t}\, d\omega \tag{8.48}$$

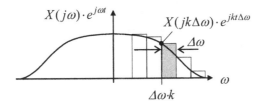

Bild 8-10 Grafische Deutung der Summenformel (8.46)

Damit resultiert für das aperiodische Signal die Darstellung im Frequenzbereich

$$x(t) = \frac{1}{2\pi} \int\limits_{-\infty}^{+\infty} X(j\omega)e^{j\omega t}d\omega \qquad (8.49)$$

mit kontinuierlich verteilten Frequenzkomponenten.

8.4.2 Definition der Fourier-Transformation

Die Gleichungen (8.44) und (8.49) beschreiben ein *Fourier-Paar*

$$x(t) \quad \leftrightarrow \quad X(j\omega) \qquad (8.50)$$

mit der Zeitfunktion $x(t)$ und ihrer *Fourier-Transformierten*, kurz *Spektrum* genannt,

$$X(j\omega) = F\{x(t)\} = \int\limits_{-\infty}^{+\infty} x(t)e^{-j\omega t}dt \qquad (8.51)$$

Die Rücktransformation, die *inverse Fourier-Transformation*, geschieht durch

$$x(t) = F^{-1}\{X(j\omega)\} = \frac{1}{2\pi} \int\limits_{-\infty}^{+\infty} X(j\omega)e^{j\omega t}d\omega \qquad (8.52)$$

Anmerkung: In der Literatur ist auch die Schreibweise $X(\omega)$ gebräuchlich. Wir betonen mit $j\omega$ den in der Informationstechnik wichtigen Zusammenhang zwischen der Übertragungsfunktion und dem Frequenzgang.

Besonders bemerkenswert ist – anders wie bei der Laplace-Transformation (7.1) und ihrer Inversen (7.35) – die Symmetrie zwischen der Fourier-Transformation und ihrer Inversen. Wie später noch gezeigt wird, resultieren daraus für die Anwendung wichtige Eigenschaften.

Abschließend wird die Fourier-Transformation des Rechteckimpulses der Fourier-Reihe des periodischen Rechteckimpulszuges gegenübergestellt und so nochmals die enge Verwandtschaft zwischen Fourier-Reihe und Fourier-Transformation verdeutlicht.

Beispiel Fourier-Transformation des Rechteckimpulses

Die Fourier-Transformation des zweiseitigen Rechteckimpulses (2.21) liefert

$$\int_{-\infty}^{+\infty} \Pi_T(t)\cdot e^{-j\omega t}\,dt = \int_{-T/2}^{+T/2} e^{-j\omega t}\,dt = \frac{1}{-j\omega}\cdot\left[e^{-j\omega T/2}-e^{j\omega T/2}\right]=\frac{2\sin(\omega T/2)}{\omega} \qquad (8.53)$$

Das Spektrum kann mit der si-Funktion (8.18) noch kompakter geschrieben werden.

$$\Pi_T(t) \quad \leftrightarrow \quad T\cdot si\big(\omega T/2\big) \qquad\qquad (8.54)$$

Die inverse Fourier-Transformation übernimmt die Rolle der Fourier-Reihendarstellung (8.12).

$$\Pi_T(t) = \frac{1}{2\pi}\int_{-\infty}^{+\infty} T\cdot si\big(\omega T/2\big)\cdot e^{j\omega t}\,d\omega \qquad (8.55)$$

Vergleicht man das Spektrum des Rechteckimpulses in Bild 8-11 mit dem Spektrum des periodischen Rechteckimpulszuges in Bild 8-6, so erhält man einen prinzipiell ähnlichen Verlauf. Statt den diskreten Kreisfrequenzen $\omega_0 \cdot k$ tritt hier die kontinuierliche Kreisfrequenz ω auf. Die Impulsdauer T nimmt die Stelle des Tastverhältnisses T / T_0 ein. Damit liegen die Nullstellen des Spektrums in Bild 8-11 bei den ganzzahligen Vielfachen der inversen Impulsdauer k / T.

Abgesehen von einer Amplitudenskalierung interpoliert die Fourier-Transformierte des Rechteckimpulses das Linienspektrum der Fourier-Koeffizienten in Bild 8-6. Damit lässt sich der Grenzübergang vom periodischen zum aperiodischen Fall anschaulich deuten: Mit wachsender Periode T_0 nimmt der Abstand der Spektrallinien $f_0 = 1 / T_0$ immer mehr ab, bis schließlich im Grenzfall $T_0 \to \infty$ ein Frequenzkontinuum vorliegt.

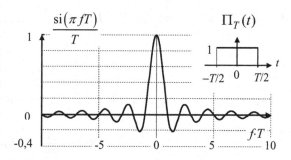

Bild 8-11 Spektrum des Rechteckimpulses

8.4.3 Existenz

Für die Existenz der Fourier-Transformierten zu einer Funktion $x(t)$ ist hinreichend, dass die Funktion *absolut integrierbar* ist

$$\int_{-\infty}^{+\infty} |x(t)|\,dt < \infty \qquad\qquad (8.56)$$

und für jedes endliche Intervall den *Dirichlet-Bedingungen* genügt. Die in der Informationstechnik wichtigen Signale erfüllen die Dirichlet-Bedingungen oder können mittels der Distributionentheorie transformiert werden.

Anmerkung: In der Literatur werden auch andere hinreichende Kriterien angegeben. Die Maß- und Integrationstheorie bzw. die Distributionentheorie behandelt die Fourier-Transformation allgemeiner als hier vorgestellt und erweitert so die Klasse der transformierbaren Funktionen wesentlich [Bri97], [Unb98].

8.4.4 Zusammenhang mit der Laplace-Transformation

Ein Vergleich der zweiseitigen Laplace-Transformation (7.1) und der Fourier-Transformation (8.51) zeigt formale Übereinstimmung für die komplexe Frequenz $s = j\omega$, also für $\sigma = 0$. Zu beachten ist jedoch, dass σ für die Konvergenz der Laplace-Transformation eine entscheidende Rolle spielt. Nur wenn die imaginäre Achse im Konvergenzgebiet der Laplace-Transformierten liegt, gilt

$$L\{x(t)\} = X(s)\Big|_{s=j\omega \text{ im Konvergenzgebiet}} = X(j\omega) = F\{x(t)\} \qquad (8.57)$$

Für den praktischen Gebrauch ist wichtig, dass die Gleichsetzung für alle absolut integrierbaren Funktionen gilt, siehe auch (7.26). Damit ist für alle BIBO-stabilen Systeme die Auswertung der Übertragungsfunktionen auf der imaginären Achse $H(s = j\omega)$ sichergestellt.

In der Fourier-Analyse sind periodische und damit nicht absolut integrierbare Funktionen, wie die Sinusfunktion oder Kosinusfunktion, von besonderem Interesse. In diesen Fällen werden die Ergebnisse der Distributionentheorie verwendet. Die Gleichsetzung von Fourier- und Laplace-Transformierte ist jedoch nicht mehr zulässig, wie das nachfolgendes Beispiel der Sprungfunktion zeigt. An dieser Stelle scheint durch, dass die Fourier-Transformation eine zur Laplace-Transformation eigenständige Integraltransformation ist. Die in den Anwendungen wichtigsten Fourier-Transformierten sind in diesen Fällen der Tabelle 8-2 zu entnehmen.

Beispiel Fourier-Transformierte der Sprungfunktion

Wir gehen von der Laplace-Transformierten der Exponentialfunktion in Tabelle 7-2 aus und ersetzen s durch $j\omega$.

$$L\{e^{-at}u(t)\} = \frac{1}{s+a}\Big|_{s=j\omega \text{ im Konvergenzgebiet}} = \frac{1}{j\omega+a} = F\{e^{-at}u(t)\} \qquad (8.58)$$

Dabei erinnern wir uns, dass für das Konvergenzgebiet gilt

$$\text{Re}(s) > \text{Re}(-a) \qquad (8.59)$$

Mit $a \to 0$, geht die Exponentialfunktion in die Sprungfunktion über. Jedoch liegt dann die imaginäre Achse der s-Ebene nicht mehr im Konvergenzgebiet, so dass die Gleichsetzung in (8.58) nicht zulässig ist.

Um der Fourier-Transformierten der Sprungfunktion auf die Spur zu kommen, drehen wir die Betrachtungsweise um, und gehen vom Frequenzbereich mit $a = 0$ aus.

$$F^{-1}\left\{\frac{1}{j\omega}\right\} = \frac{1}{2\pi} \cdot \int_{-\infty}^{+\infty} \frac{1}{j\omega} \cdot e^{j\omega t}d\omega \overset{?}{=} x(t) \qquad (8.60)$$

Da $1/\omega$ eine ungerade Funktion ist, vereinfacht sich die Rücktransformation auf den Sinusterm im Integrand, und wir erhalten mit [BSMM99]

$$\mathrm{F}^{-1}\left\{\frac{1}{j\omega}\right\} = \frac{1}{2\pi}\cdot\int\limits_{-\infty}^{+\infty}\frac{\sin\omega t}{\omega}d\omega = \frac{1}{\pi}\cdot\int\limits_{0}^{+\infty}\frac{\sin\omega t}{\omega}d\omega = \begin{cases} +1/2 & \text{für } t > 0 \\ -1/2 & \text{für } t < 0 \end{cases} \qquad (8.61)$$

Die resultierende Zeitfunktion entspricht bis auf den Faktor 1/2 der *Signumfunktion*, so dass das Fourier-Paar resultiert

$$\mathrm{sgn}(t) = \begin{cases} +1 & \text{für } t > 0 \\ -1 & \text{für } t < 0 \end{cases} \qquad \leftrightarrow \qquad \frac{2}{j\omega}\bigg|_{\omega \neq 0} \qquad (8.62)$$

Das gefundene Fourier-Paar kann nun dazu benutzt werden, die Fourier-Transformierte der Sprungfunktion zu bestimmen. Hierfür drücken wir die *Sprungfunktion* durch die Signumfunktion aus

$$u(t) = \frac{1}{2} + \frac{\mathrm{sgn}(t)}{2} = \begin{cases} 1 & \text{für } t > 0 \\ 0 & \text{für } t < 0 \end{cases} \qquad (8.63)$$

so dass wir mit der Korrespondenz der Konstanten und der Impulsfunktion das gesuchte Fourier-Paar erhalten.

$$u(t) \quad \leftrightarrow \quad \pi\delta(\omega) + \frac{1}{j\omega}\bigg|_{\omega \neq 0} \qquad (8.64)$$

8.4.5   Eigenschaften der Fourier-Transformation

Die enge Verwandtschaft zwischen der Fourier- und der Laplace-Transformation zeigt sich in den gemeinsamen Eigenschaften. Durch die Einschränkung des Existenzbereiches auf die imaginäre Achse kommen jedoch neue Eigenschaften hinzu, wie z. B. die Symmetrie zwischen der Hin- und Rücktransformation. Tabelle 8-1 stellt einen Überblick über wichtige Eigenschaften zur Verfügung.

Beispielhaft betrachten wir die wichtige parsevalsche Gleichung. Sie ermöglicht es, die Signalleistung bzw. -energie im Frequenzbereich zu messen. Die parsevalsche Gleichung verdeutlicht so nochmals die Symmetrie zwischen Zeit- und Frequenzbereichsdarstellung. Zu ihrer Herleitung benutzen wir den Multiplikationssatz, die Faltung im Frequenzbereich.

$$\int\limits_{-\infty}^{+\infty} x_1(t)\cdot x_2(t)\ e^{-j\omega t}dt = \frac{1}{2\pi}\int\limits_{-\infty}^{+\infty} X_1(j\beta)\cdot X_2\big(j[\omega - \beta]\big)d\beta \qquad (8.65)$$

Setzt man $x_1(t) = x(t) \leftrightarrow X(j\omega)$ und $x_2(t) = x^*(t) \leftrightarrow X_2(j\omega)$, so steht für $\omega = 0$ auf der linken Seite die Signalenergie

$$\int\limits_{-\infty}^{+\infty} |x(t)|^2 \, dt = \frac{1}{2\pi} \int\limits_{-\infty}^{+\infty} X(j\beta) \cdot X_2(-j\beta) d\beta \tag{8.66}$$

Es bleibt, die Fourier-Transformierte von $x^*(t) \leftrightarrow X_2(j\omega)$ zu bestimmen.

Aus

$$F\left\{x^*(t)\right\} = \int\limits_{-\infty}^{+\infty} x^*(t) e^{-j\omega t} dt = \left(\int\limits_{-\infty}^{+\infty} x(t) e^{+j\omega t} dt \right)^* = X^*(-j\omega) \tag{8.67}$$

erhält man das gesuchte Fourier-Paar. Eingesetzt in (8.66) resultiert unter Beachtung des Minuszeichens im Argument die parsevalsche Gleichung.

$$\int\limits_{-\infty}^{+\infty} |x(t)|^2 \, dt = \frac{1}{2\pi} \int\limits_{-\infty}^{+\infty} X(j\omega) \cdot X^*(j\omega) d\omega = \frac{1}{2\pi} \int\limits_{-\infty}^{+\infty} |X(j\omega)|^2 \, d\omega \tag{8.68}$$

Anmerkung: Die Herleitung der anderen Eigenschaften geschieht in ähnlicher weise, weshalb auf die weiterführende Literatur und die nachfolgenden Beispiele verwiesen wird.

Anmerkungen zur Tabelle 8-1

[1]   Ein mögliche additive Konstante (Gleichanteil) im Signal führt bei Integration im Zeitbereich auf einen Impulsanteil im Frequenzbereich an der Stelle $\omega = 0$.

[2]   Die Dualität folgt aus der symmetrischen Definition der Fourier-Transformation und ihrer Inversen.

[3]   Die Symmetrieeigenschaften für reelle Signale folgen aus dem Zuordnungsschema.

[4]   Zerlegt man die Exponentialfunktion in (8.51) mit der eulerschen Formel, so ergibt sich als Realteil die Kosinustransformation und als Imaginärteil die Sinustransformation [BSMM99]. Da die Kosinusfunktion achsensymmetrisch und die Sinusfunktion punktsymmetrisch zum Ursprung ist, resultieren die Korrespondenzen in der Tabelle. Bei reellen Signalen spiegelt der Realteil der Fourier-Transformierten den geraden Signalanteil und der Imaginärteil den ungeraden Signalanteil wider.

8.4.6   Fourier-Transformierte von Standardsignalen

In Tabelle 8-2 sind wichtige Fourier-Paare zusammengestellt. Es wird wieder auf den Vergleich mit den Laplace-Transformierten in Tabelle 7-2 hingewiesen. Augenfällig sind die symmetrischen Beziehungen zwischen dem Zeit- und dem Frequenzbereich. Die Korrespondenzen für die Exponentialfunktionen bzw. Sinus- und Kosinusfunktionen sind in der Informationstechnik, z. B. in der Trägerfrequenztechnik, besonders nützlich.

Mit der Korrespondenz zwischen der allgemein Exponentiellen und der Impulsfunktion können auch die Spektren periodischer Signale mit Fourier-Reihe (8.12) angegeben werden.

$$x(t) = \sum_{k=-\infty}^{\infty} c_k \cdot e^{jk\omega_0 t} \quad \leftrightarrow \quad X(j\omega) = 2\pi \cdot \sum_{k=-\infty}^{\infty} c_k \cdot \delta(\omega - k\omega_0) \tag{8.69}$$

Tabelle 8-1 Einige wichtige Eigenschaften der Fourier-Transformation zeitkontinuierlicher Signale

Eigenschaften	Zeitfunktion $x(t)$	Fourier-Transformierte $X(j\omega)$
Linearität	$\alpha_1 x_1(t) + \alpha_2 x_2(t)$	$\alpha_1 X_1(j\omega) + \alpha_2 X_2(j\omega)$
Zeitverschiebung	$x(t-t_0)$	$e^{-j\omega t_0} X(j\omega)$
Frequenzverschiebung (Modulation)	$e^{j\omega_0 t} \cdot x(t)$ $x(t) \cdot \cos \omega_0 t$ $x(t) \cdot \sin \omega_0 t$	$X(j\omega - j\omega_0)$ $\dfrac{1}{2} \cdot \left[X(j\omega - j\omega_0) + X(j\omega + j\omega_0) \right]$ $\dfrac{1}{2j} \cdot \left[X(j\omega - j\omega_0) - X(j\omega + j\omega_0) \right]$
Ähnlichkeit (Zeitskalierung)	$x(at)$	$\dfrac{1}{|a|} \cdot X\left(j\dfrac{\omega}{a} \right)$
Zeitumkehr	$x(-t)$	$X(-j\omega)$
Differenziation im Zeitbereich	$\dfrac{d}{dt} x(t)$	$j\omega \cdot X(j\omega)$
Differenziation im Frequenzbereich	$t \cdot x(t)$	$j \cdot \dfrac{d}{d\omega} X(j\omega)$
Integration im Zeitbereich [1]	$\displaystyle\int_{-\infty}^{t} x(\tau) d\tau$	$\pi X(0)\delta(\omega) + \dfrac{1}{j\omega} \cdot X(j\omega)\Big|_{\omega \neq 0}$
Faltung im Zeitbereich	$x_1(t) * x_2(t)$	$X_1(j\omega) \cdot X_2(j\omega)$
Symmetrie [2] (Dualität)	$X(jt)$	$2\pi x(-\omega)$
Multiplikation (Faltung im Frequenzbereich)	$x_1(t) \cdot x_2(t)$	$\dfrac{1}{2\pi} \cdot X(j\omega) * X(j\omega) =$ $= \dfrac{1}{2\pi} \cdot \displaystyle\int_{-\infty}^{+\infty} X(j\beta) \cdot X_2(j[\omega - \beta]) d\beta$
parsevalsche Gleichung	$\displaystyle\int_{-\infty}^{+\infty} |x(t)|^2 dt = \dfrac{1}{2\pi} \int_{-\infty}^{+\infty} |X(j\omega)|^2 d\omega$	
Symmetrien für reelle Signale [3]	$x(t)$ reell	$X(-j\omega) = X^*(j\omega)$
Zuordnungsschema [4]	$\begin{array}{ccccccc} x(t) & = & x_{g,r}(t) & + x_{u,r}(t) & + & jx_{g,i}(t) & + & jx_{u,i}(t) \\ \big\downarrow F & & \big\updownarrow & \big\updownarrow & & & & \\ X(j\omega) & = & X_{g,r}(\omega) & + X_{u,r}(\omega) & + & jX_{g,i}(\omega) & + & jX_{u,i}(\omega) \end{array}$	

Tabelle 8-2 Fourier-Transformationspaare von Standardsignalen

Zeitfunktion	Spektrum
$\delta(t)$	1
1	$2\pi \cdot \delta(j\omega)$
$\delta(t-t_0)$	$\exp(-j\omega t_0)$
$\exp(-j\omega_0 t)$	$2\pi \cdot \delta(j[\omega-\omega_0])$
$\cos(\omega_0 t)$	$\pi \cdot [\ \delta(j[\omega-\omega_0]) + \delta(j[\omega+\omega_0])\ ]$
$\sin(\omega_0 t)$	$j\pi \cdot [\ -\delta(j[\omega-\omega_0]) + \delta(j[\omega+\omega_0])\ ]$
$\mathrm{sgn}(t)$	$\dfrac{2}{j\omega}\Big|_{\omega\neq0}$
$\dfrac{1}{\pi t}\Big|_{t\neq0}$	$-j\cdot\mathrm{sgn}(\omega)$
$u(t)$	$\pi\delta(\omega)+\dfrac{1}{j\omega}\Big|_{\omega\neq0}$

< Fortsetzung Tabelle 8-2 >

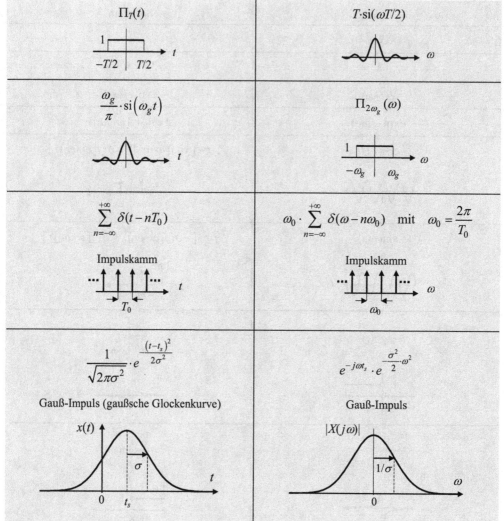

Der Zusammenhang zwischen der Fourier-Reihe und der Fourier-Transformation spiegelt die *Dualität* zwischen Zeit- und Frequenzbereich wider. Dies macht auch das Beispiel des *periodischen Impulszuges* (Impulskammes) deutlich. Mit Hilfe der Distributionentheorie kann gezeigt werden, dass dem periodischen Impulszug im Zeitbereich ein periodischer Impulszug im Frequenzbereich gegenübersteht. Hierin zeigt sich der allgemeine in Tabelle 8-3 herausgestellte Zusammenhang.

Tabelle 8-3 Dualität zwischen Zeit- und Frequenzbereich

Zeitbereich	F	*Frequenzbereich*
periodisches, zeitkontinuierliches Signal	↔	äquidistantes Linienspektrum
äquidistantes, zeitdiskretes Signal	↔	periodisches Spektrum
periodisches, äquidistantes zeitdiskretes Signal	↔	periodisches, äquidistantes Linienspektrum

8.4.7 Bandbreite

Die *Bandbreite* ist eine wichtige Kenngröße zur Beschreibung von Signalen im Frequenzbereich. Sie gibt die Breite des Intervalls im Spektrum an, in dem die „wesentlichen" Frequenzkomponenten des Signals liegen. Was unter wesentlich zu verstehen ist, wird durch die konkrete Anwendung bestimmt. Im Folgenden werden zwei gebräuchliche Definitionen der Bandbreite vorgestellt.

Ist ein Signal *strikt bandbegrenzt*

$$|X(j\omega)| = 0 \quad \text{für} \quad |\omega| \notin [\omega_1, \omega_2] \quad \text{mit} \quad 0 \le \omega_1 < \omega_2 \tag{8.70}$$

dann ist seine (*absolute*) *Bandbreite W*

$$W = \omega_2 - \omega_1 \tag{8.71}$$

Bild 8-12 zeigt Spektren strikt bandbegrenzter Signale. Dabei wird zwischen einem *Tiefpass-Spektrum* mit der Grenzkreisfrequenz ω_g und einem *Bandpass-Spektrum* mit der unteren Grenzkreisfrequenz ω_{gu} und oberen Grenzkreisfrequenz ω_{go} unterschieden.

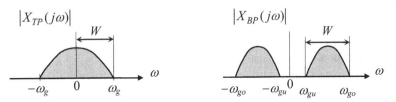

Bild 8-12 Tiefpass-Spektrum (TP) und Bandpass-Spektrum (BP) mit der Bandbreite *W*

Ist das Spektrum nicht strikt bandbegrenzt, besitzt es aber prinzipiell eine Form wie in Bild 8-13 skizziert, verwendet man häufig als Kenngröße die *3dB-Bandbreite*. Sie gibt die Breite des Frequenzbandes um das Betragsmaximum an, in dem der Leistungsbeitrag der Spektralkomponenten bezogen auf das Maximum größer oder gleich 1/2 ist. Der Wert entspricht in der Amplitude $1/\sqrt{2}$ bzw. im logarithmischen Maß

$$10 \cdot \lg \frac{|X(j\omega_{3dB})|^2}{\max_{\omega} |X(j\omega)|^2} \; \text{dB} \approx 3{,}02 \; \text{dB} \tag{8.72}$$

Hierbei steht die Pseudoeinheit dB (*Dezibel*) für das zehnfache des Zehnerlogarithmus (Bel) einer Leistungsgröße.

Im Falle von Tiefpass-Spektren spricht man auch von der *3dB-Grenzkreisfrequenz* ω_{3dB} bzw. *3dB-Grenzfrequenz* f_{3dB}.

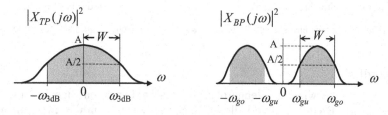

Bild 8-13   3dB-Bandbreite bei Tiefpass-Spektren (TP) und Bandpass-Spektren (BP) und Leistungsanteil innerhalb der 3dB-Bandbreite (grau)

Anmerkungen: (i) *Alexander Graham Bell:* *1847/†1922, US-amerikanischer Physiologe und Erfinder schottischer Herkunft; erhält 1876 US-Patent für ein gebrauchsfähiges Telefon, siehe auch *P. Reis* und *A. S. G. Meucci*. (ii) In der Technik ist auch der natürliche Logarithmus gebräuchlich. Man schreibt dann Np (*Neper*) von *John [Laird of Merchiston] Napier* (Neper): *1550/†1617, schottischer Mathematiker.

Man beachte, dass die Bandbreite oft auf die Frequenz statt auf die Kreisfrequenz bezogen wird. Wir wollen den Unterschied durch die Bezeichnung $B = W / 2\pi$ deutlich machen.

In vielen Anwendungen liegt der wesentliche Leistungsanteil des Signals innerhalb der 3dB-Bandbreite. Dies ist im Bild durch die grauen Flächen angedeutet. Sie entsprechen nach der parsevalschen Gleichung in Tabelle 8-1 der Leistung innerhalb der 3dB-Bandbreite.

Je nach Anwendung sind weitere Definitionen der Bandbreite gebräuchlich, wie beispielsweise die erste Nullstelle für positive Frequenzen des si-Spektrums in (8.54). In der Datenübertragungstechnik nennt man diese Kennzahl auch Nyquist-Frequenz bzw. Nyquist-Bandbreite [Wer06]. Typische Beispiele für Bandbreiten in technischen Übertragungssystemen sind in Tabelle 8-4 zusammengestellt.

Tabelle 8-4 Bandbreiten in der Informationstechnik

Anwendung	ungefähre Bandbreite B
Elektroenzephalogramm (EEG)	32 Hz
Elektrokardiogramm (EKG)	40 Hz
Fernsprechen (analog)	4 kHz
UKW-Rundfunk (Audioband)	15 kHz
Audio (Compact Disk)	22 kHz
GSM Frequenzkanal*	200 kHz
UKW-Rundfunk	300 – 400 kHz
Bluetooth Frequenzkanal*	1 MHz
UMTS Frequenzkanal*	5 MHz
Fernseh-Rundfunk (analog)	6 – 7 MHz
WLAN-802.11a/b Frequenzkanal*	22 MHz

* mehrere Teilnehmer/Dienste teilen sich einen Frequenzkanal

8.4.8 Zeitdauer-Bandbreite-Produkt

Der grundsätzliche Zusammenhang zwischen Impulsdauer und Bandbreite spielt in der Nachrichtenübertragungstechnik eine wichtige Rolle. Anhand des Rechteckimpulses und seines Spektrums, siehe Bild 8-11, verdeutlichen wir den Zusammenhang in Bild 8-14. Schätzt man die Bandbreite B mit dem Abstand der ersten Nullstelle im Spektrum rechts vom Ursprung ab

$$\text{si}\left(2\pi\,\frac{BT}{2}\right) \overset{!}{=} 0 \qquad (8.73)$$

dann folgt unmittelbar das *Zeitdauer-Bandbreite-Produkt* des Fourier-Paars

$$B \cdot T = 1 \qquad (8.74)$$

Das Zeit-Bandbreite-Produkt ist konstant. Halbiert man die Impulsdauer, so verdoppelt sich die Bandbreite. Allgemein gilt: Die Zeitdauer eines Vorgangs und die Breite des Spektrums stehen in reziprokem Zusammenhang.

Anmerkung: Für das Beispiel der Datenübertragung mit Rechteckimpulsen im Abschnitt 8.2 bedeutet dies, verdoppelt man die Anzahl der pro Zeiteinheit gesendeten Daten, die Bitrate, so muss die Übertragungsstrecke die doppelte Bandbreite zur Verfügung stellen. Die Bandbreite der Übertragungsstrecke begrenzt die Bitrate.

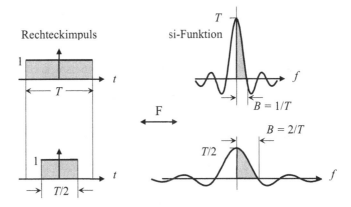

Bild 8-14 Reziproker Zusammenhang zwischen Impulsdauer T und Bandbreite B

Der reziproke Zusammenhang findet unmittelbar Ausdruck im Ähnlichkeitssatz der Fourier-Transformation in Tabelle 8-1. Wegen seiner praktischen Bedeutung betrachten wir ihn noch etwas näher. In vielen Anwendungen, z. B. der Nachrichtenübertragungstechnik und der Messtechnik, sind kurze impulsförmige Signale mit kompakten Spektren gefragt.

Zunächst ist festzustellen: Ein zeitlich begrenztes Signal, $x(t) = 0$ für $|t| > T$, kann nicht strikt bandbegrenzt sein und umgekehrt.

Anmerkung: Die zeitliche Begrenzung eines Signals kann als Multiplikation mit einem Rechteckimpuls dargestellt werden. Dann resultiert im Frequenzbereich die Faltung des Spektrums des Signals mit dem frequenzmäßig unbegrenzten Spektrum, der si-Funktion. Ein zeitlich begrenztes Signal besitzt deshalb ein unendlich ausgedehntes Spektrum. Für frequenzmäßig begrenzte Spektren gilt wegen der Dualität der Fourier-Transformation Entsprechendes. Ein strikt bandbegrenzten Signal ist zeitlich nicht begrenzt.

Weil ein Signal begrenzter Dauer kein frequenzbegrenztes Spektrum haben kann und umgekehrt, wird das Zeitdauer-Bandbreite-Produkt abgeschätzt. Eine anschaulich nachvollziehbare Definition liefert die Beschreibung der relevanten Impulsdauer und Bandbreite durch die Standardabweichung.

Anmerkung: Vergleiche Standardabweichung und Streuung von Versuchsergebnisse in der Statistik.

Wir betrachten ein Signal $x(t)$ mit der Energie 1 und den Mittelwert (Schwerpunkt) t_s. Dann liefert die Standardabweichung σ_T mit

$$\sigma_T^2 = \int_{-\infty}^{+\infty} (t - t_s)^2 \cdot x^2(t)\, dt \tag{8.75}$$

eine Abschätzung für die Dauer des Signals. Existiert die entsprechende Größe im Frequenzbereich

$$\sigma_B^2 = \frac{1}{2\pi} \cdot \int_{-\infty}^{+\infty} \omega^2 \cdot |X(j\omega)|^2\, d\omega \tag{8.76}$$

und gilt für das Signal im Grenzübergang $t \to \pm\infty$ mit $t \cdot x^2(t) = 0$, so resultiert für das Produkt der Standardabweichungen die Abschätzung von unten [Schü91][Kam04]

$$\sigma_T \cdot \sigma_B \geq \frac{1}{2} \tag{8.77}$$

Man erhält eine Aussage zur *Zeit-Frequenz-Unschärfe*, wie sie beispielsweise in der Radartechnik wichtig ist und in Abschnitt 13 am Beispiel der Chirp-Signale noch veranschaulicht wird. Sie ist vergleichbar mit der in der Physik bekannten heisenbergschen Unschärferelation der Quantenphysik bzgl. Impuls und Ort eines Teilchens.

Die Gleichheit ergibt sich in (8.77) nur für den *Gauß-Impuls* [Schü91]. Die gaußsche Glockenkurve ist invariant bzgl. der Fourier-Transformation. Sie bildet sich wieder auf eine gaußsche Glockenkurve ab, siehe Tabelle 8-2 und Bild 8-15. Wegen der Energienormierung weicht der betrachtete Gauß-Impuls etwas von der bekannten, flächennormierten Wahrscheinlichkeitsdichte ab. Mit

$$x_G(t) = \left(\frac{2\alpha^2}{\pi}\right)^{1/4} \cdot e^{-\alpha^2 \cdot (t - t_s)^2} \tag{8.78}$$

erhält man

$$\sigma_T = \frac{1}{2\alpha} \quad \text{und} \quad \sigma_B = \alpha \tag{8.79}$$

Mit dem Produkt der Standardabweichungen in (8.77) als Zeitdauer-Bandbreite-Produkt erhält man für den Gauß-Impuls die Konstante 1/2.

Anmerkungen: (i) Der Zahlenwert 1/2 bezieht sich auf die Bandbreite bzgl. der Frequenz f. (ii) In Abschnitt 13.5 wird exemplarisch das Zeitdauer-Bandbreite-Produkt für den Gauß-Impuls berechnet.

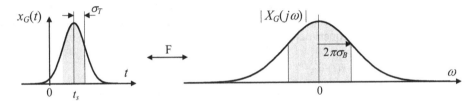

Bild 8-15   Zeitdauer-Bandbreite-Produkt, $\sigma_T \cdot \sigma_B = 1/2$, am Beispiel des Gauß-Impulses $x_G(t)$

8.5   Anwendung der Fourier-Transformation bei zeitkontinuierlichen LTI-Systemen

Lernziele

Nach Bearbeiten des Abschnitts 8.5 können Sie

- die Begriffe Frequenzgang, Dämpfung und Phase erläutern
- den Zusammenhang zwischen Frequenzgang und Impulsantwort angeben
- erklären, was lineare Verzerrungen und eine verzerrungsfreie Übertragung sind
- die Begriffe Tiefpass, Bandpass, Hochpass und Bandsperre im Frequenzbereich anschaulich erläutern
- die Impulsantworten idealer Tiefpässe und Bandpässe skizzieren

8.5.1   Frequenzgang

Besitzt ein LTI-System eine Übertragungsfunktion $H(s)$ und ist das System stabil, so erhält man für $s = j\omega$ den *Frequenzgang* des Systems als Fourier-Transformierte der Impulsantwort.

$$H(j\omega) = \int\limits_{-\infty}^{+\infty} h(t) \cdot e^{j\omega t}\, dt \qquad\qquad (8.80)$$

Entsprechend der Beschreibung zeitkontinuierlicher Systeme im Bildbereich geschieht die Auswertung der *Eingangs-Ausgangsgleichung* vorteilhaft im Frequenzbereich. Die Zusammenhänge sind in Bild 8-16 dargestellt, siehe auch Bild 8-8 und Bild 7-6. Das Ausgangssignal resultiert im Zeitbereich aus der Faltung des Eingangssignals mit der Impulsantwort und im Frequenzbereich aus der Multiplikation des Eingangsspektrums mit dem Frequenzgang.

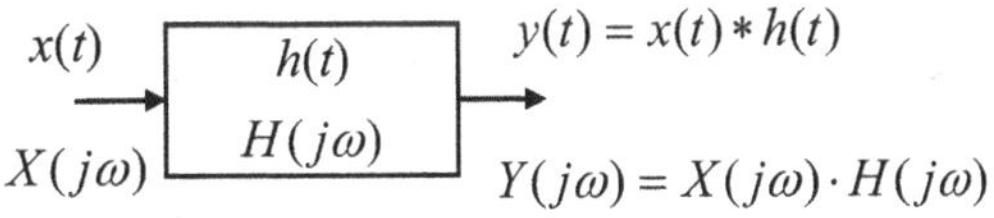

$x(t)$ $\boxed{\begin{array}{c} h(t) \\ H(j\omega) \end{array}}$ $y(t) = x(t) * h(t)$

$X(j\omega)$ $Y(j\omega) = X(j\omega) \cdot H(j\omega)$

Bild 8-16   Eingangs-Ausgangsgleichung zeitkontinuierlicher LTI-Systeme im Zeit- und im Frequenzbereich mit der Impulsantwort $h(t)$ und dem Frequenzgang $H(j\omega)$

$$y(t) = x(t) * h(t) \quad\leftrightarrow\quad Y(j\omega) = X(j\omega) \cdot H(j\omega) \qquad\qquad (8.81)$$

Das Konzept des Frequenzganges spiegelt die Zusammenhänge zwischen den Eigenfunktionen und der komplexen Wechselstromrechnung wider. Für den Sonderfall einer Exponentiellen als Erregung erhält man im Frequenzbereich eine Impulsfunktion

$$x(t) = e^{j\omega_0 t} \quad \leftrightarrow \quad X(j\omega) = 2\pi\delta(\omega - \omega_0) \tag{8.82}$$

Das Ausgangssignal ist wegen der Ausblendeigenschaft der Impulsfunktion (2.28) die mit dem Wert des Frequenzganges an der Erregerkreisfrequenz ω_0 gewichtete Exponentielle.

$$y(t) = H(j\omega_0)\, e^{j\omega_0 t} \quad \leftrightarrow \quad Y(j\omega) = H(j\omega_0) \cdot 2\pi\delta(\omega - \omega_0) \tag{8.83}$$

Der Frequenzgang an der Stelle ω_0 liefert den Eigenwert des Systems zur Eigenfunktion $\exp(j\omega_0 t)$ und den Übertragungsfaktor für die komplexen Amplituden der komplexen Wechselstromrechnung.

Ist das Eingangssignal als Fourier-Reihe (8.12) darstellbar, so resultiert aufgrund der Linearität des Systems

$$y(t) = \sum_{k=-\infty}^{+\infty} c_k H(j\omega_k) e^{j\omega_k t} \quad \leftrightarrow \quad X(j\omega) \cdot H(j\omega) = 2\pi \sum_{k=-\infty}^{+\infty} c_k H(j\omega_k)\delta(\omega - \omega_k) \tag{8.84}$$

Häufig liegen in den technischen Anwendungen reellwertige Systeme vor. Deren Frequenzgänge erfüllen – ähnlich wie die komplexen Fourier-Koeffizienten reeller Signale (8.14) – gewisse Symmetriebeziehungen, damit sich bei reellem Eingangssignal ein ebenfalls reelles Ausgangssignal einstellen kann. Im Folgenden führen wir die in der Informationstechnik gebräuchlichen Darstellungsformen des Frequenzganges ein und geben anschließend die Symmetriebedingungen für die Reellwertigkeit an.

Der komplexe Frequenzgang wird ganz allgemein in Realteil und Imaginärteil bzw. Absolutbetrag und Argument zerlegt.

$$H(j\omega) = \mathrm{Re}\big(H(j\omega)\big) + j\,\mathrm{Im}\big(H(j\omega)\big) = |H(j\omega)| \cdot e^{jb(\omega)} \tag{8.85}$$

Anmerkung: Ist das Eingangssignal ein elektrischer Strom und das Ausgangssignal eine elektrische Spannung, so entspricht in der komplexen Wechselstromrechnung $H(j\omega_0)$ der Impedanz Z, ihr Realteil dem Wirkwiderstand R und ihr Imaginärteil dem Blindwiderstand X.

Das Argument des Frequenzganges wird *Phase* (Phasengang) genannt

$$b(\omega) = \arg\big(H(j\omega)\big) = \arctan\left(\frac{\mathrm{Im}\big(H(j\omega)\big)}{\mathrm{Re}\big(H(j\omega)\big)}\right) \tag{8.86}$$

und seine Ableitung ist die *Gruppenlaufzeit*.

$$\tau_g(\omega) = -\frac{d}{d\omega}b(\omega) \tag{8.87}$$

Man beachte das negative Vorzeichen in der Definition. Die Bedeutung der Phase wird im nachfolgenden Abschnitt erläutert.

Anmerkung: In der Literatur wird manchmal bereits die Phase mit negativem Vorzeichen angegeben. Wir folgen hier dem, auch in MATLAB gewählten, üblichen Gebrauch und führen das negative Vorzeichen erst bei der Gruppenlaufzeit ein. Hintergrund für das negative Vorzeichen in der Definition ist, dass damit ein positiver Wert der Gruppenlaufzeit mit einer physikalischen Verzögerung des Signals beim Durchgang des Systems in Verbindung gebracht werden kann.

Der Absolutbetrag wird oft als *Dämpfung* (Dämpfungsgang) im logarithmischen Maß angegeben.

$$a_{dB}(\omega) = -20 \cdot \lg |H(j\omega)| \ \text{dB} \tag{8.88}$$

Anhand der Symmetriebeziehungen in Tabelle 8-1 für die Fourier-Transformierten reeller Signale zeigt man die Symmetrieeigenschaften des Frequenzganges. Der Realteil ist gerade und der Imaginärteil ungerade; der Betrag ist gerade und die Phase ungerade.

Für die Frequenzgänge reellwertiger Systeme folgt die später noch wichtige Beziehung, die *hermitesche Symmetrie*

$$H(j\omega) = H^*(-j\omega) \tag{8.89}$$

Anmerkung: Charles Hermite: *1822/†1901, franz. Mathematiker.

8.5.2 Lineare Verzerrungen und verzerrungsfreie Übertragung

In der Nachrichtenübertragungstechnik soll meist ein Signal möglichst unverzerrt übertragen werden. Die Übertragung ist dann *verzerrungsfrei*, wenn das Ausgangssignal bis auf einen positiven reellen Amplitudenfaktor c und einer zeitlichen Verschiebung t_0 dem Eingangssignal gleicht.

$$y(t) = c \cdot x(t - t_0) \tag{8.90}$$

Der Amplitudenfaktor c entspricht einer Dämpfung und die zeitliche Verschiebung t_0 einer Laufzeit beim Durchgang des Signals durch das System.

Nach (8.81) und dem Zeitverschiebungssatz bedeutet dies, dass der Frequenzgang des Übertragungssystems eine konstante Amplitude und einen linearen Phasenverlauf aufweisen muss.

$$H(j\omega) = c \cdot e^{-j\omega t_0} \tag{8.91}$$

Soll das Übertragungssystem ein RLC-Netzwerk sein, so ist aus der Polynomdarstellung der rationalen Übertragungsfunktion offensichtlich, dass eine verzerrungsfreie Übertragung in einem endlichen Frequenzintervall nicht realisiert werden kann. Für reale Übertragungssysteme wird diese Forderung deshalb auf den interessierenden Frequenzbereich eingeschränkt. Eine näherungsweise verzerrungsfreie Übertragung wird dann bei geeigneter Dimensionierung möglich.

In der Nachrichtenübertragungstechnik bezeichnet man die Verzerrungen, die durch ein LTI-System entstehen können, als *lineare Verzerrungen*. Man spricht von *Dämpfungsverzerrungen* und *Phasenverzerrungen* je nachdem, ob die Amplituden oder die Phasen der Frequenzkomponenten des Nachrichtensignals betroffen sind. Wie im nächsten Abschnitt erläutert wird, treten bei der Übertragung eines Rechteckimpulszuges durch den RC-Tiefpass sowohl Dämpfungs- als auch Phasenverzerrungen auf. Speziell der Einfluss der Phase und damit der Gruppenlaufzeit wird nachfolgend anhand eines einfachen Beispiels sichtbar gemacht.

Beispiel   Gruppenlaufzeit und Phasenverzerrungen

Wir betrachten der Einfachheit halber ein Signal, welches aus dem Gleichanteil und den ersten sieben Harmonischen des periodischen Rechteckimpulszuges (8.20) mit $\omega_0 = 2\pi / T_0$ besteht.

$$\tilde{x}(t) = \frac{2AT}{T_0} \cdot \left[\frac{1}{2} + \sum_{k=1}^{7} \mathrm{si}\left(\omega_0 k \cdot T/2\right) \cdot \cos\left(\omega_0 k \cdot t\right) \right] \tag{8.92}$$

Das Signal sei das Eingangssignal eines LTI-Systems mit konstantem Betragsfrequenzgang und linearem Phasenfrequenzgang

$$H_1(j\omega) = e^{-j\omega t_0} \tag{8.93}$$

Für das Signal am Ausgang ergibt sich entsprechend Bild 8-8

$$y_1(t) = \frac{2AT}{T_0} \cdot \left[\frac{1}{2} + \sum_{k=1}^{7} \mathrm{si}\left(\omega_0 k \cdot T/2\right) \cdot \cos\left(\omega_0 k \cdot [t - t_0]\right) \right] \tag{8.94}$$

Bild 8-17 zeigt oben das Signal und in der Mitte das Ausgangssignal. Das Signal wird unverzerrt übertragen. Grund dafür ist die Gruppenlaufzeit $\tau_g(\omega) = t_0$. Sie ist für alle Frequenzkomponenten gleich, so dass sich am Systemausgang alle Harmonischen phasenrichtig überlagern. Im Beispiel tritt augenfällig die Signalverzögerung t_0 auf.

Anmerkung: Man beachte, dass die Phasenverschiebung im Allgemeinen modulo-2π zu nehmen ist. Die Gruppenlaufzeit also nicht mit der Signallaufzeit verwechselt werden darf.

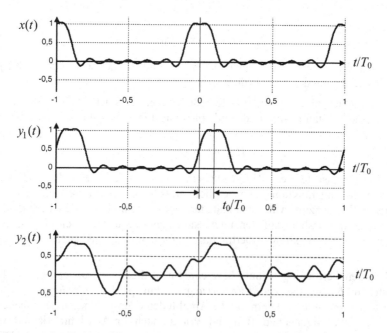

Bild 8-17   Eingangssignal $x(t)$ und Ausgangssignal des Systems mit linearer Phase $y_1(t)$ und quadratischer Phase $y_2(t)$

Als Beispiel für die Wirkung von Phasenverzerrungen wählen wir ein System mit konstantem Betrag, aber quadratischem Phasenterm

$$H_2(j\omega) = \exp(-j\,\mathrm{sgn}(\omega)\cdot\omega^2 t_0^2) \tag{8.95}$$

Anmerkung: Da die Phase eines reellwertigen Systems eine ungerade Funktion ist, wird die Signumfunktion hinzugefügt.

In diesem Fall ergibt sich das Ausgangssignal zu

$$y_2(t) = \frac{2AT}{T_0}\cdot\left[\frac{1}{2}+\sum_{k=1}^{7}\mathrm{si}\left(\omega_0 k\cdot T/2\right)\cdot\cos\left(\omega_0 k\cdot\left[t-\omega_0 k\cdot t_0^2\right]\right)\right] \tag{8.96}$$

Die Phasenverschiebungen der Frequenzkomponenten wachsen linear mit der Frequenz, die Gruppenlaufzeit (8.87) ist $\tau_g(\omega) = 2t_0^2\omega$. Obwohl alle Frequenzkomponenten noch mit gleicher Amplitude vorhanden sind, ist in Bild 8-17 unten das ursprüngliche Signal nicht mehr erkennbar.

Anmerkung: Phasenverzerrungen machen sich besonders bei Audio- und Bildsignalen störend bemerkbar. Bei Bildern führen Phasenverzerrungen zu räumlichen Verschiebungen der Bildinhalte, während Telefonsprache relativ unempfindlich gegen Phasenverzerrungen ist.

8.5.3 Lineare Filterung

Die Bezeichnung Tiefpass (TP) und Bandpass (BP) bezieht sich auf die Übertragung der Signale durch ein LTI-System. Wie in Bild 8-18 veranschaulicht ist, kann ein Tiefpass-Signal durch einen *idealen Tiefpass* mit geeigneter Grenzfrequenz verzerrungsfrei übertragen werden.

$$\left|H_{TP}(j\omega)\right| = \begin{cases} H_{TP}(0) & \text{für } |\omega| < \omega_g \\ 0 & \text{sonst} \end{cases} \quad\text{und}\quad b_{TP}(\omega) = -\omega t_0 \;\text{ für }\; |\omega| < \omega_g \tag{8.97}$$

Da das Spektrum am Ausgang aus der Multiplikation des Spektrums am Eingang mit dem Frequenzgang hervorgeht, passieren nur Spektralanteile mit $\omega < \omega_g$ den Tiefpass. Man sagt diese Spektralanteile liegen im *Durchlassbereich* des Tiefpasses, während die anderen Frequenzkomponenten im *Sperrbereich* liegen. Entsprechendes gilt auch für den *idealen Bandpass*.

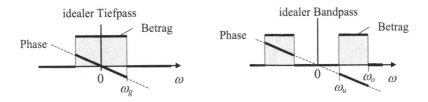

Bild 8-18 Frequenzgänge des idealen Tiefpasses und des idealen Bandpasses

Systeme mit einem derartigen selektiven Übertragungsverhalten bezeichnet man als *Filter* und spricht von einer (linearen) *Filterung* des Signals durch das (LTI-)System.

Die Impulsantwort des idealen Tiefpasses wird in Abschnitt 8.6 als Übungsaufgabe berechnet.

$$h_{TP}(t) = H_{TP}(0) \cdot \frac{\omega_g}{\pi} \cdot \text{si}\left(\omega_g[t - t_0]\right) \tag{8.98}$$

Die Impulsantwort des idealen Tiefpasses ist zweiseitig und damit nicht durch ein kausales System realisierbar ist. Die hier sichtbar werdenden Realisierungsprobleme werden in der Netzwerk- und Filtersynthese ausführlich behandelt, z. B. [Schü91] und [Unb93].

In vielen Anwendungen genügt es in erster Näherung von idealen Filtern auszugehen. Die Nachrichtentechnik unterscheidet im Wesentlichen die vier in Tabelle 8-5 zusammengestellten Filterarten.

Tabelle 8-5 Lineare Filter (Durchlassbereich DB, Sperrbereich SB)

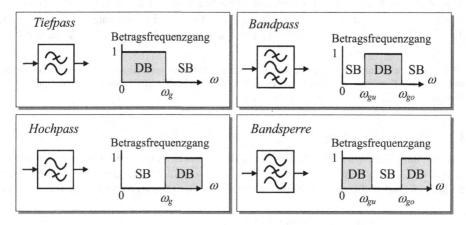

Beispiel RC-Tiefpass

Ein einfaches Beispiel eines realen Tiefpasses ist der *RC-Tiefpass* in Bild 8-3. Wie in Abschnitt 8.3 erläutert wurde, zeigt sein Betragsfrequenzgang in Bild 8-19 links typisches Tiefpass-verhalten.

$$\left|H(j\omega)\right| = \frac{1}{\sqrt{1 + \omega^2 \tau^2}} \tag{8.99}$$

In Bild 8-19 rechts ist der Frequenzgang der Dämpfung

$$a_{dB}(\omega) = -20 \cdot \lg \frac{1}{\sqrt{1 + \omega^2 \tau^2}} \, \text{dB} = 10 \cdot \lg\left(1 + \omega^2 \tau^2\right) \text{dB} \tag{8.100}$$

mit der 3dB-Grenzfrequenz

$$f_{3dB} = \frac{1}{2\pi \cdot \tau} \tag{8.101}$$

zu sehen. Man beachte die Frequenzskalierung. Ab der 3dB-Grenzfrequenz erhöht sich die Dämpfung um jeweils circa 6 dB, wenn die Frequenz verdoppelt wird. Man spricht von einem Anstieg von 6 dB pro Oktave (pro Frequenzverdopplung) oder 20 dB pro Dekade (pro Verzehnfachung der Frequenz), was in Abschnitt 8.6 noch genauer erläutert wird.

Zur Beurteilung der Phasenverzerrungen durch den RC-Tiefpass ist seine Phase und Gruppenlaufzeit von Interesse. Aus der Phase

$$b(\omega) = -\arctan(\omega\tau) \tag{8.102}$$

erhält man die Gruppenlaufzeit

$$\tau_g(\omega) = \frac{1}{1+(\omega\tau)^2} \tag{8.103}$$

Man erkennt, dass speziell im Durchlassbereich für $\omega < \omega_{3dB}$ die Gruppenlaufzeit näherungsweise konstant ist. Inwieweit die tatsächlichen Phasenverzerrungen tolerierbar sind, hängt von der konkreten Anwendung ab. Im Beispiel der Filterung des periodischen Rechteckimpulszuges in Bild 8-7 bleiben die Form des Rechteckimpulse im Wesentlichen erhalten.

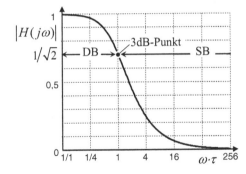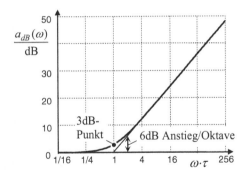

Bild 8-19 Betragsfrequenzgang und Frequenzgang der Dämpfung des RC-Tiefpasses ($\tau = RC$)

Ein weiteres Beispiel eines Tiefpasses ist der Butterworth-TP 3. Grades. Eine ausführliche Erläuterung seiner Eigenschaften ist in Abschnitt 7.4.4 und 8.6 unter dem Stichwort T-Glied zu finden.

Anmerkungen: (i) *S. Butterworth*: ca. 1930, britischer Ingenieur. (ii) Der Butterworth-TP wird auch als Potenz-TP bezeichnet.

Beispiel Trägerfrequenztechnik mit Gruppenbildung

Das Beispiel entnehmen wir der Telefonie. Um Leitungskosten zu sparen, werden dort die Signale der Gesprächskanäle verschiedener Teilnehmer gemeinsam übertragen. Ein eingeführtes Verfahren ist die *Frequenzmultiplex-Übertragung*, bei der mit der *Trägerfrequenztechnik* Gruppen von Gesprächskanälen gebildet und gemeinsam beispielsweise über ein Koaxialkabel oder eine Richtfunkstrecke übertragen werden.

Wir erläutern in Bild 8-20 die Idee anhand einer so genannten *Vorgruppe*. Es werden drei Gesprächskanäle zusammengefasst, wobei in jedem Gesprächskanal ein Frequenzband von f_u = 0,3 kHz bis f_o = 3,4 kHz belegt ist. Die Signale der Gesprächskanäle, $x_i(t)$ mit i = 1, 2 und 3, werden mit *sinusförmigen Trägersignalen* mit den jeweiligen Trägerfrequenzen f_{T1} = 12 kHz, f_{T2} = 16 kHz und f_{T3} = 20 kHz multipliziert.

$$x_{M,i}(t) = x_i(t) \cdot \cos(2\pi f_{Ti} t) \qquad\qquad (8.104)$$

Der Multiplikation im Zeitbereich entspricht im Frequenzbereich die Faltung der Spektren, siehe Tabelle 8-1 und Tabelle 8-2.

$$X_{M,i}(j\omega) = \frac{1}{2\pi} X_i(j\omega) * \pi \cdot \left[\delta(\omega - \omega_{Ti}) + \delta(\omega + \omega_{Ti}) \right] =$$
$$= \frac{1}{2} \left[X_i(\omega - \omega_{Ti}) + X_i(\omega + \omega_{Ti}) \right] \qquad (8.105)$$

Anmerkung: Das Ergebnis verifiziert man im Zeitbereich durch die trigonometrische Formel für das Produkt zweier Kosinusfunktionen.

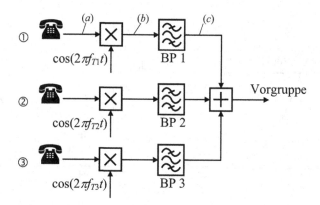

Bild 8-20   Einseitenbandmodulation mit Filtermethode mit Bandpässen (BP) zur Vorgruppenbildung

Für den ersten Gesprächskanal resultiert ein Bandpass-Spektrum, wie in Bild 8-21 symbolisch dargestellt. Es besitzt ein *oberes Seitenband* (oS) rechts von der Trägerfrequenz f_{T1} mit einer oberen Grenzfrequenz f_{o1} = 15,4 kHz und einer unteren Grenzfrequenz f_{u1} = 12,3 kHz. Des Weiteren ergibt sich ein *unteres Seitenband* (uS) links von der Trägerfrequenz. Entsprechendes gilt auch für die beiden anderen Gesprächskanäle.

Da die Signale reell sind, sind die Spektren symmetrisch (8.89). Konsequenterweise ist in jedem Seitenband die vollständige Information des Gesprächskanals enthalten. Es genügt, nur ein Seitenband zu übertragen. Im Beispiel wird dazu das obere Seitenband durch einen Bandpass herausgefiltert. Man spricht hierbei von der *Einseitenbandmodulation* mit der Filtermethode.

Die resultierenden Bandpass-Signale der drei Gesprächskanäle werden anschließend zum Vorgruppensignal addiert. Da sich die drei Frequenzbänder nicht überlappen, siehe Bild 8-21 rechts, können später die Gesprächskanäle durch Bandpassfilter im Empfänger wieder getrennt werden.

Anmerkung: Die verwendeten Frequenzbänder und Trägerfrequenzen sind für den internationalen Telefonverkehr durch die International Telecommunication Union (ITU) genormt. In den hierarchisch geordneten Trägerfrequenzsystemen Z12, V60 bis V10800 werden jeweils 12, 60 bzw. 10800 Gespräche gebündelt. In modernen digitalen Telekommunikationsnetzen ist die Trägerfrequenztechnik durch die Zeitmultiplextechnik abgelöst. Die Technik der Frequenzumsetzung von Signalen durch Modulation und Filterung hat jedoch nicht an ihrer Bedeutung eingebüßt.

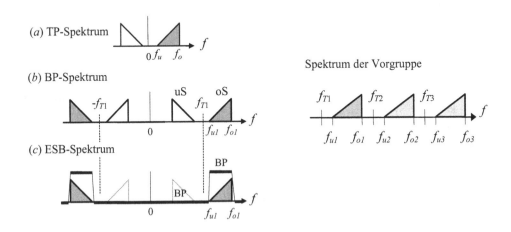

Bild 8-21   Spektren im Gesprächskanal 1 links und Bandpass-Spektrum der Vorgruppe rechts (schematische Darstellung)

8.6   Übungsbeispiele zur Fourier-Transformation

In diesem Abschnitt werden einige Anwendungen der Fourier-Transformation in der Nachrichtentechnik vorgestellt. Die Impulsantworten der Standardfrequenzgängen Tiefpass, Bandpass und Hilbert-Transformator werden berechnet. Danach wird ein Bode-Diagramm erstellt und dessen Anwendung auf die Preemphase- und Deemphasefilter im UKW-Rundfunk vorgeführt. Zuletzt wird auf das Beispiel T-Glied in Abschnitt 7.4 zurückgegriffen und der Frequenzgang berechnet. Ein Dimensionierungsbeispiel stellt den Bezug zur Anwendung her.

Beispiel   Impulsantwort des idealen Tiefpasses

Berechnen Sie die Impulsantwort des in (8.97) definierten idealen Tiefpasses durch

a) Rücktransformation durch Integration mit (8.52) und

b) Rücktransformation mit der Tabelle 8-1 und (8.55).

c) Skizzieren Sie die Impulsantwort.

d) Schätzen Sie die Dauer der Impulsantwort des Tiefpasses mit der Grenzfrequenz von 10 kHz ab.

Lösung

a) Die explizite Rücktransformation nach (8.52) liefert mit (8.97)

$$h_{TP}(t) = \frac{1}{2\pi} \int\limits_{-\omega_g}^{\omega_g} H_{TP}(0) e^{-j\omega t_0} \cdot e^{j\omega t} d\omega = \frac{H_{TP}(0)}{2\pi} \int\limits_{-\omega_g}^{\omega_g} e^{+j\omega(t-t_0)} d\omega =$$

$$= \frac{H_{TP}(0)}{2\pi} \cdot \frac{1}{j(t-t_0)} \cdot e^{j\omega(t-t_0)} \Big|_{-\omega_g}^{\omega_g} = H_{TP}(0) \cdot \frac{\omega_g}{\pi} \cdot \mathrm{si}\big(\omega_g(t-t_0)\big)$$

(8.106)

b) Das Spektrum des idealen Tiefpasses (8.97) besitzt mit (2.21) die äquivalente Darstellung

$$H_{TP}(j\omega) = H_{TP}(0) e^{-j\omega t_0} \cdot \Pi_{2\omega_g}(\omega)$$

(8.107)

Man erkennt zunächst, dass der Exponentialanteil zu einer Zeitverschiebung um $-t_0$ führt. Des Weiteren kann der Symmetriesatz in Tabelle 8-1 und die daraus abgeleitete in der Tabelle 8-2 gegebene Korrespondenz

$$\frac{\omega_g}{\pi} \cdot \mathrm{si}\big(\omega_g t\big) \quad \leftrightarrow \quad \Pi_{2\omega_g}(\omega)$$

(8.108)

angewandt werden. Damit resultiert schließlich die Impulsantwort wie in (8.106).

c) siehe Bild 8-22

d) Der Einfachheit halber wählen wir als Näherungswert die Breite des Hauptbereiches der Impulsantwort, also das Zweifache des Abszissenwertes der ersten Nullstelle für $t > 0$. Aus Bild 8-22 ergibt sich $2 / 2f_g = 100$ µs.

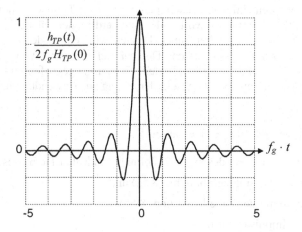

Bild 8-22 Impulsantwort des idealen Tiefpasses mit der Grenzfrequenz f_g

Beispiel Impulsantwort des idealen Bandpasses

a) Berechnen Sie die Impulsantwort des idealen Bandpasses nach Bild 8-18.

b) Skizzieren Sie den prinzipiellen Verlauf der Impulsantwort.

Lösung

a) Der Frequenzgang des idealen Bandpasses ist charakterisiert durch den Betrag

$$|H_{BP}(j\omega)| = \begin{cases} A & \text{für} \quad \omega_u < |\omega| < \omega_o \\ 0 & \text{sonst} \end{cases} \tag{8.109}$$

und die Phase

$$b_{BP}(\omega) = -\omega t_0 \quad \text{für} \quad \omega_u < |\omega| < \omega_o \tag{8.110}$$

Eine dazu äquivalente Darstellung ist

$$H_{BP}(j\omega) = |H(j\omega_c)| e^{-j\omega t_0} \cdot [\Pi_W(\omega - \omega_c) + \Pi_W(\omega + \omega_c)] \tag{8.111}$$

mit der Bandbreite

$$W = \omega_o - \omega_u \tag{8.112}$$

und der (Band-)Mittenkreisfrequenz

$$\omega_c = \frac{\omega_o + \omega_u}{2} \tag{8.113}$$

Der Frequenzgang des idealen Bandpasses (8.111) zeigt im Vergleich zum Frequenzgang des idealen Tiefpasses (8.108), dass er aus zwei verschobenen Tiefpassfrequenzgängen zusammengesetzt gedacht werden kann, siehe auch Bild 8-18.

$$H_{BP}(j\omega) = H_{TP}(0) \cdot e^{-j\omega t_0} \cdot \left[H_{TP}(j(\omega - \omega_c)) + H_{TP}(j(\omega + \omega_c)) \right] \tag{8.114}$$

mit

$$W = 2\omega_g \tag{8.115}$$

und

$$H_{TP}(0) = |H_{BP}(j\omega_c)| \tag{8.116}$$

Jetzt kann mit dem Modulationssatz und dem Verschiebungssatz in Tabelle 8-1 die Impulsantwort berechnet werden. Die beiden Frequenzverschiebungen um $-\omega_c$ bzw. $+\omega_c$ ergeben zusammen eine Modulation (Multiplikation) mit der Kosinusfunktion.

Eine kurze Zwischenrechnung ergibt

$$h_{BP}(t) = \frac{W}{\pi} \cdot \left| H_{BP}(j\omega_c) \right| \cdot \text{si}\left(\frac{W}{2}[t - t_0] \right) \cdot \cos\left(\omega_c [t - t_0] \right) \tag{8.117}$$

b) Für die grafische Darstellung der Impulsantwort in Bild 8-23 wird eine normierte Form gewählt. Mit $W = 2\pi \cdot B$ ergibt sich die normierte Zeit $B \cdot t$ und das Verhältnis von Mittenfrequenz zu Bandbreite $f_c / B = 8$. Damit fallen 4 Perioden der Kosinusfunktion in das normierte Abszissenintervall von 0 bis 1.

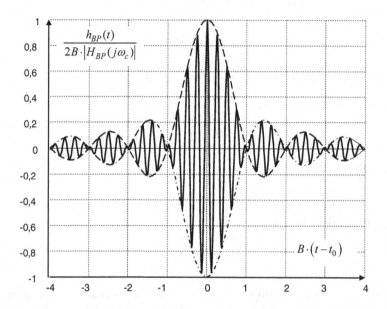

Bild 8-23   Impulsantwort des idealen Bandpasses mit der Bandbreite B, der Mittenkreisfrequenz ω_c und der Phasensteilheit t_0 (Ausschnitt in normierte Darstellung)

Beispiel   Impulsantwort des Hilbert-Transformators

In der Nachrichtenübertragungstechnik spielt der *Hilbert-Transformator*, ein breitbandiges System zur Phasenverschiebung um $\pi / 2$, eine Rolle. Sein Frequenzgang ist

$$H_H(j\omega) = -j\,\text{sgn}(\omega) \tag{8.118}$$

a) Skizzieren Sie den Frequenzgang.

b) Berechnen Sie die Impulsantwort des Hilbert-Transformators mit dem Symmetriesatz für die Signumfunktion.

c) Handelt es sich bei dem Hilbert-Transformator um ein realisierbares System?

Anmerkung: David Hilbert: *1862/†1943, deutscher Mathematiker.

Lösung

a) siehe Bild 8-24

b) In Tabelle 8-2 ist für die Signumfunktion im Zeitbereich die Korrespondenz angegeben. Aus dem Symmetriesatz in Tabelle 8-1 folgt unter Berücksichtigung, dass die Signumfunktion eine ungerade Funktion ist

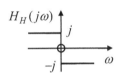

Bild 8-24 Frequenzgang des Hilbert-Transformators

$$-j\operatorname{sgn}(\omega) = j\operatorname{sgn}(-\omega) \leftrightarrow \frac{1}{2\pi} \cdot j \cdot \frac{2}{jt} = \frac{1}{\pi t} \qquad (8.119)$$

c) Der Hilbert-Transformator ist nichtkausal und deshalb physikalisch nicht realisierbar. In einem eingeschränkten Frequenzbereich (Bandpass) kann er jedoch näherungsweise realisiert werden.

Beispiel Frequenzgang der Dämpfung und Bode-Diagramm

Eine einfache Methode zur Abschätzung des Frequenzganges der Dämpfung resultiert aus der rationalen Form der Übertragungsfunktion. Anhand der Pole und der Nullstellen kann der Frequenzgang durch Geraden stückweise approximiert werden. Das Verfahren ist als *Bode-Diagramm* bekannt.

a) Geben Sie das Bode-Diagramm der Dämpfung zu

$$H(j\omega_n) = \frac{(1 + j\omega_n)}{(1 + j\,\omega_n/10)\cdot(1 + j\,\omega_n/100)} \qquad (8.120)$$

bzgl. der normierten Kreisfrequenz ω_n an.

b) Wie verändert sich der Beitrag eines Pols oder Nullstelle, wenn der Pol bzw. die Nullstelle die Vielfachheit $V > 1$ aufweist?

Lösung

a) Zunächst werden die Einzelbeiträge der Pole und Nullstellen zum Frequenzgang der Dämpfung

$$\frac{a_{dB}(\omega_n)}{\mathrm{dB}} = -20\cdot\lg|H(j\omega_n)| = -20\cdot\lg\left|\frac{(1 + j\omega_n)}{(1 + j\,\omega_n/10)\cdot(1 + j\,\omega_n/100)}\right| \qquad (8.121)$$

mit Hilfe der Logarithmusfunktion aufgeteilt

$$\frac{a_{dB}(\omega_n)}{\mathrm{dB}} = -20\cdot\lg|1 + j\omega_n| + 20\cdot\lg|1 + j\,\omega_n/10| + 20\cdot\lg|1 + j\,\omega_n/100| \qquad (8.122)$$

Man sieht, die Nullstellen leisten einen negativen und die Pole einen positiven Beitrag zur Dämpfung.

Alle Beiträge sind von der prinzipiellen Form

$$\pm 20 \cdot \lg \left| 1 + j \frac{\omega_n}{\omega_{n,i}} \right| \tag{8.123}$$

wobei $\omega_{n,i}$ für den Beitrag einer normierten Nullstelle bzw. eines normierten Pols steht.

Die Abschätzung der Beiträge geschieht für

- $\omega_n \ll \omega_{n,i}$

$$\pm 20 \cdot \lg \left| 1 + j \frac{\omega_n}{\omega_{n,i}} \right| \, \text{dB} \approx \pm 20 \cdot \lg 1 \, \text{dB} = 0 \, \text{dB} \tag{8.124}$$

- $\omega_n = \omega_{n,i}$

$$\pm 20 \cdot \lg \left| 1 + j \right| \, \text{dB} = \pm 20 \cdot \lg \sqrt{2} \, \text{dB} \approx \pm 3 \, \text{dB} \tag{8.125}$$

- $\omega_n \gg \omega_{n,i}$

$$\pm 20 \cdot \lg \left| 1 + j \frac{\omega_n}{\omega_{n,i}} \right| \, \text{dB} \approx \pm 20 \cdot \lg \frac{\omega_n}{\omega_{n,i}} \, \text{dB} \tag{8.126}$$

Für die Beiträge gilt vereinfachend

- $\omega_n < \omega_{n,i}$ ☞ Der Beitrag ist näherungsweise null.

- $\omega_n = \omega_{n,i}$ ☞ Der Beitrag ist ±3 dB für einen Pol (+) bzw. eine Nullstelle (–).

- $\omega_n > \omega_{n,i}$ ☞ Der Beitrag folgt asymptotisch einer Geraden, die im Punkt $\omega_n = \omega_{n,i}$ auf der Abszisse beginnt und pro Oktave (Frequenzverdoppelung) um 6 dB für einen Pol (–) steigt bzw. für eine Nullstelle (+) fällt.

Letzteres erkennt man aus

$$\pm 20 \cdot \lg \frac{2 \cdot \omega_n}{\omega_{n,i}} \, \text{dB} = \pm 20 \cdot \lg \frac{\omega_n}{\omega_{n,i}} \, \text{dB} \pm 20 \cdot \lg 2 \, \text{dB} \approx \pm 20 \cdot \lg \frac{\omega_n}{\omega_{n,i}} \, \text{dB} \pm 6 \, \text{dB} \tag{8.127}$$

Betrachtet man eine Verzehnfachung der Frequenz, so spricht man von einer Steigung von 20 dB pro Dekade.

b) In der Dämpfung wirkt sich die Vielfachheit V eines Pols oder einer Nullstelle als Faktor vor der Logarithmusfunktion aus. Es ergibt sich eine Steilheit von $V \cdot 6$ dB pro Oktave bzw. $V \cdot 20$ dB pro Dekade.

Anmerkung: Die Auswirkung von komplexen Polen und Nullstellenpaaren ist z. B. in [GRS07] oder [Schü91] näher beschrieben.

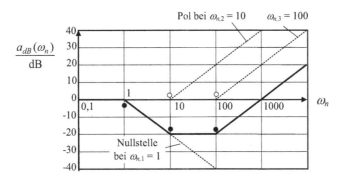

Bild 8-25 Bode-Diagramm der Dämpfung zu (8.121)

Beispiel Pre- und Deemphase für den UKW-Rundfunk

Im UKW-Rundfunk werden zur Unterdrückung von Rauschstörungen die in Bild 8-26 gezeigten einfachen *Preemphase*- und *Deemphase-Netzwerke* eingesetzt [Wer06]. Das Frequenzverhalten der Netzwerke soll nachfolgend schrittweise untersucht werden.

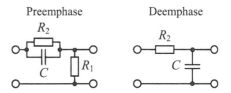

Bild 8-26 Preemphase- und Deemphase-Netzwerke für den UKW-Rundfunk

a) Geben Sie die Frequenzgänge der Netzwerke an.

b) In der Rundfunktechnik werden die Frequenzgänge in normierter Form angegeben. Normieren Sie die Frequenzgänge mit

$$r = \frac{R_1}{R_1 + R_2} \quad \text{und} \quad \Omega = \omega C R_2 \tag{8.128}$$

c) Im UKW-Rundfunk werden die folgenden Parameter verwendet.

$$r = 1/16, \Omega_{3dB} = 1 \quad \text{und} \quad C R_2 = 50 \ \mu s \tag{8.129}$$

Berechnen Sie die 3dB-Grenzfrequenz des Deemphase-Netzwerks.

d) Skizzieren Sie die Bode-Diagramme zu den Preemphase- und Deemphase-Netzwerken.

e) Bei der UKW-Rundfunkübertragung wird vor der FM-Modulation im Sender das Preemphase-Netzwerk für das Signal im Audio-Band von 30 Hz bis 15 kHz eingesetzt. Im Empfänger wird nach der Demodulation das Signal im Audio-Band mit dem Deemphase-Netzwerk gefiltert.

Bei der FM-Übertragung tritt in der Regel eine additive Störung durch Rauschen auf, bei der die Leistungen der störenden Spektralanteile proportional zu ω^2 zunehmen. Überlegen Sie, wie die in der Aufgabe analysierte Kombination aus Preemphase- und Deemphase-Netzwerk die Störung verringert.

Lösung

a) Frequenzgänge der Preemphase-(P-) und Deemphase-(D-)Netzwerke

$$H_P(j\omega) = \frac{R_1 \cdot (1 + j\omega CR_2)}{R_1 + R_2 + j\omega CR_1 R_2} \quad \text{und} \quad H_D(j\omega) = \frac{1}{1 + j\omega CR_2} \tag{8.130}$$

b) Normierte Form

$$H_P(j\Omega) = \frac{r \cdot (1 + j\Omega)}{1 + j\Omega r} \quad \text{und} \quad H_D(j\Omega) = \frac{1}{1 + j\Omega} \tag{8.131}$$

c) Die 3dB-Grenzfrequenz des Deemphase-Netzwerks berechnet sich aus

$$\Omega_{3dB} = 2\pi f_{3dB,D} CR_2 = 1 \tag{8.132}$$

Auflösen und Einsetzen der Parameter liefern

$$f_{3dB,D} = \frac{1}{2\pi CR_2} = \frac{1}{2\pi \cdot 50\,\mu s} = 3183\ \text{Hz} \tag{8.133}$$

d)   Bode-Diagramme für den Frequenzgang der Dämpfungen, siehe Bild 8-27

$$\frac{a_{dB,D}(\Omega)}{dB} = -20 \cdot \lg |H_D(j\Omega)| = -20 \cdot \lg \left| \frac{1}{1 + j\Omega} \right| \tag{8.134}$$

und

$$\frac{a_{dB,P}(\Omega)}{dB} = -20 \cdot \lg |H_P(j\Omega)| = -20 \cdot \lg \left| \frac{1 + j\Omega}{1 + j\Omega r} \right| - 20 \cdot \lg r =$$

$$= 24{,}08 - 20 \cdot \lg \left| \frac{1 + j\Omega}{1 + j\Omega/16} \right| \tag{8.135}$$

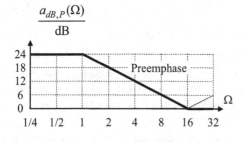
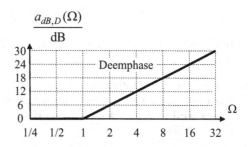

Bild 8-27 Bode-Diagramme der Dämpfung zu den Preemphase-(P-) und Deemphase-(D-)Netzwerken

Beispiel T-Glied (Fortführung aus Abschnitt 7.4)

Gegeben ist in Bild 8-28 das T-Glied mit Pol-Nullstellendiagramm [Mil94]. Die Schaltungsgrößen im Bild sind normierte Größen. Mit den Indizes n für die normierten Größen und b für die Bezugsgrößen gilt:

Tabelle 8-6 Normierte Größen

Zeit	$t_n = t / t_b$	Widerstand	$R_n = R / R_b$
Frequenz	$f_n = f / f_b$	Induktivität	$L_n = \omega_b L / R_b$
Spannung	$u_n = u / u_b$	Kapazität	$C_n = \omega_b C R_b$
Strom	$i_n = i / i_b$	mit $\omega_b = 2\pi f_b$ und $t_b = 1 / f_b$	

Anmerkung: Die Aufgabenteile (a) bis (d) werden in Abschnitt 7.4.4 gelöst.

a) Ist das System stabil?

b) Geben Sie die Übertragungsfunktion $H(s)$ an. Skalieren Sie die Übertragungsfunktion so, dass $H(0) = 1$.

c) Berechnen Sie die Impulsantwort $h(t)$.

d) Berechnen Sie die Sprungantwort $s(t)$.

e) Geben Sie den Frequenzgang $H(j\omega)$ an.

f) Bestimmen Sie den Frequenzgang der Dämpfung $a(\omega)$ in dB und schätzen Sie das Übertragungsverhalten ab.

g) Das System soll mit der 3dB-Grenzfrequenz bei 4 kHz an 75 Ω betrieben werden. Dimensionieren Sie die Bauelemente entsprechend und geben Sie die Schaltung an.

h) Kontrollieren Sie das Ergebnis mit der komplexen Wechselstromrechnung, indem Sie den Übertragungsfaktor für die komplexen Amplituden bei der 3dB-Grenzfrequenz berechnen.

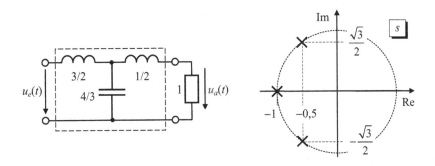

Bild 8-28 T-Glied in normierter Darstellung mit Pol-Nullstellendiagramm

Lösung

a) bis d) siehe Abschnitt 7.4.4

e) Frequenzgang

Da das System strikt stabil ist, existiert die Übertragungsfunktion auf der imaginären Achse und man erhält aus der Übertragungsfunktion (7.49) für $s = j\omega$ den Frequenzgang

$$H(j\omega) = \frac{1}{(j\omega+1)\cdot(-\omega^2 + j\omega + 1)} = \frac{1}{1 - 2\omega^2 + j\omega(2 - \omega^2)} \qquad (8.136)$$

f) Frequenzgang der Dämpfung

Durch Betragsbildung resultiert zunächst

$$|H(j\omega)| = \frac{1}{\sqrt{(1 - 2\omega^2)^2 + \omega^2(2 - \omega^2)^2}} = \frac{1}{\sqrt{1 + \omega^6}} \qquad (8.137)$$

Der Frequenzgang der Dämpfung ist definiert als

$$\frac{a_{dB}(\omega)}{dB} = -20\cdot\lg|H(j\omega)| = -20\cdot\lg\frac{1}{\sqrt{1 + \omega^6}} = 10\cdot\lg\left(1 + \omega^6\right) \qquad (8.138)$$

Das Übertragungsverhalten wird anhand zweier Grenzbetrachtungen abgeschätzt:

*   für kleine Frequenzen: $\omega \to 0$

$$a_{dB}(\omega) \approx 10\cdot\lg(1 + 0)\ dB = 0\ dB \qquad (8.139)$$

*   für große Frequenzen: $\omega \gg 1$

$$a_{dB}(\omega) \approx 10\cdot\lg\omega^6\ dB = 60\cdot\lg\omega\ dB \qquad (8.140)$$

Das System zeigt Tiefpassverhalten. Spektralanteile des Eingangssignals mit $\omega < 1$ werden kaum gedämpft. Mit zunehmender Frequenz steigt die Dämpfung monoton. Für $\omega \gg 1$ wächst sie bei jeder Frequenzverdoppelung um $60\cdot\lg2$ dB ≈ 18 dB, d. h. die Dämpfung nimmt um circa 18 dB pro Oktave bzw. etwa 60 dB pro Dekade zu.

Bei dem System handelt es sich um einen *Potenztiefpass* oder *Buttworth-Tiefpass 3. Ordnung*. Für diese Familie von Standardtiefpässen ist die Lage der Pole auf einem Kreis um den Ursprung in der *s*-Ebene charakteristisch. Die Pole liegen alle in der linken Halbebene und der Winkel zwischen ihnen beträgt genau π / N mit der Filterordnung N.

In Bild 8-29 sind die Impulsantwort, die Sprungantwort, der Betragsfrequenzgang und der Frequenzgang der Dämpfung über der normierten Zeit bzw. Kreisfrequenz aufgezeichnet.

*   Impulsantwort und Sprungantwort zeigen das für Tiefpässe typische Verhalten. Aufgrund der relativ geringen Flankensteilheit des Betragsfrequenzganges erreichen die Impulsantwort und die Sprungantwort ohne starke Schwingungen ihre Endwerte, vgl. ([Schü88], Tabelle 6.1).

- Der Betragsfrequenzgang zeigt das charakteristische Verhalten des Butterworth-Tiefpasses. Der Betragsfrequenzgang beginnt bei $\omega_n = 0$, beim Maximalwert, relativ flach und fällt dann monoton gegen null. Die Stelle, an der der auf 1 normierte Betragsfrequenzgang den Wert $1/\sqrt{2}$ annimmt, wird als *3dB-Punkt* mit der *3dB-Grenzfrequenz* f_{3dB} bezeichnet, da die Dämpfung dann den Wert von ≈ 3dB aufweist.

Anmerkung: Der Betragsfrequenzgang von Butterworth-Tiefpässen an der Stelle $\omega = 0$ wird als *maximal flach* bezeichnet, da dort die Ableitungen des Betragsfrequenzganges bis zur Ordnung $2N-1$ null sind.

- Der Frequenzgang der Dämpfung zeigt deutlich das oben abgeschätzte Verhalten. Er kann im Bode-Diagramm durch zwei Geraden approximiert werden. Für $\omega_n < 1$ ist die Dämpfung näherungsweise Null. Für $\omega_n > 1$ approximiert sie asymptotisch eine Gerade beginnend bei $\omega_n = 1$ und einer Steigung von 60 dB pro Dekade.

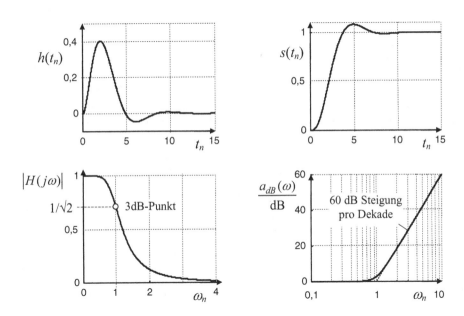

Bild 8-29 Impulsantwort $h(t)$, Sprungantwort $s(t)$, Betragsfrequenzgang $|H(j\omega)|$ und Frequenzgang der Dämpfung $a_{dB}(\omega)$ des Butterworth-Tiefpasses 3. Ordnung in Bild 8-28 über der normierten Zeit t_n bzw. der normierten Kreisfrequenz ω_n aufgetragen

g) Dimensionierung: Für die normierte 3dB-Grenzfrequenz gilt

$$\omega_{3dB,n} = \frac{\omega_{3dB}}{\omega_b} = 1 \qquad (8.141)$$

Mit der gewünschten Grenzfrequenz von 4 kHz folgt die Bezugsfrequenz

$$\omega_b = 2\pi \cdot 4\text{kHz} \qquad (8.142)$$

Der normierte Widerstand ist 1, weshalb für den Bezugswiderstand die gewünschten 75 Ω einzusetzen sind.

$$R_b = 75\Omega \tag{8.143}$$

Mit den bekannten Bezugsgrößen werden die tatsächlichen Werte der Induktivitäten und der Kapazität des Butterworth-Tiefpasses berechnet.

$$L_1 = \frac{R_b L_{1,n}}{\omega_b} = \frac{75\Omega \cdot 1,5}{2\pi \cdot 4\text{kHz}} \approx 4,5\text{mH}$$

$$L_2 = \frac{R_b L_{3,n}}{\omega_b} = \frac{75\Omega \cdot 0,5}{2\pi \cdot 4\text{kHz}} \approx 1,5\text{mH} \tag{8.144}$$

$$C_2 = \frac{C_{2,n}}{\omega_b R_b} = \frac{4/3}{2\pi \cdot 4\text{kHz} \cdot 75\Omega} \approx 0,7\mu\text{F}$$

Mit dem Bezugswert für die Frequenznormierung ist auch die Zeitskalierung in Bild 8-29 gegeben. Es entspricht $t = t_b \cdot t_n = t_n \cdot 0,25\,\text{ms}$. Die Bilder zeigen also das Zeitintervall von 0 bis 3,75 ms bzw. das Frequenzintervall von 0 bis 16 kHz links bzw. rechts 40 kHz.

h) Komplexe Wechselstromrechnung: Das Ersatzschaltbild für die komplexe Wechselstromrechnung mit Spannungsquelle und Lastwiderstand ist in Bild 8-30 angegeben.

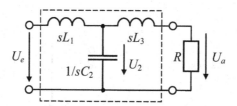

Bild 8-30   Ersatzschaltbild mit komplexen Amplituden für den abgeschlossenen Butterworth-Tiefpass

Zur einfacheren Rechnung führt man als Hilfsgrößen die Impedanzen ein.

$$Z_1 = sL_1 \; ; \quad Z_2 = 1/sC_2 \; ; \quad Z_3 = sL_3 + R_a \tag{8.145}$$

Die Gesamtimpedanz von der Quelle aus gesehen beträgt

$$Z_g = Z_1 + \frac{1}{1/Z_2 + 1/Z_3} = Z_1 + \frac{Z_2 Z_3}{Z_2 + Z_3} = \frac{Z_1 Z_2 + Z_1 Z_3 + Z_2 Z_3}{Z_2 + Z_3} \tag{8.146}$$

Zur Bestimmung des Übertragungsfaktors der komplexen Amplituden U_a / U_e wird zunächst die Spannung am Querzweig U_2 mit der Spannungsteilerregel berechnet.

$$U_2 = U_e \cdot \frac{\dfrac{Z_2 Z_3}{Z_2 + Z_3}}{Z_g} = U_e \cdot \frac{Z_2 Z_3}{Z_1 Z_2 + Z_1 Z_3 + Z_2 Z_3} \tag{8.147}$$

Die erneute Anwendung der Spannungsteilerregel liefert den gesuchten Übertragungsfaktor

$$U_a = U_2 \frac{R_a}{Z_3} = U_e \frac{Z_2 R_a}{Z_1 Z_2 + Z_1 Z_3 + Z_2 Z_3} \tag{8.148}$$

Jetzt werden die Beziehungen für die Impedanzen eingesetzt und das Verhältnis der komplexen Spannungsamplituden gebildet.

$$\frac{U_a}{U_e} = \frac{R_a/sC_2}{sL_1/sC_2 + sL_1\left(sL_3 + R_a\right) + \left(sL_3 + R_a\right)/sC_2} =$$

$$= \frac{R_a}{sL_1 + sL_1\left(sL_3 + R_a\right)sC_2 + sL_3 + R_a} = \frac{R_a}{R_a + s\left(L_1 + L_3\right) + s^2 L_1 C_2 R_a + s^3 L_1 C_2 L_3} \tag{8.149}$$

Einsetzen der Zahlenwerte der normierten Bauelemente liefert die Übertragungsfunktion.

$$\frac{U_a}{U_e} = \frac{1}{1 + s\left(\dfrac{3}{2} + \dfrac{1}{2}\right) + s^2 \dfrac{3 \cdot 4}{2 \cdot 3} + s^3 \dfrac{3 \cdot 4 \cdot 1}{2 \cdot 3 \cdot 2}} = \frac{1}{1 + 2s + 2s^2 + s^3} \tag{8.150}$$

Setzt man noch den komplexen Frequenzparameter s bei der 3dB-Grenzfrequenz in der normierten Form, $s = j$, ein, so resultiert das erwartete Ergebnis.

$$\left.\left|\frac{U_a}{U_e}\right|\right|_{s=j} = \left|\frac{1}{1 + j2 - 2 - j}\right| = \frac{1}{\left|-1 + j\right|} = \frac{1}{\sqrt{2}} \tag{8.151}$$

 Online-Ressourcen zu Kapitel 8 mit Übungsaufgaben und Übungen mit MATLAB

9 Fourier-Transformation für zeitdiskrete Signale

9.1 Einführung

Zur Beschreibung im Zeitbereich tritt in Abschnitt 8 mit der Fourier-Transformation die Charakterisierung der Signale und Systeme im Frequenzbereich. Elementare physikalische Konzepte der Informationstechnik wie Bandbreite und frequenzselektive Filter werden dadurch mathematisch zugänglich.

Die enge Verwandtschaft zwischen den zeitkontinuierlichen und zeitdiskreten Signalen und Systemen legt es nahe, die Frequenzbereichsdarstellung auch in der digitalen Signalverarbeitung zu nutzen. Ein Zugang ergibt sich aus der Betrachtung des Spektrums einer Abtastfolge. Stellen wir uns vor, die Folge $x[n]$ sei durch die ideale Abtastung eines zeitkontinuierlichen Signals $x(t)$ entstanden, d. h. durch Multiplikation mit einem Impulskamm

$$x_a(t) = x(t) \cdot \sum_{n=-\infty}^{+\infty} \delta(t - nT_a) = \sum_{n=-\infty}^{+\infty} x[n] \cdot \delta(t - nT_a) \tag{9.1}$$

so führt die Fourier-Transformation

$$F\{x_a(t)\} = \int_{-\infty}^{+\infty} \sum_{n=-\infty}^{+\infty} x[n] \delta(t - nT_a) e^{-j\omega t} dt \tag{9.2}$$

wegen der Ausblendeigenschaft der Impulsfunktion auf

$$F\{x_a(t)\} = \sum_{n=-\infty}^{+\infty} x[n] \cdot e^{-j\omega T_a n} \tag{9.3}$$

Die Summe auf der rechten Seite kann mit $z = e^{j\Omega}$ und der *normierten Kreisfrequenz* $\Omega = \omega T_a$ als z-Transformation (6.1) mit z auf dem Einheitskreis der komplexen Ebene interpretiert werden. Diese kurze Vorüberlegung motiviert die nachfolgende Definition der Fourier-Transformation zeitdiskreter Signale.

9.2 Definition der Fourier-Transformation für zeitdiskrete Signale

Falls die Summe

$$X\left(e^{j\Omega}\right) = F\{x[n]\} = \sum_{n=-\infty}^{+\infty} x[n] \cdot e^{-j\Omega n} \tag{9.4}$$

existiert, bilden die Folge $x[n]$ und die Funktion $X(e^{j\Omega})$ ein *Fourier-Paar*

$$x[n] \;\leftrightarrow\; X\left(e^{j\Omega}\right) \tag{9.5}$$

Die Funktion $X(e^{j\Omega})$ wird die *Fourier-Transformierte*, oder auch kurz das *Spektrum*, der Folge $x[n]$ genannt.

Anmerkung: In der Literatur ist auch die Schreibweise $X(\Omega)$ gebräuchlich. Mit der hier gewählten Schreibweise wird der Zusammenhang mit der z-Transformation (6.1) herausgestellt. In der Literatur werden zum Teil auch andere Symbole benutzt. Zur besonderen Kennzeichnung kann auch ein „F" über den Doppelpfeil geschrieben werden.

Lernziele

Nach Bearbeiten des Abschnitts 9.2 können Sie

- die Transformationsgleichungen der Fourier-Transformation für zeitdiskrete Signale angeben
- die Fourier-Transformierte der Rechteckimpulsfolge analytisch angeben und skizzieren
- die absolute Summierbarkeit einer Folge als hinreichendes Kriterium für die Existenz der Fourier-Transformation begründen
- den Zusammenhang zwischen Fourier-Transformation und z-Transformation und den entsprechenden Transformierten aufzeigen

Einen wesentlichen Unterschied zur Fourier-Transformation im Zeitkontinuierlichen gibt es. In der Summenformel (9.4) wird die Frequenzvariable mit ganzen Zahlen n multipliziert, so dass sich im Spektrum die 2π-Periodizität einstellt.

$$X\left(e^{j\Omega}\right) = X\left(e^{j[\Omega+2\pi k]}\right) \quad \text{für} \quad k \in \mathbb{Z} \tag{9.6}$$

Hier zeigt sich abermals die Dualität der Fourier-Transformation. So wie einem periodischen zeitkontinuierlichen Signal ein diskontinuierliches Spektrum (Linienspektrum) zugeordnet wird, so wird einem diskontinuierlichen Zeitsignal ein periodisches kontinuierliches Spektrum zugewiesen. Wegen der Periodizität genügt es im Weiteren die Spektren in der Grundperiode $\Omega \in [-\pi,\pi]$ oder $[0,2\pi]$ darzustellen.

Durch die *inverse Fourier-Transformation* erhält man aus dem Spektrum die Folge, wobei die Integration über eine Periode des Spektrums erfolgt.

$$x[n] = \mathrm{F}^{-1}\left\{X\left(e^{j\Omega}\right)\right\} = \frac{1}{2\pi} \int\limits_{-\pi}^{+\pi} X\left(e^{j\Omega}\right) \cdot e^{j\Omega n} d\Omega \tag{9.7}$$

Anmerkung: Die Umkehrformel erhält man durch Substitution der komplexen Umkehrformel der z-Transformation (6.34), wenn man sie auf dem Einheitskreis der z-Ebene auswertet.

Für die Existenz der Fourier-Transformierten (9.4) ist die *absolute Summierbarkeit* der Folge hinreichend

$$\sum_{n=-\infty}^{+\infty} |x[n]| < \infty \tag{9.8}$$

Der Vergleich der Fourier-Transformation (9.4) mit der z-Transformation (6.1) zeigt die formale Übereinstimmung für $z = e^{j\Omega}$. Zu beachten ist dabei aber, dass der Betrag von z entscheidend für das Konvergenzverhalten ist. Existiert die z-Transformierte auf dem Einheitskreis der z-Ebene, so gilt

$$Z\{x[n]\} = X(z)\big|_{z=e^{j\Omega} \text{ im Konvergenzgebiet}} = X(e^{j\Omega}) = F\{x[n]\} \qquad (9.9)$$

Eine hinreichende Bedingung hierfür ist die absolute Summierbarkeit der Folge (9.8). Damit ist insbesondere die Auswertung der Übertragungsfunktionen auf dem Einheitskreis der z-Ebene für stabile Systeme sichergestellt.

In der Anwendung sind jedoch auch nicht absolut summierbare Folgen, wie beispielsweise die Sinusfolge oder die Sprungfolge von Interesse. In diesen Fällen ist (9.9) nicht anwendbar, siehe auch das Beispiel der Sprungfolge in Abschnitt 8.4.4. Es können jedoch mit der Distributionentheorie sinnvolle Fourier-Transformierte angegeben werden.

Beispiel Fourier-Transformation des zeitdiskreten Rechteckimpulses

Die Fourier-Transformation des Rechteckimpulses (2.21) liefert zunächst

$$X_{\Pi}\left(e^{j\Omega}\right) = \sum_{n=-\infty}^{+\infty} \Pi_N[n] \cdot e^{-j\Omega n} = \sum_{n=-N}^{+N} e^{-j\Omega n} \qquad (9.10)$$

Die Summe kann in zwei geometrische Reihen aufgespalten werden

$$X_{\Pi}\left(e^{j\Omega}\right) = \sum_{n=0}^{+N} e^{-j\Omega n} + \sum_{n=0}^{+N} e^{j\Omega n} - 1 \qquad (9.11)$$

Wir berechnen beispielhaft die erste geometrische Reihe [BSMM99]. Für sie ergibt sich nach Ausklammern und Anwenden der eulerschen Formel

$$\sum_{n=0}^{+N} e^{-j\Omega n} = \frac{e^{-j\Omega\cdot(N+1)} - 1}{e^{-j\Omega} - 1} = e^{-j\Omega N/2} \cdot \frac{\sin[\Omega\cdot(N+1)/2]}{\sin(\Omega/2)} \qquad (9.12)$$

Für die zweite geometrische Reihe gilt aus Symmetriegründen (9.12) mit $-\Omega$ statt Ω. Berücksichtigen wir noch, dass die Sinusfunktion ungerade ist, so resultiert das Zwischenergebnis

$$X_{\Pi}\left(e^{j\Omega}\right) = e^{-j\Omega N/2} \cdot \frac{\sin(\Omega\cdot(N+1)/2)}{\sin(\Omega/2)} + e^{j\Omega N/2} \cdot \frac{\sin(\Omega\cdot(N+1)/2)}{\sin(\Omega/2)} - 1 \qquad (9.13)$$

und daraus

$$X_{\Pi}\left(e^{j\Omega}\right) = 2\cos(\Omega\cdot N/2) \cdot \frac{\sin(\Omega\cdot(N+1)/2)}{\sin(\Omega/2)} - 1 \qquad (9.14)$$

Nach Bilden des Hauptnenners und Anwenden der Produktformel für die trigonometrischen Funktionen ergibt sich schließlich die gesuchte Fourier-Transformierte in kompakter Form.

$$X_{\Pi}\left(e^{j\Omega}\right) = \frac{\sin\left(\Omega\cdot(2N+1)/2\right)}{\sin\left(\Omega/2\right)} \qquad (9.15)$$

Bild 9-1 veranschaulicht das Ergebnis am Beispiel der Rechteckimpulsfolge mit $N = 5$. Der Vergleich mit dem zeitkontinuierlichen Rechteckimpuls und seinem Spektrum in Bild 8-11 zeigt eine ähnliche Form. Das Spektrum der Folge setzt sich jedoch für Ω periodisch fort, während die si-Funktion in Bild 8-11 für f gegen unendlich abklingt.

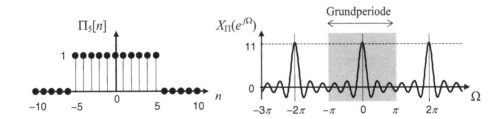

Bild 9-1 Rechteckimpuls mit $N = 5$ und sein Spektrum

Für den ersten Nulldurchgang des Spektrums für positive Kreisfrequenzen folgt aus (9.15), wie im zeitkontinuierlichen Fall, der reziproke Zusammenhang zur Impulsbreite.

$$\Omega_0 = \frac{2\pi}{2N+1} \tag{9.16}$$

9.3 Eigenschaften der Fourier-Transformation für zeitdiskrete Signale

Lernziele

Nach Bearbeiten des Abschnitts 9.3 können Sie

- wichtige Eigenschaften der Fourier-Transformation für zeitdiskrete Signale nennen und anwenden

Die Eigenschaften der Fourier-Transformation für zeitdiskrete Signale sind in Tabelle 9-1 zusammengestellt. Sie entsprechen im Wesentlichen den Eigenschaften der z-Transformation und der Fourier-Transformation im Zeitkontinuierlichen, siehe Tabelle 6-1 bzw. Tabelle 8-1. Man beachte jedoch besonders die Unterschiede. An die Stelle der Differenziation und Integration für die zeitkontinuierlichen Signale tritt in Tabelle 9-1 die Differenz bzw. Summe für die Folgen.

Als Beispiel für die Anwendung der Beziehungen verifizieren wir die *parsevalsche Gleichung* unter Zuhilfenahme der Multiplikationseigenschaft

$$\sum_{n=-\infty}^{+\infty} x_1[n] \cdot x_2[n] \cdot e^{-j\Omega n} = \frac{1}{2\pi} X_1(e^{j\Omega}) * X_2(e^{j\Omega}) \tag{9.17}$$

wobei die Existenz der Fourier-Paare vorausgesetzt wird, vgl. auch Abschnitt 8.4.5.

Setzen wir $x_1[n] = x[n]$, $x_2[n] = x^*[n]$ und $\Omega = 0$, erhalten wir auf der linken Seite der Gleichung die Energie des Signals im Zeitbereich. Im Frequenzbereich resultiert zunächst die Faltung der Spektren

Tabelle 9-1 Einige wichtige Eigenschaften der Fourier-Transformation zeitdiskreter Signale

Eigenschaften	Zeitfolge $x[n]$	Fourier-Transformierte $X(e^{j\Omega})$
Linearität	$\alpha_1 \cdot x_1[n] + \alpha_2 \cdot x_2[n]$	$\alpha_1 \cdot X_1(e^{j\Omega}) + \alpha_2 \cdot X_2(e^{j\Omega})$
Zeitverschiebung	$x[n-n_0]$	$e^{-j\Omega n_0} \cdot X(e^{j\Omega})$
Frequenzverschiebung (Modulation)	$e^{j\Omega n_0} \cdot x[n]$	$X\left(e^{j[\Omega-\Omega_0]}\right)$
Zeitumkehr	$x[-n]$	$X(e^{-j\Omega})$
Konjugiert komplexe Folge	$x^*[n]$	$X^*(e^{-j\Omega})$
Differenz	$x[n] - x[n-1]$	$(1-e^{-j\Omega}) \cdot X(e^{j\Omega})$
Differenziation im Frequenzbereich	$n \cdot x[n]$	$j \dfrac{d}{d\Omega} X(e^{j\Omega})$
Summation im Zeitbereich[1]	$\displaystyle\sum_{m=-\infty}^{n} x[m]$	$\dfrac{1}{1-e^{-j\Omega}} \cdot X\left(e^{j\Omega}\right) + \pi\, X(1) \cdot \delta(\Omega)$
Faltung im Zeitbereich	$x_1[n] * x_2[n]$	$X_1(e^{j\Omega}) \cdot X_2(e^{j\Omega})$
Multiplikation (Fensterung, periodische Faltung im Frequenzbereich)	$x_1[n] \cdot x_2[n]$	$\dfrac{1}{2\pi} X_1\left(e^{j\Omega}\right) * X_2\left(e^{j\Omega}\right) =$ $= \dfrac{1}{2\pi}\displaystyle\int_{-\pi}^{+\pi} X_1\left(e^{j\beta}\right) \cdot X_2\left(e^{j[\Omega-\beta]}\right) d\beta$
Zuordnungsschema (Symmetrieeigenschaften für gerade (g) und ungerade (u) Anteile[2]	$x[n] = x_{g,r}[n] + x_{u,r}[n] + j \cdot x_{g,i}[n] + j \cdot x_{u,i}[n]$ F $X(e^{j\Omega}) = X_{g,r}(\Omega) + X_{u,r}(\Omega) + j \cdot X_{g,i}(\Omega) + j \cdot X_{u,i}(\Omega)$	
Parsevalsche Gleichung	$\displaystyle\sum_{n=-\infty}^{+\infty} |x[n]|^2 = \dfrac{1}{2\pi}\int_{-\pi}^{+\pi} \left|X\left(e^{j\Omega}\right)\right|^2 d\Omega$	

[1]　Man beachte die Schreibweise: $X\left(z = e^{j\Omega}\right)\Big|_{\Omega=0} = X(1)$

[2]　Zerlegt man die Exponentialfunktion in (9.4) mit der eulerschen Formel, so ergibt sich als Realteil die Kosinusfolge und als Imaginärteil die Sinusfolge. Da die Kosinusfunktion achsensymmetrisch und die Sinusfunktion punktsymmetrisch zum Ursprung sind, resultieren die Korrespondenzen in der Tabelle. Bei reellen Signalen spiegelt der Realteil der Fourier-Transformierten den geraden Anteil und der Imaginärteil den ungeraden Anteil wider. Ist das Signal komplex, können ähnliche Überlegungen angestellt werden. Siehe auch hermitesche Symmetrie.

$$\frac{1}{2\pi} X\left(e^{j\Omega}\right) * X^*\left(e^{-j\Omega}\right) = \frac{1}{2\pi} \int\limits_{-\pi}^{+\pi} X\left(e^{j\beta}\right) \cdot X^*\left(e^{-j(\Omega-\beta)}\right) d\beta \qquad (9.18)$$

und mit $\Omega = 0$ schließlich die parsevalsche Gleichung in Tabelle 9-1 unten.

Anmerkung: Die Beziehung für die konjugiert komplexe Folge in Tabelle 9-1 zeigt man schnell mit der Definitionsgleichung der Fourier-Transformation.

9.4 Fourier-Transformierte von Standardsignalen

Lernziele

Nach Bearbeiten des Abschnitts 9.4 können Sie

- die Fourier-Transformierten der Impuls- und Sprungfolge, der Sinus- und Kosinusfolge und der Exponentialfolge analytisch angeben und skizzieren

Einige in der digitalen Signalverarbeitung häufig benützten Fourier-Paare sind in Tabelle 9-2 zusammengestellt. Weitere Korrespondenzen lassen sich daraus herleiten oder in der Literatur finden, z. B. in [OWN97].

Man beachte in der Tabelle die Korrespondenzen für die nicht absolut summierbaren Folgen. Mit der Impulsfunktion können den wichtigen periodischen Folgen sinnvolle Spektren zugeordnete werden. Am Beispiel der Kosinusfolge verifizieren wir schnell den Zusammenhang. Für $0 < \Omega_0 \le \pi$ liefert die inverse Fourier-Transformation mit der Ausblendeigenschaft der Impulsfunktion und der eulerschen Formel die Korrespondenz in Tabelle 9-2.

$$\frac{1}{2\pi} \int\limits_{-\pi}^{+\pi} \pi\left[\delta(\Omega-\Omega_0) + \delta(\Omega+\Omega_0)\right] \cdot e^{j\Omega n} d\Omega = \frac{1}{2} \cdot \left(e^{j\Omega_0 n} + e^{-j\Omega_0 n}\right) = \cos(\Omega_0 n) \qquad (9.19)$$

Tabelle 9-2 Fourier-Paare zeitdiskreter Standardsignale für $|\Omega|, |\Omega_0| \le \pi$

$\delta[n]$	1
1	$2\pi \cdot \delta(\Omega)$
$\delta[n-n_0]$	$\exp(-j\Omega n_0)$
$\exp(j\Omega_0 n)$	$2\pi \cdot \delta(\Omega-\Omega_0)$
$\cos(\Omega_0 n)$	$\pi \cdot [\delta(\Omega+\Omega_0) + \delta(\Omega-\Omega_0)]$

< Fortsetzung Tabelle 9-2 >

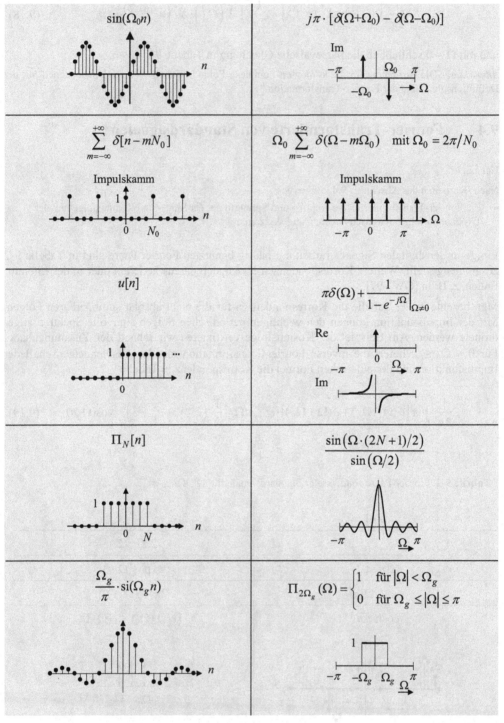

Beispiel Fourier-Transformierte der Kosinusfolge

Die Fourier-Transformation (9.4) stellt eine harmonische Analyse bereit, die die Zeitfolge in ihre Spektralkomponenten zerlegt. Im Beispiel der Kosinusfolge mit der Periode $N_0 = 16$ ergibt sich das impulsförmige Spektrum mit den Spektralkomponenten bei $\pm \pi/16$ in Bild 9-2.

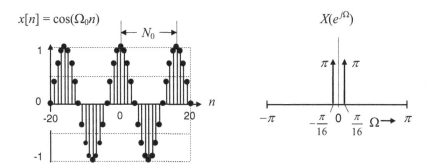

Bild 9-2 Die Kosinusfolge für $\Omega_0 = \pi/16$ und ihr Spektrum

Beispiel Fourier-Transformierte der Sprungfolge

Die Auswertung der z-Transformierten der Sprungfolge

$$u[n] \quad \leftrightarrow \quad \frac{1}{1-z^{-1}} = \frac{z}{z-1} \quad \text{für} \quad |z| > 1 \tag{9.20}$$

auf dem Einheitskreis nach (9.9) ist nicht zulässig, da die Sprungfolge nicht absolut summierbar ist. Wir müssen deshalb die Fourier-Transformierte explizit berechnen. Es liegt eine ähnliche Situation wie im zeitkontinuierlichen Fall in Abschnitt 8.4.4 vor, so dass wir einen analogen Lösungsweg beschreiten.

Die z-Transformierte der Sprungfunktion besitzt einen Pol an der Stelle $z = \exp(j\Omega) = 1$. Ansonsten ist sie auf dem Einheitskreis wohl definiert. In Analogie zur Abschnitt 8.4.4 dürfen wir schließen, dass es sich dabei um das Spektrum der Signumfunktion handelt.

$$\operatorname{sgn}[n] = \begin{cases} +1 & \text{für } n \geq 0 \\ -1 & \text{für } n < 0 \end{cases} \quad \leftrightarrow \quad \frac{2}{1-e^{-j\Omega}} \quad \text{für } \Omega \neq 0 \tag{9.21}$$

Wir verifizieren den Zusammenhang mit dem Ansatz

$$\operatorname{sgn}[n] - \operatorname{sgn}[n-1] = 2\delta[n] \tag{9.22}$$

und führen dazu die Fourier-Transformation durch, wobei wir $X(e^{j\Omega})$ als Platzhalter für das Spektrum der Signumfunktion setzten und den Zeitverschiebungssatz anwenden.

$$X\left(e^{j\Omega}\right) - e^{-j\Omega} \cdot X\left(e^{j\Omega}\right) = 2 \quad \text{für} \quad \Omega \neq 0 \tag{9.23}$$

Umstellen liefert die Behauptung

$$X\left(e^{j\Omega}\right) = \frac{2}{1-e^{-j\Omega}} \quad \text{für} \quad \Omega \neq 0 \tag{9.24}$$

Mit der Signumfunktion kann die Fourier-Transformierte der Sprungfolge schnell gefunden werden. Aus

$$u[n] = \frac{1}{2} + \frac{1}{2}\text{sgn}[n] \tag{9.25}$$

folgt die Fourier-Transformierte in Tabelle 9-2.

$$u[n] \quad \leftrightarrow \quad \pi\delta(\Omega) + \frac{1}{1-e^{-j\Omega}}\bigg|_{\Omega\neq 0} \tag{9.26}$$

9.5   Bandbreite

Lernziele

Nach Bearbeiten des Abschnitts 9.5 können Sie

- die Begriffe Bandbreite, 3dB-Bandbreite und Zeitdauer-Bandbreite-Produkt für zeitdiskrete Signale durch eine Skizze erläutern

Das Beispiel der Kosinusfolge macht deutlich, dass die Fourier-Transformation von Folgen eine dem zeitkontinuierlichen Fall entsprechende Frequenzbereichsdarstellung liefert. Der wesentliche Unterschied besteht in der Periodizität des Spektrums. Wenn die Betrachtung auf die Grundperiode $\Omega \in [-\pi,\pi]$ beschränkt wird, kann die *Bandbreite*, wie für zeitkontinuierliche Signale üblich, definiert werden. Dies belegt anschaulich der Vergleich der Spektren in Bild 9-3 mit Bild 8-13 und Bild 8-14.

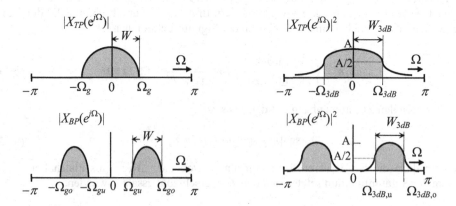

Bild 9-3 Tiefpass- (TP) und Bandpass- (BP) Spektren zeitdiskreter Signale

Entsprechend zu den Überlegungen für zeitkontinuierliche Signale in Bild 8-15 betrachten wir hier das Beispiel der Rechteckimpulsfolge in Bild 9-1. Aus der parsevalschen Gleichung folgt, dass die Frequenzkomponenten im Tiefpassbereich $0 \leq |\Omega| < \Omega_0$ den wesentlichen Leistungsbeitrag liefern. Mit Ω_0 als Kennwert der Bandbreite erhält man aus (9.16) den reziproken Zusammenhang zwischen der zeitlichen Dauer des Vorganges und der Breite des Spektrums. Zum Zeitdauer-Bandbreite-Produkt ergibt entsprechend

$$(2N+1) \cdot \frac{\Omega_0}{2\pi} = 1 \tag{9.27}$$

9.6 Anwendung der Fourier-Transformation bei zeitdiskreten LTI-Systemen

Die für zeitkontinuierliche Signale und Systeme eingeführten Größen und Beziehungen im Frequenzbereich lassen sich auf den zeitdiskreten Fall übertragen. Der enge Zusammenhang wird in Abschnitt 11 noch ausführlicher behandelt.

Lernziele

Nach Bearbeiten des Abschnitts 9.6 können Sie für LTI-Systeme

- die Begriffe Frequenzgang, Dämpfung und Phase erläutern
- den Zusammenhang zwischen Frequenzgang und Impulsantwort angeben
- erklären, was unter linearen Verzerrungen und einer verzerrungsfreien Übertragung zu verstehen ist
- die Begriffe Tiefpass, Bandpass, Hochpass und Bandsperre anschaulich erläutern
- die Frequenzgänge und Impulsantworten idealer Tiefpässe und Bandpässe skizzieren

9.6.1 Frequenzgang

Für stabile LTI-Systeme mit der Übertragungsfunktion $H(z)$ erhält man auf dem Einheitskreis der z-Ebene den *Frequenzgang* als Fourier-Transformierte der Impulsantwort.

$$H\left(e^{j\Omega}\right) = \sum_{n=-\infty}^{+\infty} h[n] \cdot e^{-j\Omega n} \tag{9.28}$$

Der komplexe Frequenzgang wird allgemein in Realteil und Imaginärteil bzw. Absolutbetrag und Argument zerlegt.

$$H(e^{j\Omega}) = \mathrm{Re}\left[H\left(e^{j\Omega}\right)\right] + j \cdot \mathrm{Im}\left[H\left(e^{j\Omega}\right)\right] = \left|H\left(e^{j\Omega}\right)\right| \cdot e^{jb(\Omega)} \tag{9.29}$$

$$b(\Omega) = \arg\left[H\left(e^{j\Omega}\right)\right] = \arctan\left(\frac{\mathrm{Im}\left[H\left(e^{j\Omega}\right)\right]}{\mathrm{Re}\left[H\left(e^{j\Omega}\right)\right]}\right) \tag{9.30}$$

Das Argument wird als *Phase* $b(\Omega)$ bezeichnet. Das Negative ihrer Ableitung ist die *Gruppen-laufzeit*

$$\tau_g(\Omega) = -\frac{d}{d\Omega} b(\Omega) \tag{9.31}$$

Anmerkung: Wie in Abschnitt 8.5 werden die Phase mit positivem und die Gruppenlaufzeit mit negativem Vorzeichen eingeführt.

Der Betrag wird häufig als *Dämpfung* im logarithmischen Maß angegeben

$$a_{dB}(\Omega) = -20 \cdot \lg \left| H\left(e^{j\Omega}\right) \right| \, \text{dB} \tag{9.32}$$

Anhand der Symmetriebeziehungen in Tabelle 9-1 zeigt man die Symmetrieeigenschaften des Frequenzgangs reeller Signale. Der Realteil ist gerade und der Imaginärteil ungerade sowie der Betrag gerade und die Phase ungerade.

Für den Frequenzgang reellwertiger Systeme folgt die später noch wichtige Beziehung der *hermiteschen Symmetrie*, siehe auch (8.88).

$$H\left(e^{j\Omega}\right) = H^*\left(e^{-j\Omega}\right) \tag{9.33}$$

9.6.2 Lineare Filterung

Die Eingangs-Ausgangsgleichung im Zeitbereich

$$y[n] = x[n] * h[n] \tag{9.34}$$

sowie die daraus resultierende Eingangs-Ausgangsgleichung im Frequenzbereich

$$Y\left(e^{j\Omega}\right) = X\left(e^{j\Omega}\right) \cdot H\left(e^{j\Omega}\right) \tag{9.35}$$

sind in Bild 9-4 gegenübergestellt.

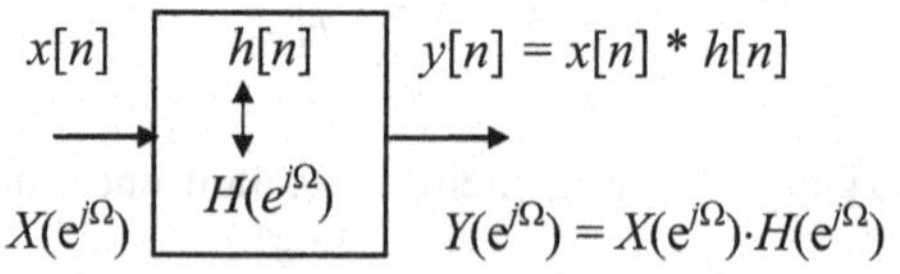

Bild 9-4 Eingangs-Ausgangsgleichungen zeitdiskreter LTI-Systeme im Zeit- und im Frequenzbereich

Die Bezeichnungen Tiefpass (TP) und Bandpass (BP) beziehen sich auch auf die Übertragung zeitdiskreter Signale durch LTI-Systeme. Ebenso können die Überlegungen zur *verzerrungs-freien Übertragung* in Abschnitt 8.5.2 unmittelbar übertragen werden.

Wie in Bild 9-5 veranschaulicht wird, kann ein Tiefpass-Signal durch einen *idealen Tiefpass* mit geeigneter Grenzfrequenz verzerrungsfrei übertragen werden.

$$\left| H_{TP}\left(e^{j\Omega}\right) \right| = \begin{cases} H_{TP}(1) & \text{für } |\Omega| < \Omega_g < \pi \\ 0 & \text{sonst} \end{cases}$$

(9.36)

$$b_{TP}(\Omega) = -\tau_0 \cdot \Omega \quad \text{für } |\Omega| < \Omega_g < \pi$$

Der Proportionalitätsfaktor der Phase τ_0 entspricht einer normierten Signallaufzeit beim Durchgang durch das System, siehe Abschnitt 8.5.2. Er ist eine reelle Größe und muss im Falle einer Abtastfolge kein ganzzahliges Vielfaches des Abtastintervalls sein.

Wie im zeitkontinuierlichen Fall ist die Impulsantwort des idealen Tiefpasses durch die si-Funktion bestimmt, vgl. (8.97).

$$h_{TP}[n] = H_{TP}(1) \cdot \frac{\Omega_g}{\pi} \cdot \text{si}\left(\Omega_g\left[n - n_0\right]\right)$$

(9.37)

Anmerkung: Üblicherweise wird die Impulsantwort zu (9.36) so angegeben, dass $\tau_0 = n_0 \in \mathbb{N}$ und demzufolge die Impulsantwort (9.37) das Maximum der si-Funktion erfasst und gerade ist.

Die Impulsantwort des idealen Tiefpasses ist zweiseitig und somit nicht durch ein kausales System realisierbar. Das hier sichtbar werdende Problem wird in der digitalen Signalverarbeitung durch spezielle Filterentwurfsmethoden umgangen [Mit98], [OSB99], [PrMa96], [Schü73] und [Wer06a].

In vielen Anwendungen genügt es in erster Näherung von idealen Filtern auszugehen. Wie im zeitkontinuierlichen Fall unterscheidet man im Wesentlichen die vier in Tabelle 9-3 zusammengestellten Filtertypen.

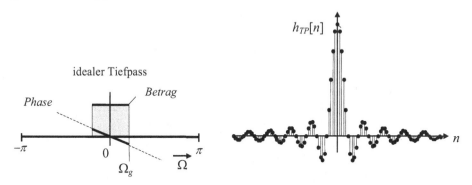

Bild 9-5 Idealer Tiefpass und seine Impulsantwort ($\Omega_g = \pi / 5$)

Neben dem selektiven Verhalten wird oft die Struktur der Filter zu ihrer Klassifikation verwendet. Man unterscheidet je nach Realisierung

- *nichtrekursives Filter* → keine Rückkopplung im Signalflussgraphen
- *rekursives Filter* → mit Rückkopplung im Signalflussgraphen

bzw. nach der Länge der Impulsantwort

- *FIR-(Finite-Impulse-Response-)Filter* → Impulsantwort mit endlicher Länge
- *IIR-(Infinite-Impulse-Response-)Filter* → Impulsantwort mit unendlicher Länge

Anmerkung: Man beachte, dass in den Anwendungen nichtrekursive Filterstrukturen nur mit einer endlichen Zahl von Filterkoeffizienten eingesetzt werden und deshalb die Begriffe nichtrekursive Filter und FIR-Filter häufig – wenn auch nicht ganz korrekt – synonym gebraucht werden. Ebenso häufig werden die Begriffe rekursives Filter und IIR-Filter gleichgesetzt. Dies ist ebenfalls nicht ganz korrekt, da sich spezielle rekursive Filter mit endlich langen Impulsantworten angeben lassen.

Tabelle 9-3 Idealisierte Betragsfrequenzgänge selektiver Filter (Durchlassbereich DB, Sperrbereich SB)

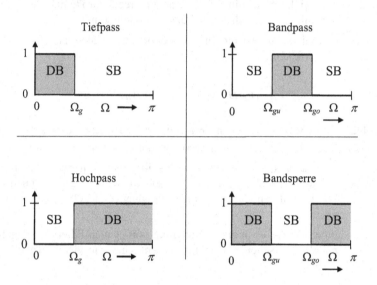

Beispiel Filterung eines Audiosignals mit einem FIR-Tiefpass

Ganz entsprechend zum Zeitkontinuierlichen rufen in der Regel reale Filter Dämpfungsverzerrungen und häufig auch Phasenverzerrungen in den Signalen hervor, siehe Abschnitt 8.5.2. Anders als für RLC-Netzwerke können jedoch zeitdiskrete Filter mit linearen Phasen angegeben werden, wie das folgende Beispiel eines FIR-Tiefpasses zeigt.

In Bild 9-6 wird oben ein kurzer Ausschnitt eines mit 16 kHz abgetasteten Audiosignals gezeigt. Das Audiosignal soll nun mit einem Tiefpass gefiltert werden.

Dazu entwerfen wir der Einfachheit halber ein *FIR-Filter* mit Hilfe der Impulsantwort des idealen Tiefpasses (9.36). Wir wählen als Grenzfrequenz $\Omega_g = \pi / 4$ (entspricht 2 kHz, siehe Abschnitt 11) und berechnen die ersten 15 Koeffizienten der Impulsantwort, d. h. für $n = -7$, -6, ..., 7. Die Laufzeit τ_0 ist dabei zunächst gleich null. Um ein kausales System zu erhalten, verschieben wir die Impulsantwort um $n_0 = 7$ Zeitschritte nach rechts. Die Impulsantwort $h[n]$ wird dadurch rechtsseitig, siehe Bild 9-7 links. Die Koeffizienten der Impulsantwort werden gemäß (9.36) durch die si-Funktion interpoliert.

In Bild 9-7 ist rechts der Betrag des Frequenzgangs zu sehen. Man erkennt deutlich die Tiefpass-Charakteristik. Im Vergleich zum idealen Tiefpass ergeben sich jedoch Abweichungen, die an das gibbsche Phänomen bei abgebrochenen Fourier-Reihen erinnern, vgl. Bild 8-2. Tatsächlich entspricht der vorgestellte Filterentwurf einer Fourier-Reihenentwicklung. Man bezeichnet deshalb diese Art des Filterentwurfs als (*klassische*) *Fourier-Approximation*.

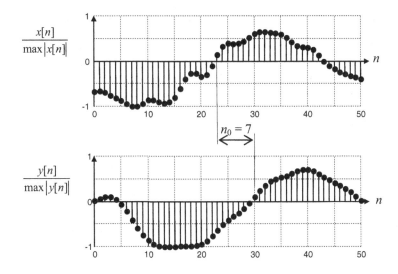

Bild 9-6 Ausschnitt aus einem abgetasteten Audiosignal (oben) und aus dem durch Tiefpass-Filterung entstandenen Signal (unten)

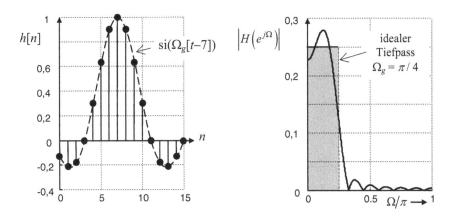

Bild 9-7 Impulsantwort (links) und Betragsfrequenzgang (rechts) eines einfachen FIR-Tiefpasses

Wendet man nun den Tiefpass auf das Audiosignal an, d. h. $y[n] = h[n]*x[n]$, so resultiert die Folge in Bild 9-6 unten. In der Gegenüberstellung mit dem ursprünglichen Audiosignal darüber, ist der glättende Einfluss der *Tiefpassfilterung* deutlich zu erkennen. Interessanterweise kann in diesem Beispiel auch die Bedeutung der Signallaufzeit $\tau_0 = n_0$ anschaulich an der Verschiebung des Nulldurchgangs in der Bildmitte zwischen der oberen und der unteren Folge nachvollzogen werden.

Anmerkung: Letzteres beruht darauf, dass das Filter eine so genannte verallgemeinerte lineare Phase aufweist. Die Laufzeitverzögerung beträgt hier genau $(15-1) / 2 = 7$, entsprechend der vorgenommenen Verschiebung der Impulsantwort.

Beispiel   Frequenzgang des zeitdiskreten Systems 3. Ordnung zum T-Glied

Das Beispiel knüpft an die Untersuchungen zum T-Glied an. Ausgehend von der Übertragungsfunktion in (6.67) wurden grafische Darstellungen charakteristischer Funktionen des zeitdiskreten Systems 3. Ordnung mit dem MATLAB-Werkzeug `Filter Viewer fvtool` bestimmt. Die Resultate sind in der MATLAB-typischen Darstellung für die Impulsantwort, die Sprungantwort und den Betragsfrequenzgang in Bild 9-8 zusammengestellt. Für die Impulsantwort und Sprungantwort vergleiche man Bild 6-9 und Bild 7-9.

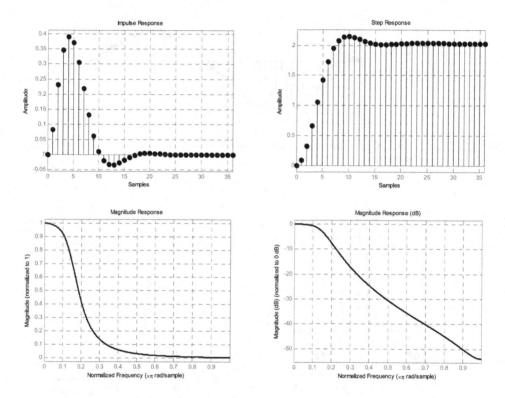

Bild 9-8   Impulsantwort (oben links), Sprungantwort (oben rechts) und normierter Betragsfrequenzgang in linearer (unten links) und logarithmischer (unten rechts) Darstellung des zeitdiskreten Systems zum T-Glied

Den Betragsfrequenzgang zeigen die unteren beiden Bilder in linear und logarithmischer Darstellung. Zum besseren Vergleich wurde der Betragsfrequenzgang auf das Maximum 1 normiert. Er zeigt, wie der Betragsfrequenzgang des T-Glieds in Bild 8-29, Tiefpasscharakter. Die 3dB-Grenzkreisfrequenz liegt bei etwa $\Omega \approx 0,15 \cdot \pi$. Der Betragsfrequenzgang fällt monoton. In der logaritmischen Darstellung erkennt man eine näherungsweise Zunahme der Dämpfung im Sperrbereich um etwa 18 dB pro Oktave, siehe z. B. bei $\Omega = 0,4 \cdot \pi$ und $0,8 \cdot \pi$. Das entspricht dem Wachstum der Dämpfung des zeitkontinuierlichen Systems von 60 dB pro Dekade. Wegen der Periodizität des Frequenzganges erreicht der Tiefpass allerdings nur eine maximale Dämpfung von ca. 48 dB.

Anmerkung: Bei der Beurteilung des Betragsfrequenzganges beachte man, dass das zeitdiskrete System durch die impulsinvariante Transformation entworfen wurde. Das heißt, es wird die korrekte Wiedergabe der Impulsantwort des T-Glieds in den Abtastwerten sichergestellt. Legte man den Tiefpasscharakter des Frequenzganges zugrunde, würde man stattdessen zu einem der üblichen Standardentwürfen für zeitdiskrete Tiefpässe greifen, z. B. [Wer06a].

9.7 Vergleich zeitkontinuierlicher und zeitdiskreter LTI-Systeme im Frequenzbereich

In Tabelle 9-4 sind einige wichtige Beziehungen für LTI-Systeme im Zusammenhang mit der Fourier-Transformation zusammengestellt, siehe auch Tabellen 3-2, 5-1 und 7-5.

Zuerst wird an die Darstellung im Bildbereich durch die Laplace- bzw. *z*-Transformation erinnert. Bei stabilen LTI-Systemen liegen die imaginäre Achse bzw. der Einheitskreis mit dem Frequenzgang im Konvergenzbereich der Transformationen. Der Frequenzgang kann deshalb direkt aus der Übertragungsfunktion bestimmt werden.

Die Fourier-Transformation ist als eigenständige Transformation definiert. Impulsantwort und Frequenzgang bilden ein Fourier-Transformationspaar. Da sich die Faltung zweier Zeitfunktionen im Frequenzbereich als Produkt der Spektren darstellt, ist die Eingangs-Ausgangsgleichung im Frequenzbereich das Produkt des Frequenzganges mit dem Eingangsspektrum.

Schließlich wird an die parsevalsche Gleichung erinnert. Sie erlaubt es, Energie und Leistung auch im Frequenzbereich zu bestimmen. Die offensichtliche Analogie zwischen zeitkontinuierlichen und zeitdiskreten Signalen und System wird in Abschnitt 11 ausführlich diskutiert.

9.8 Übungsbeispiele zur Anwendung der Fourier-Transformation auf zeitdiskrete Signale

Beispiel Impulsantwort des zeitdiskreten idealen Tiefpasses

Berechnen Sie mit dem Integral (9.7) die Impulsantwort des idealen Tiefpasses (9.36).

Lösung

$$h_{TP}[n] = \frac{1}{2\pi} \cdot \int_{-\Omega_g}^{\Omega_g} H_{TP}(1) e^{-j\Omega t_0} e^{j\Omega n} d\Omega = \frac{H_{TP}(1)}{2\pi} \cdot \int_{-\Omega_g}^{\Omega_g} e^{j\Omega(n-t_0)} d\Omega =$$

$$= H_{TP}(1) \cdot \frac{\Omega_g}{\pi} \cdot \text{si}\left(\Omega_g (n-t_0)\right) \tag{9.38}$$

Tabelle 9-4 Gegenüberstellung der Eigenschaften im Frequenzbereich von zeitkontinuierlichen und zeitdiskreten LTI-Systemen

	zeitkontinuierlich	zeitdiskret
Strikt stabile kausale LTI-Systeme im Bildbereich mit den Polen (×) und Nullstellen (o)	$$\mathrm{Re}\left(s_{\infty k}\right) < 0 \;\forall\, k$$ Nennergrad > Zählergrad	$$\left\|z_{\infty k}\right\| < 1 \;\forall\, k$$
Bedingt stabile Systeme	Pole auf der imaginären Achse mit Vielfachheit 1 zugelassen	Pole auf dem Einheitskreis mit Vielfachheit 1 zugelassen
Frequenzgang (strikt stabiler Systeme)	$$H(j\omega) = H(s)\big|_{s=j\omega}$$	$$H\left(e^{j\Omega}\right) = H(z)\big|_{z=e^{j\Omega}}$$
Impulsantwort und Frequenzgang	$$h(t) \overset{F}{\leftrightarrow} H(j\omega)$$	$$h[n] \overset{F}{\leftrightarrow} H\left(e^{j\Omega}\right)$$
Frequenzgang der Dämpfung, der Phase und der Gruppenlaufzeit	$$a_{dB}(\omega) = -20\cdot\lg\left\|H(j\omega)\right\|\,\mathrm{dB}$$ $$b(\omega) = \arctan\left(\frac{\mathrm{Im}\left(H(j\omega)\right)}{\mathrm{Re}\left(H(j\omega)\right)}\right)$$ $$\tau_g(\omega) = -\frac{d}{d\omega}b(\omega)$$	$$a_{dB}(\Omega) = -20\cdot\lg\left\|H\left(e^{j\Omega}\right)\right\|\,\mathrm{dB}$$ $$b(\Omega) = \arctan\left(\frac{\mathrm{Im}\left[H\left(e^{j\Omega}\right)\right]}{\mathrm{Re}\left[H\left(e^{j\Omega}\right)\right]}\right)$$ $$\tau_g(\Omega) = -\frac{d}{d\Omega}b(\Omega)$$
Eingangs-Ausgangs-gleichung im Frequenzbereich	$$Y(j\omega) = H(j\omega)\cdot X(j\omega)$$	$$Y\left(e^{j\Omega}\right) = H\left(e^{j\Omega}\right)\cdot X\left(e^{j\Omega}\right)$$
Parsevalsche Gleichung	$$\int_{-\infty}^{+\infty}\left\|x(t)\right\|^2 dt =$$ $$= \frac{1}{2\pi}\cdot\int_{-\infty}^{+\infty}\left\|X(j\omega)\right\|^2 d\omega$$	$$\sum_{n=-\infty}^{+\infty}\left\|x[n]\right\|^2 =$$ $$= \frac{1}{2\pi}\cdot\int_{-\pi}^{+\pi}\left\|X\left(e^{j\Omega}\right)\right\|^2 d\Omega$$

Beispiel   Impulsantwort des zeitdiskreten idealen Bandpasses

a) Skizzieren Sie den Frequenzgang des idealen Bandpasses

$$H_{BP}(e^{j\Omega}) = \begin{cases} 1 & \text{für } 0 < \Omega_u < |\Omega| < \Omega_o < \pi \\ 0 & \text{sonst} \end{cases} \tag{9.39}$$

b) Berechnen Sie die Impulsantwort des idealen Bandpasses in (a).

c) Skizzieren Sie die Impulsantwort für $\Omega_u = \pi/16$ und $\Omega_o = 3\pi/16$.

Lösung

a) *Anmerkung:* Im Bild ist eine lineare Phase im Durchlassbereich eingetragen mit $b(\Omega) = -\tau_0 \cdot \Omega$.

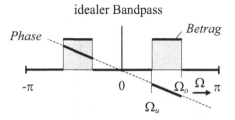

Bild 9-9 Frequenzgang des idealen Bandpasses

b) Zur Berechnung der Impulsantwort des Bandpasses wird sein Frequenzgang interpretiert, als sei er durch Verschiebungen (Modulation) des Frequenzgangs eines idealen Tiefpasses entstanden.

Mit der Mittenkreisfrequenz Ω_c und der Bandbreite W

$$\Omega_c = \Omega_u + \frac{\Omega_o - \Omega_u}{2} \quad ; \quad W = \Omega_0 - \Omega_u \tag{9.40}$$

schreiben sich die Frequenzgänge des Bandpasses (9.39)

$$H_{BP}\left(e^{j\Omega}\right) = H_{TP}\left(e^{j[\Omega+\Omega_c]}\right) + H_{TP}\left(e^{j[\Omega-\Omega_c]}\right) \tag{9.41}$$

und des zugehörigen Tiefpasses

$$H_{TP}\left(e^{j\Omega}\right) = \begin{cases} 1 & \text{für } |\Omega| < \Omega_g = W/2 \\ 0 & \text{sonst} \end{cases} \tag{9.42}$$

Die Verschiebung des Tiefpass-Spektrums geschieht gemäß dem Modulationssatz im Zeitbereich mit

$$h_{BP}[n] = 2 \cdot h_{TP}[n] \cdot \cos(\Omega_c n) \tag{9.43}$$

Mit (9.37) folgt weiter

$$h_{BP}[n] = \frac{W}{\pi} \cdot \mathrm{si}\left(\frac{W}{2} \cdot n\right) \cdot \cos(\Omega_c n) \qquad (9.44)$$

c) Die vorgegebenen Zahlenwerten für die untere bzw. obere Grenzkreisfrequenz eingesetzt
    liefert

$$h_{BP}[n] = \frac{1}{8} \cdot \mathrm{si}\left(\frac{\pi}{16} \cdot n\right) \cdot \cos\left(\frac{\pi}{8} \cdot n\right) \qquad (9.45)$$

und somit Bild 9-10.

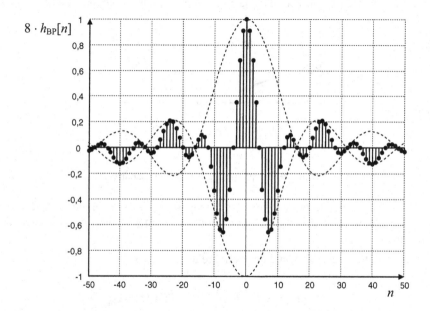

Bild 9-10   Ausschnitt aus der Impulsantwort des idealen Bandpasses

Beispiel   Impulsantwort des zeitdiskreten Hilbert-Transformators

Es soll das zeitdiskrete Gegenstück zum *Hilbert-Transformator*, siehe Abschnitt 8.6, untersucht werden.

a) Skizzieren Sie den Frequenzgang des zeitdiskreten Hilbert-Transformators.

b) Berechnen Sie die Impulsantwort des zeitdiskreten Hilbert-Transformators und skizzieren
    Sie den Verlauf.

c) Vergleichen Sie Ihre Ergebnisse mit dem zeitkontinuierlichen Fall.

Lösung

a) Der Frequenzgang des zeitdiskreten Hilbert-Transformators entspricht dem zeitkontinuierlichen Fall, wobei jedoch die Periodizität bzgl. 2π berücksichtigt werden muss, siehe Bild 9-11.

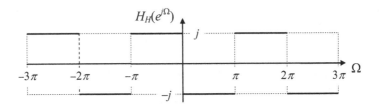

Bild 9-11 Frequenzgang des zeitdiskreten Hilbert-Transformators

b) Die Impulsantwort des zeitdiskreten Hilbert-Transformators berechnet sich wie folgt

$$
\begin{aligned}
h_H[n] &= \frac{1}{2\pi} \cdot \int_{-\pi}^{\pi} H_H\left(e^{j\Omega}\right) \cdot e^{j\Omega n} d\Omega = \frac{j}{2\pi} \cdot \left[\int_{-\pi}^{0} e^{j\Omega n} d\Omega - \int_{0}^{\pi} e^{j\Omega n} d\Omega \right] = \\
&= \frac{j}{2\pi} \cdot \frac{1}{jn} \cdot \left[e^0 - e^{-j\pi n} - e^{j\pi n} + e^0 \right] = \frac{1}{2\pi \cdot n} \cdot \left[-2 \cdot \left[1 - (-1)^n \right] \right] = -\frac{1-(-1)^n}{2\pi \cdot n}
\end{aligned}
\tag{9.46}
$$

Das Ergebnis kann noch etwas einfacher geschrieben werden.

$$
h_H[n] = \begin{cases} \dfrac{1}{\pi n} & n = \pm 1, \pm 3, \ldots \\ 0 & \text{sonst} \end{cases}
\tag{9.47}
$$

Bild 9-12 zeigt die Impulsantwort.

c) Der direkte Vergleich von (9.47) mit der Impulsantwort des zeitkontinuierlichen Hilbert-Transformators (8.118) zeigt, dass sich die zeitdiskrete Impulsantwort für ungerades n durch Abtastung der zeitkontinuierlichen ergibt.

Der Frequenzgang des Hilbert-Transformators ist rein imaginär und ungerade. Aus den Zuordnungsschemata in Tabelle 8-1 und Tabelle 9-1 folgt, die Impulsantworten sind rein reell und ungerade, wie auch die Rechnungen zeigen.

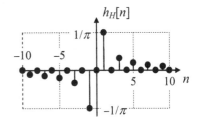

Bild 9-12 Ausschnitt aus der Impulsantwort des zeitdiskreten Hilbert-Transformators

Konsequenter Weise müssen beide Impulsantworten für $t = 0$ bzw. $n = 0$ null sein. Im zeitdiskreten Fall entspricht die Impulsantwort der Fourier-Reihe des periodischen Frequenzgangs. Wegen der ungeraden Symmetrie verschwinden alle Koeffizienten zu den Kosinustermen a_k. Also insbesondere der Gleichanteil a_0. Da der Frequenzgang zusätzlich eine Symmetrie der 3. Art aufweist [BSMM99], verschwinden zusätzlich alle Koeffizienten b_k für $k = 0, 2, 4, \ldots$ Daher die äquidistanten Nullstellen der Impulsantwort in Bild 9-12.

Beispiel   Serienschaltung eines Rückwärts- und Vorwärtsprädiktors 1. Ordnung

In der Audio- und Videocodierung werden Verfahren zur Vorhersage von Signalwerten eingesetzt. Gelingen die Vorhersagen gut, so fallen die Differenzen zwischen den tatsächlichen
Werten und den Vorhersagen relativ klein aus. Beschränkt man die Übertragung und Speicherung der Signale auf das Differenzsignal, kann der Aufwand deutlich reduziert werden. Voraussetzung ist, dass der Empfänger das Originalsignal aus dem Differenzsignal wiedergewinnen kann. Man spricht dann von einer verlustlosen Signalcodierung durch *Prädiktion*
[VVH98], [Wer07]. Das folgende Beispiel führt die Idee am einfachsten Fall vor, siehe Bild
9-13.

Anmerkung: In der Audio- und Videocodierung werden weit fortschrittlichere (komplexere) Verfahren
eingesetzt. Die enormen Kompressionsgewinne moderner Verfahren, wie MP3, liefern jedoch erst ver-
lustbehaftete Codierverfahren unter Einbeziehung der begrenzten menschlichen Wahrnehmung [Wer06].

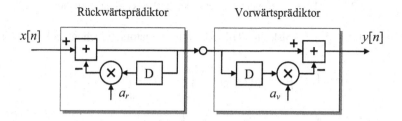

Bild 9-13   Serienschaltung von Rückwärts- und Vorwärtsprädiktor 1. Ordnung

a) Geben Sie die Impulsantworten der Prädiktoren in Bild 9-13 an.

b) Bestimmen Sie die Frequenzgänge der Systeme.

c) Welchen Frequenzgang hat die Serienschaltung des Rückwärts- und Vorwärtsprädiktors in
    Bild 9-13?

d) Wie sind die Prädiktionskoeffizienten a_r und a_v zu wählen, damit die Teilsysteme reell-
    wertig und stabil sind und das Ausgangssignal gleich dem rechtsseitigen Eingangssignal ist,
    d. h. $y[n] = x[n]$ und $x[n] = 0$ für $n < 0$?

e) Zeigen Sie anhand der Dämpfung, dass der Rückwärtsprädiktor für $0 < a_r < 1$ Tiefpassver-
    halten aufweist. Wie kann dann der Frequenzgang des Vorwärtsprädiktors charakterisiert
    werden?

Lösung

a) Aus Bild 9-13 folgt jeweils für sich betrachtet, für den Rückwärtsprädiktor

$$h_r[n] = \{1, -a_r, (-a_r)^2, (-a_r)^3, \ldots\} = (-a_r)^n \cdot u[n] \qquad (9.48)$$

und für den Vorwärtsprädiktor

$$h_v[n] = \{1, -a_v\} = \delta[n] - a_v \cdot \delta[n-1] \qquad (9.49)$$

b) Der Frequenzgang des Rückwärtsprädiktors ergibt sich aus der Fourier-Transformation der
    Impulsantwort mit der geometrischen Reihe für $|a_r| < 1$

$$H_r\left(e^{j\Omega}\right) = \sum_{n=-\infty}^{\infty} (-a_r)^n u[n] \cdot e^{-j\Omega n} = \sum_{n=0}^{\infty} \left(-a_r e^{-j\Omega}\right)^n = \frac{1}{1 + a_r e^{-j\Omega}} \tag{9.50}$$

Für den Vorwärtsprädiktor resultiert

$$H_v\left(e^{j\Omega}\right) = 1 - a_v \cdot e^{-j\Omega} \tag{9.51}$$

c) Frequenzgang der Serienschaltung in Bild 9-13

$$H_r\left(e^{j\Omega}\right) \cdot H_v\left(e^{j\Omega}\right) = \frac{1 - a_v e^{-j\Omega}}{1 + a_r e^{-j\Omega}} \tag{9.52}$$

d) Damit die Teilsysteme reellwertig und stabil sind, muss für die reellen Koeffizienten a_r und a_v gelten

$$|a_r| < 1, |a_v| < \infty \tag{9.53}$$

Der Rückwärtsprädiktor wird in der Regel als Tiefpass betrieben, so dass für a_r ein negativer Wert, z. B. –0,8, in Frage kommt. Wird a_v gleich $-a_r$ gesetzt, ist der Gesamtfrequenzgang 1. Das Eingangssignal erscheint unverändert am Ausgang.

e) Der Frequenzgang der Dämpfung des Rückwärtsprädiktors (9.50) ist

$$a_r(\Omega) = -20 \cdot \log_{10} \left|H_r(e^{j\Omega})\right| \, \mathrm{dB} = 10 \cdot \log_{10} \left(1 + a_r e^{-j\Omega}\right) \cdot \left(1 + a_r e^{+j\Omega}\right) \, \mathrm{dB} =$$
$$= 10 \cdot \log_{10} \left(1 + a_r^2 + 2a_r \cos(\Omega)\right) \, \mathrm{dB} \tag{9.54}$$

Für $a_r < 0$ steigt die Dämpfung monoton mit $\Omega \in [0, \pi]$. Der Rückwärtsprädiktor zeigt Tiefpassverhalten. Der Vorwärtsprädiktor muss als dazu inverses System Hochpasscharakter aufweisen.

 Online-Ressourcen zu Kapitel 9 mit Übungsaufgaben und MATLAB-Übungen

10 Diskrete Fourier-Transformation (DFT)

10.1 Definition und Eigenschaften der DFT

Lernziele

Nach Bearbeiten des Abschnitts 10.1 können Sie

- vier Gründe angeben, warum die DFT in der Signalverarbeitung eine wichtige Rolle spielt
- die Transformationsgleichungen der DFT und IDFT anschreiben
- das DFT-Spektrum einer Kosinusfolge skizzieren und beschriften, wenn genau k_0 Perioden durch die DFT der Länge N erfasst werden
- den Leakage-Effekt und seine Bedeutung durch eine Skizze vorstellen
- den Zusammenhang zwischen der Fourier-Transformierten und dem DFT-Spektrum eines Signals erläutern

Die Signaldarstellung im Frequenzbereich ist in vielen Anwendungsgebieten der Informationstechnik von großer Bedeutung. Dabei nimmt die *diskrete Fourier-Transformation* (DFT) eine herausragende Rolle ein. Ihre Bedeutung gründet sich auf vier Eigenschaften:

- Die DFT eignet sich besonders zur numerischen Berechnung auf Digitalrechnern, da sie als Block-Transformation sowohl im Zeit- als auch im Frequenzbereich diskret und von endlicher Länge ist.

- Die DFT liefert eine bijektive Abbildung zwischen der Zeitfolge und ihrem Spektrum.

- Die DFT steht in engem Zusammenhang mit der Fourier-Reihe und der Fourier-Transformation. Sie wird deshalb auch zur Analyse zeitkontinuierlicher Signale eingesetzt.

- Die DFT kann mit der *schnellen Fourier-Transformation* (*Fast Fourier Transform,* FFT) sehr effizient berechnet werden, so dass Echtzeitanwendungen möglich werden.

In Tabelle 10-1 wird ein Überblick über die vier Formen der Fourier-Analyse gegeben. Für aperiodische Signale wird die Fourier-Transformation eingesetzt. Sie liefert zu zeitdiskreten Signalen ein periodisches Spektrum, das in der Grundperiode $[-\pi, \pi]$ ausgewertet wird. Für periodische zeitkontinuierliche Signale erhält man ein Linienspektrum zur Fourier-Reihe. Ist das Signal periodisch und zeitdiskret, so werden den N Elementen einer Periode durch die DFT

$$X[k] = \sum_{n=0}^{N-1} x[n] \cdot e^{-j(2\pi/N) \cdot kn} \tag{10.1}$$

genau N *DFT-Koeffizienten* als Grundperiode des *DFT-Spektrums* zugeordnet.

Die *inverse DFT* (IDFT) ist bis auf den Faktor $1/N$ und das Vorzeichen im Exponent zur DFT symmetrisch.

$$x[n] = \frac{1}{N} \cdot \sum_{k=0}^{N-1} X[k] \cdot e^{j(2\pi/N) \cdot kn} \tag{10.2}$$

Wir sprechen von einem *DFT-Paar* und schreiben kurz $x[n] \leftrightarrow X[k]$.

Wegen ihres engen Zusammenhangs mit der Fourier-Reihe wird die DFT auch als *diskrete Fourier-Reihe* bezeichnet. Während mit der Fourier-Reihe ein, im Allgemeinen unendlich ausgedehntes Linienspektrum zu den Kreisfrequenzen $k\omega_0$ entsteht, ordnet die DFT wegen der Periodizität der Exponentialfunktion $\exp(-j2\pi k/N)$ den N Elementen einer Periode genau N Spektrallinien für $k = 0, 1, ..., N-1$ zu. Im Sonderfall eines periodischen zeitkontinuierlichen Signals mit Bandbegrenzung stimmen die Fourier-Koeffizienten c_k bei geeigneter Dimensionierung mit den DFT-Koeffizienten $X[k]$ der Abtastfolge überein. Die DFT wird deshalb auch zur Messung von Klirrfaktoren eingesetzt.

Tabelle 10-1 Formen der Fourier-Analyse (harmonische Analyse)

zeitkontinuierlich	zeitdiskret
Fourier-Transformation	*Fourier-Transformation*
$x(t)$ aperiodisch	$x[n]$ aperiodisch
$$x(t) = \frac{1}{2\pi} \int_{-\infty}^{+\infty} X(j\omega) e^{j\omega t} d\omega$$	$$x[n] = \frac{1}{2\pi} \int_{-\pi}^{\pi} X\left(e^{j\Omega}\right) e^{j\Omega n} d\Omega$$
allgemeines Spektrum	in 2π periodisches Spektrum
$$X(j\omega) = \int_{-\infty}^{+\infty} x(t) e^{-j\omega t} dt$$	$$X\left(e^{j\Omega}\right) = \sum_{n=-\infty}^{+\infty} x[n] e^{-j\Omega n}$$
Fourier-Reihe	*diskrete Fourier-Transformation*
$x(t)$ mit der Periode T_0 und der Grundkreisfrequenz $\omega_0 = 2\pi/T_0$	
	$x[n]$ mit der Periode N
$$x(t) = \sum_{k=-\infty}^{+\infty} c_k e^{jk\omega_0 t} \text{ mit}$$	$$\text{IDFT} \quad x[n] = \frac{1}{N} \sum_{k=0}^{N-1} X[k] e^{j2\pi kn/N}$$
Linienspektrum	periodisches Linienspektrum mit Periode N
$$c_k = \frac{1}{T_0} \int_{t_0}^{t_0+T_0} x(t) e^{-jk\omega_0 t} dt$$	$$\text{DFT} \quad X[k] = \sum_{n=0}^{N-1} x[n] e^{-j2\pi kn/N}$$

Beispiel DFT einer Kosinusfolge

Ein für das Verständnis der Eigenschaften und Anwendungen der DFT wichtiges Beispiel liefert die Transformation einer Kosinusfolge der Länge N

$$X[k] = \sum_{n=0}^{N-1} \cos(\Omega_0 n) \cdot e^{-j\frac{2\pi}{N}kn} \quad \text{für } k = 0, 1, ..., N-1 \tag{10.3}$$

Mit der eulerschen Formel erhält man zunächst zwei geometrische Reihen

$$X[k] = \frac{1}{2} \sum_{n=0}^{N-1} \left[e^{j\left(\Omega_0 - \frac{2\pi}{N}k\right)n} + e^{-j\left(\Omega_0 + \frac{2\pi}{N}k\right)n} \right] \tag{10.4}$$

Die Summe ihrer Glieder liefert das gesuchte DFT-Spektrum in geschlossener Form.

$$X[k] = \frac{1}{2} \left[\frac{1 - e^{j(\Omega_0 N - 2\pi k)}}{1 - \exp\left[j\left(\Omega_0 - \frac{2\pi}{N}k\right) \right]} + \frac{1 - e^{-j(\Omega_0 N + 2\pi k)}}{1 - \exp\left[-j\left(\Omega_0 + \frac{2\pi}{N}k\right) \right]} \right] \tag{10.5}$$

Der zunächst unübersichtliche Ausdruck ergibt für die spezielle Wahl der normierten Kreisfrequenz

$$\Omega_0 = 2\pi \frac{k_0}{N} \quad \text{mit } k_0 \in \{1, 2, ..., N\text{-}1\} \tag{10.6}$$

ein wichtiges Ergebnis. In diesem Fall sind die beiden Zähler in (10.5) null für $k = 0, 1, ...,$ $N-1$. Jedoch resultieren für $k = k_0$ und $N - k_0$ auch im Nenner Nullstellen, so dass sich ein zunächst unbestimmter Ausdruck ergibt, der mit der Regel von L'Hospital berechnet werden kann. Einfacher können die Bedingungen in die ursprüngliche geometrische Reihe (10.4) eingesetzt werden. Dann sind alle Summanden gleich eins und es resultiert N.

$$\frac{1 - e^{j2\pi(k_0 - k)}}{1 - e^{j\frac{2\pi}{N}(k_0 - k)}} = \begin{cases} N & \text{für } k = k_0, N - k_0 \\ 0 & \text{sonst} \end{cases} \tag{10.7}$$

Man spricht in diesem Zusammenhang von der *Orthogonalität der komplex Exponentiellen*

$$\frac{1}{N} \sum_{n=0}^{N-1} e^{j\frac{2\pi}{N}(k_0 - k)n} = \begin{cases} 1 & \text{für } k = k_0, N - k_0 \\ 0 & \text{sonst} \end{cases} \quad \text{und} \quad k_0, k \in \{0, 1, ..., N\text{-}1\} \tag{10.8}$$

Ist die DFT-Länge N ein ganzzahliges Vielfaches der Periode der Kosinusfolge (10.6), so erhält man genau zwei von Null verschiedene DFT-Koeffizienten. Aus deren Index kann die normierte Kreisfrequenz der Kosinusfolge direkt abgelesen werden.

$$x[n] = \cos\left(\frac{2\pi k_0 n}{N} \right) \quad \leftrightarrow \quad X[k] = \frac{N}{2} \left(\delta[k - k_0] + \delta[k - (N - k_0)] \right) \tag{10.9}$$

In Bild 10-1 links ist ein Zahlenwertbeispiele angegeben. Die DFT-Länge $N = 64$ umfasst genau vier Perioden der Kosinusfolge $x_1[n]$, so dass im DFT-Spektrum alle Koeffizienten mit den Ausnahme 4 und 60 null sind. Darüber hinaus ist das DFT-Spektrum reell.

In einem zweiten Beispiel werden genau 4,5 Perioden von $x_2[n]$ durch die DFT erfasst. Das DFT-Spektrum wird nun komplex. Deshalb geben wir der Einfachheit halber in Bild 10-1 rechts das Betragsspektrum an. Es zeigt, dass zwar die betragsmäßig größten DFT-Koeffizienten um den zur normierten Kreisfrequenz korrespondierenden Zwischenwert 4,5 gruppiert sind, jedoch auch die entfernter liegenden DFT-Koeffizienten nicht verschwinden. Man nennt dieses „Ausfliesen" der DFT-Koeffizienten nach links und rechts den *Leakage-Effekt*. Der Leakage-Effekt erschwert die Anwendung der DFT zur Spektralanalyse, da er scheinbar nicht vorhandene spektrale Komponenten vortäuscht.

Anmerkungen: (i) Das Vortäuschen von Spektralanteilen bezieht sich auf die typische Anwendung der DFT. Dabei wird ein relativ kurzer Abschnitt aus einem Signal der DFT unterworfen, z. B. wie in Bild 10-1 nur 64 Werte. Man spricht auch von einer Kurzzeit-Spektralanalyse. Ist das Signal eine nicht zeitbegrenzte Kosinusfolge, so liegt eigentlich ein impulsförmiges Fourier-Spektrum, wie in Bild 9-2, vor. (ii) Aus der parsevalschen Gleichung für die DFT, siehe Tabelle 10-2, folgt, dass sich die gesamte Signalenergie im Spektrum wiederfinden muss.

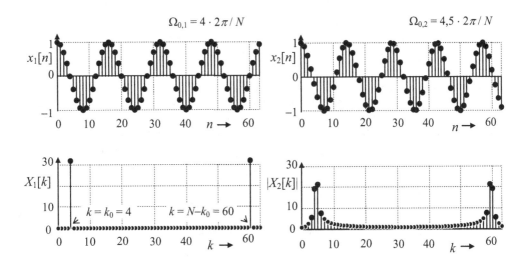

Bild 10-1 Kosinusfolgen $x_1[n]$ und $x_2[n]$ mit normierten Kreisfrequenzen $\Omega_{0,1} = 4 \cdot 2\pi/N$ bzw. $\Omega_{0,2} = 4{,}5 \cdot 2\pi/N$ und ihre DFT-Spektren für $N = 64$

Der Zusammenhang zwischen dem Fourier-Spektrum $X(e^{j\Omega})$ und dem DFT-Spektrum $X[k]$ wird in Bild 10-2 illustriert. Ist die DFT-Länge groß genug, d. h. wird das Signal im Wesentlichen erfasst, kann das DFT-Spektrum näherungsweise als Abtastung des Fourier-Spektrums an den Stellen $\Omega_k = 2\pi \cdot k / N$ angesehen werden, wobei der Effekt der zeitlichen Begrenzung der Folge auf die DFT-Länge – in der Spektralanalyse als *Fensterung* bezeichnet – zu beachten ist. Umfasst die DFT alle von null verschiedenen Signalwerte, so erhält man genau das abgetastete Fourier-Spektrum.

Anmerkung: Das Beispiel verdeutlicht, dass die richtige Interpretation des Transformationsergebnisses die Kenntnis der theoretischen Zusammenhänge und eine gewisse Erfahrung voraus setzt. Für die praktische Anwendung in der digitalen Signalverarbeitung stehen bewährte Methoden zur Behandlung des Leakage-Effektes und der Fensterung zur Verfügung, z. B. [Wer06a].

Weitere wichtige Eigenschaften der DFT folgen unmittelbar aus den Definitionsgleichungen der DFT und ihrer Inversen (IDFT). Sie sind in Tabelle 10-2 mit der gebräuchlichen Abkürzung, auch *komplexer Drehfaktor* oder *Twiddle factor* genannt,

$$w_N = e^{-j2\pi/N} \tag{10.10}$$

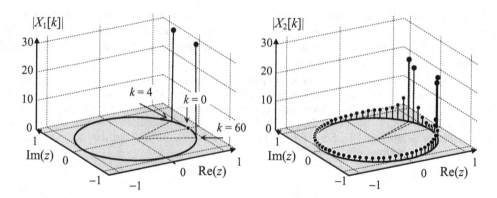

Bild 10-2   DFT-Spektren der Kosinusfolge mit dem normierten Kreisfrequenzen $\Omega_{0,1} = 4 \cdot 2\pi / N$ (links) bzw. $\Omega_{0,2} = 4{,}5 \cdot 2\pi / N$ (rechts) für die DFT-Länge $N = 64$ in der z-Ebene

zusammengestellt. Da DFT und IDFT bis auf den Skalierungsfaktor $1 / N$ und das Vorzeichen im Exponenten (Phase) symmetrisch sind, kann eine Folge sowohl als Zeitsignal als auch als Spektrum interpretiert werden. Die Sätze der DFT für den Zeitbereich finden ihre Entsprechungen im Frequenzbereich, vgl. auch Dualität der Fourier-Transformation.

Für das Verständnis der DFT und ihre Anwendungen ist weiter wichtig, dass die DFT für periodische Folgen definiert ist, aber meist auf Folgen endlicher Länge angewandt wird. Da jede Folge endlicher Länge L mit der Periode $N \geq L$ periodisch eindeutig fortgesetzt werden kann, ist die DFT auf alle geordneten Zahlenfolgen endlicher Länge prinzipiell anwendbar. Es können dann die in Tabelle 10-2 vorgestellten Eigenschaften vorteilhaft benutzt werden, wenn die im nächsten Abschnitt vorgestellten zyklischen Eigenschaften beachtet werden.

Beispiel   DFT

Berechnen Sie für die DFT-Länge $N = 20$ zu den folgenden Signalen die DFT-Spektren

a) eines Impulses $x_1[n] = \delta[n-10]$

b) einer konstanten Folge $x_2[n] = 1$

c) einer Sinusfolge $x_3[n] = \sin(2\pi n/5)$

Lösung

a) Für die DFT-Koeffizienten folgt für $k = 0,1,\ldots,19$

$$X_1[k] = \sum_{n=0}^{19} \delta[n-10] \cdot e^{-j(2\pi/20)\cdot kn} = e^{-j(2\pi/20)\cdot k\cdot 10} = e^{-j\pi k} = (-1)^k \qquad (10.11)$$

b) Wegen der Orthogonalität der komplexen Exponentiellen (10.8) gilt für $k = 0,1,\ldots,19$

$$X_2[k] = \sum_{n=0}^{19} e^{-j(2\pi/20)\cdot kn} = 20 \cdot \delta[k] \qquad (10.12)$$

Tabelle 10-2 Eigenschaften der diskreten Fourier-Transformation für Folgen der Länge N und mit den komplexen Drehfaktoren $w_N = \exp(-j2\pi/N)$

Linearität	$\sum_l a_l \cdot x_l[n] \overset{DFT}{\leftrightarrow} \sum_l a_l \cdot X_l[k]$
Zyklische Verschiebung	$x[n-m] \overset{DFT}{\leftrightarrow} w_N^{mk} \cdot X[k]$
Modulation	$w_N^{nl} \cdot x[n] \overset{DFT}{\leftrightarrow} X[k+l]$
Spiegelung	$x[-n] \overset{DFT}{\leftrightarrow} X[-k]$
Konjugiert komplexe Folge	$x^*[n] \overset{DFT}{\leftrightarrow} X^*[-k]$
Zyklische Faltung	$x_1[n] \overset{N}{*} x_2[n] \overset{DFT}{\leftrightarrow} X_1[k] \cdot X_2[k]$
Multiplikation, zyklische Faltung im Frequenzbereich	$x_1[n] \cdot x_2[n] \overset{DFT}{\leftrightarrow} \dfrac{1}{N} X_1[k] \overset{N}{*} X_2[k]$
Parsevalsche Gleichung	$\sum_{n=0}^{N-1} |x[n]|^2 = \dfrac{1}{N} \sum_{k=0}^{N-1} |X[k]|^2$
Zuordnungsschema	$x[n] = x_{g,r}[n] + x_{u,r}[n] + j \cdot x_{g,i}[n] + j \cdot x_{u,i}[n]$ $\updownarrow DFT \updownarrow$ $X[k] = X_{g,r}[k] + X_{u,r}[k] + j \cdot X_{g,i}[k] + j \cdot X_{u,i}[k]$

c) Zunächst wird die Sinusfolge mit Exponentialfolgen ausgedrückt

$$\sin\left(\frac{2\pi}{5}n\right) = \frac{1}{2j}\left[e^{j\frac{2\pi}{20}\cdot 4n} - e^{-j\frac{2\pi}{20}\cdot 4n}\right] = \frac{1}{2j}\left[e^{j\frac{2\pi}{20}\cdot k_0 n} - e^{j\frac{2\pi}{20}\cdot(-k_0)n}\right] \quad \text{für } k_0 = 4 \quad (10.13)$$

Der Vergleich mit der Synthesegleichung, der IDFT (10.2), zeigt die Übereinstimmung für

$$\sin\left(\frac{2\pi}{5}n\right) = \frac{1}{20}\cdot\sum_{k=0}^{19} X_3[k]\cdot e^{j\frac{2\pi}{20}\cdot kn} =$$

$$= \frac{1}{20}\cdot\sum_{k=0}^{19} -10j\cdot\left(\delta[k-k_0] - \delta[\underbrace{k+k_0}_{k-(20-k_0)}]\right)\cdot e^{j\frac{2\pi}{20}\cdot kn} \quad \text{für } k_0 = 4 \qquad (10.14)$$

Nun kann durch Koeffizientenvergleich das DFT-Spektrum gefunden werden

$$X_3[k] = -j\cdot 10\cdot\left(\delta[k-4] - \delta[k-16]\right) \qquad (10.15)$$

Beispiel   DFT des Rechteckimpulses

Bei der Interpretation der DFT und ihrer Ergebnisse am Computer können sich Schwierig-
keiten einstellen, wenn der mathematisch zugrunde liegende periodische Charakter der Signale
vergessen wird. Das Beispiel der DFT des Rechteckimpulses zeigt die Zusammenhänge auf.

Bild 10-3 oben links zeigt für $n = 0, 1, \dots, 39$ einen vollständigen Ausschnitt aus einem periodischen Rechteckimpulszug. Unterwirft man den Ausschnitt der DFT der Länge $N = 40$, so
resultiert das reelle DFT-Spektrum darunter – ebenfalls ein vollständiger Ausschnitt aus dem
periodischen DFT-Spektrum, siehe auch Tabelle 9-2. Der Index k entspricht der normierten
Kreisfrequenz $\Omega_k = 2\pi \cdot k / N$; also im Bild einem vollständigen Umlauf um den Einheitskreis
der z-Ebene. Die im Bild am weitesten auseinander liegenden DFT-Koeffizienten für $k = 0$ und
39 sind somit eigentlich Nachbarn auf dem Einheitskreis.

Um dies deutlicher zu machen, werden in Bild 10-3 oben rechts die Signalausschnitte symmetrisch um null gewählt. Der grundsätzliche Zusammenhang zwischen dem Index k und der
normierten Kreisfrequenz $\Omega_k = 2\pi \cdot k / N$ ändert sich nicht, weil wegen der Periodizität der normierten Kreisfrequenz gilt $\Omega_{-k} = \Omega_{N-k}$.

Da Computerprogramme für die DFT (FFT) in der Regel nur einen Block von Daten verarbeiten, bleibt es den Benutzern überlassen, die Ergebnisse geeignet darzustellen.

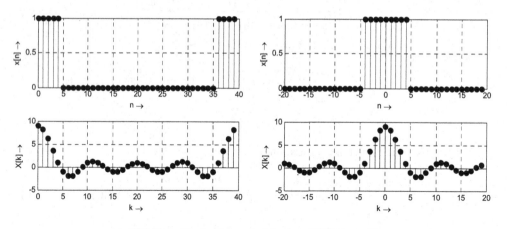

Bild 10-3   Rechteckimpuls (oben) und DFT (unten)

10.2   Zyklische Verschiebung, aperiodische und zyklische Faltung

Lernziele

Nach Bearbeiten des Abschnitts 10.2 können Sie

- die zyklische Verschiebung und die zyklische Faltung an einem einfachen Beispiel demonstrieren
- die Eigenschaften der DFT nennen und anwenden
- die Faltung zweier endlich langer Folgen mit der DFT prinzipiell berechnen
- die schnelle Faltung mit der Overlap-Add- und der Overlap-Save-Methode vorstellen

10.2.1 Zyklische Faltung

Aus der vorausgesetzten Periodizität der zu transformierenden Folgen ergeben sich die speziellen Eigenschaften der zyklischen Verschiebung und zyklischen Faltung in Tabelle 10-2. Beide Eigenschaften und ihre Auswirkungen auf das DFT-Spektrum werden nachfolgend anhand einfacher Beispiele vorgestellt.

Wir betrachten eine Folge $x[n]$ der Länge N, die in Bild 10-4 so periodisch fortgesetzt wird, dass die Grundperiode mit $x[n]$ identisch ist. Verschiebt man jetzt die periodische Folge $\tilde{x}[n]$ beispielsweise um einen Zeitschritt nach rechts, erhält man auf die Grundperiode gesehen eine *zyklische Verschiebung*. Das rechts aus der Grundperiode hinausgeschobene Folgenelement wird scheinbar links wieder in die Grundperiode hinein geschoben.

Bezogen auf die Grundperiode kann die zyklische Verschiebung mit der Modulo-Rechnung ausgedrückt werden.

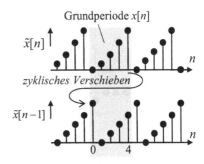

Bild 10-4 Periodische Fortsetzung und zyklische Verschiebung

$$\tilde{x}[n-m] = x[\mathrm{mod}_N(n-m)] \tag{10.16}$$

Anmerkung: Die zur Kennzeichnung der periodisch fortgesetzten Folgen eingeführte Tilde ~ wird der schreibtechnischen Einfachheit halber, wenn der Bezug zur DFT eindeutig ist, im Folgenden auch weggelassen.

Für die DFT bedeutet die zyklische Verschiebung, dass die Folgenelemente nur ihre Plätze in der DFT-Summe tauschen. Nach einer einfachen Substitution des Summationsindex ergibt sich die Verschiebungseigenschaft der DFT in Tabelle 10-1.

$$\sum_{n=0}^{N-1} \tilde{x}[n-m] \cdot w_N^{kn} = \sum_{l=0}^{N-1} \tilde{x}[l] \cdot w_N^{k(l+m)} = e^{j\frac{2\pi}{N}km} \cdot \tilde{X}[k] \tag{10.17}$$

Als wichtige Konsequenz für die Anwendung der DFT folgt, dass sich der Betrag des DFT-Spektrums durch zyklisches Verschieben der Zeitfolge nicht ändert. Damit ist es für den Betrag des DFT-Spektrums auch unerheblich, welchen Signalausschnitt man für die DFT wählt, solange genau eine Periode erfasst wird.

Nach dieser Vorbemerkung kann der Unterschied zwischen der aperiodischen Faltung und der zyklischen Faltung, auch zirkulare Faltung genannt, anschaulich erklärt werden. Wir betrachten hierzu die beiden Folgen in Bild 10-5 und berechnen zunächst ihre gewöhnliche Faltung (3.6), zur Unterscheidung im Weiteren auch *aperiodische Faltung* genannt.

Dies kann beispielsweise anschaulich wie in Bild 10-6 links geschehen. Es ist offensichtlich: Faltet man zwei Folgen der endlichen Längen L_1 und L_2, so hat das Faltungsprodukt die Länge $L_3 = L_1 + L_2 - 1$.

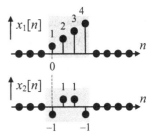

Bild 10-5 Beispielfolgen

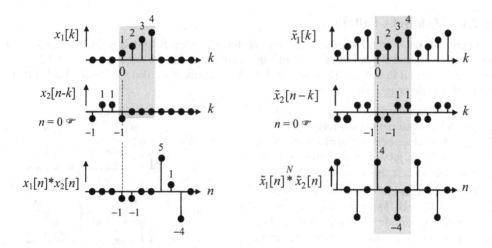

Bild 10-6 Aperiodische Faltung (links) und zyklische Faltung (rechts)

Wir wiederholen die Faltung für die periodisch fortgesetzten Folgen, die *zyklische Faltung*, wobei sich die Faltungssumme genau über eine Periode erstreckt.

Die zyklische Faltung zweier Folgen mit gleichen Perioden N liefert wieder eine Folge mit Periode N.

$$\tilde{x}_1[n] \overset{N}{*} \tilde{x}_2[n] = \sum_{k=0}^{N-1} \tilde{x}_1[k] \cdot \tilde{x}_2[n-k] \qquad (10.18)$$

Anmerkung: Die zyklische Faltung hier durch die Faltungslänge N über dem Faltungsstern symbolisiert. In der Literatur werden auch andere Symbole verwendet.

Wendet man die DFT (10.1) auf die durch zyklische Faltung gewonnene Folge an

$$\tilde{x}_3[n] = \tilde{x}_1[n] \overset{N}{*} \tilde{x}_2[n] \qquad (10.19)$$

so ergibt sich zunächst mit dem komplexen Drehfaktor (10.10)

$$\tilde{X}_3[k] = \sum_{n=0}^{N} \left[\sum_{m=0}^{N-1} \tilde{x}_1[m] \tilde{x}_2[n-m] \right] \cdot w_N^{nk} \qquad (10.20)$$

Nach Vertauschen der Summationsreihenfolge erhält man gemäß der Verschiebungseigenschaft die DFT $\tilde{X}_2[k]$ als Zwischenergebnis.

$$\tilde{X}_3[k] = \sum_{m=0}^{N} \tilde{x}_1[m] \cdot \underbrace{\left[\sum_{n=0}^{N-1} \tilde{x}_2[n-m] \cdot w_N^{nk} \right]}_{w_N^{mk} \cdot \tilde{X}_2[k]} \qquad (10.21)$$

Die verbleibende Summe entspricht der DFT der Folge $\tilde{x}_1[n]$, und es ergibt sich der Zusammenhang zwischen der zyklischen Faltung und der DFT.

$$\tilde{x}_1[n] \overset{N}{*} \tilde{x}_2[n] \overset{DFT}{\leftrightarrow} \tilde{X}_1[k] \cdot \tilde{X}_2[k] \tag{10.22}$$

Die DFT bildet die zyklische Faltung auf das Produkt der Spektren ab. Die zyklische Faltung kann demzufolge im Frequenzbereich durch die einfache Multiplikation der DFT-Spektren ausgeführt werden.

Mit einer kleinen Modifikation ist es auch möglich, die Faltung zweier Folgen endlicher Länge L_1 und L_2 mittels DFT zu berechnen. Dazu verlängert man die Folgen durch Anhängen von Nullen auf mindestens die Länge $N = L_1 + L_2 - 1$. Jetzt kann die Faltung ohne Überfaltungsfehler als zyklische Faltung bezogen auf die Grundperiode der Länge N durchgeführt werden. Damit wird es in vielen Anwendungen möglich, die lineare Filterung durch FIR-Systeme in Form der schnellen Faltung mit der FFT sehr effizient auszuführen.

Beispiel Zyklische Faltung

Wir zeigen die Anwendung der DFT zur Berechnung der Faltung zweier endlich langer Folgen.

$$x_1[n] = \{1, 2, 3, 1\} \quad \text{und} \quad x_2[n] = \{1, 0, 2, -1, 1\} \tag{10.23}$$

Mit den Längen $L_1 = 4$ und $L_2 = 5$ ergibt sich die Länge $L_3 = 8$ für das Faltungsergebnis.

$$x_3[n] = x_1[n] * x_2[n] = \{1, 2, 5, 4, 5, 1, 2, 1\} \tag{10.24}$$

Zunächst veranschaulichen wir die Berechnung der aperiodischen Faltung als zyklische Faltung in Bild 10-7. Damit keine Überfaltungsfehler auftreten, verlängern wir die beiden Folgen durch Anhängen von Nullen auf (mindestens) $N = 8$.

Links im Bild ist eine Schaltung mit zwei Registern für die Aufnahme der beiden Folgen zu sehen. Das zyklische Verschieben der Folge $x_2[-n]$ wird mit einem Schieberegister realisiert. Die Elemente werden jeweils paarweise multipliziert und die Ergebnisse aufsummiert, so dass nach rechts das Faltungsergebnis ausgegeben wird.

Für die praktische Berechnung von Hand eignet sich die Rechentafel rechts im Bild. In der ersten Zeile steht die Folge $x_1[n]$ und darunter die jeweils zyklisch verschobene Folge $x_2[-n]$. In der rechten Spalte außen sind die Teilergebnisse notiert. Die Multiplikationen mit null in der rechten Hälfte der Tafel können weggelassen werden. Das Resultat $x_3[n]$ wird schließlich von oben nach unten abgelesen.

Alternativ kann $x_3[n]$ mit Hilfe der DFT der Länge $N = 8$ berechnet werden.

$$x_3[n] = \text{IDFT}\{X_1[k] \cdot X_2[k]\} \tag{10.25}$$

Beispiel Zyklische Faltung

a) Falten Sie die beiden Folgen $x_1[n] = \{1, -1, 1, -1\}$ und $x_2[n] = \{1, 1, -1, -1\}$ für die Länge $N = 4$ zyklisch miteinander.

b) Wiederholen Sie (a) für $N = 8$.

Hinweis: Lösung z. B. mit Rechentafel nach Bild 10-7.

Lösung

$$x_1[n] \overset{4}{*} x_2[n] = \{0,0,0,0\}$$ *Anmerkung:* Die beiden Folgen sind orthogonal zueinander!

$$x_1[n] \overset{8}{*} x_2[n] = \{1,0,-1,0,-1,0,1,0\}$$

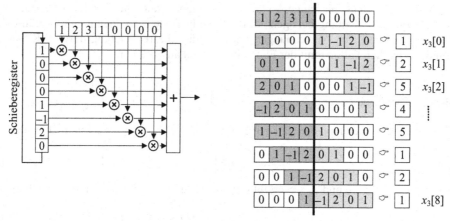

Bild 10-7 Veranschaulichung der zyklische Faltung als Schieberegister-Schaltung (links) und als
Rechentafel (rechts)

10.2.2 Schnelle Faltung

Die Möglichkeit, die Faltung über das Produkt der DFT-Spektren zu bestimmen, stellt eine in-
teressante Alternative zur Berechnung der Faltungssumme dar, wenn eine der Folgen eine relativ große Länge besitzt. Zwei Verfahren hierzu sind die *Overlap-Add-* und die *Overlap-Save-*
Methode [KaKr06], [Schü94]. Voraussetzung für die praktische Umsetzung ist die Verfügbar-
keit eines aufwandsgünstigen Algorithmus für die DFT und IDFT. Unter dem Sammelbegriff
schnelle Fourier-Transformation, die in Abschnitt 10.3 noch eingeführt wird, stellt die digitale
Signalverarbeitung Algorithmen zur Verfügung, deren vorteilhafte Anwendungen je nach
Randbedingungen, wie verfügbare Prozessor-Hardware und Speicher usw., zu prüfen sind.
Man spricht dann von der *schnellen Faltung*. Wir machen uns das an zwei Beispielen deutlich.

Beispiel Schnelle Faltung mit der Overlap-Add-Methode

Die Faltung zweier endlich langer Folgen $h[n]$ und $x[n]$ kann mittels der DFT in einem Stück
erfolgen. Die dazu mindestens notwendige DFT-Länge ist $N_{DFT} = L_h + L_x - 1$ mit den entsprechenden Folgenlängen L_h bzw. L_x. In vielen Anwendungen ist eine der Folge die Impulsantwort
eines FIR-Systems $h[n]$ mit einer geringen bis moderaten Länge. Die andere Folge $x[n]$ kann
beispielsweise eine Abtastfolge sehr großer Länge sein, die vielleicht sogar noch nicht voll-

ständig erfasst ist, so dass eine einmalige Anwendung der DFT – auch nicht in der aufwandsgünstigen FFT – technisch undurchführbar ist. In einer solchen Situation kann der Einsatz der
Overlap-Add-Methode vorteilhaft sein.

Wir studieren die Overlap-Add-Methode am Beispiel der Filterung des Signals $x[n]$ durch ein
FIR-Filter mit Impulsantwort $h[n]$ in Bild 10-8. Die Impulsantwort hat die Länge $L_h = 4$. während das Signal $x[n]$ von beliebig großer Länge sein kann.

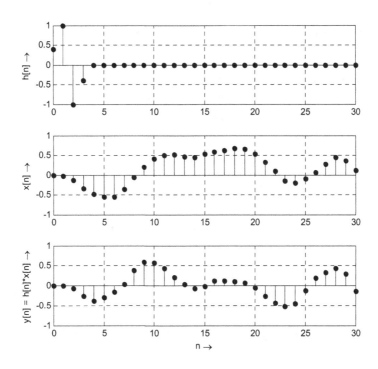

Bild 10-8 Impulsantwort $h[n]$, Signal $x[n]$ und Faltungsergebnis $y[n]$

Wir wollen die DFT für Signalblöcke anwenden und entscheiden uns der Anschaulichkeit
halber für die DFT-Länge $N_{DFT} = 8$. Um die Faltung zweier Signale bei dieser Länge durch die
DFT vollständig zu erfassen, muss für die Länge des Signalblocks von $x[n]$ gelten

$$L_{xB} = N_{DFT} - L_h + 1 = 8 - 4 + 1 = 5 \tag{10.26}$$

Wir zerlegen deshalb das Signal $x[n]$ konsekutiv in Abschnitte der Länge L_{xB} (= 5) und
ergänzen sie jeweils durch $N_{DFT} - L_{xB}$ (= 3) Nullen auf die gewünschte DFT-Länge N_{DFT} (= 8),
siehe Bild 10-9.

Nun kann die Faltung für jeden Eingangs-Block $x_i[n]$ durch Multiplikation der DFT-Spektren
der Blöcke $X_i[k]$ mit dem der Impulsantwort $H[k]$ und anschließender Rücktransformation zum
Ausgangs-Block $y_i[n]$ = IDFT$\{X_i[k] \cdot H[k]\}$ durchgeführt werden. Dabei braucht das Spektrum
der Impulsantwort nur einmal berechnet zu werden.

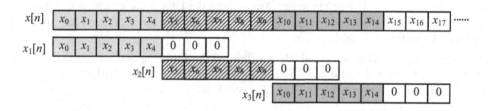

Bild 10-9 Zerlegung des Signals $x[n] = x_n$ in Blöcke für die Overlap-Add-Methode

Die Resultate für die ersten vier Ausgangs-Blöcke, $y_1[n]$ bis $y_4[n]$, sind in Bild 10-10 von oben nach unten zu sehen. Wie üblich beginnen wir die Zählung des Zeitindex mit $n = 0$.

Der erste Block liefert N_{DFT} (=8) Elemente für $y_1[n]$, wobei die ersten L_{xB} (=5) mit dem Ausgangssignal $y[n]$ übereinstimmen. Die folgenden Elemente geben zwar die Beiträge der ersten L_{xB} Signalelemente von $x[n]$ korrekt wider, allerdings fehlen die Beiträge der dem Block noch folgenden Signalelemente.

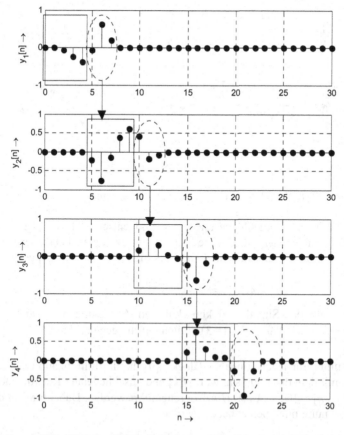

Bild 10-10 Faltung mittels DFT für die Blöcke 1 bis 4 und Kombination der Ergebnisse nach der Overlap-Add-Methode, vgl. Bild 10-9

Diese liefert der nächste Block nach. Die Elemente des 2. Blocks $y_2[n]$ sind im zweiten Teilbild zu sehen. Da es sich um den 2. Block handelt, wird er dem Zeitintervall $n = L_{xB}$ (5) bis $L_{xB} + N_{DFT} - 1$ (12) zugeordnet. Für das Ausgangssignal werden die Elemente beider Blöcke zeitrichtig addiert. Das Bild zeigt anschaulich, wie sich die beiden Blöcke in $N_{DFT} - L_{xB}$ (3) Positionen überlagern (Overlap) und die zwischengespeicherten Elemente des 1. Blocks zu denen des 2. addiert (Add) werden müssen.

Ganz entsprechend wird mit den weiteren Blöcken verfahren. Mit der Overlap-Add-Methode wird die Aufgabe der Filterung einer im Prinzip unendlich langen Folge in einen Algorithmus mit Blockverarbeitung heruntergebrochen.

Dabei kann die üblicherweise verwendete FFT ihren Vorteil mit zunehmender DFT-Länge ausspielen. Bereits ab einer Länge der Impulsantwort von 20 kann eine FFT der Länge 1024 bereits aufwandsgünstiger als die konventionelle Faltung sein, daher die Bezeichnung schnelle Faltung. Nachteilig ist dann jedoch, dass eine von der DFT-Länge abhängige Verzögerung im Ausgangssignal entsteht, weil wegen des Zwischenspeicherns die letzten Werte eines Blockes erst ausgegeben werden können, wenn die Ergebnisse des nächsten Blocks vorliegen.

Beispiel Schnelle Faltung mit der Overlap-Save-Methode

Bei der Overlap-Add-Methode können bei großen DFT-Längen für die Anwendung unerwünschte Signalverzögerungen entstehen. Abhilfe schafft hier die Overlap-Save-Methode.

Statt $m = N_{DFT} - L_{xB}$ (=3) Nullen an den Eingangs-Block anzuhängen, wie in Bild 10-9, werden die m Nullen vorangestellt, siehe Bild 10-11. Im Vergleich zur Overlap-Add-Methode entspricht das einer zyklischen Verschiebung des ersten Blockes um m (=3) Positionen nach rechts.

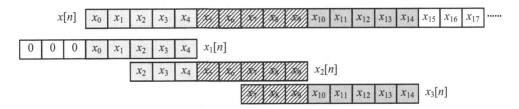

Bild 10-11 Zerlegung des Signals $x[n] = x_n$ in Blöcke für die Overlap-Save-Methode

Für das DFT-Spektrum bedeutet die Verschiebung eine Multiplikation mit w_N^{mk}, siehe Tabelle 10-2.

Wird jetzt die Multiplikation der Spektren wie bei der Overlap-Add-Methode vorgenommen, bleibt der Faktor erhalten. Die inverse DFT liefert also im Umkehrschluss das zyklisch um m (= 3) Positionen nach rechts verschobene Ergebnis der Overlap-Add-Methode. Mit anderen Worten, nun sind die letzten L_{xB} (= 5) Elemente im Ausgangs-Block $y_1[n]$ gültige Ausgangselementen, während die ersten m (3) die früheren Zwischenwerte sind.

Anders als bei der Overlap-Add-Methode werden letztere jedoch verworfen und stattdessen die letzten m (= 3) Elemente des Eingangssignals im nächsten Block nochmals verwendet (Overlap-Save), siehe Bild 10-11. Wie man beispielsweise anhand des Rechenschemas in Bild 10-7 rechts verifizieren kann, stimmen dann die letzten L_{xB} (=5) Elemente des Ausgangs-

Blockes mit den nächsten L_{xB} (=5) gesuchten Elementen der Ausgangsfolge überein. Die ersten m Elemente sind unbrauchbar, da es zu unzulässigen Überfaltungen kommt.

Für die folgenden Blöcke gilt entsprechend, siehe Bild 10-12.

Der Aufwand für die Overlap-Save-Methode entspricht in etwa dem der Overlap-Add-Methode. Die Verzögerung durch das Warten auf den nächsten Block entfällt.

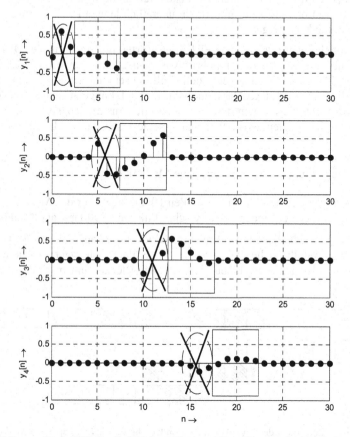

Bild 10-12   Faltung mittels DFT für die Blöcke 1 bis 4 und Kombination der Ergebnisse nach der
             Overlap-Save-Methode, vgl. Bild 10-9

10.3   Schnelle Fourier-Transformation (FFT)

Lernziele

Nach Bearbeiten des Abschnitts 10.3 können Sie

- die Bedeutung der Komplexität eines Algorithmus der digitalen Signalverarbeitung für die Anwendung einschätzen
- die Idee der schnellen Fourier-Transformation am Beispiel des Signalflussgraphen der Decimation-in-time-Radix-2-FFT erläutern

10.3.1 Einführung

Ein oft entscheidendes Kriterium für die Anwendung eines bestimmten Verfahrens der digitalen Signalverarbeitung ist seine Komplexität, d. h. meist die Zahl der benötigten Rechenoperationen und der Speicherelemente. Bei einer der wichtigsten Anwendungen der digitalen Signalverarbeitung, der Spektralanalyse mit der DFT, wird das besonders deutlich.

Anfang der sechziger Jahre wurden, durch den Fortschritt der Digitaltechnik begünstigt, zunehmend Verfahren der digitalen Signalverarbeitung eingesetzt. Bei der Spektralanalyse durch die DFT zeigte sich jedoch, dass große Transformationslängen N und demzufolge lange Verarbeitungszeiten benötigt werden. Damit war zunächst eine Echtzeitanwendung in vielen Fällen nicht möglich.

Anmerkung: Unter Echtzeitverarbeitung versteht man eine Verarbeitung von Daten in mindestens der Geschwindigkeit wie die Daten anfallen, so dass z. B. die Verarbeitung von Signalwerten in einem Filter zu jedem neuen Eingangswert einen neuen Ausgangswert liefert.

1965 schlugen Cooley und Tukey ein Verfahren vor, das speziell für große Transformationslängen die numerische Berechnung der DFT stark beschleunigte, und ihr so eine breite Anwendung eröffnete [CoTu65].

Unter dem Begriff *schnelle Fourier-Transformation* (Fast Fourier Transform, FFT) werden verschiedene Verfahren zusammengefasst, deren Ansätze u. a. bis auf Gauß (1805) zurückreichen. Je nach Anwendung, wobei auch Überlegungen zur verwendeten Hardware, wie der Prozessorarchitektur, der Speicherausstattung u. Ä., einfließen, werden verschiedene Algorithmen der FFT eingesetzt.

Anmerkung: Carl Friedrich Gauß: *1777/†1855, deutscher Mathematiker, Astronom und Physiker.

Nachfolgend wird der am weitesten verbreitete Algorithmus zur FFT, die Radix-2-FFT, behandelt. Wir beginnen zunächst mit einer Abschätzung des Rechenaufwandes der DFT als einfaches Maß für die *Komplexität* des Algorithmus. Der Definitionsgleichung der DFT (10.1) ist zu entnehmen, dass zur Berechnung der N DFT-Koeffizienten jeweils N Multiplikationen der komplexen Folgenelemente $x[n]$ mit den komplexen Drehfaktoren w_N^{nk} und $N-1$ Additionen der Multiplikationsergebnisse auszuführen sind.

Mit $4 + 2$ Gleitkomma-Operationen (Floating Point Operations, FLOPs) für jede komplexe Multiplikation und 2 FLOPs für jede komplexe Addition erhält man eine Abschätzung des Rechenaufwands der direkten Umsetzung der Summenformel der DFT.

$$R_{DFT,direkt} \approx 8 \cdot N^2 \text{ FLOPs} \tag{10.27}$$

Die komplexen Faktoren werden dabei als gespeicherte Konstanten angesehen. Bei großen Transformationslängen ist ein entsprechend großer Speicher vorzusehen. Handelt es sich dabei um einen externen Speicher, so kann die Speicherzugriffszeit zu einer kritischen Größe werden. Verzichtet man jedoch auf die Speicherung und berechnet die komplexen Faktoren, so entsteht ein zusätzlicher Rechenaufwand. Darüber hinaus kann die fortlaufende Berechnung wegen einer möglichen Fehlerfortpflanzung zu numerischen Ungenauigkeiten führen.

Der Rechenaufwand der DFT (10.1) steigt quadratisch mit der Transformationslänge. Die Radix-2-FFT setzt genau an dieser Stelle an, indem sie die DFT sukzessive in zwei DFT der halben Länge zerlegt, bis schließlich eine Transformationslänge zwei erreicht ist.

10.3.2   Radix-2-FFT-Algorithmus

Wir gehen davon aus, dass die DFT-Länge N eine Zweierpotenz ist, d. h. $N = 2^P$ mit der natürlichen Zahl p. Zunächst kann die DFT (10.1) mit (10.10) in zwei Teilsummen zerlegt werden für gerade und ungerade Indizes.

$$X[k] = \sum_{n=0}^{N-1} x[n] \cdot w_N^{nk} = \sum_{n=0,2,\dots}^{N-2} x[n] \cdot w_N^{nk} + \sum_{n=1,3,\dots}^{N-1} x[n] \cdot w_N^{nk} \qquad (10.28)$$

Die Substitutionen

$$n = 2m \qquad \text{für } n \text{ gerade}$$

$$n = 2m + 1 \qquad \text{für } n \text{ ungerade} \qquad (10.29)$$

$$N/2 = M$$

liefern daraus

$$X[k] = \sum_{m=0}^{M-1} x[2m] \cdot w_N^{2mk} + \sum_{m=0}^{M-1} x[2m+1] \cdot w_N^{(2m+1)k} \qquad (10.30)$$

Jetzt lassen sich die komplexen Faktoren so umformen, dass zwei DFT mit jeweils halber Länge entstehen.

Mit

$$w_N^{2mk} = w_M^{mk} \quad \text{und} \quad w_N^{(2m+1)k} = w_N^k \cdot w_M^{mk} \qquad (10.31)$$

resultiert

$$X[k] = \sum_{m=0}^{M-1} x[2m] \cdot w_M^{mk} + w_N^k \cdot \sum_{m=0}^{M-1} x[2m+1] \cdot w_M^{mk} \qquad (10.32)$$

Mit der Voraussetzung, dass N eine Zweierpotenz ist, kann die Zerlegung Schritt für Schritt weitergeführt werden, bis schließlich eine DFT-Länge von zwei erreicht ist. Wir machen uns dies am Beispiel der DFT-Länge $N = 8$ anschaulich klar und entwickeln dazu den Signalflussgraphen der Radix-2-FFT.

Die erste Zerlegung (10.32) führt mit der Substitution

$$u[m] = x[2m] \quad \text{und} \quad v[m] = x[2m+1] \quad \text{für } m = 0, 1, \dots, M-1 \qquad (10.33)$$

und

$$X[k] = \underbrace{\sum_{m=0}^{M-1} u[m] \cdot w_M^{mk}}_{U[k]} + w_N^k \cdot \underbrace{\sum_{m=0}^{M-1} v[m] \cdot w_M^{mk}}_{V[k]} \qquad (10.34)$$

auf den Signalflussgraphen in Bild 10-13. Nicht angegebene Pfadgewichte sind gleich 1 zu setzen.

Die Aufteilung der Eingangsfolge in zwei Teilfolgen ergibt sich unmittelbar aus der Substitution (10.34). Man spricht von der Reduktion im Zeitbereich, engl. *Decimation-in-time Decomposition*. Es wird zweimal eine DFT der Länge $M = N / 2 = 4$ berechnet. Danach werden die DFT-Koeffizienten der Zwischenergebnisse entsprechend (10.34) zusammengefasst. Dabei kann vorteilhaft deren Periodizität bzgl. des DFT-Index benutzt werden.

Wegen

$$w_M^{m(k+M)} = w_M^{mk} \cdot \underbrace{w_M^{mM}}_{1} = w_M^{mk}$$ (10.35)

gilt

$$U[M + k] = U[k] \quad \text{und} \quad V[M + k] = V[k] \quad \text{für} \quad k = 0, 1, \ldots, M - 1$$ (10.36)

Zum Schluss ist noch der Faktor w_N^k in (10.34) zu berücksichtigen. Die von $V[0]$, ..., $V[3]$ ausgehenden Pfade werden dementsprechend mit den Faktoren w_N^k gewichtet. Es ergeben sich die überkreuzten Pfade im Signalflussgraphen in Bild 10-13.

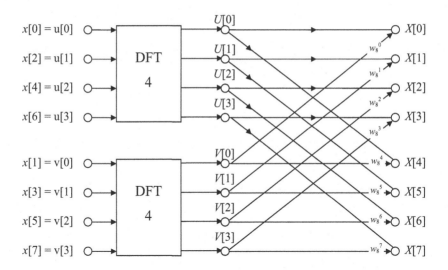

Bild 10-13 Signalflussgraph der Radix-2-FFT der Länge $N = 8$ mit der Aufteilung im Zeitbereich nach der ersten Zerlegung mit den Zwischenergebnissen $U[k]$ und $V[k]$

Die beiden weiteren Zerlegungen ergeben schließlich den dreistufigen Signalflussgraphen in Bild 10-14. Die erste Stufe beginnt mit einer DFT der Länge 2.

Wir schätzen nun die Komplexität der DFT nach der Radix-2-Zerlegung ab. Der Signalflussgraph zeigt, dass in jeder Stufe jeweils N komplexe Multiplikationen und N komplexe Additionen benötigt werden. Da die Transformationslänge eine Zweierpotenz ist, existieren genau $p = \log_2(N)$ Stufen. Der Rechenaufwand reduziert sich demzufolge auf etwa

$$R_{DFT, Radix-2} \approx 8N \cdot \log_2(N) \text{ FLOPs}$$ (10.37)

Das exponentielle Wachstum des Rechenaufwandes mit der DFT-Länge ist jetzt durch ein im Wesentlichen lineares Wachstum ersetzt. Im Beispiel einer DFT-Länge $N = 1024$ benötigt die Berechnung der DFT (10.27) ca. 8'388'608 FLOPs und nach Radix-2-Zerlegung etwa 81'920 FLOPs, und damit um zwei Größenordnungen weniger.

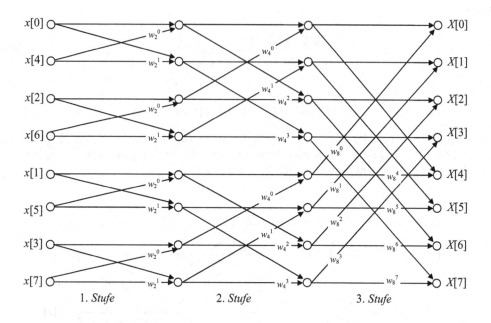

Bild 10-14 (Vorläufiger) Signalflussgraph der Radix-2-FFT der Länge $N = 8$ nach drei Zerlegungen mit Aufteilung im Zeitbereich

Eine genaue Analyse des Signalflussgraphen der Radix-2-Zerlegung zeigt, dass die Komplexität weiter reduziert werden kann. Man betrachte beispielsweise die Eingangswerte $x[2]$ und $x[6]$. Aus ihnen werden – ohne Verwendung weiterer Eingangswerte – in der ersten Stufe genau zwei Zwischenwerte berechnet. Die Eingangswerte werden danach zur DFT nicht mehr benötigt, so dass ihr Speicherplatz mit den Zwischenwerten überschrieben werden kann. Man spricht von einem *In-place-Algorithmus*.

Weiter erkennt man in allen Stufen über Kreuz geführte Strukturen mit jeweils zwei Eingangs- und zwei Ausgangswerten. Sie bilden die Basisoperation der Radix-2-FFT in Bild 10-15 links, wie sie direkt aus dem Signalflussgraphen abgelesen werden kann. Ihrem Aussehen entsprechend hat sich für sie die Bezeichnung *Butterfly* durchgesetzt.

Die zwei komplexen Multiplikationen lassen sich auf eine zurückführen, da in jeder Stufe s, mit $s = 1, 2, ..., p$, stets gilt

$$w_M^{l+M/2} = w_M^{M/2} \cdot w_M^l = -1 \cdot w_M^l \quad \text{für} \quad M = 2^s \quad \text{und} \quad l = 0, 1, ..., M/2 - 1 \quad (10.38)$$

Damit erhält man den modifizierten Butterfly rechts in Bild 10-15.

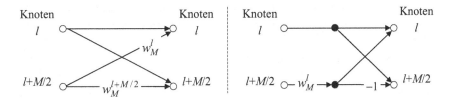

Bild 10-15 Butterfly der Radix-2-FFT der Länge $N = 2^p$ in der Stufe s mit zwei oder einer komplexen Multiplikation links bzw. rechts ($M = 2^s$, $l = 0, 1, \ldots, M/2\text{-}1$)

In Bild 10-16 sind die Überlegungen zum Signalflussgraphen der *Decimation-in-time-Radix-2-FFT* zusammengefasst. Die Analyse des Signalflussgraphen zeigt, dass näherungsweise pro Stufe $N/2$ komplexe Multiplikation und N komplexe Additionen bzw. Subtraktionen erforderlich sind. Im Vergleich mit (10.37) reduziert sich der Rechenaufwand noch mal.

$$R_{Radix-2-FFT} \approx 5N \cdot \log_2(N) \text{ FLOPs} \qquad (10.39)$$

Es ist offensichtlich, dass in den ersten beiden Stufen keine echten Multiplikationen erforderlich sind, so dass die Zahl der Multiplikationen noch mal etwas reduziert werden kann.

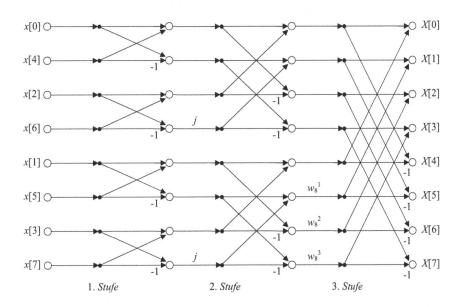

Bild 10-16 Signalflussgraph der Decimation-in-time-Radix-2-FFT für die DFT-Länge $N = 8$

In der Literatur werden verschiedene Modifikationen vorgeschlagen, die je nach Anwendung unterschiedlichen Zielvorstellungen gehorchen, wie kleiner Speicherplatzbedarf, größere Rechengenauigkeit, kompaktes Programm, optimale Ausnutzung der Prozessorarchitektur usw. Dabei werden auch unterschiedliche Voraussetzungen berücksichtigt, wie z. B. dass die DFT-Länge keine Zweierpotenz ist, die Eingangsfolge nur reell ist oder nur einige Werte des Spektrums gesucht sind, siehe Goertzel-Algorithmus [Goe58][Wer06a].

Ihrer Bedeutung als Basisoperation der digitalen Signalverarbeitung gemäß wird die FFT beim Design von Signalprozessoren in der Regel berücksichtigt, so dass die FFT besonders schnell ausgeführt werden kann.

Für die Programmierung der Radix-2-FFT ist noch interessant, dass die Umordnung der Eingangsfolge, die Decimation-in-time-Anordnung, mit Hilfe der Dualzahlen des BCD-Codes (Binary Coded Decimals) kompakt beschrieben werden kann. Dann können die Eingangsadressen durch Bitumkehr in so genannter *Bit Reversed Order* gefunden werden. Diese Adressierungsart wird von vielen Signalprozessoren hardwaremäßig unterstützt.

Der beschriebene Algorithmus zur FFT lässt sich zusammenfassend folgendermaßen charakterisieren:

- *Radix-2-FFT*, da die Transformationslänge eine Zweierpotenz ist

- *Decimation-in-time-Algorithmus*, da die Gruppierung im Zeitbereich erfolgt

- *In-place-Verfahren*, da die Eingangswerte durch die Ausgangswerte überschrieben werden

- *Bit-reversal-Adressierung* am Eingang bzw. Ausgang.

Der vorgestellte FFT-Algorithmus ist ein typisches Beispiel für die praktische Anwendung der digitalen Signalverarbeitung. Es existieren alternative Formen. So kann der Signalflussgraph auch mit einer Reduzierung im Frequenzbereich angegeben werden, der *Decimation-in-frequency*-Algorithmus. Je nach praktischen Randbedingungen, wie beispielsweise die Auswahl des verwendeten digitalen Signalprozessors, Rechenzeit- und Speicherbedarf und die geforderte Rechengenauigkeit, kommen Modifikationen zum Einsatz.

10.3.3   Beispiel: Tiefpassfilterung eines Bildsignals mit der FFT

Um die Anwendungsmöglichkeiten der FFT aufzuzeigen, betrachten wir das Beispiel in Bild 10-17. Es zeigt links das Originalbild mit 512×512 Bildelementen. Die Anwendung der FFT auf ein Bild heißt, dass zunächst jede Zeile des Bildes einer 1-dimensionalen FFT unterworfen wird, um danach jede Spalte – oder umgekehrt – zu transformieren. Die zweidimensionale DFT wird so auf zwei aufeinanderfolgende eindimensionale zurückgeführt. Man spricht von einer *separierbaren Transformation*.

Insgesamt sind 1024 Radix-2-FFT-Transformationen der Länge 512 anzuwenden. Das entspricht nach der Abschätzung (10.39) einem Aufwand von $(5 \cdot 512 \cdot 9) \cdot 1024 \approx 23{,}6$ MFLOPs. Das erledigt ein moderner PC mit MATLAB ohne merkbare Verzögerung.

Anmerkung: Der erste Supercomputer der Welt, die CRAY 1 im Los Alamos National Laboratory (U.S.A.) besaß 1976 eine Rechenkapazität von ca. 130 MFLOPs. Er hätte für das Beispiel mit der FFT etwa 180 ms und mit der DFT-Summenformel 16,5 s benötigt. Zum Vergleich, der 2007 schnellste Supercomputer in Deutschland, der Blue Gene (von IBM, International Business Machines) im Forschungszentrum Jülich, besitzt eine Kapazität von ca. 160 TFLOPs und ist damit mehr als 1 Million mal so schnell wie die CRAY 1.

Die DFT-Spektren werden tiefpassgefiltert, indem die Koeffizienten im Bildzentrum (rechts) zu null gesetzt werden. Wir setzen mehr als 97 % der DFT-Koeffizienten in einem kreisförmigen Bereich zu null, um den Effekt besonders sichtbar zu machen. Aus drucktechnischen Gründen wird die eigentlich schwarze Fläche (Grauwert null) im DFT-Spektrum in Bild 10-17 rechts weiß dargestellt. Der Imaginärteil sieht entsprechend aus und wird deshalb im Bild weggelassen.

Das Ergebnis der Rücktransformation zeigt Bild 10-18 links. Trotz der Beschneidung bleiben die wesentlichen Bildinhalte erhalten. Allerdings unterdrückt die *Tiefpassfilterung* die für die örtlichen Signaländerungen, z. B. Kanten, notwendigen höheren Spektralanteile: Es entstehen Schlieren und Schattenkanten.

DFT-Koeffizienten
zu null gesetzt

Bild 10-17 Originalbild (links) und beschnittenes DFT-Spektrum (Realteil) (rechts) durch Nullsetzen der DFT-Koeffizienten im kreisförmigen, weißen Bereich (Ross River, Townsville QLD)

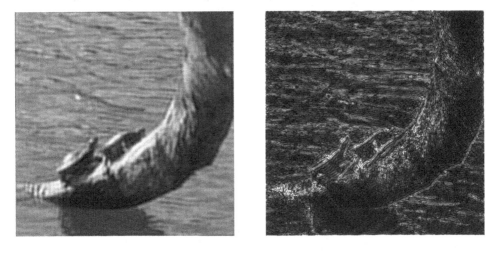

Bild 10-18 Tiefpass-Anteil (links) und Hochpass-Anteil (rechts) durch Beschneidung des DFT-Spektrums in Bild 10-17 (Ross River, Townsville QLD)

Die unterdrückten DFT-Koeffizienten bilden den Hochpass-Anteil. Auch er kann durch Rücktransformation sichtbar gemacht werden, siehe Bild 10-18 rechts. Es heben sich deutlich die Kanten hervor.

Das DFT-Spektrum enthält offensichtlich für den menschlichen Betrachter einen großen irrelevanten Anteil, der zur Datenreduktion weggelassen werden kann. In der Praxis der Bildcodierung wird die diskrete Kosinustransformation (Discrete Cosine Transform, DCT), eine enge Verwandte der DFT, benutzt. Sie lässt sich ohne komplexe Zahlen berechnen und die Bilder zeigen sich robuster gegen Beschneidungen im Spektrum. Bevor wir die DCT und ihre Anwendung behandeln können, müssen im nächsten Abschnitt noch wichtige Grundlagen bereitgestellt werden.

10.4   Orthogonale Transformation

In den vorangehenden Unterabschnitten haben wir die DFT/FFT als attraktives Werkzeug für die Spektralanalyse und zur Signalfilterung kennengelernt. Mit Begriffen und Methoden aus der linearen Algebra erweitern wir unseren Blick auf die linearen *Block-Transformationen*.

Lernziele

Nach Bearbeiten des Abschnitts 10.4 können Sie

- die DFT und IDFT in Matrix-Vektorform angeben

- Transformationskern und Basisvektoren der DFT angeben und die Bedeutung der Basisvektoren am Beispiel der DFT aufzeigen

- die Begriffe orthogonale, orthonormale und unitäre Transformation erläutern und die DFT einordnen

- die Begriffe verlustlose und normerhaltende Transformation erklären und mit der DFT verdeutlichen

---

Die DFT (10.1) bildet die N Signalwerte $x[n]$ auf die N DFT-Koeffizienten $X[k]$ durch Linearkombination mit den komplexen Drehfaktoren w_N^{nk} ab. Fasst man die Signale als Spaltenvektoren auf

$$\mathbf{x} = \left(x_0, x_1, \cdots, x_{N-1} \right)^T \qquad \text{mit } x_n = x[n]$$
$$\mathbf{X} = \left(X_0, X_1, \cdots, X_{N-1} \right)^T \qquad \text{mit } X_k = X[k] \tag{10.40}$$

so ist die DFT eine lineare Abbildung in Matrix-Vektorform.

$$\mathbf{X} = \mathbf{W}\,\mathbf{x} \tag{10.41}$$

Entscheidend für die Abbildung ist die *Transformationsmatrix*, auch *Transformationskern* genannt. Die Transformationsmatrix der DFT wird durch die komplexen Drehfaktoren vorgegeben.

$$\mathbf{W} = \left(W_{lm} \right)_{N \times N} \quad \text{mit} \quad W_{lm} = w_N^{(l-1)\cdot(m-1)} = e^{-j\frac{2\pi}{N}\cdot(l-1)\cdot(m-1)} \tag{10.42}$$

Anmerkung: Die Kurzschreibweise W_{lm} bezieht sich auf das Matrixelement in der l-ten Zeile und m-ten Spalte. Man beachte, die Zeilen l und Spalten m der Matrix werden von 1 bis N gezählt.

Die Transformationsmatrix ist wegen der Vertauschbarkeit der Zeilen- und Spaltenindizes in (10.42) *symmetrisch*.

$$\mathbf{W} = \mathbf{W}^T \tag{10.43}$$

Weil die IDFT (10.2) wieder auf das ursprüngliche Signal führt, existiert die inverse Transformationsmatrix

$$\mathbf{x} = \mathbf{W}^{-1} \, \mathbf{X} \tag{10.44}$$

Der Koeffizientenvergleich der DFT (10.1) und IDFT (10.2) liefert die Elemente der inversen Transformationsmatrix.

$$\mathbf{W}^{-1} = \frac{1}{N} \cdot \left(W_{lm}^{-1} \right) \tag{10.45}$$

Bei der Verwendung der Matrix-Vektorform wird die DFT oft in symmetrischer Form definiert, wobei der Faktor $1 / N$ gleichmäßig auf die Hin- und Rücktransformation aufgeteilt wird.

$$\tilde{\mathbf{W}} = \frac{1}{\sqrt{N}} \left(W_{lm} \right), \quad \tilde{\mathbf{W}}^{-1} = \frac{1}{\sqrt{N}} \left(W_{lm}^{-1} \right) \tag{10.46}$$

Beispiel Transformationsmatrix der symmetrischen Form der DFT und ihre Inverse

Im Falle der symmetrischen DFT der Länge 4 folgt aus (10.1) bzw. (10.2) für die Transformationsmatrix und ihrer Inversen

$$\tilde{\mathbf{W}} = \frac{1}{2} \cdot \begin{pmatrix} 1 & 1 & 1 & 1 \\ 1 & -j & -1 & j \\ 1 & -1 & 1 & -1 \\ 1 & j & -1 & -j \end{pmatrix} \, , \quad \tilde{\mathbf{W}}^{-1} = \frac{1}{2} \cdot \begin{pmatrix} 1 & 1 & 1 & 1 \\ 1 & j & -1 & -j \\ 1 & -1 & 1 & -1 \\ 1 & -j & -1 & j \end{pmatrix} \tag{10.47}$$

An der Transformationsmatrix ist die Symmetrie (10.43), $\tilde{\mathbf{W}} = \tilde{\mathbf{W}}^T$, deutlich zu erkennen. Darüber hinaus ergibt der Vergleich mit der Inversen, $\tilde{\mathbf{W}}^{-1} = \tilde{\mathbf{W}}^*$.

Der im Zahlenwertbeispiel sichtbare Zusammenhang zwischen der Transformationsmatrix und ihrer Inversen ist typisch für die DFT. Wegen der komplex-exponentiellen Form der Matrixelemente (10.42) gilt für sie

$$W_{lm}^* = W_{lm}^{-1} \tag{10.48}$$

Dazu kommt, dass die Transformationsmatrix (10.43) invariant gegen die Transposition ist. Die inverse Transformationsmatrix in der symmetrischen Form vereinfacht sich deshalb zu

$$\tilde{\mathbf{W}}^{-1} = \tilde{\mathbf{W}}^{*T} \tag{10.49}$$

Eine Matrix mit dieser Eigenschaft nennt man *unitär*. Diese Eigenschaft stellt für komplexe Matrizen eine Erweiterung der Orthogonalität reeller Matrizen dar.

Das Beispiel der DFT legt eine Verallgemeinerung nahe. Jedes Paar linearer Abbildungen

$$\mathbf{X} = \mathbf{A} \, \mathbf{x} \quad \text{und} \quad \mathbf{x} = \mathbf{B} \, \mathbf{X} \quad \text{mit} \quad \mathbf{B} = \mathbf{A}^{-1} \tag{10.50}$$

liefert eine *diskrete (Block-) Transformation*, bei der keine Information verloren geht.

Ist die Transformationsmatrix orthogonal oder unitär (*), d. h.

$$\mathbf{A}^{*T}\mathbf{A} = \mathbf{A}\mathbf{A}^{*T} = \mathbf{I} \quad \Leftrightarrow \quad \mathbf{A}^{-1} = \mathbf{A}^{*T} \tag{10.51}$$

spricht man von einer *orthogonalen* bzw. *unitären Transformation*.

Für orthogonale und unitäre Transformationen gilt die Erhaltung des inneren Produktes und damit der Norm, siehe parsevalsche Gleichung in Tabelle 10-2.

Die diskrete Transformation (10.50) stellt das Signal $\mathbf{x}$ als Linearkombination der Spaltenvektoren $\mathbf{b}_k$ dar. Man nennt die Spaltenvektoren deshalb die *Basisvektoren* und die Matrix $\mathbf{B}$ die Basis der Transformation. Die Gewichte X_k werden die *Spektralkomponenten* genannt. Sie spiegeln die Ähnlichkeiten der Folge mit den Basisvektoren wider.

Ein wichtiger Sonderfall der diskreten Transformation liegt vor, wenn die Basisvektoren *orthogonal* bzw. *unitär* sind. Dazu muss für das *innere Produkt* zweier Basisvektoren gelten

$$\mathbf{b}_l \bullet \mathbf{b}_m = \mathbf{b}_l^{*T}\,\mathbf{b}_m = \sum_{n=0}^{N-1} b_{l,n}^* \cdot b_{m,n} = \begin{cases} \|\,\mathbf{b}_l\,\| & \text{für } l = m \\ 0 & \text{sonst} \end{cases} \tag{10.52}$$

mit der *Norm* des Vektors

$$\|\,\mathbf{b}\,\| = \sqrt{b_0^2 + b_1^2 + \cdots b_{N-1}^2} \tag{10.53}$$

Sind die Basisvektoren orthogonal und haben die Norm 1, ist die Basis *orthonormal*.

Da sich diese Eigenschaften der Basen auf die Transformationsmatrizen übertragen, liegen dementsprechend *orthogonale, orthonormale* bzw. *unitäre Transformationen* vor. Die Norm bleibt jeweils erhalten. Es gilt die *parsevalsche Gleichung*, wie in Tabelle 10-2, weshalb diese Transformationen in der Physik und der Technik wichtige Rollen spielen.

Die N Basisvektoren der symmetrischen Form der DFT sind

$$\mathbf{B} = \begin{pmatrix} \mathbf{b}_1 & \mathbf{b}_2 & \cdots & \mathbf{b}_N \end{pmatrix} = \tilde{\mathbf{W}}^{-1} \tag{10.54}$$

mit

$$\mathbf{b}_l = \frac{1}{\sqrt{N}} \cdot \left(W_{1l}^{-1}, W_{2l}^{-1}, \ldots, W_{Nl}^{-1} \right)^T \tag{10.55}$$

Setzen wir der Anschaulichkeit halber die komplexe Exponentialfunktion bzw. die trigonometrischen Funktionen in die Basisvektoren ein, erhalten wir als Signalfolgen für $n = 0, 1, \ldots,$ $N-1$

$$b_l[n] = \frac{1}{\sqrt{N}} \cdot e^{j\Omega_k \cdot n} = \frac{1}{\sqrt{N}} \cdot \cos(\Omega_k \cdot n) + j\frac{1}{\sqrt{N}} \cdot \sin(\Omega_k \cdot n) \quad \text{mit } k = l-1 \tag{10.56}$$

mit den normierten Kreisfrequenzen

$$\Omega_k = \frac{2\pi}{N} \cdot k \quad \text{für } k = 0, \ldots, N-1 \tag{10.57}$$

Die symmetrische Form der DFT zerlegt ein Signal $x[n]$ der Länge N bzgl. einer orthonormalen Basis in eine Linearkombination aus orthogonalen Sinus- und Kosinusfunktionen $b_l[n]$.

Anmerkung: Die Orthonormalität der Basisvektoren der DFT kann mit der Orthogonalität der komplex Exponentiellen (10.8) allgemein gezeigt werden.

Beispiel Basis der symmetrischen Form der DFT

Die vier Basisvektoren ergeben sich aus den vier Spalten der Matrix $\tilde{\mathbf{W}}^{-1}$ in (10.47)

$$\mathbf{b}_1 = \frac{1}{2} \cdot (1,1,1,1)^T \, , \quad \mathbf{b}_2 = \frac{1}{2} \cdot (1,j,-1,-j)^T$$
$$\mathbf{b}_3 = \frac{1}{2} \cdot (1,-1,1,-1)^T \, , \quad \mathbf{b}_4 = \frac{1}{2} \cdot (1,-j,-1,j)^T$$

$$(10.58)$$

Die Basisvektoren der symmetrischen DFT sind orthonormal, wie man durch Ausrechnen aller möglichen inneren Produkte (10.52) verifizieren kann.

10.5   Diskrete Kosinus-Transformation (DCT)

In der Praxis der Bildcodierung wird die *diskrete Kosinus-Transformation* (*Discrete Cosine Transform*, DCT), eine enge Verwandte der DFT, benutzt. Sie lässt sich ohne komplexe Zahlen effizient berechnen, vergleichbar zur FFT, und die Bilder zeigen sich robust gegen Beschneidungen im DCT-Spektrum.

Anmerkung: Um die Pionierleistung der Entwickler und die Bedeutung der DCT richtig einschätzen zu können, muss man sich in die Mitte der 1980er-Jahre zurückversetzen. Der PC war noch neu und wurde in der Regel im Büro für Textverarbeitung eingesetzt. Er war den meisten Menschen unbekannt. Die Bildverarbeitung wurde damals von Spezialisten erledigt, die spezielle Hardware für Festkomma-Arithmetik, so genannten Bildprozessoren, und teuere Bildspeicher einsetzten. Die Algorithmen mussten nicht nur sparsam mit den Ressourcen umgehen, sondern auch robust gegen arithmetische Ungenauigkeiten bei den Berechnungen sein.

Lernziele

Nach Bearbeiten des Abschnitts 10.5 können Sie

- die DCT aus der DFT herleiten
- die DCT als orthogonale Transformation begründen
- die Anwendung der DCT in der Bildcodierung an einem Beispiel erläutern

10.5.1   Von der DFT zur DCT

Die DFT reeller Folgen liefert prinzipiell ein komplexes Spektrum. In manchen Anwendungen, wie der Bildcodierung, ist dies jedoch unerwünscht. Abhilfe schafft hier ein Blick auf das Zuordnungsschema der DFT in Tabelle 10-2: Eine reelle und gerade Folge besitzt ein reelles und gerades Spektrum. Setzt man also die Folgen gerade fort, erhält man das Gewünschte. Dabei geht keine Information verloren und der Darstellungsaufwand scheint gleich zu bleiben.

Anmerkung: Bei der DFT fallen N komplexe Koeffizienten an. Bei reellen Folgen ist der Realteil des Spektrums gerade und der Imaginärteil ungerade (hermitesche Symmetrie), siehe Tabelle 10-2, weshalb der Darstellungsaufwand auf N reelle Werte reduziert werden kann.

Es gibt verschiedene Varianten der DCT, da es 8 Möglichkeiten der geraden Fortsetzung gibt [PrMa06]. Wir betrachten im Folgenden die in der verlustbehafteten Bildcodierung vorherrschende DCT-II und sprechen im Weiteren vereinfachend nur von der DCT.

Wir beginnen mit einer Folge $x[n]$ der Länge N, wobei N typisch eine Zweierpotenz ist. Die Fortsetzung in eine gerade Folge $g[n]$ geschieht wie in Bild 10-19 durch

$$g[n] = \begin{cases} x[n] & \text{für } 0 \le n < N \\ x[2N-n-1] & \text{für } N \le n < 2N \end{cases} \tag{10.59}$$

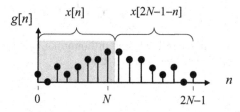

Bild 10-19 Gerade Fortsetzung von $x[n]$ zu $g[n]$

Wir bestimmen nun für $g[n]$ das DFT-Spektrum für $k = 0, 1, \ldots, 2N-1$.

$$G[k] = \sum_{n=0}^{2N-1} g[n] \cdot w_{2N}^{nk} = \sum_{n=0}^{N-1} x[n] \cdot w_{2N}^{nk} + \underbrace{\sum_{n=N}^{2N-1} x[2N-n-1] \cdot w_{2N}^{nk}}_{S} \tag{10.60}$$

Die rechte Summe S lässt sich durch die Substitution

$$m = 2N - n - 1 \tag{10.61}$$

in eine übersichtlichere Form bringen.

$$S = \sum_{m=N-1}^{0} x[m] \cdot w_{2N}^{k \cdot (2N-m-1)} = w_{2N}^{-k} \sum_{m=0}^{N-1} x[m] \cdot w_{2N}^{-mk} \tag{10.62}$$

Einsetzen in (10.60) führt auf eine kompakte Formel.

$$\begin{aligned} G[k] &= \sum_{n=0}^{N-1} x[n] \cdot w_{2N}^{nk} + w_{2N}^{-k} \cdot \sum_{n=0}^{N-1} x[n] \cdot w_{2N}^{-nk} = \\ &= w_{2N}^{-k/2} \cdot \sum_{n=0}^{N-1} x[n] \cdot \left(w_{2N}^{nk} \cdot w_{2N}^{k/2} + w_{2N}^{-nk} \cdot w_{2N}^{-k/2} \right) = \\ &= w_{2N}^{-k/2} \cdot \underbrace{\sum_{n=0}^{N-1} x[n] \cdot 2 \cos\left(\frac{\pi k \cdot [2n+1]}{2N} \right)}_{V[k] \in \mathbb{R}} \quad \text{für } k = 0,1,\ldots,2N-1 \end{aligned} \tag{10.63}$$

Das DFT-Spektrum resultiert in einem komplex-exponentiellen Faktor $w_{2N}^{-k/2}$ und einem reellen Anteil $V[k]$, der als lineare Transformation aufgefasst werden kann.

Bevor wir das tun, gehen wir erst der Frage nach: Warum ist das Spektrum von $G[k]$ trotz der geraden Fortsetzung komplex?

Die Antwort liefert eine nochmalige Betrachtung des Zuordnungsschemas in Tabelle 10-2. Die gerade Symmetrie bezieht sich auf die, der DFT zugrunde gelegten, periodischen Folgen. Setzen wir die Folge $g[n]$ periodisch fort, wie in Bild 10-20 zu sehen, so liegt der Symmetriepunkt nicht bei 0 sondern bei $-1/2$ liegt.

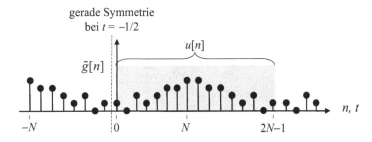

Bild 10-20 Periodische Fortsetzung der geraden Folge $g[n]$

Nehmen wir ohne Beschränkung der Allgemeinheit an, die Folge wäre durch ideale Abtastung eines periodischen und geraden zeitkontinuierlichen Signals entstanden, entspräche das einer Verschiebung um ein halbes Abtastintervall, $T_a / 2$, nach links. Der Verschiebungssatz der Fourier-Transformation sagt aus, dass in diesem Fall das Spektrum des geraden zeitkontinuierlichen Signals mit dem Faktor $\exp(j\omega T_a/2)$ multipliziert wird, siehe Tabelle 8-1. Umrechnen auf die normierte Kreisfrequenz entsprechend der Abtastung, $\Omega = \omega \cdot T_a$, liefert den Vorfaktor in (10.63) zu den Frequenzstützstellen der DFT $\exp(jk\cdot[2\pi/2N]/2) = w_{2N}^{-k/2}$.

Der komplexe Faktor ist allein auf die Verschiebung, die Art der geraden Fortsetzung der Folge $x[n]$, zurückzuführen. Daraus dürfen wir schließen, dass er keine Information über die Folge selbst trägt; also für das Spektrum im Sinne der Anwendung irrelevant ist.

Es bietet sich an, den verbleibenden reellen Anteil in (10.63) als eigenständige lineare Transformation zu definieren.

$$X_C[k] = 2 \cdot \sum_{n=0}^{N-1} x[n] \cdot \cos\left(\frac{\pi k \cdot [2n+1]}{2N}\right) \quad \text{für } k = 0, 1, \dots, N-1 \qquad (10.64)$$

Ihrer Gestalt entsprechend, wird sie *diskrete Kosinus-Transformation* (DCT) genannt. Man beachte die Beschränkung des Laufindex k auf N Elemente. Dabei geht keine Information verloren, da der Realteil des DFT-Spektrums einer reellen Folge gerade und der Imaginärteil ungerade sind, siehe Tabelle 10-2.

Eine effiziente Berechnung der DCT-Koeffizienten $X_C[k]$ kann beispielsweise mit der FFT geschehen, wobei nur die ersten N Koeffizienten des DFT-Spektrums nach Multiplikation mit $w_{2N}^{+k/2}$ zu verwenden sind.

Damit ist auch ein Weg für die Rücktransformation aufgezeigt. Das DFT-Spektrum $G[k]$ kann mit (10.63) aus $X_C[k]$ wieder gewonnen werden. Zunächst rekonstruieren wir den reellen Anteil anhand der hermiteschen Symmetrie

$$V[k] = \begin{cases} X_C[k] & \text{für } k = 0,1,\ldots,N-1 \\ 0 & \text{für } k = N \\ -X_C[2N-k] & \text{für } k = N+1, N+2, \ldots, 2N-1 \end{cases} \tag{10.65}$$

Den reellen Anteil $V[k]$ ergänzen wir nun mit dem Faktor $w_{2N}^{-k/2}$ zum DFT-Spektrum $G[k]$. Die IDFT liefert daraus $g[n]$, so dass wir die ersten N Elemente als $x[n]$ abtrennen können.

Wir sehen uns die Rücktransformation noch etwas genauer an.

$$g[n] = \frac{1}{2N} \cdot \sum_{k=0}^{2N-1} G[k] \cdot w_{2N}^{-nk} =$$

$$= \frac{1}{2N} \cdot \sum_{k=0}^{N-1} w_{2N}^{-k/2} \cdot X_C[k] \cdot w_{2N}^{-nk} - \frac{1}{2N} \cdot \underbrace{\sum_{k=N+1}^{2N-1} w_{2N}^{-k/2} \cdot X_C[2N-k] \cdot w_{2N}^{-nk}}_{S} \tag{10.66}$$

Die rechte Summe S kann mit der Substitution

$$m = 2N - k \tag{10.67}$$

noch übersichtlicher dargestellt werden.

$$S = \sum_{m=N-1}^{1} w_{2N}^{-(2N-m)/2} \cdot X_C[m] \cdot w_{2N}^{-n(2N-m)} =$$

$$= \sum_{m=1}^{N-1} \underbrace{w_{2N}^{N}}_{-1} \cdot w_{2N}^{m/2} \cdot X_C[m] \cdot w_{2N}^{nm} = -\sum_{m=1}^{N-1} X_C[m] \cdot w_{2N}^{nm} \cdot w_{2N}^{m/2} \tag{10.68}$$

Damit in die IDFT (10.66) eingesetzt führt auf

$$g[n] = \frac{1}{2N} \cdot \sum_{k=0}^{N-1} X_C[k] \cdot w_{2N}^{-k(n+1/2)} + \frac{1}{2N} \cdot \sum_{k=1}^{N-1} X_C[k] \cdot w_{2N}^{k(n+1/2)} =$$

$$= \frac{1}{2N} \cdot X_C[0] + \frac{1}{2N} \cdot \sum_{k=1}^{N-1} X_C[k] \cdot \underbrace{\left[w_{2N}^{-k(n+1/2)} + w_{2N}^{k(n+1/2)} \right]}_{2 \cdot \cos \frac{\pi k (2n+1)}{2N}} = \tag{10.69}$$

$$= \frac{1}{N} \cdot \left(\frac{X_C[0]}{2} + \sum_{k=1}^{N-1} X_C[k] \cdot \cos \frac{\pi k (2n+1)}{2N} \right)$$

Die ersten N Elemente ergeben die ursprüngliche Folge

$$x[n] = \frac{1}{N} \cdot \left[\frac{X_C[0]}{2} + \sum_{k=1}^{N-1} X_C[k] \cdot \cos\left(\frac{\pi k (2n+1)}{2N} \right) \right] \quad \text{für } n = 0,1,\ldots N-1 \tag{10.70}$$

Die *inverse DCT-Transformation* (IDCT) resultiert in einer kompakten Formel. Der DFT-Koeffizient $X_C[0]$ kann mit einer kleinen Anpassung noch in die Summe aufgenommen werden.

$$x[n] = \frac{1}{N} \cdot \left[\sum_{k=0}^{N-1} \beta_k \cdot X_C[k] \cdot \cos\left(\frac{\pi k (2n+1)}{2N} \right) \right] \quad \text{für } n = 0,1,\ldots N-1 \qquad (10.71)$$

mit

$$\beta_k = \begin{cases} 1/2 & k = 0 \\ 1 & k = 1,2,\ldots,N-1 \end{cases} \qquad (10.72)$$

10.5.2 DCT als orthogonale Transformation

Mit der Definition der DCT in (10.64) liegt eine lineare Transformation vor. Der Vergleich mit der IDCT in (10.70) zeigt, von den Vorfaktoren 2 und $1 / N$ abgesehen, Übereinstimmung bis auf den Anpassungsfaktor β_k für $X_C[0]$. Letzterer kann jedoch, wie die Vorfaktoren auf die Hin- und Rücktransformation symmetrisch aufgeteilt werden, so dass sich die DCT in symmetrischer Form als orthogonale Transformation definieren lässt

$$\mathbf{X}_C = \tilde{\mathbf{C}}\, \mathbf{x} \qquad (10.73)$$

mit der Transformationsmatrix

$$\tilde{\mathbf{C}} = \sqrt{\frac{2}{N}} \cdot (C_{lm})_{N \times N} \qquad (10.74)$$

Die Koeffizienten der Transformationsmatrix berechnen sich aus

$$C_{lm} = \alpha_k \cdot \cos\left(\frac{\pi k \cdot [2n+1]}{2N} \right) \Bigg|_{k=l-1,\, n=m-1} \quad \text{für } l, m = 1,2,\ldots,N \qquad (10.75)$$

mit

$$\alpha_k = \begin{cases} 1/\sqrt{2} & \text{für } k = 0 \\ 1 & \text{für } k = 1,2,\ldots,N-1 \end{cases} \qquad (10.76)$$

Die inverse DCT ist dann

$$\mathbf{x} = \tilde{\mathbf{C}}^{-1}\, \mathbf{X}_C \qquad (10.77)$$

mit der Basis gleich der transponierten Transformationsmatrix

$$\tilde{\mathbf{C}}^{-1} = \tilde{\mathbf{C}}^{T} \qquad (10.78)$$

Die DCT in symmetrischer Form ist eine orthogonale Transformation, siehe (10.51).

Anmerkung: Bei der DCT (10.64) wird über n und bei der IDCT (10.71) über k summiert, was jeweils dem Zeilenindex entspricht; die Matrizen sind also transponiert zueinander.

In der Bildcodierung wird häufig die symmetrische Form der DCT der Länge $N = 8$ verwendet. Die Transformationsmatrix ist

$$\tilde{C} = \frac{1}{\sqrt{8}} \cdot \begin{pmatrix} 1 & 1 & 1 & 1 & 1 & 1 & 1 & 1 \\ C_{21} & C_{22} & C_{23} & C_{24} & -C_{24} & -C_{23} & -C_{22} & -C_{21} \\ C_{31} & C_{32} & -C_{32} & -C_{31} & -C_{31} & -C_{32} & C_{32} & C_{31} \\ C_{22} & -C_{24} & -C_{21} & -C_{23} & C_{23} & C_{21} & C_{24} & -C_{22} \\ 1 & -1 & -1 & 1 & 1 & -1 & -1 & 1 \\ C_{23} & -C_{21} & C_{24} & C_{22} & -C_{22} & -C_{24} & C_{21} & -C_{23} \\ C_{32} & -C_{31} & C_{31} & -C_{32} & -C_{32} & C_{31} & -C_{31} & C_{32} \\ C_{24} & -C_{23} & C_{22} & -C_{21} & C_{21} & -C_{22} & C_{23} & -C_{24} \end{pmatrix} \qquad (10.79)$$

mit den Matrixelementen aus (10.75)

$$C_{21} = 1,3870 , \quad C_{22} = 1,1759 , \quad C_{23} = 0,7857 , \quad C_{24} = 0,2759$$
$$C_{31} = 1,3066 , \quad C_{32} = 0,5412 \qquad\qquad\qquad\qquad\qquad\quad (10.80)$$

Die Zeilen der Transformationsmatrix bilden die Basisvektoren in Bild 10-21.

Bemerkenswert ist der Vergleich der Basen der DFT und der DCT. Die normierten Kreisfrequenzen der Basisvektoren sind (10.59) bzw. (10.75) zu entnehmen. Im Beispiel der Transformationslänge $N = 8$ stellen sich die Zahlenwerte in Tabelle 10-3 ein.

Die DFT ist komplex-wertig und stellt Sinus- und Kosinusfunktionen bereit. Sie bietet deshalb die Möglichkeit, die Phasenlage der Harmonischen anzupassen, siehe harmonische Form der Fourier-Reihe. In der Basis treten jedoch nur vier normierte Kreisfrequenzen auf. Die Basis der DCT hingegen besitzt doppelt so viele Kreisfrequenzen, eine doppelt so feine Frequenzeinteilung, aber keine Phasenanpassung.

Tabelle 10-3   Normierte Kreisfrequenzen Ω_k der Basisvektoren der diskreten Fourier-Transformation (DFT) und der diskreten Kosinus-Transformation (DCT)

	DFT	DCT
Ω_k	$\dfrac{2\pi}{N} \cdot k$ für $k = 0, 1, \ldots, (N{-}1)/2$	$\dfrac{2\pi}{2N} \cdot k$ für $k = 0, 1, \ldots, N$
für $N = 8$	$0,\ \pi/4,\ \pi/2,\ 3\pi/4,\ \pi$	$0,\ \pi/8,\ \pi/4,\ 3\pi/8,\ \pi/2,\ 5\pi/8,\ 3\pi/4,\ 7\pi/8$
Basisfunktionen	sin, cos	cos

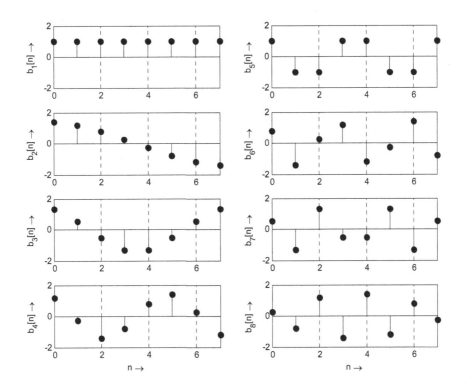

Bild 10-21 Basisvektoren der DCT für $N = 8$

10.5.3 Beispiel: Anwendung der DCT auf ein Bildsignal

Die DCT ist einer der Wegbereiter des modernen Multimedia-PCs und des Internet. 1986 hat sich die *Joint Photographic Expert Group* (JPEG, ISO/IEC JTC1 SC29 Working Group 1) mit dem Ziel gegründet, auf typischen Arbeitsplätzen (Terminals) die Darstellung von Bildern möglich zu machen. Daraus ist 1992 der als JPEG bekannte internationale Standard ISO/IEC IS 10918-1 (ITU-T Rec. T.81) zur verlustbehafteten Codierung von Einzelbildern entstanden. Grundlage des Verfahrens ist die DCT-Codierung. Je nach Bildmaterial sind Kompressionsfaktoren von 2 bis 60 typisch.

Anmerkungen: (i) 1987 führte IBM für den PC den Grafikstandard VGA (Video Graphics Array) mit der Auflösung 640×480 für Farbbilder ein. (ii) Der im Januar 2001 verabschiedete neue Standard JPEG2000 (Januar 2001) liefert bei gleicher Qualität eine bis um den Faktor 2 größere Kompression. Dort wird die DCT durch eine andere lineare Transformation, die Wavelet-Transformation, ersetzt.

Wir demonstrieren die Wirksamkeit der DCT an einem Bildbeispiel. Für die Anwendung ist wichtig zu wissen, dass die DCT auf Bildausschnitte, so genannte Blöcke, der Dimension 8×8 angewendet wird. Durch die Beschränkung auf einen relativ kleinen Bildausschnitt, kann sich die DCT auf die lokalen Eigenschaften einstellen. Daneben wird sie auch auf unterschiedliche Bildformate anwendbar. Die häufig starke Korrelation zwischen den Blöcken wird in der Nachverarbeitung durch Quantisierung, Prädiktion bzw. Huffman-Codierung zur Datenkompression genutzt.

Es entstehen jeweils 64 DCT-Koeffizienten pro Block, wie in Bild 10-22 illustriert wird. Die zugeordneten Frequenzen steigen von oben links nach unten rechts. Der DCT Koeffizient $X_C[0,0]$ repräsentiert den Gleichanteil. Er wird deshalb auch DC-Komponenten (Direct Current) genannt. Die anderen Koeffizienten werden als AC-Komponenten (Alternating Current) bezeichnet.

Die DCT verschiebt die Bildinformation in den Tiefpass-bereich in der linken oberen Ecke. Für die Bildcodierung werden deshalb die DFT-Koeffizienten eines Blocks in der in Bild 10-22 eingezeichneten Reihenfolge nach steigender Frequenz geordnet. Die Verarbeitung der DCT-Koeffizienten zur Bildkompression entspricht u. a. einem intelligenten Weglassen für die Bildqualität weniger relevanter Koeffizienten.

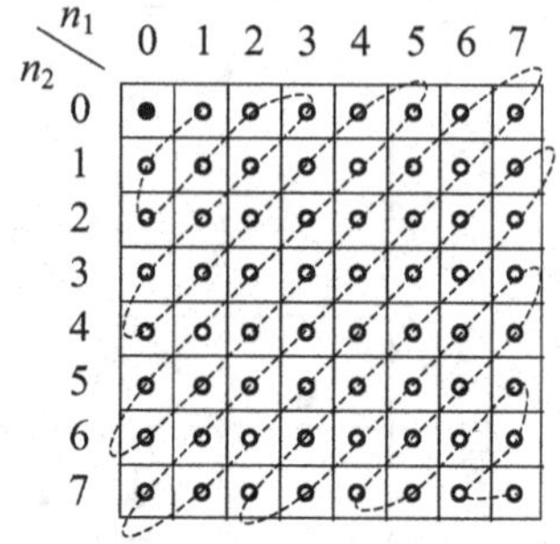

Wir zeigen die Wirksamkeit der DCT durch ein Bildbeispiel – ohne JPEG-Nachverarbeitung.

Im ersten Beispiel verwenden wir 8 von 64 DCT-Koeffizienten pro Block, also nur 12,5 % der ursprünglichen Daten. Der Kompressionsfaktor beträgt 8.

Bild 10-22 DCT-Block

Die anderen DCT-Koeffizienten werden zu null gesetzt. Das rekonstruierte Bild ist in Bild 10-23 (rechts) zu sehen. Zum Vergleich links das Original. Bei der üblichen Druckqualität ist mit dem Auge kaum ein Qualitätsunterschied auszumachen.

Anmerkung: Man beachte, dass der Betrachter in der Regel das Original nicht kennt.

Reduzieren wir die Zahl der Koeffizienten weiter, z. B. auf 4, wie in Bild 10-24 links, vergröbert sich das Bild, die Blockstruktur der Codierung wird an manche Stellen sichtbar. Es werden jetzt nur 6,25 % der ursprünglichen Daten verwendet, vergleichbar dem Beispiel mit der FFT in Bild 10-18 links. Der Vergleich zeigt, dass die DCT die bessere Bildqualität liefert. Dies wird auch aus den Fehlerbildern, die rekonstruierten Hochpassanteile, rechts daneben deutlich. Im Falle der DCT, Bild 10-24 rechts, ist weniger vom Original zu erkennen.

 Online-Ressourcen zu Kapitel 10 mit Übungsaufgaben und MATLAB-Übungen

Bild 10-23 Original (links) und Rekonstruktion mit 8 DCT-Koeffizienten pro Block (rechts) (Ross River, Townsville QLD)

Bild 10-24 Rekonstruktion mit 4 DCT-Koeffizienten pro Block (Tiefpass) und Fehlersignal (Hochpass) (Ross River, Townsville QLD)

11 Digitale Verarbeitung analoger Signale

11.1 Einführung

Dank der enormen Leistungsfähigkeit mikroelektronischer Schaltungen ist die *digitale Signalverarbeitung* auf vielen Gebieten nicht mehr wegzudenken. Speziell für sie entwickelte Mikrocontroller, *digitale Signalprozessoren* genannt, ermöglichen den kostengünstigen Einsatz anspruchsvoller Verfahren der digitalen Signalverarbeitung in der Informationstechnik, der Steuerungs- und Regelungstechnik, der Medizintechnik usw.

Hierbei kommen nicht nur die technologischen Vorteile der Digitaltechnik zum Tragen. Die digitale Signalverarbeitung bietet gänzlich neue Möglichkeiten, wie beispielsweise die *Flexibilität* durch modifizierbare Softwareimplementierung und *Adaptivität* durch lernende Algorithmen. So werden beispielsweise erst durch die moderne digitale Signalverarbeitung der digitale Teilnehmeranschluss (DSL, Digital Subscriber Line), das drahtlose lokale Funknetz (WLAN, Wireless Local Area Networks) und die Mobilkommunikation nach GSM (Global Systems for Mobile Communication) oder UMTS (Universal Mobile Telecommunications System) für viele erschwinglich.

In diesem Abschnitt wird anhand einfacher Überlegungen grundsätzlicher Art die digitale Verarbeitung analoger Signale vorgestellt. Insbesondere wollen wir die Fragen klären:

- In welchem Zusammenhang stehen die Spektren zeitkontinuierlicher Signale und ihrer Abtastfolgen?

- Wie können zeitkontinuierliche LTI-Systeme zeitdiskret nachgebildet werden?

Eine Antwort wird durch das *Abtasttheorem* gegeben. Es sagt aus, wie ein bandbegrenztes zeitkontinuierliches Signal abgetastet werden muss, damit es aus den Abtastwerten theoretisch fehlerfrei rekonstruiert werden kann.

Weitere Antworten liefern die Methoden der zeitdiskreten Simulation analoger Filter:

- Bei der *impulsinvarianten Transformation* stimmt die zeitdiskrete Impulsantwort mit den Abtastwerten der zeitkontinuierlichen Impulsantwort überein. Die impulsinvariante Transformation wird vor allem dann eingesetzt, wenn die digitale Simulation die Vorgänge zeitrichtig wiedergeben soll. Je nachdem, wie groß das Abtastintervall gewählt wird, können Aliasing-Fehler den Frequenzgang erheblich verfälschen.

- Die *bilineare Transformation* wird verwendet, wenn Anforderungen im Frequenzbereich vorliegen. Sie wird im Bildbereich durchgeführt und transformiert die Pole und Nullstellen des Analogfilters in die Pole und Nullstellen eines Digitalfilters. Aliasing-Fehler werden vermieden, jedoch tritt im Frequenzgang die Arcustangens-Verzerrung auf.

Im Folgenden gehen wir der Einfachheit halber von einer digitalen Signalverarbeitung mit hinreichender Wortlänge aus. Meist genügt eine Zahlendarstellung im Gleitkommaformat, wie sie durch gängige Programmiersprachen am PC zur Verfügung gestellt wird, so dass hier die Darstellung auf die Besonderheiten der zeitdiskreten Verarbeitung beschränkt werden kann.

Anmerkung zur weiterführenden Literatur: Das Thema digitale Verarbeitung analoger Signale wird in den Lehrbüchern der digitalen Signalverarbeitung ausführlicher behandelt, z. B. [KaKr06], [Mit06], [OSB98] [PrMa06], [Schü73], [Schü94] und [StHu99]. Beispiele mit MATLAB findet man auch in [Wer06a]. Die Besonderheiten der Realisierung einschließlich der D/A- und A/D-Umsetzung werden dort diskutiert. Für praktische Überlegungen sei auch [TiSc02] empfohlen. Einen Einstieg in den Themenkreis der adaptiven Signalverarbeitung findet man beispielsweise in [Hay02], [Ste03], [WiSt85] und [Wer07].

11.2 Abtastung von Signalen

In den vorangehenden Abschnitten wird die Verwandtschaft zwischen zeitkontinuierlichen und zeitdiskreten Signalen und Systemen aufgezeigt. Hierzu gibt das Abtasttheorem an, wann und wie zwischen zeitkontinuierlicher und zeitdiskreter Signaldarstellung ohne Informationsverlust gewechselt werden kann.

Lernziele

Nach Bearbeiten des Abschnitts 11.2 können Sie

- das Abtasttheorem angeben
- die Wirkung der idealen Abtastung durch eine Skizze im Frequenzbereich erläutern
- den Effekt der Spiegelfrequenz im Zusammenhang mit der Abtastung durch ein Beispiel vorstellen
- den Zusammenhang zwischen den Spektren eines zeitkontinuierlichen Signals und seiner Abtastfolge angeben, wenn das Abtasttheorem eingehalten wird
- die Verarbeitungsschritte der A/D- und D/A-Umsetzung erläutern

11.2.1 Ideale Abtastung

Zur Untersuchung des Spektrums abgetasteter Signale gehen wir von dem in Bild 11-1 gezeigten *idealen Abtaster* aus. Der Abtastvorgang selbst wird mathematisch durch die Multiplikation des zeitkontinuierlichen Signals mit einem periodischen Impulskamm beschrieben. Wie Bild 11-2 illustriert, erhält man das Abtastsignal im Zeitkontinuierlichen

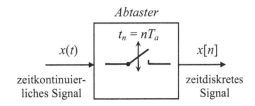

Bild 11-1 Idealer Abtaster

$$x_a(t) = x(t) \cdot \sum_{n=-\infty}^{+\infty} \delta(t - nT_a) = \sum_{n=-\infty}^{+\infty} x[n] \cdot \delta(t - nT_a) \qquad (11.1)$$

mit der *Abtastfolge*, den Abtastwerten,

$$x[n] = x(t = nT_a) \qquad (11.2)$$

und dem *Abtastintervall* bzw. ihrem Kehrwert, der *Abtastfrequenz*,

$$T_a = \frac{1}{f_a} \qquad (11.3)$$

Falls nicht anders erwähnt, gehen wir im Folgenden von einer idealen Abtastung aus.

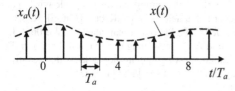 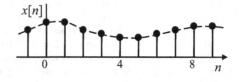

Bild 11-2 Durch Multiplikation mit einem periodischen Impulskamm aus $x(t)$ erzeugtes Abtastsignal
$x_a(t)$ und zugehörige Abtastfolge $x[n]$

Beispiel   Abtastung eines Kosinussignals

Als Beispiel betrachten wir das Kosinussignal

$$x(t) = \cos(\omega_0 t) \tag{11.4}$$

und führen eine Abtastung durch.

$$x_a(t) = \sum_{n=-\infty}^{+\infty} \cos(\omega_0 n T_a) \cdot \delta(t - n T_a) \tag{11.5}$$

Es resultiert die Abtastfolge

$$x[n] = \cos(\Omega_0 n) \tag{11.6}$$

mit der normierten Kreisfrequenz

$$\Omega_0 = \omega_0 T_a = 2\pi \cdot \frac{f_0}{f_a} \tag{11.7}$$

Im Beispiel zweier Signalfrequenzen $f_1 = 1$ kHz und $f_2 = 7$ kHz ergeben sich bei einer Abtastfrequenz von $f_a = 8$ kHz die normierten Kreisfrequenzen $\Omega_1 = \pi/4$ und $\Omega_2 = 7\pi/4$. Für $n = 0$,
1, 2, ... resultieren daraus die jewei-
ligen Argumente der Kosinusfolgen
0, $\pi/4$, $2\pi/4$, $3\pi/4$, ... bzw. 0, $7\pi/4$,
$14\pi/4$, $21\pi/4$, ... Unter Beachtung der
2π-Periodizität und der geraden Symmetrie der Kosinusfunktion folgt weiter, dass beide Kosinusfunktionen in
den Abtastzeitpunkten gleich sind,
siehe Bild 11-3. Offensichtlich ist hier
von der Abtastfolge kein eindeutiger
Rückschluss auf das ursprüngliche
Signal möglich.

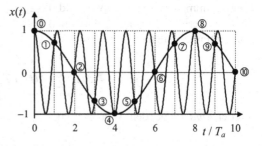

Bild 11-3   Zwei Kosinussignale $x_1(t) = \cos(2\pi \cdot 1\ \text{kHz} \cdot t)$
und $x_2(t) = \cos(2\pi \cdot 7\ \text{kHz} \cdot t)$ und ihre Abtastwerte
(⓪ ... ⑩) für die Abtastfrequenz $f_a = 8$ kHz

11.2.2 Abtasttheorem und Spektren abgetasteter Signale

Die in Bild 11-3 sichtbare Mehrdeutigkeit wird durch das Abtasttheorem aufgelöst. Die ideale Abtastung, d. h. die Multiplikation des Zeitsignals mit dem Impulskamm (11.1), entspricht im Frequenzbereich der Faltung der zugehörigen Spektren. Mit der Fourier-Transformierten des periodischen Impulskammes in Tabelle 8-3

$$\sum_{n=-\infty}^{+\infty} \delta(t - nT_a) \quad \leftrightarrow \quad \frac{2\pi}{T_a} \cdot \sum_{k=-\infty}^{+\infty} \delta(\omega - k\omega_a) \quad \text{mit } \omega_a = \frac{2\pi}{T_a} \tag{11.8}$$

erhält man entsprechend der Faltung im Frequenzbereich das Spektrum des zeitkontinuierlichen Abtastsignals als periodische Wiederholung des Originals im Abstand ω_a.

$$X_a(j\omega) = \frac{1}{T_a} \cdot \sum_{k=-\infty}^{+\infty} X\left(j[\omega - k\omega_a]\right) \tag{11.9}$$

In Bild 11-4 werden die resultierenden Spektren in Abhängigkeit von der Wahl der Abtastfrequenz schematisch dargestellt. Ist die Abtastfrequenz kleiner als das Doppelte der Grenzfrequenz des Signals, so treten die als *Aliasing* oder *spektrale Überfaltung* bezeichneten Überlappungen des periodisch wiederholten Originalspektrums auf. Eine fehlerfreie Rekonstruktion des Originalsignals anhand der Abtastfolge ist nicht mehr möglich. Der hier sichtbare Zusammenhang wird durch das Abtasttheorem präzisiert.

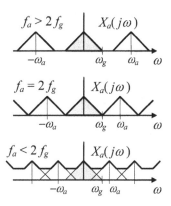

Bild 11-4 Spektrum des Abtastsignals im Zeitkontinuierlichen

Abtasttheorem

Eine Funktion $x(t)$, deren Spektrum für $|f| \geq f_g$ null ist, wird durch die *Abtastwerte* $x[n] = x(t = nT_a)$ vollständig beschrieben, wenn das *Abtastintervall* T_a so gewählt wird, dass

$$T_a = \frac{1}{f_a} \leq \frac{1}{2f_g} \tag{11.10}$$

Die Funktion kann durch die *si-Interpolation* des idealen Tiefpasses fehlerfrei aus den Abtastwerten rekonstruiert werden.

$$x(t) = \sum_{n=-\infty}^{+\infty} x(nT_a) \cdot \text{si}\left(\pi f_a[t - nT_a]\right) \tag{11.11}$$

Wählt man entgegen dem Abtasttheorem die Abtastfrequenz gleich dem Doppelten der Signalfrequenz, ist nicht auszuschließen, dass die Abtastzeitpunkte genau in die Nullstellen des Signals fallen und die Abtastung die Nullfolge liefert. Es sind folglich mindestens zwei von null verschiedene Abtastwerte pro Periode zu entnehmen, wobei allerdings keine Information über die Amplitude geliefert wird. Man beachte deshalb die obige Definition der Grenzfrequenz f_g im Abtasttheorem so, dass das Signal keine Frequenzkomponente bei der Grenzfrequenz f_g besitzt.

Die Aussage über die si-Interpolation folgt anschaulich aus Bild 11-4. Wird das Abtasttheorem eingehalten, wie in den beiden oberen Teilbildern, so liefert die ideale Tiefpass-Filterung mit der Grenzfrequenz $f_a / 2$ wieder das ursprüngliche Spektrum und damit das ursprüngliche Signal.

Der Zusammenhang zwischen den Spektren des abgetasteten Signals und der Abtastfolge erschließt sich aus der Fourier-Transformation von (11.1). Nach Vertauschen der Summation mit der Integration und Berücksichtigen der Ausblendeigenschaft der Impulsfunktion ergibt sich

$$X_a(j\omega) = \int_{-\infty}^{+\infty} \left[\sum_{n=-\infty}^{+\infty} x[n]\delta(t - nT_a) \right] \cdot e^{-j\omega t} dt \bigg|_{\omega T_a = \Omega} = \sum_{n=-\infty}^{+\infty} x[n] \cdot e^{-j\Omega n} = X\left(e^{j\Omega}\right) \qquad (11.12)$$

Bezogen auf die normierte Kreisfrequenz resultiert mit (11.9) das Spektrum der Abtastfolge aus im Abstand von 2π-periodischen Wiederholungen des Spektrums des zeitkontinuierlichen Signals.

$$X\left(e^{j\Omega}\right) = \frac{1}{T_a} \cdot \sum_{k=-\infty}^{+\infty} X\left(j[\omega - k\omega_a]\right) \bigg|_{\omega = \Omega/T_a} \qquad (11.13)$$

Beispiel   Abtastung eines Kosinussignals

Für die beiden Kosinusfolgen des vorhergehenden Beispiels ergeben sich die in Bild 11-5 dargestellten Spektren. Die periodische Wiederholung des Spektrums infolge der Abtastung wird nochmals deutlich. Zur Unterscheidung wählen wir hier die zweite Signalfrequenz f_2 so, dass die *Spiegelfrequenz*

$$f_s = f_a - f_2 \qquad (11.14)$$

nicht mit f_1 zusammenfällt. Die Frequenzkomponente bei f_2 verletzt das Abtasttheorem. Durch die periodische Wiederholung des Spektrums wird sie mit der Frequenz f_s in die Grundperiode gespiegelt.

Im unteren Teilbild ist die Grundperiode des Spektrums der Abtastfolge für die normierte Kreisfrequenz angegeben.

Anmerkung: Man beachte, dass im Spektrum der Abtastfolge der Kehrwert des Abtastintervalls $1 / T_a$ nicht explizit als Skalierungsfaktor vorkommt, wie nach (11.13) zu erwarten wäre. Dies liegt an den besonderen Eigenschaften der beteiligten Impulsfunktionen, siehe Abschnitt 11.5.

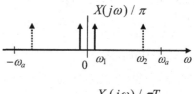

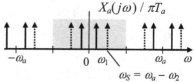

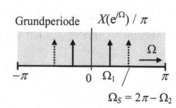

Bild 11-5   Spektren der Kosinussignale (oben), ihrer Abtastsignale im Zeitkontinuierlichen (mittig) und der Abtastfolgen (unten)

Für den praktisch wichtigen Fall, dass das Abtasttheorem eingehalten wird, ergibt sich aus (11.13) der bijektive Zusammenhang für das Spektrum der Abtastfolge in der Grundperiode.

$$X\left(e^{j\Omega}\right) = \frac{1}{T_a} \cdot X(j\omega)\Big|_{\omega T_a = \Omega} \qquad \text{für} \quad \Omega \in [-\pi, \pi] \quad \text{und} \quad T_a \leq 1/2 f_g \qquad (11.15)$$

Der bijektive Zusammenhang ist in Bild 11-6 veranschaulicht. Die halbe Abtastkreisfrequenz wird dabei stets auf Ω gleich π abgebildet.

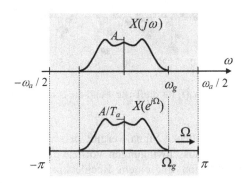

Bild 11-6 Zusammenhang zwischen dem Spektrum des zeitkontinuierlichen Signals und dem seiner Abtastfolge für den Fall ohne Aliasing

Beispiel DTMF-Signal

Beim *Mehrfrequenzwahlverfahren* ist jeder Telefontaste ein charakteristisches Frequenzpaar, ein so genanntes *Doppelton-Mehrfrequenz-*(DTMF-)*Signal* zugeordnet, siehe Bild 11-7. Bei Betätigen einer Taste wird das entsprechendes Signal der Dauer von ca. $T = 70$ ms übertragen.

$$x(t) = \left[\cos(2\pi f_u t) + \cos(2\pi f_o t)\right] \cdot \left[u(t) - u(t - T)\right] \qquad (11.16)$$

Die Aufgabe der Empfangsstation ist es, anhand des DTMF-Signals die Wahl der Taste zu rekonstruieren.

Anhand des DTMF-Signals bestimmen wir im Folgenden das Spektrum des zeitkontinuierlichen Signals sowie das DFT-Spektrum der Abtastfolge, die dem Empfänger zur Detektion zur Verfügung steht. Als Abtastfrequenz wählen wir den in der Telefonie üblichen Wert von $f_a = 8$ kHz.

In Bild 11-8 ist das DTMF-Signal für die Taste 4 zu sehen. Das obere Teilbild zeigt das Signal über die Gesamtdauer von 70 ms. Das untere Teilbild gibt die ersten 64 Elemente der Abtastfolge wider. Dies entspricht einem Signalausschnitt von 8 ms Dauer.

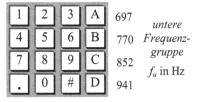

Bild 11-7 Telefontastatur und zugehörige DTMF-Tonpaare

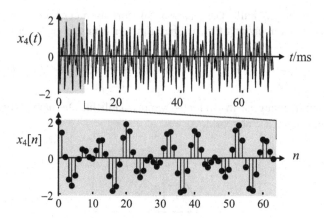

Bild 11-8   Analoges DTMF-Signal $x_4(t)$ für die Taste 4 und die ersten 64 Elemente der Abtastfolge $x_4[n]$
für $f_a = 8$ kHz

Das Spektrum des zeitkontinuierlichen Signals ergibt sich aus der Überlegung, dass zunächst zwei zeitlich unbegrenzte Kosinusschwingungen vorliegen. Die zeitliche Begrenzung kann, wie in (11.16), als Multiplikation mit einem Rechteckimpuls, in diesem Zusammenhang *Rechteckfenster* genannt, der Dauer T aufgefasst werden. Gemäß dem Multiplikationssatz der Fourier-Transformation in Tabelle 8-1 resultiert das Spektrum des zeitlich begrenzten Signals aus der Faltung des Spektrums der zeitlich unbegrenzten Kosinusfunktionen mit dem Spektrum des Rechteckfensters. Im Beispiel der Kosinusfunktionen kann direkt der Modulationssatz angewandt werden.

Mit der Fourier-Transformierten des kausalen Rechteckimpulses der Amplitude 1 entsprechend (8.55) erhalten wir

$$X(j\omega) = \frac{Te^{-j\omega T/2}}{2} \cdot \left[\operatorname{si}\big((\omega-\omega_u)\cdot T/2\big) + \operatorname{si}\big((\omega+\omega_u)\cdot T/2\big)\right] +$$
$$+ \frac{Te^{-j\omega T/2}}{2} \cdot \left[\operatorname{si}\big((\omega-\omega_o)\cdot T/2\big) + \operatorname{si}\big((\omega+\omega_o)\cdot T/2\big)\right] \tag{11.17}$$

In Bild 11-9 sind die Beträge des Spektrums für das Tonpaar zur Taste 4 angegeben. Wegen der Signaldauer von 70 ms resultieren statt der zwei Impulsfunktionen im Wesentlichen die schmalen Hauptzipfel der si-Funktion, vgl. Bild 8-11. Entsprechend dem Zeitdauer-Bandbreite-Produkt (8.74) beträgt die Breite der Hauptzipfel $B = 1 / T = 1 / 70$ ms $\approx 14{,}3$ Hz.

Im unteren Teilbild ist die Signaldauer auf 8 ms beschränkt. Wie aus dem Zeitdauer-Bandbreite-Produkt zu erwarten ist, sind die Hauptzipfel mit $B = 1 / 8$ms $= 125$ Hz deutlich breiter als im oberen Teilbild.

Für das abgetastete Signal wird die DFT zur Spektralanalyse eingesetzt. Die Beträge der DFT-Spektren werden in Bild 11-10 gezeigt. Im oberen Teilbild wurden $N = 512$ Abtastwerte der DFT unterworfen. Das entspricht mit 64 ms fast der gesamten Signaldauer. Der Übersichtlichkeit halber ist nur das Frequenzintervall von 500 bis 1500 Hz dargestellt. Die Frequenzskalierung folgt aus dem Zusammenhang zwischen dem DFT-Index k, der zugehörigen normierten Kreisfrequenz Ω_k und der Frequenz f_k zum zeitkontinuierlichen Signal.

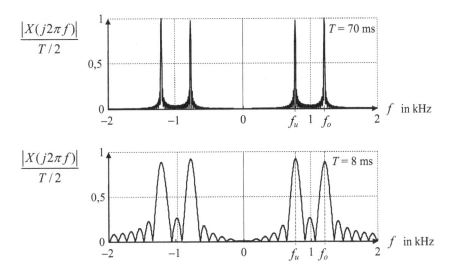

Bild 11-9 Betrag des Spektrums des DTMF-Signals für die Taste 4

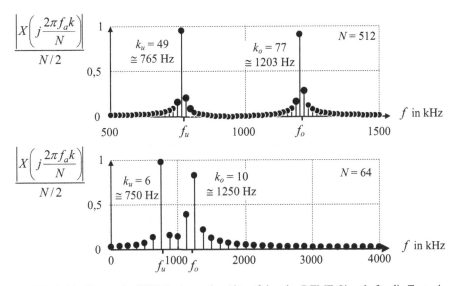

Bild 11-10 Betrag der DFT-Spektren der Abtastfolge des DTMF-Signals für die Taste 4

$$\frac{f_k}{f_a} = \frac{\Omega_k}{2\pi} = \frac{k}{N} \quad \text{für } k = 0,1,\ldots,N/2 \tag{11.18}$$

In Bild 11-10 heben sich die DFT-Koeffizienten für $k = 49$ und $k = 77$ deutlich hervor. Mit den zugehörigen Frequenzen von etwa 765 Hz und 1203 Hz lässt sich das gesendete Tonpaar gut erkennen.

Im unteren Teilbild wird das Ergebnis der DFT der Länge $N = 64$ vorgestellt; wieder ragen zwei DFT-Koeffizienten heraus. Mit den zugehörigen Frequenzen von ca. 750 Hz und 1250 Hz kann – mit dem Vorwissen, dass es sich um ein DTMF-Signal handelt – das Tonpaar eindeutig identifiziert werden. Jedoch ist der Amplitudenabstand zu den daneben liegenden DFT-Koeffizienten deutlich geringer als im oberen Teilbild.

Anmerkungen: (i) Die Ergebnisse der Kurzzeitspektralanalyse mit der DFT werden – obwohl nicht ganz korrekt – oft über der kontinuierlichen Frequenzvariablen dargestellt, da der DFT-Index über die Abtastfrequenz und der DFT-Länge fest mit ihr verbunden ist. Um Missverständnisse zu vermeiden, sollte man jedoch soweit möglich den diskreten Charakter des DFT-Spektrums durch eine entsprechende grafische Darstellung herausstellen. (ii) Im Beispiel sind die DFT-Längen als Zweierpotenzen gewählt, da sich dann die DFT durch die Radix-2-FFT, siehe Abschnitt 10.3, besonders effizient berechnen lässt. (iii) Für die DTMF-Erkennung wird in der Praxis der aufwandsgünstigere *Goertzel-Algorithmus* eingesetzt, da nur die DFT-Komponenten zu den acht vorgegebenen Frequenzen zu bestimmen sind [Wer06a].

Das Beispiel ist eine typische Anwendung der DFT zur *Kurzzeitspektralanalyse*. Dabei geht es darum, aus einem relativ kurzen Signalausschnitt das Signalspektrum oder damit verbundene Merkmale zu erkennen. Das Beispiel zeigt: Je kürzer der Signalausschnitt ist, desto geringer ist die Frequenzauflösung. Der Kehrwert der verwendeten Signaldauer bzw. der DFT-Länge liefert eine Abschätzung für den Abstand zweier Frequenzen, die im gemessenen Spektrum noch unterschieden werden können.

Für die praktische Anwendung der Kurzzeitspektralanalyse ist zu bedenken, dass die Qualität des Ergebnisses von weiteren Faktoren stark abhängen kann, wie die Art des Signals. Also ob wenige dominante Spektralanteile oder viele etwa gleichgewichtige Frequenzkomponenten vorhanden sind. Einfluss haben Störungen durch Rauschen oder Wortlängeneffekte bei der digitalen Signalverarbeitung. Die Kurzzeitspektralanalyse mit der DFT, bzw. ihrer Implementierung als FFT, ist ein Standardverfahren der digitalen Signalverarbeitung. Ihre Anwendung ist in der Fachliteratur ausführlich beschrieben.

11.2.3   A/D- und D/A-Umsetzung

Die Realisierung der *Analog-Digital-*(A/D-)*Umsetzung* geschieht mit Hilfe einfacher On-Chip-Lösungen bis hin zu aufwendigen Systemen für hohe Genauigkeit und/oder hohe Abtastfrequenzen [TiSc02]. Eine Darstellung der technischen Systeme würde den hier abgesteckten Rahmen sprengen. Wir beschränken uns deshalb darauf, die in Bild 11-11 zusammengestellten prinzipiellen Verarbeitungsschritte der A/D-Umsetzung kurz vorzustellen:

- Durch eine analoge Vorverarbeitung werden die Bandbegrenzung und die Signalaussteuerung für die nachfolgende A/D-Umsetzung eingestellt.

- Die A/D-Umsetzung einer elektrischen Spannung geschieht beispielsweise mit Hilfe eines Abtast-Halteglieds und eines Schwellwertvergleichs. Dabei wird der Momentanspannungswert des Analogsignals über ein kurzes Zeitintervall näherungsweise konstant gehalten während durch einen Amplitudenvergleich mit Referenzwerten die zugehörige Quantisierungsstufe bestimmt wird.

Bild 11-11   Verarbeitungsschritte der A/D-Umsetzung

- Für die Zahlendarstellung am Digitalrechner steht nur eine begrenzte Anzahl von Bits, die Wortlänge, zur Verfügung. Deshalb muss eine Quantisierung der Amplituden auf die darstellbaren Werte durchgeführt werden. Der damit verbundene *Quantisierungsfehler* kann im Gegensatz zur Abtastung nicht mehr rückgängig gemacht werden. Eine für die jeweilige Anwendung notwendige Genauigkeit ist durch eine ausreichende Wortlänge bereitzustellen. Typische Wortlängen liegen zwischen 8 und 24 Bits. Eine Abschätzung des Verhältnisses von Signalleistung zur Leistung des Quantisierungsgeräusches, SNR genannt, liefert die Faustformel, die *6dB-pro-Bit-Regel*, nach der jedes zusätzliche Bit an Wortlänge einen SNR-Gewinn von 6 dB liefert [Wer06]. Bei einer Quantisierung mit der Wortlänge 8 Bits ist demzufolge ein SNR von etwa 48 dB zu erwarten.

  Anmerkungen: (i) Die Wortlänge von 8 Bits ist typisch für Bilder, während 24 Bits für qualitativ hochwertige Audiosignale verwendet werden. (ii) Siehe auch vertiefendes Beispiel Abschnitt 13.5.

- In Verbindung mit einer digitalen Nachverarbeitung kann die Abtastfrequenz auch größer als der im Abtasttheorem vorgeschriebene Mindestwert sein. Man spricht dann von einer Überabtastung. Diese kann durch eine digitale Filterung mit nachfolgender Unterabtastung reduziert werden. Eine Kompensation von Frequenzgangsverzerrungen aus den vorhergehenden Verarbeitungsschritten ist hierbei im Anti-aliasing-Tiefpass möglich.

Die *Digital-Analog-(D/A-)Umsetzung* geschieht in ähnlicher Weise. Sie wird in Abschnitt 11.5.3 anhand eines Beispiels näher erläutert. In Bild 11-12 sind die möglichen Verarbeitungsschritte zusammengestellt:

- Durch eine digitale Vorverarbeitung (z. B. Interpolation) kann die Abtastfrequenz vor der D/A-Umsetzung erhöht und so die Anforderung an den interpolierenden Analog-Tiefpass deutlich reduziert werden.

- Durch eine Vorverzerrung des digitalen Signals können Frequenzgangsverzerrungen ausgeglichen werden, die die nachfolgenden analogen Komponenten verursachen.

- Die D/A-Umsetzung, z. B. mit einem einfachen Halteglied, liefert häufig einen den Quantisierungsstufen entsprechenden treppenförmigen Signalverlauf.

- Die analoge Nachverarbeitung mit einem interpolierenden Tiefpass entfernt die im treppenförmigen Signalverlauf noch vorhandenen Oberschwingungen.

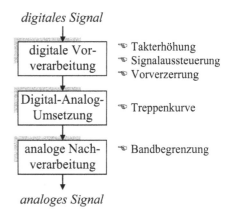

Bild 11-12 Verarbeitungsschritte der D/A-Umsetzung

Mit A/D- und D/A-Umsetzern kann die digitale Signalverarbeitung nahtlos in die Verarbeitung analoger Signale eingefügt werden, siehe Bild 11-13. Neben der *Echtzeitverarbeitung*, d. h., zu jedem Abtastwert im A/D-Umsetzer wird unter Berücksichtigung einer eventuellen Über- oder Unterabtastung ein Signalwert am D/A-Umsetzer zeitrichtig ausgegeben, können weitere Vorteile der modernen Digitaltechnik genutzt werden. Dazu zählen z. B. Speichern der Signale auf einer Festplatte oder CD-ROM, grafisches Darstellen der Signale am Bildschirm oder Drucker, Ändern von Filterparametern, Ablegen von Auswertungsergebnissen in einer Datenbank usw.

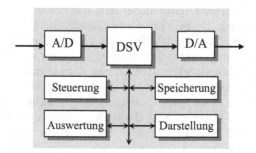

Bild 11-13 Einbettung der digitalen Signalverarbeitung (DSV) in die Verarbeitung analoger Signale

11.3   Zeitdiskrete Simulation analoger Systeme

In diesem Abschnitt werden zwei Methoden zur Simulation zeitkontinuierlicher LTI-Systeme durch zeitdiskrete vorgestellt: die impulsinvariante und die bilineare Transformation. Die Ausgangspunkte bilden die Impulsantworten bzw. die Frequenzgänge der Systeme. Am Beispiel des Butterworth-Tiefpasses werden beide Methoden vorgeführt.

Lernziele

Nach Bearbeiten des Abschnitts 11.3 können Sie

- die Idee der impulsinvarianten Transformation und ihren möglichen Nachteil erläutern
- die impulsinvariante Transformation an einfachen Beispielen durchführen
- die Idee der bilinearen Transformation und ihren möglichen Nachteil vorstellen
- die bilineare Transformation an einfachen Beispielen durchführen
- die besonderen Eigenschaften von Butterworth-Tiefpässen erläutern und durch Übertragungsfunktionen, Pol-Nullstellendiagramme und Frequenzgänge beschreiben

11.3.1   Impulsinvariante Transformation

Nachdem im vorhergehenden Abschnitt die Abtastung von analogen Signalen behandelt wurde, beziehen wir jetzt die Systeme mit ein. Die Aufgabenstellung wird in Bild 11-14 erläutert. Ausgehend von dem analogen LTI-System, soll ein zeitdiskretes angegeben werden, dessen Ausgangssignal den Abtastwerten des Ausgangssignals des analogen Systems entspricht, wenn dem zeitdiskreten System die Abtastwerte des analogen Eingangssignals zugeführt werden.

Den notwendigen Zusammenhang zwischen den Frequenzgängen verdeutlicht Bild 11-15 am Beispiel einer Tiefpassfilterung. Im oberen Teilbild sind die Spektren des zeitkontinuierlichen Eingangs- und Ausgangssignals schematisch dargestellt.

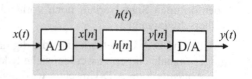

Bild 11-14 Zeitdiskrete Simulation eines analogen LTI-Systems

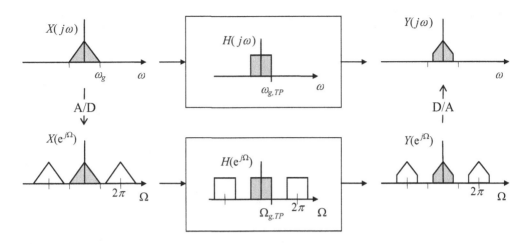

Bild 11-15 Zusammenhang zwischen den Spektren und Frequenzgängen der zeitkontinuierlichen Signalverarbeitung und der zeitdiskreten Simulation

Führen wir nun eine Abtastung der Signale am Filtereingang und -ausgang durch – wobei das Abtasttheorem einzuhalten ist –, so resultieren die Spektren im Zeitdiskreten aus der periodischen Fortsetzung der Spektren der jeweils abgetasteten Signale. Wie im unteren Teilbild dargestellt, muss dann auch der Frequenzgang des äquivalenten zeitdiskreten Systems die periodische Fortsetzung des Frequenzganges des Filters sein. Konsequenterweise ist die zeitdiskrete Impulsantwort die Abtastfolge der Impulsantwort des zeitkontinuierlichen Systems.

Unter der Voraussetzung der strikten Bandbegrenzung

$$H(j\omega) = 0 \quad \text{für} \quad |\omega| \geq \frac{\pi}{T_a} \tag{11.19}$$

und der Äquivalenz im Übertragungsband, vgl. (11.15),

$$H\left(e^{j\Omega}\right) = H\left(j\frac{\omega}{T_a}\right) \quad \text{für} \quad \Omega = \frac{\omega}{T_a} \quad \text{und} \quad |\Omega| < \pi \tag{11.20}$$

gilt

$$h[n] = T_a \cdot h(t = nT_a) \tag{11.21}$$

Der gefundene Zusammenhang wird in der digitalen Signalverarbeitung unter der Bezeichnung *impulsinvariante Transformation* benutzt, um zeitdiskrete Filter aus analogen Standard-Filtern zu entwerfen. In Abschnitt 6.4.6 wird die impulsinvariante Transformation, ohne dort näher darauf einzugehen, verwendet, um ein zeitdiskretes System zu gewinnen. Im Folgenden wird die Diskussion nachgeholt.

Wir beginnen mit dem Zusammenhang im Zeitkontinuierlichen zwischen der rationalen Übertragungsfunktion $H(s)$ und der Impulsantwort $h(t)$. Mit der Partialbruchzerlegung erhält man die allgemeine Form der rechtsseitigen Impulsantwort.

Wir zeigen die Methode der impulsinvarianten Transformation an dem in der Anwendung üblichen Fall einfacher Pole. Für kausale Systeme mit nur einfachen Polen ergeben sich die Impulsantworten

$$h(t) = \sum_{k=1}^{N_k} B_k \cdot e^{s_{\infty k} t} \tag{11.22}$$

Im zeitdiskreten Fall gilt Entsprechendes.

$$h[n] = \sum_{k=1}^{N_k} \tilde{B}_k \cdot z_{\infty k}^n \tag{11.23}$$

Der Ansatz der impulsinvarianten Transformation (11.21) liefert mit

$$h[n] = T_a \cdot \sum_{k=1}^{N_k} B_k \cdot e^{s_{\infty k} T_a n} = \sum_{k=1}^{N_k} \tilde{B}_k \cdot z_{\infty k}^n \tag{11.24}$$

den Zusammenhang zwischen den Polen in der s- und z-Ebene

$$z_{\infty k} = e^{s_{\infty k} T_a} \tag{11.25}$$

also

$$r_{\infty k} \cdot e^{j\Omega_{\infty k}} = e^{\sigma_\infty T_a} \cdot e^{j\omega_{\infty k} T_a} \tag{11.26}$$

Wir erkennen insbesondere, dass die Eigenkreisfrequenzen des zeitkontinuierlichen Systems $\omega_{\infty k}$ in die mit dem Abtastintervall T_a normierten Eigenkreisfrequenzen $\Omega_{\infty k}$ übergehen.

Ganz entsprechend kann der Transformation auch die Sprungantwort zugrunde gelegt werden. Man spricht dann von der *sprunginvarianten Transformation*.

Beispiel Butterworth-Tiefpass 3. Ordnung (T-Glied)

Ein Beispiel für die impulsinvariante Transformation ist in Abschnitt 6.4.6 zu finden. Dort wird der in den Abschnitten 7.4.4 und 8.6 vorgestellte analoger Butterworth-Tiefpass 3. Ordnung ins Zeitdiskrete überführt. Der Vergleich der Impulsantworten in Bild 6-9 zeigt die Übereinstimmung in den Abtastzeitpunkten.

Man beachte, dass im Beispiel zwar die Impulsantwort in den Abtastzeitpunkten erhalten bleibt, sich aber die Sprungantwort, siehe Bild 6-9, und der Frequenzgang verändern. Dies wird verständlich, wenn man bedenkt, dass der Frequenzgang des Butterworth-Tiefpasses nicht strikt bandbegrenzt ist und deshalb die Voraussetzung (11.19) verletzt wird. Die Abtastung der Impulsantwort führt im Frequenzbereich zu Aliasing. Durch Verkürzen des Abtastintervalls kann die spektrale Überfaltung auf Kosten eines höheren Simulationsaufwandes reduziert werden.

11.3.2 Bilineare Transformation

Die bilineare Transformation wird alternativ zur impulsinvarianten Transformation eingesetzt, wenn das Frequenzverhalten des Systems im Vordergrund steht. Die zugrunde liegende Idee und ihre Wirkungsweise erläutert Bild 11-16. Zeitkontinuierliche kausale Systeme sind stabil, wenn ihre Pole in der linken s-Halbebene liegen. Bei zeitdiskreten kausalen Systemen müssen die Pole im Inneren des Einheitskreises der z-Ebene liegen. Den Frequenzgang analoger Systeme findet man auf der imaginären Achse, während der Frequenzgang zeitdiskreter Systeme auf dem Einheitskreis definiert ist.

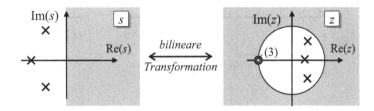

Bild 11-16 Bilineare Transformation der s-Ebene in die z-Ebene und umgekehrt

Die *bilineare Transformation*

$$s = \frac{1}{\alpha} \cdot \frac{1 - z^{-1}}{1 + z^{-1}} \quad \text{und} \quad z = \frac{1 + \alpha s}{1 - \alpha s} \tag{11.27}$$

bildet für positiv reelle α die imaginäre Achse der s-Ebene auf den Einheitskreis der z-Ebene so ab, dass die linke Seite der s-Ebene im Inneren des Einheitskreises der z-Ebene zu liegen kommt. Ein stabiles System im s-Bereich geht dabei in ein stabiles System im z-Bereich über. Die grundsätzlichen Eigenschaften des Frequenzganges bleiben erhalten. Die bilineare Transformation ist ein Sonderfall der konformen Abbildung, die Kreise in Kreise abbildet. Die imaginäre Achse kann als Grenzfall eines Kreises aufgefasst werden [BSMM99].

Die Übertragungsfunktion des zeitdiskreten Systems erhält man nach bilinearer Transformation.

$$H(z) = H\left(s = \frac{1}{\alpha} \cdot \frac{1 - z^{-1}}{1 + z^{-1}} \right) \tag{11.28}$$

Der Zusammenhang zwischen den Frequenzvariablen ω und Ω erschließt sich aus (11.27) durch Einsetzen von $s = j\omega$ und $z = e^{j\Omega}$. Man erhält nach kurzer Zwischenrechnung

$$\omega = \frac{1}{\alpha} \cdot \tan\left(\frac{\Omega}{2} \right) \quad \text{und} \quad \Omega = 2 \cdot \arctan\left(\alpha\omega \right) \tag{11.29}$$

Offensichtlich kann die Abbildung der imaginären Achse der s-Ebene auf den Einheitskreis der z-Ebene nicht linear geschehen. Es ergibt sich im Frequenzgang die so genannte *Arcustangens-Verzerrung*. Sie muss beim Filterentwurf berücksichtigt werden. Man beachte, dass durch die Wahl des Parameters α genau ein Kreisfrequenzpaar ω_0 und Ω_0 eingestellt werden kann.

Bild 11-17 demonstriert die Arcustangens-Verzerrung am Modell eines Betragsfrequenzgangs $|H(j\omega)|$ der an eine Burgmauer mit Zinnen erinnert. Wegen der Abbildung der Kreisfrequenz durch die Arcustangensfunktion nach (11.29) nimmt die Breite der Zinnen im korrespondierenden Betragsfrequenzgang $|H(e^{j\Omega})|$ mit wachsender Kreisfrequenz ab.

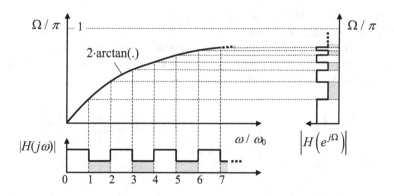

Bild 11-17 Veranschaulichung der Arcustangens-Verzerrung

11.3.3   Beispiel: Butterworth-Tiefpass

In diesem Abschnitt werden anhand eines analogen Butterworth-Tiefpasses die impulsinvariante Transformation und die bilineare Transformation veranschaulicht und ihre Eigenschaften gegenübergestellt.

11.3.3.1 Analoger Butterworth-Tiefpass

Der Butterworth-Tiefpass spielt wegen seiner einfachen Beschreibung und unkomplizierten Eigenschaften eine wichtige Rolle in der Informationstechnik, siehe Abschnitte 7.4.4 und 8.6.

Das Betragsquadrat seines Frequenzganges ist von der Form

$$|H(j\omega)|^2 = \frac{1}{1+(\omega/\omega_0)^{2N}} \tag{11.30}$$

mit den Parametern Filterordnung N und 3dB-Kreisfrequenz ω_0. Da im Nenner im Wesentlichen eine Potenz von ω steht, spricht man auch von einem *Potenzfilter*. Wie man sich durch Einsetzen überzeugen kann, resultiert aus der Zerlegung

$$H(s) \cdot H(-s) = \frac{1}{1+(s/j\omega_0)^{2N}} \tag{11.31}$$

für $s = j\omega$ wieder das Betragsquadrat des Frequenzgangs. Die Pole in (11.31) liegen in der s-Ebene gleichmäßig verteilt auf einem Kreis mit Radius ω_0.

$$s_{\infty k} = j\omega_0 \cdot {}^{2N}\!\sqrt{-1} = \omega_0 \cdot e^{j\pi\frac{N-1}{2N}} \cdot e^{j\frac{\pi k}{N}} \quad \text{für } k = 1,2,\ldots,2N \tag{11.32}$$

Sie werden $H(s)$ und $H(-s)$ zugeordnet. Wie Bild 11-18 zeigt, werden die Pole in der linken s-Halbebene der Übertragungsfunktion $H(s)$ und die Pole in der rechten s-Halbebene $H(-s)$ zugeschlagen. Dann ist das System zu $H(s)$ kausal und stabil.

Mit den Polen in (11.32) ist die Übertragungsfunktion des analogen *Butterworth-Tiefpasses N-ter Ordnung* bestimmt.

$$H(s) = \frac{1}{\prod_{k=1}^{N}(s - s_{\infty k})}$$ (11.33)

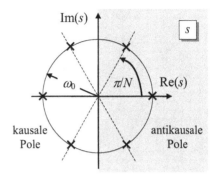

Anmerkung: Der bekannte RC-Tiefpass (RC-Glied) ist ein Butterworth-Tiefpass 1. Ordnung mit reellem Pol s_∞ = −1/*RC*. Das Beispiel für ein System 3. Ordnung, das T-Glied mit seinen spezifischen Bauelementen in Abschnitt 7.4.4, ist ebenfalls ein Butterworth-Tiefpass.

In Bild 11-19 werden die Betragsfrequenzgänge und Dämpfungsverläufe der Butterworth-Tiefpässe 1., 3. und 5. Ordnung gezeigt. Man erkennt links den charakteristischen, monoton fallenden Betragsfrequenzgang. Für $\omega = 0$ beginnt er flach bei 1 und schneidet bei $\omega = \omega_0$ den 3-dB-Punkt, um dann weiter monoton gegen 0 zu fallen. Mit wachsender

Bild 11-18 Pole der Übertragungsfunktion $H(s)$ in der linken *s*-Halbebene und Pole von $H(−s)$ in der rechten *s*-Halbebene ($N = 3$)

Filterordnung wird der Verlauf zunächst flacher und dann umso steiler. Dementsprechend wird der Übergangsbereich zwischen Durchlassbereich und Sperrbereich schmaler.

Eine Besonderheit des Butterworth-Tiefpasses ist sein *maximal flacher* Verlauf bei $\omega = 0$, da dort die ersten $2N − 1$ Ableitungen des Betragsfrequenzganges verschwinden.

Das rechte Teilbild zeigt die Dämpfung im logarithmischen Maß mit dem asymptotisch linearen Verlauf mit der Steigung von $20 \cdot N$ dB pro Dekade.

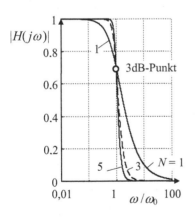
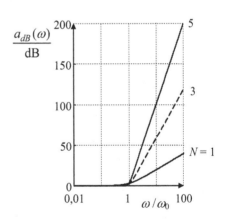

Bild 11-19 Betrags- und der Dämpfungsfrequenzgänge der Butterworth-Tiefpässe 1., 3. und 5. Ordnung

Die Impulsantwort des Butterworth-Tiefpasses bestimmt sich aus der inversen Laplace-Transformation der Übertragungsfunktion (11.33)

$$h(t) = \sum_{k=1}^{N} B_k \cdot e^{s_{\infty k} t}$$ (11.34)

mit den Koeffizienten der Partialbruchzerlegung B_k. In Tabelle 11-1 sind die Zahlenwerte für N = 1, 3 und 5 aufgelistet. Die zugehörigen Impulsantworten sind in Bild 11-20 zu sehen.

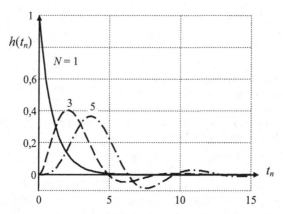

Bild 11-20   Impulsantworten der Butterworth-Tiefpässe 1., 3. und 5. Ordnung für die normierte 3dB-Kreisfrequenz $\omega_0 = 1$

Tabelle 11-1   Pole und Koeffizienten der Partialbruchzerlegung der analogen Butterworth-Tiefpässe der Ordnung $N = 1$, 3 und 5 mit normierter 3dB-Kreisfrequenz $\omega_0 = 1$

$N = 1$		$N = 5$	
$s_{\infty 1} = -1$	$B_1 = 1$	$s_{\infty 1} = -0{,}309 + j0{,}951$	$B_1 = -0{,}138 + j0{,}425$
$N = 3$		$s_{\infty 2} = -0{,}899 + j0{,}588$	$B_2 = -0{,}809 - j1{,}114$
$s_{\infty 1} = -0{,}5 + j0{,}866$	$B_1 = -0{,}5 - j0{,}289$	$s_{\infty 3} = -1$	$B_3 = 1{,}894$
$s_{\infty 2} = -1$	$B_2 = 1$	$s_{\infty 4} = s_{\infty 2}{}^*$	$B_4 = B_2{}^*$
$s_{\infty 3} = s_{\infty 1}{}^*$	$B_3 = B_1{}^*$	$s_{\infty 5} = s_{\infty 1}{}^*$	$B_5 = B_1{}^*$

11.3.3.2 Beispiel: Impulsinvariante Transformation

Ausgehend von der Impulsantwort (11.34) wird gemäß (11.25) die impulsinvariante Transformation vorgenommen. Als Freiheitsgrad tritt das Abtastintervall T_a auf. Durch seine Wahl wird die Bandbreite des zeitdiskreten Filters festgelegt.

Um das Aliasing deutlich beobachten zu können, wählen wir ein relativ großes Abtastintervall $T_a = 1$. Die sich ergebenden Pole und Koeffizienten sind in Tabelle 11-2 zusammengestellt.

Beispielhaft wird in Bild 11-21 die zeitdiskrete Impulsantwort zum Butterworth-Tiefpass 5. Ordnung gezeigt. Sie enthält, wie erwartet, die entsprechenden Abtastwerte der zeitkontinuierlichen Impulsantwort in Bild 11-20.

Im unteren Teilbild sind die Betragsfrequenzgänge der zeitdiskreten Filter zusammengestellt. Für $N = 1$ klingt der Betragsfrequenzgang relativ langsam ab. Es ergibt sich ein großer Aliasing-Fehler, wodurch für $\Omega = \pi$ ein Wert von ca. 0,1 verbleibt. Für $N = 3$ nimmt der Aliasing-Fehler deutlich ab. Aber erst für das Filter 5. Ordnung ist der Betragsfrequenzgang bei $\Omega = \pi$ näherungsweise null, wie dies für einen zeitdiskreten Tiefpass erwartet wird.

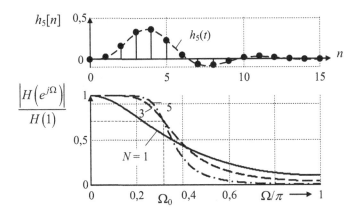

Bild 11-21 Impulsantwort des zeitdiskreten Butterworth-Tiefpasses 5. Ordnung und normierte Betrags-frequenzgänge der Butterworth-Tiefpässe 1., 3. und 5. Ordnung bei impulsinvarianter Transformation mit $T_a = 1$

Schließlich kann die Lage der 3dB-Kreisfrequenz nach der Transformation überprüft werden. Im Beispiel mit $\omega_0 = 1$ und $T_a = 1$ erhält man

$$\Omega_0 = \frac{\omega_0}{f_a} = \omega_0 = 1 \quad \text{bzw.} \quad \frac{\Omega_0}{\pi} \approx 0,32 \tag{11.35}$$

Man erkennt in Bild 11-21, dass sich für $N = 3$ und 5 dieser Wert näherungsweise einstellt. Für den Butterworth-Tiefpass 1. Ordnung ergeben sich durch die impulsinvariante Transformation bei dem gewählten großen Abtastintervall starke Verzerrungen im Frequenzgang.

Tabelle 11-2 Pole und Koeffizienten der Partialbruchzerlegung der zeitdiskreten Butterworth-Tiefpässe 1., 3. und 5. Ordnung bei impulsinvarianter Transformation mit $T_a = 1$

$N = 1$		$N = 5$	
$z_{\infty 1} = 0,368$	$B_1 = 1$	$z_{\infty 1} = 0,426 + j0,598$	$B_1 = -0,138 + j0,425$
$N = 3$		$s_{\infty 2} = -0,899 + j0,588$	$z_{\infty 2} = 0,371 + j0,247$
$z_{\infty 1} = 0,393 + j0,462$	$B_1 = -0,5 - j0,289$	$z_{\infty 3} = 0,368$	$B_3 = 1,894$
$z_{\infty 2} = 0,368$	$B_2 = 1$	$z_{\infty 4} = z_{\infty 2}{}^*$	$B_4 = B_2{}^*$
$z_{\infty 3} = z_{\infty 1}{}^*$	$B_3 = B_1{}^*$	$z_{\infty 5} = z_{\infty 1}{}^*$	$B_5 = B_1{}^*$

11.3.3.3 Beispiel: Bilineare Transformation

Alternativ zur obigen Methode kann die bilineare Transformation (11.27) verwendet werden. Durch sie werden die Pole und Nullstellen aus dem s-Bereich in den z-Bereich überführt. Als Freiheitsgrad tritt der Parameter α auf. Mit ihm kann ein bestimmtes Kreisfrequenzpaar zuge-ordnet werden. Aus Gründen der Vergleichbarkeit, wird im Beispiel die 3dB-Kreisfrequenz $\omega_0 = 1$ auf die normierte Kreisfrequenz $\Omega_0 \approx 0,32\,\pi$ abgebildet.

Aus (11.29) folgt

$$\alpha = \frac{1}{\omega_0} \cdot \tan \frac{\Omega_0}{2} = \tan \frac{1}{2} \approx 0,55 \tag{11.36}$$

Setzt man jetzt in die Übertragungsfunktion des Butterworth-Tiefpasses (11.33) die bilineare Abbildung ein, so erhält man zunächst

$$H(z) = H\left(s = \frac{1}{\alpha} \cdot \frac{1-z^{-1}}{1+z^{-1}}\right) = \frac{1}{\displaystyle\prod_{k=1}^{N}\left(\frac{1}{\alpha} \cdot \frac{1-z^{-1}}{1+z^{-1}} - s_{\infty k}\right)} \tag{11.37}$$

Der Einfachheit halber werden die N Faktoren im Nenner einzeln betrachtet. Nach elementaren Umformungen ergibt sich jeweils

$$\frac{1}{\dfrac{1}{\alpha} \cdot \dfrac{1-z^{-1}}{1+z^{-1}} - s_{\infty k}} = \frac{\alpha}{1-\alpha s_{\infty k}} \cdot \frac{1+z^{-1}}{1-\dfrac{1+\alpha s_{\infty k}}{1-\alpha s_{\infty k}} z^{-1}} = \frac{\alpha}{1-\alpha s_{\infty k}} \cdot \frac{z+1}{z-\dfrac{1+\alpha s_{\infty k}}{1-\alpha s_{\infty k}}} \tag{11.38}$$

Jeder Faktor liefert einen Pol, siehe auch (11.27), und eine Nullstelle zur Übertragungsfunktion

$$H(z) = \prod_{k=1}^{N} \frac{\alpha}{1-\alpha s_{\infty k}} \cdot \frac{z-z_{0k}}{z-z_{\infty k}} \tag{11.39}$$

Man beachte besonders die N-fache Nullstelle $z_{0k} = -1$ auf dem Einheitskreis bei $\Omega = \pi$. Die sich im Beispiel ergebenden Pole sind in Tabelle 11-3 zusammengefasst.

Für den Butterworth-Tiefpass 5. Ordnung ist das Pol-Nullstellendiagramm in Bild 11-22 angegeben. Man erkennt die fünffache Nullstelle bei $z_0 = -1$ und die fünf Pole im Einheitskreis. Da die Pole in der s-Ebene auf einem Kreis liegen, liegen die Pole in der z-Ebene ebenfalls auf einem Kreis.

Im rechten oberen Teilbild folgt die zeitdiskrete Impulsantwort im Wesentlichen der zeitkontinuierlichen, jedoch sind kleinere Abweichungen erkennbar.

Die Frequenzgänge des Betrages und der Dämpfung für Filterordnungen 1, 3 und 5 sind in den unteren Teilbildern angegeben.

Da die bilineare Transformation die gesamte imaginäre Achse auf den Einheitskreis abbildet, rücken die Nullstellen des Frequenzganges bei $\omega \to \pm \infty$ auf $\Omega = \pm \pi$ und der Abfall des Betragsfrequenzganges wird insgesamt steiler. Deutlich erkennt man auch im Dämpfungsverlauf die N-fachen *Dämpfungspole* bei $\Omega = \pi$.

Tabelle 11-3 Pole der zeitdiskreten Butterworth-Tiefpässe 1., 3. und 5. Ordnung bei bilinearer Transformation mit $\alpha = 0,55$

Ordnung	Pole
$N = 1$	$z_{\infty 1} = 0,293$
$N = 3$	$z_{\infty 1} = 0,380 + j0,513$
	$z_{\infty 2} = 0,293$
	$z_{\infty 3} = z_{\infty 1}{}^{*}$
$N = 5$	$z_{\infty 1} = 0,429 + j0,635$
	$z_{\infty 2} = 0,322 + j0,294$
	$z_{\infty 3} = 0,2934$
	$z_{\infty 4} = z_{\infty 2}{}^{*}$
	$z_{\infty 5} = z_{\infty 1}{}^{*}$

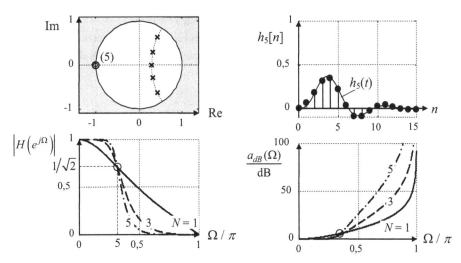

Bild 11-22 Pol-Nullstellendiagramm und Impulsantwort des zeitdiskreten Butterworth-Tiefpasses 5. Ordnung (oben), Frequenzgang des Betrages und der Dämpfung der zeitdiskreten BW-TP für $N = 1$, 3 und 5 (unten)

Vergleicht man die Betragsfrequenzgänge nach der impulsinvarianten Transformation in Bild 11-21 und der bilinearen Transformation in Bild 11-22, so zeigen letztere günstigere Tiefpass-Eigenschaften. Insbesondere kann bei der bilinearen Transformation durch den Parameter α die 3dB-Kreisfrequenz exakt auf die gewünschte normierte Kreisfrequenz abgebildet werden. Der Übergangsbereich wird kleiner und die N-fache Nullstelle bei $\Omega = \pi$ sorgt für die Unterdrückung der höherfrequenten Spektralanteile. Die bilineare Transformation wird deshalb in der digitalen Signalverarbeitung häufig zum Entwurf von Digitalfiltern aus analogen Standardlösungen eingesetzt.

Anmerkung: Die Idee der bilinearen Transformation kann ohne großen Aufwand erweitert werden, so dass z. B. aus Tiefpässen auch Hochpässe und Bandpässe entworfen werden können, siehe auch Übungsteil MATLAB-Übung M9-3.

11.4 Anpassung der Abtastrate

Manchmal ist es notwendig oder zumindest vorteilhaft, die Abtastrate der digitalen Signale nachträglich zu verändern. Beispielsweise, weil Signale aus verschiedenen Quellen zusammengeführt werden sollen oder dadurch der Aufwand wesentlich reduziert wird. Systeme, die verschiedene Abtastraten verwenden, werden *Mehrratensysteme* genannt. Die digitale Signalverarbeitung stellt zu ihrer Realisierung zwei Systeme zur Verfügung. Beide werden in den folgenden Unterabschnitten vorgestellt. Als wichtiges Beispiel wird die Erhöhung der Abtastrate zur Vorbereitung der D/A-Umsetzung behandelt.

Lernziele

Nach Bearbeiten des Abschnitts 11.4 können Sie

- das System zur Unterabtastung anhand seines Blockschaltbilds erläutern
- die Wirkung der Unterabtastung im Frequenzbereich aufzeigen
- für gegebene Anforderungen die Parameter des Systems zur Unterabtastung dimensionieren

- die Aufgabe des Interpolator anhand seines Blockschaltbilds erläutern
- die Wirkungsweise des Interpolator durch eine Skizze im Frequenzbereich aufzeigen
- für gegebene Anforderungen die Parameter im Blockschaltbild des Interpolator dimensionieren

11.4.1   Unterabtastung

Zur Reduktion der Abtastfrequenz wird das System zur *Unterabtastung* in Bild 11-23 eingesetzt. Das Signal $x[n]$ mit dem Abtastintervall T_{a1} wird, falls notwendig, zuerst mit einem Tiefpass gefiltert, um spektrale Überfaltungen zu vermeiden. Im nachfolgenden (zeitdiskreten)
Abtaster wird nur jeder D-te Eingangswert an den Ausgang weitergereicht. Das Ausgangssignal $y[n]$ hat dann ein um den Faktor D vergrößertes Abtastintervall T_{a2}.

Anmerkung: In der englischsprachigen Literatur wird das System zur Unterabtastung oft *Decimator* und
der Abtaster *Down-sampler* oder *Compressor* genannt. Der Tiefpass wird als *Anti-aliasing Filter* oder
Decimation Filter bezeichnet. In der deutschsprachigen Literatur sind auch die Begriffe *Dezimations-
system*, *Dezimator* und *Dezimationsfilter* gebräuchlich, z. B. [Unb02].

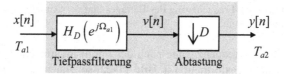

Bild 11-23 System zur Unterabtastung

Man beachte, dass hier bzgl. der kontinuierlichen Zeit zwei unterschiedlich normierte Zeitvariablen n vorliegen. Dies drückt sich insbesondere in den normierten Kreisfrequenzen aus.

$$\Omega_{a1} = \omega \cdot T_{a1} \quad \text{und} \quad \Omega_{a2} = \omega \cdot T_{a2} = D \cdot \Omega_{a1} \tag{11.40}$$

Für die Dimensionierung des *Tiefpasses* ist es notwendig, den Zusammenhang zwischen den
Spektren am Abtastereingang und -ausgang herzustellen. Dass der Abtaster genau jeden D-ten
Eingangswert weiter reicht, kann mit der Indikatorfunktion

$$I_D[n] = \begin{cases} 1 & \text{für } n = mD \text{ und } m = 0, \pm 1, \pm 2, \dots \\ 0 & \text{sonst} \end{cases} \tag{11.41}$$

ausgedrückt werden. Eine zur Berechnung der Spektren geeignete Indikatorfunktion lässt sich
mit der Orthogonalität der komplexen Exponentiellen (10.8) konstruieren. Wir machen deshalb
den Ansatz

$$I_D[n] = \frac{1}{D} \cdot \sum_{k=0}^{D-1} e^{j\frac{2\pi}{D}nk} \tag{11.42}$$

und setzen in die Fourier-Transformation ein

$$Y\left(e^{j\Omega_{a2}}\right) = \sum_{m=-\infty}^{\infty} y[m] \cdot e^{-j\Omega_{a2}m} = \sum_{n=-\infty}^{\infty} v[n] \cdot \frac{1}{D} \sum_{k=0}^{D-1} e^{j\frac{2\pi}{D}nk} \cdot e^{-j\Omega_{a2}\frac{n}{D}} \tag{11.43}$$

Ein direkter Vergleich der Summanden auf beiden Seiten der Gleichung beweist die Gültigkeit des Ansatzes. Umformen liefert den gesuchten Zusammenhang.

$$Y\left(e^{j\Omega_{a2}}\right) = \frac{1}{D} \cdot \sum_{k=0}^{D-1} \sum_{n=-\infty}^{\infty} v[n] \cdot e^{-j\left(\frac{\Omega_{a2}-2\pi k}{D}\right)n} = \frac{1}{D} \cdot \sum_{k=0}^{D-1} V\left(e^{j\cdot\frac{\Omega_{a2}-2\pi k}{D}}\right) \qquad (11.44)$$

Wir interpretieren das Ergebnis anhand des Beispiels in Bild 11-24 für $D = 3$. Am Ausgang des Dezimierers überlagern sich D Kopien des Eingangsspektrums. Dabei wird jede Kopie bzgl. der normierten Frequenzachse um den Faktor D gestreckt und jeweils um $2\pi k$ verschoben, mit $k = 0, 1, ..., D-1$. Bei den Amplituden ist der Faktor $1 / D$ zu berücksichtigen. Die Streckung ist in Bild 11-24 unten durch die Beschriftung der Abszisse berücksichtigt. Beispielsweise wird die normierte Kreisfrequenz $\Omega_{a1} = \pi / D$ auf $\Omega_{a2} = \pi$ abgebildet.

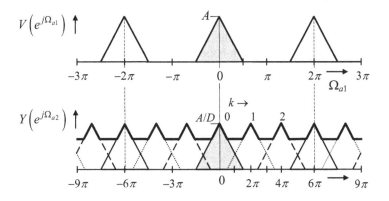

Bild 11-24 Zusammenhang zwischen den Spektren vor und nach der Unterabtastung für $D = 3$

Wie in Bild 11-24 zu sehen ist, tritt durch die Abtastung Aliasing auf, wenn das Eingangsspektrum nicht auf π / D strikt bandbegrenzt ist. Für den idealen Tiefpass folgt deshalb

$$H_D\left(e^{j\Omega_{a1}}\right) = \begin{cases} D & \text{für } |\Omega_{a1}| < \pi / D \\ 0 & \text{sonst} \end{cases} \qquad (11.45)$$

wobei durch eine Verstärkung um den Faktor D die mit der Abtastung verbundene Multiplikation des Spektrums mit $1 / D$ kompensiert wird.

Anmerkung: Für die praktische Durchführung der Unterabtastung ergibt sich ein geringerer Aufwand, wenn im Tiefpass nur jeder D-te Ausgangswert berechnet wird.

Ist, wie in Bild 11-25 illustriert, das Eingangsspektrum vor der Abtastung auf π / D strikt bandbegrenzt, so ergibt sich

$$Y\left(e^{j\Omega_{a2}}\right) = X\left(e^{j\Omega_{a2}/D}\right) \qquad \text{für} \quad \Omega_{a1}, \Omega_{a2} \in [-\pi, \pi] \qquad (11.46)$$

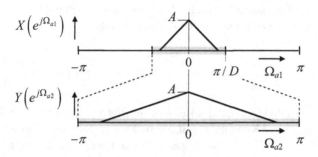

Bild 11-25 Zusammenhang zwischen den Spektren vor und nach Unterabtastung für $D = 3$ bei ausreichend bandbegrenztem Eingangssignal und Amplitudenverstärkung mit dem Faktor D

11.4.2   Interpolation

Im Gegensatz zur Unterabtastung wird mit dem System in Bild 11-26 die Rate um den Faktor L erhöht. Das Signal $x[n]$ wird zunächst durch Einfügen von jeweils $L-1$ Nullen zwischen den Folgeelementen auf die um den Faktor L höhere Abtastrate gebracht. Man nennt das Einfügen der Nullen auch *Spreizung* und spricht vom *Spreizfaktor L*. Dadurch entstehen, vereinfachend gesprochen, im Signal $v[n]$ „Lücken" die durch den nachfolgenden Tiefpass aufgefüllt werden.

Anmerkungen: (i) In der englischsprachigen Literatur wird die Erhöhung der Abtastrate *Upsampling* genannt. Die Spreizung wird im *Up-sampler* oder *(Sampling rate) Expander* durchgeführt. International eingeführt sind auch die aus der numerischen Mathematik bekannten Begriffe *Interpolation, Interpolator* und dementsprechend *Lowpass interpolator filter* bzw. *Interpolationstiefpass*. (ii) Praktisch wird auf das Einfügen von Nullen verzichtet. Stattdessen werden die regelmäßigen Nullen am Eingang des Filters berücksichtigt und somit der Rechenaufwand reduziert.

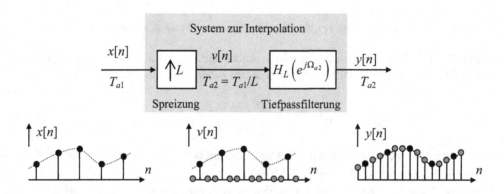

Bild 11-26 Abtastratenerhöhung mit Signalbeispiel ($L = 3$)

Es liegen wieder zwei unterschiedliche normierte Kreisfrequenzen vor.

$$\Omega_{a1} = \omega T_{a1} \quad \text{und} \quad \Omega_{a2} = \omega T_{a2} = \Omega_{a1} / L \tag{11.47}$$

Zur Bestimmung des optimalen Frequenzganges des Interpolationstiefpasses ist es notwendig, die Auswirkung der Spreizung im Frequenzbereich zu betrachten. Den Zusammenhang zwischen den Spektren stellt die Betrachtung der Summanden der Fourier-Transformation für das Beispiel in Bild 11-26 mit $L = 3$ her.

$$
\begin{aligned}
V\left(e^{j\Omega_{a2}}\right) &= \sum_{n=-\infty}^{\infty} v[n] \cdot e^{-j\Omega_{a2}n} = \\
&= \cdots + v[-1] \cdot e^{j\Omega_{a2}} + v[0] + v[1] \cdot e^{-j\Omega_{a2}} + v[2] \cdot e^{-j2\Omega_{a2}} + v[3] \cdot e^{j3\Omega_{a2}} + \cdots = \\
&= \cdots + x[-2] \cdot e^{j2\cdot3\Omega_{a2}} + x[-1] \cdot e^{j3\Omega_{a2}} + x[0] + x[1] \cdot e^{-j3\Omega_{a2}} + x[2] \cdot e^{-j2\cdot3\Omega_{a2}} + \cdots
\end{aligned}
\tag{11.48}
$$

Das Spektrum nach der Spreizung ist das um den Faktor L gestreckte Eingangsspektrum

$$
V\left(e^{j\Omega_{a2}}\right) = \sum_{n=-\infty}^{\infty} x[n] \cdot e^{-j\Omega_{a2}Ln} = X\left(e^{j\Omega_{a2}L}\right)
\tag{11.49}
$$

Eine Skalierung der Amplituden des Spektrums wie bei der Unterabtastung findet nicht statt. Bild 11-27 veranschaulicht den Zusammenhang. Daraus kann die Anforderung an den idealen Interpolationstiefpass entnommen werden. Ein idealer Tiefpass mit der normierten Grenzkreisfrequenz π / L leistet das Gewünschte.

$$
H_L\left(e^{j\Omega_{a2}}\right) = \begin{cases} 1 & \text{für } \left|\Omega_{a2}\right| < \pi / L \\ 0 & \text{sonst} \end{cases}
\tag{11.50}
$$

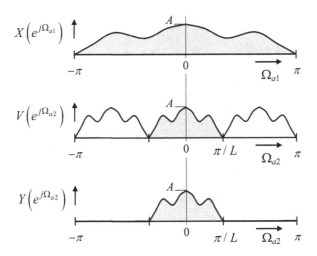

Bild 11-27   Spektren vor und nach der Spreizung für $L = 3$ (oben) und am Ausgang des idealen Interpolationstiefpasses (unten)

11.4.3   Beispiel: Interpolation für die D/A-Umsetzung

Ein wichtiges Einsatzgebiet für die Interpolation ist die Vorbereitung der D/A-Umsetzung. Durch sie können die Anforderungen an den analogen Tiefpass reduziert werden. Wir zeigen dies an einem einfachen Beispiel.

Zunächst betrachten wir die D/A-Umsetzung genauer. Ein der praktischen Implementierung nahes Modell zeigt Bild 11-28. Dort wird zuerst die Folge $x[n]$ in eine Impulsfolge $x(t)$ im Zeitkontinuierlichen umgesetzt. Die zeitlichen Abstände der Impulse sind jeweils gleich dem zugrunde gelegten Abtastintervall T_a. Die Impulsfolge wird durch ein einfaches *Halteglied* in eine Treppenfunktion $v(t)$ abgebildet. Das Halteglied wird dabei durch das LTI-System mit der rechtsseitigen rechteckförmigen Impulsantwort

$$g(t) = \begin{cases} 1 & \text{für } 0 \le t < T_a \\ 0 & \text{sonst} \end{cases} \tag{11.51}$$

dargestellt. Schließlich wird die Treppenfunktion durch den analogen Interpolationstiefpass geglättet.

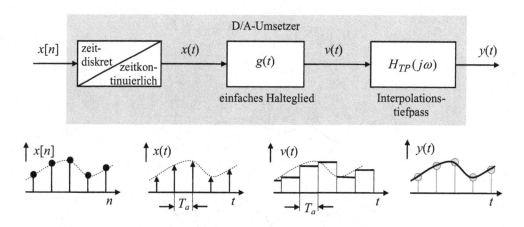

Bild 11-28   Modell des D/A-Umsetzers

Die besonderen Anforderungen der D/A-Umsetzung erschließen sich aus einer Betrachtung im Frequenzbereich. Für das Spektrum am Ausgang des Halteglieds gilt

$$V(j\omega) = \int_{-\infty}^{+\infty} \underbrace{\sum_{n=-\infty}^{\infty} x[n]g(t-nT_a)}_{v(t)} \cdot e^{-j\omega t}\, dt \tag{11.52}$$

Vertauschen der Summation und Integration liefert mit dem Verschiebungssatz der Fourier-Transformation

$$V(j\omega) = \sum_{n=-\infty}^{\infty} x[n] \cdot \underbrace{\int_{-\infty}^{+\infty} g(t - nT_a)e^{-j\omega t}\,dt}_{G(j\omega)\cdot\exp(-j\omega T_a n)} =$$

$$= G(j\omega) \cdot \sum_{n=-\infty}^{\infty} x[n]e^{-j\omega T_a n} = G(j\omega) \cdot X\left(e^{j\omega T_a}\right) \tag{11.53}$$

Man erhält das Produkt aus dem Spektrum der Folge und dem Spektrum des rechtsseitigen Rechteckimpulses, der si-Funktion in Tabelle 8-2.

$$G(j\omega) = T_a \cdot \mathrm{si}\left(\omega T_a / 2\right) \cdot e^{-j\omega T_a / 2} \tag{11.54}$$

Anmerkung: Der Phasenterm in (11.54) ist linear und entspricht einer reinen Signalverzögerung, siehe Tabelle 8-1.

Man beachte insbesondere, dass der Anteil der (Abtast-)Folge im Spektrum $X(e^{j\omega T_a})$ mit $\omega_a = 2\pi / T_a$ periodisch ist. Damit resultieren am Ausgang des Halteglieds Spektralanteile oberhalb der halben Abtastfrequenz. Im Sinne der zeitdiskreten Simulation eines bandbegrenzten analogen Systems wird somit das Abtasttheorem verletzt.

Bild 11-29 zeigt die Zusammenhänge in schematischer Form. Durch das Halteglied resultiert statt des gewünschten bandbegrenzten Spektrums (grau schattiert) ein Spektrum, das störende Komponenten („Oberschwingungen") für $|\omega| \geq \omega_a / 2$ enthält. Man beachte auch, dass durch die Bewertung mit si-Funktion zusätzlich eine *Amplitudenverzerrung* im Bereich $|\omega| < \omega_a / 2$ auftritt.

Der analoge Interpolationstiefpass $H_{TP}(j\omega)$ sollte nun idealer Weise mit der Grenzkreisfrequenz $\omega_g = \omega_a / 2$ strikt bandbegrenzt sein, sowie im Durchlassbereich die Amplitudenverzerrung durch das Halteglied rückgängig machen. Ein solcher Tiefpass ist jedoch nicht realisierbar, siehe Abschnitt 8.5.3. Hier kommt die Interpolation vorteilhaft ins Spiel. Sie ermöglicht eine praktikable näherungsweise Realisierung der D/A-Umsetzung. Wir machen das anhand eines konkreten Beispiels deutlich.

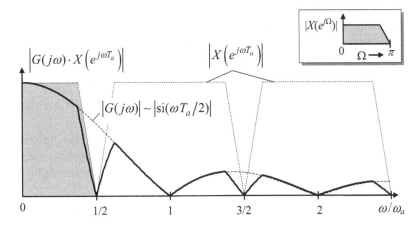

Bild 11-29 Betragsspektrum am Ausgang des einfachen Halteglieds

In Bild 11-30 wird die gesamte Verarbeitungskette gezeigt. Zur Vorbereitung der D/A-Umsetzung wählen wir einen Interpolator mit dem Interpolationsfaktor $L = 4$. Dann gilt für die Abtastintervalle und Abtastkreisfrequenzen

$$T_{a2} = T_{a1}/L \quad \text{und} \quad \omega_{a2} = \omega_{a1} \cdot L \tag{11.55}$$

Als analoger Tiefpass wird der einfache RC-Tiefpass aus Abschnitt 8.5.3 verwendet.

$$H_{TP}(j\omega) = \frac{1}{1 + j\omega\tau} \tag{11.56}$$

Die 3dB-Grenzkreisfrequenz stellen wir durch die Zeitkonstante so ein, dass sie genau am Rand des gewünschten Frequenzbandes liegt.

$$\tau = 2/\omega_{a1} \tag{11.57}$$

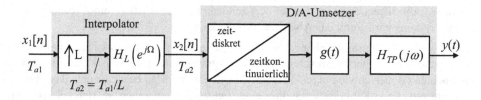

Bild 11-30   D/A-Umsetzung mit digitalem Interpolator

Die Kaskade aus einfachem Halteglied und RC-Tiefpass besitzt den Betragsfrequenzgang in Bild 11-31. Man beachte, durch die Interpolation um den Faktor L ist das gewünschte Signal auf $|\omega| < \omega_{a1}/2 = \omega_{a2}/2 \cdot L$ bandbegrenzt. Dieser Bereich ist im Bild als Durchlassbereich grau markiert. Der Betragsfrequenzgang folgt zunächst im Wesentlichen dem des RC-Tiefpasses. Man erkennt deutlich die Amplitudenverzerrung, die mit wachsender Frequenz zunimmt. Am Rande des Durchlassbereiches beträgt sie – wie in (11.57) eingestellt – ca. 3 dB bzw. $1/\sqrt{2}$.

Im unteren Teilbild ist die Dämpfung im logarithmischen Maß aufgetragen. Von besonderem Interesse ist der Bereich um $|\omega| \approx L \cdot \omega_{a2}$, da dort die erste periodische Fortsetzung des eigentlichen Signalspektrums auftritt. Es ergibt sich eine Dämpfung von über 55 dB. In vielen Anwendungen ist damit eine ausreichende Unterdrückung der unerwünschten Spektralanteile gewährleistet. Gegebenenfalls kann der Interpolationsfaktor L erhöht oder ein analoger Tiefpass höherer Ordnung eingesetzt werden, wie z. B. die Butterworth-Tiefpässe 3. oder 5. Ordnung in Bild 11-19.

Es bleibt, den digitalen Interpolationstiefpass zu dimensionieren, wobei zusätzlich zu der Bandbegrenzung mit der Grenzkreisfrequenz $\Omega_g = \pi/L$ eine *Amplitudenentzerrung* vorgenommen werden soll. Mit (11.54) und (11.56) und der normierten Kreisfrequenz $\Omega = \omega T_{a2}$ ergibt sich der Wunsch-Frequenzgang

$$\tilde{H}_L\left(e^{j\Omega}\right) = \begin{cases} \left.\dfrac{1}{\left|G(j\omega)\cdot H_{TP}(j\omega)\right|}\right|_{\omega T_{a2}=\Omega} = \dfrac{\sqrt{1+\Omega^2\cdot L^2/\pi^2}}{\mathrm{si}(\Omega/2L)} & \text{für } |\Omega| < \dfrac{\pi}{L} \\[4mm] 0 & \text{sonst} \end{cases} \quad (11.58)$$

Er ist in Bild 11-32 zu sehen. Bei der Sperrkreisfrequenz nimmt er den erwarteten Wert von ca. $\sqrt{2} \approx 1{,}4$ an.

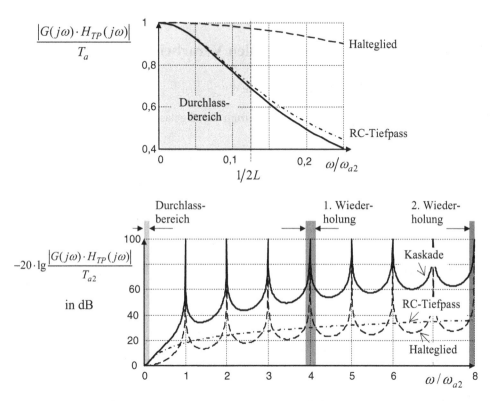

Bild 11-31 Betragsfrequenzgänge des Haltegliedes, des RC-Tiefpasses und der Kaskade aus beiden

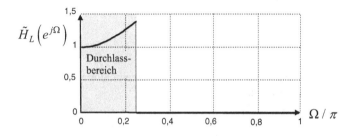

Bild 11-32 Wunschfrequenzgang des entzerrenden digitalen Interpolationstiefpasses

Anmerkungen: (i) Eine Phasenentzerrung bzgl. des RC-Tiefpasses ist prinzipiell möglich. Auf sie wird der Einfachheit halber verzichtet, da sie im Zahlenwertbeispiel vernachlässigt werden kann. (ii) Ein digitaler Tiefpass mit strikter Bandbegrenzung und unendlich steiler Filterflanke ist nicht realisierbar. Bei praktischen Implementierungen ist es günstig Übergangsbereiche und endliche Sperrdämpfungen hinzunehmen. Häufig fallen die Spektren der Nutzsignale zu den Bandgrenzen hin stark ab, so dass gewisse Übergangsbereiche toleriert werden können. Manchmal ist es auch günstig, die analogen Signale mit etwas höheren Abtastfrequenzen abzutasten als im Abtasttheorem mindestens gefordert wird, so dass sich bei der weiteren Signalverarbeitung entsprechender Freiheitsgrade ergeben. (iii) Eine Alternative zu der hier beschriebenen A/D-Umsetzung ist unter dem Schlagwort Delta-Sigma-Umsetzer, auch Sigma-Delta-Umsetzer genannt, in [Mit06], [OSB98] und [Wer06b] zu finden.

11.5   Übungsbeispiele zur digitalen Verarbeitung analoger Signale

Beispiel   Spektrum abgetasteter Kosinussignale

Zeigen Sie mit (11.15), dass sich für das Spektrum der abgetasteten Kosinusfunktion der folgende Zusammenhang ergibt.

$$x(t) = \cos \omega_0 t \quad \leftrightarrow \quad X(j\omega) = \pi\left[\delta(\omega+\omega_0)+\delta(\omega-\omega_0)\right]$$

$$x[n] = \cos \Omega_0 n \quad \leftrightarrow \quad X(e^{j\Omega}) = \pi\left[\delta(\Omega+\Omega_0)+\delta(\Omega-\Omega_0)\right]$$

$$\text{mit } \Omega_0 = \omega_0 T_a \text{ und } \omega_a > 2\omega_0$$

Lösung

Da das Abtasttheorem eingehalten wird, dürfen wir (11.15) anwenden und schreiben

$$
\begin{aligned}
X\left(e^{j\Omega}\right) &= \frac{1}{T_a}\cdot X(j\omega)\big|_{\omega T_a = \Omega} = \frac{\pi}{T_a}\cdot\left[\delta\left(\omega+\frac{\Omega_0}{T_a}\right)+\delta\left(\omega-\frac{\Omega_0}{T_a}\right)\right] = \\
&= \frac{\pi}{T_a}\cdot\left[\delta\left(\frac{\omega T_a+\Omega_0}{T_a}\right)+\delta\left(\frac{\omega T_a-\Omega_0}{T_a}\right)\right] = \frac{\pi}{T_a}\cdot\left[\delta\left(\frac{\Omega+\Omega_0}{T_a}\right)+\delta\left(\frac{\Omega-\Omega_0}{T_a}\right)\right]
\end{aligned}
\tag{11.59}
$$

Die Eigenschaft bzgl. einer (Zeit-)Skalierung der Impulsfunktion (2.26) liefert nun mit $a = 1 / T_a$ den gesuchten Zusammenhang.

$$X\left(e^{j\Omega}\right) = \pi\cdot\left[\delta(\Omega+\Omega_0)+\delta(\Omega-\Omega_0)\right] \tag{11.60}$$

Beispiel   Digitale Filterung eines analogen Signals

Entsprechend dem Blockschaltbild in Bild 11-33 soll eine analoge Tiefpassfilterung durch eine digitale Verarbeitung ersetzt werden.

Hinweis: Tiefpässe und D/A-Umsetzer werden als ideal angenommen.

a) Bestimmen Sie die kleinste mögliche Abtastfrequenz, so dass kein Aliasing am Ausgang des D/A-Umsetzers auftritt, wenn das analoge Eingangssignal auf 20 kHz bandbegrenzt ist und die Grenzfrequenz des analogen Tiefpasses 10 kHz beträgt.

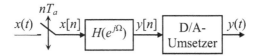

Bild 11-33 Digitale Filterung eines analogen Signals

b) Geben Sie den Frequenzgang des digitalen Tiefpasses zu (a) im Intervall $[-\pi, \pi]$ an.

c) Skizzieren Sie das Eingangsspektrum

$$X(j\omega) = \begin{cases} 1 - \dfrac{|\omega|}{\omega_0} & \text{für } |\omega| < \omega_0 = 2\pi \cdot 20 \text{ kHz} \\ 0 & \text{sonst} \end{cases}$$

d) Skizzieren Sie das Spektrum am Eingang des digitalen Tiefpasses.

e) Skizzieren Sie das Spektrum am Ausgang des digitalen Tiefpasses.

f) Skizzieren Sie das Spektrum am Ausgang des D/A-Umsetzers.

Lösung

a) Wegen der digitalen Tiefpassfilterung ist ein gewisses Aliasing bei der Abtastung erlaubt. Wählt man die kleinste mögliche Abtastfrequenz $f_a = 30$ kHz, überlagern sich die Frequenzkomponenten von 10 bis 15 kHz mit denen von 20 bis 15 kHz. Die vom Aliasing betroffen Frequenzkomponenten werden jedoch durch den digitalen Tiefpass unterdrückt.

b) Der Frequenzgang des idealen Tiefpasses im Grundintervall $[-\pi, \pi]$ ist

$$H\left(e^{j\Omega}\right) = \begin{cases} 1 & \text{für } |\Omega| < \Omega_0 = 2\pi/3 \\ 0 & \text{sonst} \end{cases}$$

c–f) siehe Bild 11-34

Beispiel Ratenanpassung

Zwei Elektrokardiogramm-Signale $x_1(t)$ und $x_2(t)$ mit der Grenzfrequenz $f_g = 200$ Hz wurden mit $f_{a1} = 400$ Hz bzw. $f_{a2} = 600$ Hz abgetastet und aufgezeichnet. Für die Signalverarbeitung wurde ein System für Signale mit einer Abtastfrequenz von 400 Hz realisiert. Wie kann das System auch für die Folge $x_2[n]$ verwendet werden?

Geben Sie ein Blockschaltbild zur Ratenanpassung der Folge $x_2[n]$ an, so dass die Verarbeitung entsprechend 400 Hz möglich wird. Geben Sie alle notwendigen Parameter an und skizzieren Sie auch die Spektren schematisch.

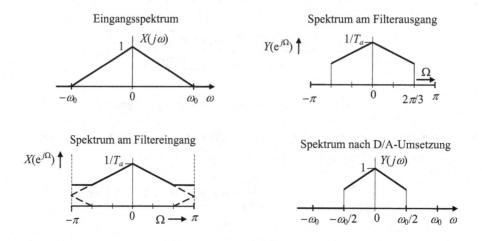

Bild 11-34 Spektren zur Signalverarbeitung in Bild 11-33 (schematische Darstellung)

Lösung

Die Ratenanpassung geschieht durch eine Kombination aus einer Interpolation und einer Abtastung. Durch die Interpolation um den Faktor $L = 2$ wird die nominale Abtastfrequenz auf $f_{a3} = L \cdot f_{a2} = 1200$ Hz erhöht. Die normierte Grenzfrequenz der Eingangsfolge beträgt $\Omega_{g2} = 2\pi / 3$. Sie bildet sich durch die Spreizung auf $\Omega_g = \Omega_{g2} / L = \pi / 3$ ab. Dabei entstehen jedoch auch Spektralanteile oberhalb der rechnerischen Grenzfrequenz. Sie werden durch den Tiefpass mit der Grenzfrequenz $\Omega_g = \pi / 3$ beseitigt. Der Tiefpass ist gleichzeitig Interpolations- und Antialiasing-Tiefpass. Da das Signal nun auf $\pi / 3$ bandbegrenzt ist, darf ohne Informationsverlust mit dem Faktor $D = 3$ unterabgetastet werden. Die resultierende Folge entspricht der Abtastfolge des ursprünglichen Signals mit einer Abtastfrequenz von 400 Hz.

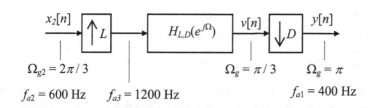

Bild 11-35 Anpassung des Abtastintervalls durch Interpolation und Dezimierung

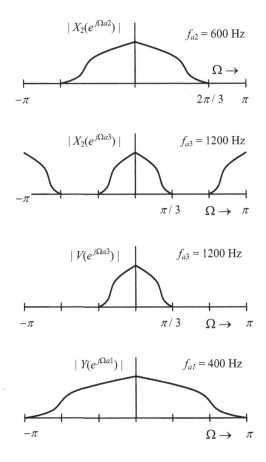

Bild 11-36 Spektren zu Bild 11-35 (schematische Darstellung)

Online-Ressourcen zu Kapitel 11 mit Übungsaufgaben und MATLAB-Übungen

12 Grundbegriffe aus der Wahrscheinlichkeitsrechnung

12.1 Einführung

Stochastische Signale treten in der Informationstechnik an unterschiedlichen Stellen auf. Insbesondere haben alle Signale, die Information tragen, einen Zufallscharakter. *Zufall* bedeutet hier, die Signale können prinzipiell nicht vorher gesagt werden. In der Telefonie ist es beispielsweise die Mikrofonspannung, die vom Gesprächsverlauf abhängt, ansonsten könnte man sich ihre Übermittlung sparen. Das heißt jedoch nicht, dass über Sprachsignale keine allgemeinen Aussagen gemacht werden können. Wenn sie auch vorab nicht bekannt sind, so wohnt ihnen doch eine gewisse Ordnung inne – wir können uns schließlich mit fremden Menschen unterhalten.

In der Informationstechnik hat man es oft mit einer Wiederholung zufälliger, aber ähnlicher Vorgänge zu tun, wie z. B. die Codierung, die Übertragung und die Auswertung von Sprach-, Audio- und Videosignalen, die Verbesserung und die Analyse von Röntgen- oder Satellitenaufnahmen. Hier kommen die Methoden der Wahrscheinlichkeitsrechnung zur Anwendungen. Es gibt Gemeinsamkeiten zwischen den Signalen, die so genannten *Ensemble-* oder *Scharmittelwerte*, sowie innerhalb eines Signals über einen gewissen Zeitabschnitt, die (Kurz-)*Zeitmittelwerte*. Sie fußen auf Beobachtungen und Modellen und gestatten Aussagen über statistische Größen im Mittel. Dazu liefert die Wahrscheinlichkeitsrechnung auch ein Maß für die Vertrauenswürdigkeit ihrer Aussagen.

Eine zweite wichtige Gruppe von stochastischen Signalen sind die unerwünschten Störsignale. Sie entstehen oft unkontrolliert aufgrund physikalischer Phänomene. Beispiele sind die Rauschspannung, die durch die regellose thermische Bewegung der Elektronen in Leitern hervorgerufen wird, Hintergrundgeräusche beim Telefonieren im fahrenden Auto und elektromagnetische Wellen, die durch Zündfunken von Motoren ausgehen. Dazu gehören ebenfalls unerwünschte Nutzsignale wie das Nebensprechen in der Telefonie und Datenübertragung und störende Funksignale bei Überreichweiten. Einsichten in die physikalischen Zusammenhänge und Beobachtungen bilden auch hier die Grundlage für die Anwendung der Wahrscheinlichkeitsrechnung.

In Abschnitt 13 werden stochastische Signale näher betrachtet. Dabei werden Kenntnisse der elementaren Wahrscheinlichkeitsrechnung vorausgesetzt, wie sie beispielsweise in der Oberstufe oder in Einführungskursen der Physik und Messtechnik benutzt werden. Es scheint jedoch nützlich, vorbereitend eine kompakte Einführung in einige Anwendungen der Wahrscheinlichkeitsrechnung zu geben.

Anmerkungen: (i) Die Literatur zu den Abschnitten 12 und 13 reicht von Einführungen in die Wahrscheinlichkeitsrechnung und Statistik, wie z. B. [BHPT80], [Bos95], [Sac92] und [Tar98], bis zu Anwendungen in der Elektrotechnik, Physik und Informatik, wie z. B. [Bei95], [Bei97], [Hen03], [Hüb03], [Mil94], [Mil95], [Pap65], [PaPi02] und [Sch92]. (ii) Den mit der Wahrscheinlichkeitsrechnung wenig vertrauten Lesern empfehle ich, das umfangreiche Angebot von Lernhilfen zum Abitur zu nutzen. Sind die ersten Hürden genommen, stellt sich oft ein Aha-Effekt ein.

12.2   Zufallsexperimente und stochastische Variablen

Lernziele

Nach Bearbeiten des Abschnitts 12.2 können Sie

- die grundlegenden Begriffe Zufallsexperiment und stochastische Variable anhand eines Beispiels vorstellen

Die Wahrscheinlichkeitsrechnung fußt auf einer axiomatischen Definition des Wahrscheinlichkeitsbegriffes. Als Teilgebiet der Mathematik stellt sie eine widerspruchsfreie Theorie zur Verfügung, deren Ergebnisse in vielen wissenschaftlichen Anwendungen von großer Bedeutung sind. Wir dürfen hier die Beweistechnik der Mathematik überlassen und stellen im Folgenden die Anwendung der Wahrscheinlichkeitsrechnung mit Blick auf die Informationstechnik vor.

Zunächst wollen wir die grundlegenden Begriffe des Zufallsexperiments und der stochastischen Variablen veranschaulichen. Hierzu wählen wir den „Farbenwürfel" mit den Flächen „rot", „rosa", „grün", „blau", „gelb" und „weiß". Die sechs Farben beschreiben die sechs möglichen Ergebnisse eines Würfelversuches, die *Menge aller möglichen Ereignisse*

$$\Omega = \left\{ \omega_1 = \text{'rot'}, \omega_2 = \text{'rosa'}, \omega_3 = \text{'grün'}, \omega_4 = \text{'blau'}, \omega_5 = \text{'gelb'}, \omega_6 = \text{'weiß'} \right\}$$

Es können jedoch auch andere Versuchsergebnisse definiert werden, wie „der Name der Farbe beginnt mit einem „r", die Farbe ist „schwarz" oder es ergibt sich irgendeine Farbe. Dies führt auf die neuen Ereignisse, die Vereinigung $\omega_1 \cup \omega_2$, das *unmögliche Ereignis* $\varnothing$ und das *sichere Ereignis* Ω.

Man definiert deshalb die Menge aller *beobachtbaren Ereignisse A*. Sie ist mathematische ausgedrückt eine Potenzmenge von Ω, d. h., sie beinhaltet alle möglichen Ereignisse, das unmögliche und das sichere Ereignis und alle daraus durch Vereinigung oder Durchschnitt bildbaren Teilmengen.

Kennt man nun die Wahrscheinlichkeiten für das Eintreten der möglichen Ereignisse, so kann auch jedem beobachtbaren Ereignis eine Wahrscheinlichkeit zugeordnet werden. Im Beispiel des fairen Würfelexperimentes geht man davon aus, dass alle möglichen Elementarereignisse gleichwertig sind. Man spricht von einem *laplaceschen Zufallsexperiment*. Demzufolge sind die Wahrscheinlichkeiten

$$P(\omega_i) = \frac{1}{6} \quad \text{für} \quad i = 1, 2, \ldots, 6$$

da per Definition für die Wahrscheinlichkeiten des unmöglichen Ereignisses und des sicheren Ereignis gilt

$$P(\varnothing) = 0 \quad \text{bzw.} \quad P(\Omega) = 1$$

Im Beispiel für das Würfeln einer Farbe, die mit „r" beginnt, können wir jetzt schreiben

$$P(\omega_1 \cup \omega_2) = P(\omega_1) + P(\omega_2) = \frac{2}{6}$$

wobei die Wahrscheinlichkeitsrechnung voraussetzt, dass sich die Wahrscheinlichkeiten bei der Vereinigung von sich ausschließenden Ereignissen addieren.

Ein *Zufallsexperiment* wird im mathematischen Sinne durch einen *Wahrscheinlichkeitsraum* (Ω, A, P) beschrieben. Darin ist Ω die Menge aller möglichen Ereignisse. Sie beinhaltet alle Elementarereignisse, das unmögliche Ereignis und das sichere Ereignis. Die Menge aller beobachtbaren Ereignisse A, ist eine Potenzmenge von Ω. Auf ihr sind die beiden Operationen Vereinigung „$\cup$" und Durchschnitt „$\cap$" so definiert, dass eine so genannte σ-Algebra in Ω vorliegt. Schließlich ist mit P ein *Wahrscheinlichkeitsmaß* auf A definiert für das gilt

$$0 \leq P(a \subseteq A) \leq 1, \quad P(\varnothing) = 0 \quad \text{und} \quad P(\Omega) = 1$$

Die Wahrscheinlichkeitsrechnung definiert das Zufallsexperiment als abstraktes mathematisches Modell. Sie macht keine Aussagen über die physikalische Zuordnung von Ereignissen und Wahrscheinlichkeiten. In den Anwendungen muss man sich mit Annahmen (Modell) über das Experiment behelfen; beispielsweise beim Würfeln, dass ein laplacesches Zufallsexperiment vorliegt. In diesem oder ähnlichen Fällen wird häufig die Kombinatorik benutzt. Man definiert die Wahrscheinlichkeit eines Ereignisses als Quotient aus der Anzahl für das jeweilige Ereignis günstiger Elementarereignisse und der Anzahl aller möglichen Elementarereignisse. Ist eine theoretische Begründung für die Wahrscheinlichkeiten nicht möglich, müssen sie über relative Häufigkeiten geschätzt werden.

Das Beispiel des Farbenwürfels deutet an, dass sich das Rechnen mit abstrakten Mengen umständlich gestalten kann. Die Wahrscheinlichkeitsrechnung stellt deshalb das Konzept der stochastischen Variablen (SV) bereit. Damit wird es möglich, statt im originären Wahrscheinlichkeitsraum mit abstrakten Mengen in einem äquivalenten Messraum mit reellen Zahlen bzw. reellen Intervallen zu rechnen.

Die (reelle) *stochastische Variable X*, auch *Zufallsvariable* genannt, ist eine Abbildung, die jedem Ereignis ω des Zufallsexperiments (Ω, A, P) eine reelle Zahl $X(\omega)$ so zuordnet, dass

(1) die Menge $\{\omega \,|\, X(\omega) \leq x\}$ ein Ereignis für alle reellen Werte x ist

(2) und für die Wahrscheinlichkeiten gilt

$$\lim_{x \to -\infty} P\big(\{\omega \,|\, X(\omega) \leq x\}\big) = 0 \quad \text{und} \quad \lim_{x \to +\infty} P\big(\{\omega \,|\, X(\omega) \leq x\}\big) = 1$$

Für den Farbenwürfel bietet es sich an, als SV die Abbildung der Farben der Würfelflächen auf die üblichen Augenzahlen von 1 bis 6 vorzunehmen, siehe Bild 12-1.

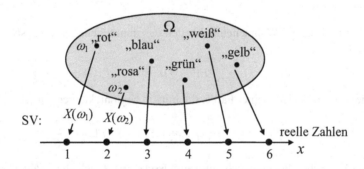

Bild 12-1 Stochastische Variable als Abbildung von Ereignissen auf die Menge der reellen Zahlen

Die Frage nach der Wahrscheinlichkeit, dass die gewürfelte Farbe mit „r" beginnt, schreibt sich jetzt mit Hilfe der SV X

$$P(\omega_1 \cup \omega_2) = P(X \leq 2)$$

Der Formelbuchstabe P für die Wahrscheinlichkeit leitet sich aus dem lateinischen *Probabilis* für Glaubwürdigkeit ab. Der Begriff *Stochastik* geht auf das Altgriechische zurück und kann mit „Kunst des Vermutens" übersetzt werden. Beide Begriffe betonen den Zugang zur Wahrscheinlichkeit über Experiment und Erfahrung – was auch allgemein für die Naturwissenschaften gilt und dort die Wahrscheinlichkeitsrechnung zu einem unverzichtbaren Werkzeug hat werden lassen.

Tabelle 12-1 Beipackzettel

Bewertungen	Relative Häufigkeiten
Sehr häufig	1 : 10
Häufig	1 : 100
Gelegentlich	1 : 1 000
Selten	1 : 10 000
Sehr selten	1 : 100 000

Zum Schluss sei nochmals betont, dass die Wahrscheinlichkeitsrechnung an sich keine Aussagen über die praktische Bedeutung ihrer Ergebnisse liefert. Es bleibt dem Anwender überlassen Zahlen bereitzustellen und Ergebnisse zu interpretieren. Dass das nicht immer leicht ist, ist uns auch von den Beipackzetteln für Arzneien geläufig, siehe Tabelle 12-1. Wie gehen wir mit Risiko um? Einen etwas rationaleren Zugang zur Risikobewertung ermöglicht die Definition *Risiko* = Schadenshöhe × Eintrittswahrscheinlichkeit. Aber was ist die Schadenshöhe bei einem Todesfall?

12.3 Charakterisierung stochastischer Variablen

Lernziele

Nach Bearbeiten des Abschnitts 12.3 können Sie

- die Begriffe und Definitionen in Tabelle 12-2 erläutern und auf einfache Beispiele anwenden
- die Definitionen der Kenngrößen einer normalverteilten stochastischen Variablen angeben und gegebenenfalls durch Skizzen verdeutlichen
- das gaußsche Fehlerintegral anhand einer Skizze erklären und für Beispiele Zahlenwerte angeben

Das Konzept der stochastischen Variablen (SV) erlaubt es, in Verbindung mit der zugeordneten Wahrscheinlichkeitsverteilungsfunktion (WVF), Fragen im Zusammenhang mit zufälligen Vorgängen zu formulieren und zu beantworten. Die Tabelle 12-2 stellt hierfür wichtige Begriffe und Definitionen zusammen und ist als Formelsammlung gedacht. Im Anschluss daran verdeutlichen einige Beispiele die Anwendung. Dabei spielt die Normalverteilung eine besondere Rolle. Die in Anwendungen häufig benutzten Funktionen, das gaußsche Fehlerintegral und die Fehlerfunktion, werden vorgestellt.

Tabelle 12-2 Definitionen und Beziehungen für reelle stochastische Variablen (SV)

diskrete SV X	kontinuierliche SV X
z. B. Würfelexperiment mit diskreten Werten 1, 2, 3, 4, 5, 6	z. B. Spannung am Antennenfuß mit reellen Werten von -1 mV bis 1 mV

(Einzel-)Wahrscheinlichkeiten	*Wahrscheinlichkeitsdichtefunktion* (WDF)
$p_i = P(X = x_i)$ (12.1)	$f_X(x)dx = P(x < X \leq x + dx)$ (12.2)
$0 \leq p_i \leq 1$ (12.3)	$f_X(x) \geq 0$ (12.4)

Normbedingung

$\sum\limits_i p_i = 1$ (12.5)	$\int\limits_{-\infty}^{+\infty} f_X(x)dx = 1$ (12.6)
z. B. Würfelexperiment mit den Wahrscheinlichkeiten der Elementarereignisse $p_i = 1/6$ für $i = 1,2,...,6$	Beispiel: WDF der Normalverteilung $N(\mu, \sigma^2)$ (Gaußverteilung)

$$f_X(x) = \frac{1}{\sqrt{2\pi\sigma^2}} \cdot \exp\left(-\frac{(x-\mu)^2}{2\sigma^2}\right) \qquad (12.7)$$

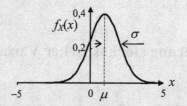

Bild 12-2 WDF der Normalverteilung $N(\mu = 1, \sigma^2 = 1)$ (gaußsche Glockenkurve)

Wahrscheinlichkeitsverteilungsfunktion (WVF)

$$F_X(x) = P(X \leq x) \qquad (12.8)$$

$F_X(x) = \sum\limits_{\forall\, i \text{ mit } x_i \leq x} p_i$ (12.9)	$F_X(x) = \int\limits_{-\infty}^{x} f_X(y)dy$ (12.10)

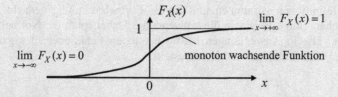

Bild 12-3 Wahrscheinlichkeitsverteilungsfunktion (WVF)

WVF ist von rechts stetig $F_X(x) = \lim\limits_{\varepsilon \to 0+} F_X(x + \varepsilon)$

< Fortsetzung von Tabelle 12-2 >

Beispiel: Normalverteilung $N(\mu, \sigma^2)$

$$F_X(x) = \frac{1}{\sqrt{2\pi\sigma^2}} \cdot \int_{-\infty}^{x} \exp\left(-\frac{(y-\mu)^2}{2\sigma^2}\right) dy \tag{12.11}$$

mit gaußschem Fehlerintegral (Wahrscheinlichkeitsintegral) für die $N(0,1)$-Verteilung

$$\Phi(x) = \frac{1}{\sqrt{2\pi}} \int_{-\infty}^{x} \exp\left(-\frac{y^2}{2}\right) dy \tag{12.12}$$

$$P(x_1 < X \le x_2) = F_X(x_2) - F_X(x_1) \tag{12.13}$$

$$P(x_1 < X \le x_2) = \sum_{\forall i \text{ mit } x_1 < x_i \le x_2} p_i \tag{12.14}$$

$$P(x_1 < X \le x_2) = \int_{x_1}^{x_2} f_X(x)\,dx \tag{12.15}$$

$$f_X(x) = \frac{d}{dx} F_X(x) \tag{12.16}$$

Erwartungswert (linearer Mittelwert)

$$E(X) = \sum_i x_i p_i \tag{12.17}$$

$$E(X) = \int_{-\infty}^{+\infty} x f_X(x)\,dx \tag{12.18}$$

Anmerkung: Die Erwartungswertbildung ist eine lineare Operation.

Erwartungswert einer Funktion einer SV $g(X)$

$$E\big(g(X)\big) = \sum_i g(x_i) p_i \tag{12.19}$$

$$E\big(g(X)\big) = \int_{-\infty}^{+\infty} g(x) \cdot f_X(x)\,dx \tag{12.20}$$

lineare Abbildung mit den reellen Konstanten a und b

$$E(aX + b) = a \cdot E(X) + b \tag{12.21}$$

Momente k-ter Ordnung

$$E\big(X^k\big) = \sum_i x_i^k \cdot p_i \tag{12.22}$$

$$E\big(X^k\big) = \int_{-\infty}^{+\infty} x^k \cdot f_X(x)\,dx \tag{12.23}$$

mit *linearem Mittelwert* μ und *quadratischem Mittelwert* m_2

< Fortsetzung von Tabelle 12-2 >

Zentralmomente k-ter Ordnung

$$E\left((X-\mu)^k\right)=\sum_i (x_i-m_1)^k \cdot p_i \quad (12.24) \qquad E\left((X-\mu)^k\right)=\int_{-\infty}^{+\infty}(x-m_1)^k \cdot f_X(x)dx \quad (12.25)$$

für $k=2$ mit der *Varianz (Streuung, Dispersion)* $D(X)$ und der *Standardabweichung* σ

$$D(X)=E\left(X^2\right)-\left(E(X)\right)^2=\sigma^2 \qquad\qquad (12.26)$$

standardisierte SV

Für die SV X mit $E(X)=\mu_X$ und $D\left(X\right)=\sigma_X^2$ erhält man mit der linearen Abbildung[1]

$$Y=\frac{X-\mu_X}{\sigma_X}$$ eine standardisierte SV Y mit $E(Y)=0$ und $E\left(Y^2\right)=1$.

---

[1] So ergibt sich aus einer $N(\mu,\sigma^2)$-verteilten SV X die $N(0,1)$-verteilte SV Y.

Beispiel   WDF des Quantisierungsgeräusches

Bei der Digitalisierung analoger Signale, siehe Abschnitt 11.1.3, werden die kontinuierlichen Amplituden durch eine endliche Zahl von diskreten Amplitudenstufen ersetzt. Man spricht von einer *Quantisierung*. Wie in Bild 12-4 an einem einfachen Beispiel illustriert wird, entsteht dabei ein irreduzibler Fehler, der *Quantisierungsfehler* $\Delta x = [x]_Q - x$.

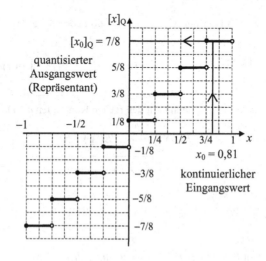

Bild 12-4   Quantisierung mit Runden

Wir gehen im Beispiel von einer *gleichförmigen Quantisierung* im Intervall $[-1, +1[$ mit einer Wortlänge von 3 Bit aus. Dann stehen $2^3 = 8$ *Repräsentanten* für die Amplituden des Eingangssignals zur Verfügung. Als Abstand zwischen den Repräsentanten ergibt sich die *Quantisierungsintervallbreite* $Q = 2 / 2^3 = 2^{-2}$.

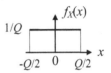

Bild 12-5 WDF des Quantisierungsfehlers bei Runden

Gehen wir weiter von einer *Gleichverteilung* des Eingangssignals im gesamten Quantisierungsbereich aus, entsteht ein ebenfalls gleichverteilter Quantisierungsfehler. Bild 12-5 zeigt die WDF des Quantisierungsfehlers für eine Quantisierung mit Runden. Die WDF ist

$$f_X(x) = \frac{1}{Q} \cdot \left[u\left(x + \frac{Q}{2} \right) - u\left(x - \frac{Q}{2} \right) \right] \tag{12.27}$$

Entsprechend den Definitionen in Tabelle 12-2 berechnen sich der lineare Mittelwert, der quadratische Mittelwert und die Varianz

$$\mu = 0 \quad , m_2 = \sigma^2 = \frac{Q^2}{12} \tag{12.28}$$

Anmerkung: Zur Beschreibung der WDF werden streng genommen Sprungfunktionen verwendet, die von rechts stetig sind. Da wir an Wahrscheinlichkeitsaussagen interessiert sind und dazu die WDF integrieren, d. h. die von der WDF und der reellen Achse eingeschlossene Fläche suchen (Interpretation der Wahrscheinlichkeit als Fläche), spielt es keine Rolle, wenn die sonst stetige WDF am Rand eine endliche Sprungstelle aufweist. Siehe auch konvergentes uneigentliches Integral.

Beispiel   Normalverteilte SV

Zu der in Bild **12-6** gezeigten WDF einer normalverteilten SV, der gaußschen Glockenkurve, sollen die Zahlenwerte des linearen und quadratischen Mittelwertes und der Varianz angegeben werden.

Aus Tabelle 12-2 entnehmen wir die WDF der Normalverteilung (12.7) mit dem linearen Mittelwert μ, dem quadratischen Mittelwert $m_2 = \sigma^2 + \mu^2$ und der Varianz σ^2.

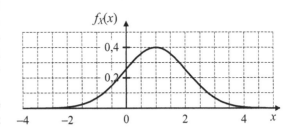

Bild 12-6 Wahrscheinlichkeitsdichtefunktionen einer normalverteilten SV

In Bild **12-6** lässt sich der lineare Mittelwert dort ablesen, wo die WDF ihr Maximum hat. Es ergibt sich $\mu \approx 1$. Die Varianz kann ebenfalls an der Stelle des Maximums mit $f_X(\mu) = 1/\sigma\sqrt{2\pi}$ gefunden werden. Wir erhalten $\sigma^2 \approx 1$. Für den quadratischen Mittelwert resultiert somit $m_2 \approx 2$.

Beispiel   Gaußsches Fehlerintegral und Fehlerfunktion

In den Anwendungen der Wahrscheinlichkeitsrechnung tritt oft die Frage auf: Wie groß ist die Wahrscheinlichkeit, dass die SV X einen Wert kleiner bzw. größer als eine Konstante A annimmt? Im Fall der Normalverteilung sind die gesuchten Wahrscheinlichkeiten $P(X \leq A)$ und $P(X > A)$ gleich der hell bzw. dunkel grau hinterlegten Fläche unter der WDF in Bild 12-7.

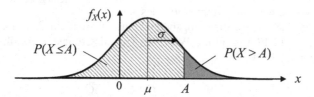

Bild 12-7   Wahrscheinlichkeit und Wahrscheinlichkeitsdichtefunktion einer $N(\mu, \sigma^2)$-Verteilung

Wir beginnen mit

$$P(X \leq A) = \frac{1}{\sqrt{2\pi}\,\sigma} \cdot \int_{-\infty}^{A} \exp\left(-\frac{(x-\mu)^2}{2\sigma^2}\right) dx \qquad (12.29)$$

Zur Berechnung der Wahrscheinlichkeit ist es günstig, die normierte SV zu betrachten. Wir führen deshalb die Substitution

$$Y = \frac{X - \mu}{\sigma} \qquad (12.30)$$

durch.

$$P(X \leq A) = P\left(Y \leq B = \frac{A - \mu}{\sigma}\right) = \frac{1}{\sqrt{2\pi}} \cdot \int_{-\infty}^{B} \exp\left(-\frac{y^2}{2}\right) dy \qquad (12.31)$$

Für die Lösung des Integrals existiert kein einfacher geschlossener Ausdruck, weshalb in der Statistik das *gaußsche Fehlerintegral* als tabellierte Größe eingeführt ist [BSMM99].

$$\Phi(x) = \frac{1}{\sqrt{2\pi}} \cdot \int_{-\infty}^{x} \exp\left(-\frac{y^2}{2}\right) dy \qquad (12.32)$$

In Bild 12-8 werden das gaußsche Fehlerintegral und die gesuchten Wahrscheinlichkeiten anschaulich dargestellt.

Für die Auswertung des Fehlerintegrals ist es hilfreich zu wissen

$$\Phi(-x) = 1 - \Phi(x) \qquad (12.33)$$

da die Gesamtfläche unter der gaußschen Glockenkurve stets gleich eins ist und die normierte gaußsche Glockenkurve symmetrisch ist. In Tabelle 12-3 sind einige nützliche Zahlenwerte zusammengestellt.

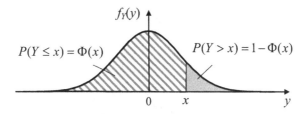

Bild 12-8 Gaußsches Fehlerintegral $\Phi(x)$ und WDF einer $N(0,1)$-Verteilung

Tabelle 12-3 Gaußsches Fehlerintegral

x	0	0,1	0,2	0,3	0,4	0,5	0,6	0,7	0,8	0,9
$\Phi(x)$	0,5	0,5398	0,5793	0,6179	0,6554	0,6915	0,7257	0,7580	0,7881	0,8159

x	1	1,2	1,4	1,6	1,8	2	2,5	3	3,5	∞
$\Phi(x)$	0,8413	0,8849	0,9192	0,9452	0,9641	0,9773	0,9938	0,9987	0,9998	1

Für die gesuchten Wahrscheinlichkeiten im Falle der $N(\mu,\sigma^2)$-Verteilung in Bild 12-7 resultieren somit in

$$P(X \le A) = \Phi\left(\frac{A-\mu}{\sigma}\right) \quad \text{und} \quad P(X > A) = 1 - \Phi\left(\frac{A-\mu}{\sigma}\right) \tag{12.34}$$

Ein weiterer in der Statistik häufig auftretender Begriff ist die σ-*Umgebung*. Damit ist der Wertebereich der SV um den Erwartungswerte in Bild 12-9 gemeint mit $-\sigma \le |y - \mu| \le \sigma$. Im Beispiel der Normalverteilung ist die Wahrscheinlichkeit für ein Versuchsergebnis innerhalb der σ-Umgebung größer als 68 %, siehe auch Tabelle 12-4. Die σ-Umgebung gibt einen Anhaltspunkt für die Dispersion der Versuchsergebnisse und damit ihrer Vertrauenswürdigkeit.

Um die Verteilung von Versuchsergebnisse zu beschreiben, werden in der Statistik häufig die *Perzentile* verwendet. Zum Beispiel gibt das 50. Perzentil den Wert an, der in 50 % der Versuche nicht überschritten wird, vgl. Median und Quartile.

Tabelle 12-4 σ-Umgebungen der $N(0,1)$-Verteilung

Umgebung	σ	2σ	3σ
Wahrscheinlichkeit	> 68 %	> 95 %	> 99 %

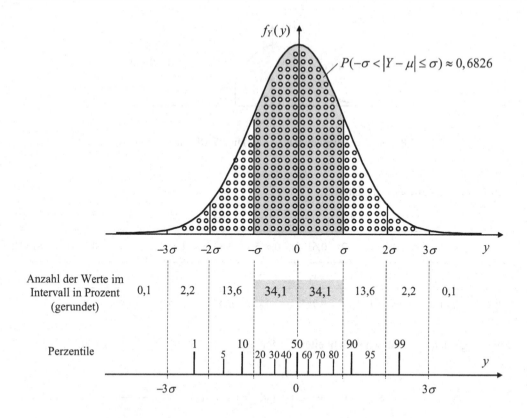

Bild 12-9 σ-Umgebungen und Perzentile für die $N(0,1)$-Verteilung

In der Informationstechnik werden statt des gaußschen Fehlerintegrals oft die Fehlerfunktion und die komplementäre Fehlerfunktion verwendet. Wir geben hier kurz die Definitionen an und zeigen die Funktionsverläufe in Bild 12-10.

Es ist die *Fehlerfunktion* (*Error Function*) für nichtnegative Argumente

$$\mathrm{erf}(x) = \frac{2}{\sqrt{\pi}} \cdot \int_0^x \exp(-t^2)\,dt \qquad (12.35)$$

Die Fehlerfunktion wird ungerade fortgesetzt.

$$erf(x) = -erf(-x) \qquad (12.36)$$

Der Zusammenhang mit dem gaußschen Fehlerintegral erschließt sich durch eine Substitution in (12.32).

$$\mathrm{erf}(x) = 2\Phi\left(x\sqrt{2}\right) - 1 \quad \text{und} \quad \Phi(x) = \frac{1}{2}\left[1 + \mathrm{erf}\left(x/\sqrt{2}\right)\right] \qquad (12.37)$$

In der Informationstechnik wird wegen der kompakten Schreibweise auch die *komplementäre Fehlerfunktion* (*Complementary Error Function*) verwendet.

$$\text{erfc}(x) = 1 - \text{erf}(x) \tag{12.38}$$

In Bild 12-10 links sind die Graphen der Fehlerfunktion und komplementären Fehlerfunktion zu sehen. Im rechten Bild ist der Verlauf der komplementären Fehlerfunktion für den in der Informationstechnik besonders interessanten Bereich herausgehoben. Man erkennt in der logarithmischen Darstellung für wachsendes Argument die schnelle, streng monotone Abnahme der komplementären Fehlerfunktion.

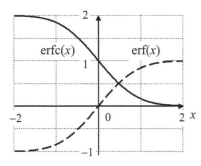 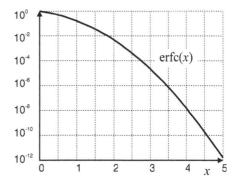

Bild 12-10 Graphen der Fehlerfunktion erf(x) und komplementäre Fehlerfunktion erfc(x)

12.4 Mehrere stochastische Variablen

Lernziele

Nach Bearbeiten des Abschnitts 12.4 können Sie

- die Begriffe und Definitionen in Tabelle 12-5 erläutern und auf einfache Beispiele anwenden
- das Konzept der Korrelation am Beispiel des empirischen Korrelationskoeffizienten verdeutlichen

Bei der Betrachtung von Zufallsvorgängen mit mehreren SV tritt die wichtige Frage nach deren Wechselwirkungen auf. In den Anwendungen der Wahrscheinlichkeitsrechnung spielen deshalb die Begriffe „Verbundwahrscheinlichkeit", „bedingte Wahrscheinlichkeit", „Korrelation" und „Unabhängigkeit" eine große Rolle. Tabelle 12-5 stellt grundlegende Begriffe und Definitionen für mehrere SV zusammen und ist als Formelsammlung gedacht. Im Anschluss daran verdeutlichen zwei Beispiele deren Anwendungen.

Tabelle 12-5 Definitionen und Beziehungen für zwei reelle stochastische Variablen

diskrete SV	kontinuierliche SV
SV $X \in \{x_1, x_2, \ldots, x_N\}$ und $Y \in \{y_1, y_2, \ldots, y_M\}$ = mit den zugeordneten Wahrscheinlichkeiten p_i bzw. p_j	SV X und Y mit den WDF $f_X(x)$ bzw. $f_Y(y)$

Verbundwahrscheinlichkeiten	*Verbund-WDF* (2-dim. WDF)
$p_{ij} = P(X = x_i, Y = y_j)$ $\qquad$ (12.39)	$f_{XY}(x,y)$ $\qquad$ (12.40)
$0 \le p_{ij} \le 1$ $\qquad$ (12.41)	$f_{XY}(x,y) \ge 0$ $\qquad$ (12.42)

Normbedingung

$\displaystyle \sum_i \sum_j p_{ij} = 1$ $\qquad$ (12.43)	$\displaystyle \int_{-\infty}^{+\infty}\int_{-\infty}^{+\infty} f_{XY}(x,y)\,dx\,dy = 1$ $\qquad$ (12.44)

Beispiel: 2-dim. WDF der Normalverteilung $\qquad\qquad\qquad\qquad\qquad\qquad\qquad\qquad$ (12.45)

$$f_{XY}(x,y) = \frac{1}{2\pi\sigma_X\sigma_Y\sqrt{1-\rho^2}} \cdot \exp\left(-\frac{1}{2(1-\rho^2)} \cdot \left[\frac{(x-\mu_X)^2}{\sigma_X^2} + \frac{(y-\mu_Y)^2}{\sigma_Y^2} - \frac{2\rho(x-\mu_X)(y-\mu_Y)}{\sigma_X\sigma_Y}\right]\right)$$

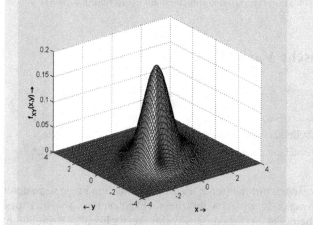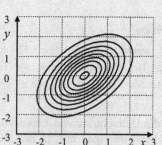

Bild 12-11 2-dim. WDF der normierten Normalverteilung (links) und zugehörige Höhenlinien (rechts) für den Korrelationskoeffizienten $\rho = 0,5$

$P(x_1 < X \le x_2, y_1 < Y \le y_2) =$ $= \displaystyle\sum_{\forall\, i \text{ mit } x_1 < x_i \le x_2}\left(\sum_{\forall\, j \text{ mit } y_1 < y_j \le y_2} p_{ij}\right)$ $\quad$ (12.46)	$P(x_1 < X \le x_2, y_1 < Y \le y_2) =$ $= \displaystyle\int_{y_1}^{y_2}\int_{x_1}^{x_2} f_{XY}(x,y)\,dx\,dy$ $\quad$ (12.47)

< Fortsetzung von Tabelle 12-5 >

Verbund-WVF (2-dim. WVF)

$$F_{XY}(x,y) = \sum_{\forall\, i \text{ mit } x_i \leq x} \left(\sum_{\forall\, j \text{ mit } y_j \leq y} p_{ij} \right) \quad (12.48)$$

$$F_{XY}(x,y) = \int_{-\infty}^{y} \int_{-\infty}^{x} f_{XY}(u,v)\,du\,dv \quad (12.49)$$

$$f_{XY}(x,y) = \frac{\partial^2}{\partial x \partial y} F_{XY}(x,y) \quad (12.50)$$

| *„Rand"-Wahrscheinlichkeiten* | *Rand-WDF* |

$$p_i = \sum_j p_{ij}$$

$$p_j = \sum_i p_{ij}$$

$$(12.51)$$

$$f_X(x) = \int_{-\infty}^{+\infty} f_{XY}(x,y)\,dy$$

$$f_Y(y) = \int_{-\infty}^{+\infty} f_{XY}(x,y)\,dx$$

$$(12.52)$$

| *bedingte Wahrscheinlichkeit* | *bedingte WDF* |

$$P\big(X = x_i / Y = y_j\big) = p_{i/j} = \frac{p_{ij}}{p_j}$$

$$P\big(Y = y_j / X = x_i\big) = p_{j/i} = \frac{p_{ij}}{p_i}$$

$$(12.53)$$

$$f_{X/Y}(x,y) = \frac{f_{XY}(x,y)}{f_Y(y)}$$

$$f_{Y/X}(x,y) = \frac{f_{XY}(x,y)}{f_X(x)}$$

$$(12.54)$$

zwei SV X und Y sind *unabhängig*, wenn die Verbundwahrscheinlichkeit bzw. die Verbund-WDF faktorisiert

$$p_{ij} = p_i \cdot p_j \quad (12.55)$$

$$f_{XY}(x,y) = f_X(x) \cdot f_Y(y) \quad (12.56)$$

Korrelation

$$E(XY) = \sum_i \sum_j x_i y_i \cdot p_{ij} \quad (12.57)$$

$$E(XY) = \int_{-\infty}^{+\infty} \int_{-\infty}^{+\infty} xy \cdot f_{XY}(x,y)\,dx\,dy \quad (12.58)$$

zwei SV X und Y sind *orthogonal*, wenn $E(XY) = 0$ (12.59)

Kovarianz

$$COV(XY) = E\big([X - E(X)] \cdot [Y - E(Y)]\big) = E(XY) - E(X)E(Y) \quad (12.60)$$

< Fortsetzung von Tabelle 12-5 >

| Korrelationskoeffizient | $\rho_{XY} = \dfrac{COV(XY)}{\sqrt{D(X) \cdot D(Y)}}$ | (12.61) |

Der Korrelationskoeffizient der SV X und Y ist gleich der Korrelation der zugehörigen standardisierten SV

Der Korrelationskoeffizient ist ein Maß für die lineare Abhängigkeit zwischen den SV. Es gilt

$$0 \le |\rho_{XY}| \le 1 \qquad\qquad (12.62)$$

Insbesondere erhält man falls X und Y

(i) unabhängig sind $\rho_{XY} = 0$

(ii) linear vollständig abhängig sind $\rho_{XY} = 1$

Anmerkung: Sind zwei SV unabhängig, so ist der Korrelationskoeffizient gleich null. Der Umkehrschluss ist im Allgemeinen nicht richtig. Nur im Sonderfall von normalverteilten SV folgt aus unkorreliert auch unabhängig[1].

---

[1] Kann durch Einsetzen von $\rho = 0$ in die 2-dim. WDF (12.45) gezeigt werden.

Beispiel   Reihenuntersuchung [Gig03]

Ein diagnostischer Test in der Medizin hat eines der vier in Tabelle 12-6 zusammengestellten Ergebnisse [Sac92]. Die Ergebnisse treten jeweils mit gewissen bedingten Wahrscheinlichkeiten $P(./.)$ ein.

Tabelle 12-6 Mögliche Testergebnisse und bedingte Wahrscheinlichkeiten

	Testergebnis	positiv	negativ
Krankheit	ja	Sensitivität $P(\text{positiv/krank})$	Falsch-negativ-Rate $P(\text{negativ/krank})$
	nein	Falsch-positiv-Rate $P(\text{positiv/nicht krank})$	Spezifität $P(\text{negativ/nicht krank})$

Die Fragestellung in Tabelle 12-6 lässt sich unmittelbar in den Bereich der Qualitätssicherung übertragen, beispielsweise einen Test zur Erkennung eines fehlerhaften Teils. (ii) Bei der Beurteilung von Testergebnissen beachte man auch das Problem der Validität und Reliabilät des Testverfahrens: Lässt der Test eine Aussagen über das gewünschte Merkmal zu (richtige Frage) und ist der Test zuverlässig (wiederholbar mit gleichem Resultat)?

Idealerweise wird eine Krankheit bzw. eine Nichterkrankung zuverlässig angezeigt, also die *Sensitivität* und die *Spezifität* sind jeweils gleich eins. Tatsächlich sind viele Tests nicht ideal. Wir wollen im Folgenden einige Überlegungen für realistische Zahlenwerte anstellen [Gig03]. Bei einer repräsentativen Studie des Testverfahrens mit 1000 Personen wurden 7 der 8 kranken Personen positiv getestet. Von den nicht kranken Personen wurden ebenfalls 70 positiv getestet.

Mit diesen Angaben können wir die bedingten Wahrscheinlichkeiten in Tabelle 12-6 schätzen. Dazu legen wir ein laplacesches Experiment zugrunde und schließen mit dem Verhältnis von günstigen Ereignissen (Test positiv) zu allen Ereignissen (krank) auf die bedingte Wahrscheinlichkeit der Sensitivität in Tabelle 12-7. Die Falsch-negativ-Rate ergänzt die Sensitivität zu eins, da der Test nur zwei komplementäre Resultate zulässt. Ganz entsprechend erhalten wir die Wahrscheinlichkeiten für die 992 nicht erkrankten Personen, die Falsch-positiv-Rate und die Spezifität in Tabelle 12-7.

Tabelle 12-7 Ergebnisse der Studie in relativen Häufigkeiten [Gig03]

	Testergebnis	positiv	negativ
Krankheit	ja	$7 / 8 = 87{,}5\,\%$	$1 / 8 = 12{,}5\,\%$
	nein	$70 / 992 \cong 7{,}1\,\%$	$922 / 992 \cong 92{,}9\,\%$

Für Ärzte und Patienten ist die Frage wichtig: Eine Person wird positiv getestet. Wie groß ist die Wahrscheinlichkeit, dass sie tatsächlich krank ist?

Wir beantworten die Frage auf zwei Wegen. Zunächst verwenden wir die „natürlichen Wahrscheinlichkeiten" des laplaceschen Experiments, wie sie sich aus den Häufigkeiten ergeben.

$$P(\text{krank/positiv}) = \frac{7}{7+70} = \frac{1}{11} \cong 9{,}1\% \tag{12.63}$$

Nur etwa jede 10. positiv getestete Person ist wirklich krank.

Anmerkung: In [Gig03] wird deshalb die Frage nach der Verhältnismäßigkeit von therapeutischem Nutzen der speziellen Reihenuntersuchung und den psychologischen Belastungen der positiv getesteten Personen gestellt.

In den Anwendungen der Informationstechnik liegen nicht immer Formulierungen in natürlichen Häufigkeiten vor. Um die Verbindung aufzuzeigen, wiederholen wir die Überlegungen indem wir jetzt die bedingten Wahrscheinlichkeiten benutzen.

Wir gehen von den drei eingangs gegebenen Wahrscheinlichkeiten aus

$$
\begin{aligned}
P(\text{krank}) &= 8/1000 \\
P(\text{positiv/krank}) &= 7/8 \\
P(\text{positiv/nicht krank}) &= 70/992
\end{aligned}
\tag{12.64}
$$

und fragen nach der Wahrscheinlichkeit $P(\text{krank/positiv}) = ?$

Entsprechend der Definition der bedingten Wahrscheinlichkeit (12.53) (Regel von Bayes) können wir die gesuchte Wahrscheinlichkeit umformen.

$$P(\text{krank/positiv}) = \frac{P(\text{krank,positiv})}{P(\text{positiv})} \tag{12.65}$$

Mit

$$P(\text{krank,positiv}) = P(\text{positiv/krank}) \cdot P(\text{krank}) \tag{12.66}$$

und

$$P(\text{positiv}) = P(\text{positiv/krank}) \cdot P(\text{krank}) + P(\text{positiv/nicht krank}) \cdot P(\text{nicht krank}) \tag{12.67}$$

erhalten wir schließlich wieder (12.63)

$$P(\text{krank/positiv}) = \frac{\dfrac{7}{8} \cdot \dfrac{8}{1000}}{\dfrac{7}{8} \cdot \dfrac{8}{1000} + \dfrac{70}{992} \cdot \dfrac{992}{1000}} = \frac{\dfrac{7}{1000}}{\dfrac{7}{1000} + \dfrac{70}{1000}} = \frac{7}{77} = \frac{1}{11} \tag{12.68}$$

Anmerkung: Thomas Bayes: *1702(?)/+1761, englischer Mathematiker u. presbyterianischer Geistlicher.

Beispiel   Empirischer Korrelationskoeffizient und Regressionsgerade

Bei der Auswertung empirischer Daten spielt die Untersuchung auf Abhängigkeiten eine herausragende Rolle. Wir betrachten im Folgenden ein Beispiel, dass die Bedeutung der Korrelation anschaulich machen soll

Wir gehen von einer Stichprobe von Wertepaaren (x_i, y_i) mit einem Stichprobenumfang von $N = 400$ aus. In Tabelle 12-8 sind beispielhaft die ersten acht Paare aufgelistet. Bei genauerer Betrachtung, z. B. der Vorzeichen der Wertepaare in den Spalten, ist ein gewisser Zusammenhang zwischen x_i und y_i zu erkennen.

Tabelle 12-8 Die ersten acht Wertepaare der Stichprobe (x_i, y_i)

i	1	2	3	4	5	6	7	9
x_i	−0,644	0,925	−0,428	−1,798	2,226	0,865	1,110	−0,912
y_i	−0,277	1,044	−0,045	−0,347	0,960	0,263	0,106	−0,693

Eine wesentlich aussagekräftigere Darstellung der Daten erhalten wir im *Streudiagramm* (Scatter Plot) in Bild 12-12. Dort gruppieren sich deutlich sichtbar die Wertepaare um eine Gerade, die *Regressionsgerade*. Die beiden zugrunde liegenden SV X und Y sind offensichtlich miteinander korreliert.

Wir gehen der Frage nach der Korrelation mit Hilfe der mathematischen Statistik [BSMM99] nach und berechnen als Maß für die Abhängigkeit den *empirischen Korrelationskoeffizienten*

$$r_{xy} = \frac{\dfrac{1}{N-1} \cdot \displaystyle\sum_{i=1}^{N} (x_i - \overline{x}) \cdot (y_i - \overline{y})}{\sqrt{s_x^2 \cdot s_y^2}} \tag{12.69}$$

Bei seiner Berechnung werden der empirische Mittelwert und die empirische Streuung benutzt.

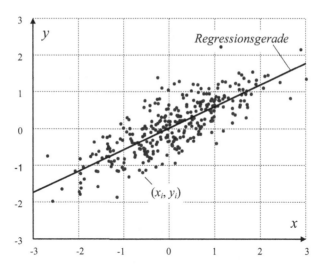

Bild 12-12 Streudiagramm der Grundgesamtheit mit Regressionsgerade

Mit den *empirischen Mittelwerten*

$$\bar{x} = \frac{1}{N} \cdot \sum_{i=1}^{N} x_i \quad \text{und} \quad \bar{y} = \frac{1}{N} \cdot \sum_{i=1}^{N} y_i \qquad (12.70)$$

und den *empirischen Streuungen*

$$s_x^2 = \frac{1}{N-1} \cdot \sum_{i=1}^{N} (x_i - \bar{x})^2 \quad \text{und} \quad s_y^2 = \frac{1}{N-1} \cdot \sum_{i=1}^{N} (y_i - \bar{y})^2 \qquad (12.71)$$

ergeben sich im Beispiel die Zahlenwerte

$$\begin{aligned}
\bar{x} &= 0,04; \quad \bar{y} = -0,01; \\
s_x^2 &= 1,08; \quad s_y^2 = 0,58; \\
r_{xy} &= 0,80
\end{aligned} \qquad (12.72)$$

Der empirische Korrelationskoeffizient von ca. 0,8 belegt die starke lineare Abhängigkeit der Daten.

Die starke Korrelation legt nahe, beispielsweise bei bekanntem Wert für X auf den Wert für Y zu schließen. Im einfachsten Fall, der *linearen Regression*, wird angenommen, dass bei bekanntem Wert der *Einflussgröße X* die *Zielgröße Y* den Erwartungswert besitzt

$$E(Y) = a + bX \qquad (12.73)$$

Die Koeffizienten a und b und die Varianz σ^2 von Y werden nun anhand der Stichprobenwerte so geschätzt, dass der mittlere quadratische Fehler minimal wird.

$$\sum_{i=1}^{N}\left[y_i - (a + bx_i)\right]^2 = \min \tag{12.74}$$

Als Lösung erhält man die *Regressionskoeffizienten* und die geschätzte (Rest-)Varianz, die mittlere quadratische Abweichung,

$$\tilde{b} = r_{xy} \cdot \sqrt{\frac{s_y^2}{s_x^2}} \quad ; \quad \tilde{a} = \overline{y} - \tilde{b} \cdot \overline{x} \quad ; \quad \overline{\sigma}^2 = \frac{N-1}{N-2} \cdot s_y^2 \cdot (1 - r_{xy}^2) \tag{12.75}$$

Im Zahlenwertbeispiel

$$\tilde{b} = 0,59 \quad ; \quad \tilde{a} = -0,03 \quad ; \quad \overline{\sigma}^2 = 0,21 \tag{12.76}$$

Die so bestimmte Regressionsgerade $y = \tilde{a} + \tilde{b} \cdot x$ ist in Bild 12-12 eingetragen. Sie spiegelt die lineare Abhängigkeit der SV X und Y deutlich wider.

Für das Verständnis des Korrelationskoeffizienten beachte man die geschätzte Varianz des mittleren quadratischen Fehlers in (12.75). Die Varianz ist proportional zu der Differenz $1 - r_{xy}^2$, so dass bei stark korrelierten SV mit r_{xy}^2 gegen 1, die Varianz gegen 0 geht. Die Zielgröße wird zunehmend durch die Einflussgröße bestimmt.

Anmerkungen: (i) In der Literatur wird mit den Erwartungswerten statt den Schätzwerten gezeigt, dass für die Varianz des Fehlers, die Reststreuung, gilt

$$Q = \sigma_y^2 \cdot \left(1 - \rho_{XY}^2\right) \tag{12.77}$$

Sind die SV X und Y unkorreliert, $\rho_{XY} = 0$, ist die Reststreuung gleich der Varianz von Y. Mit wachsendem Betrag des Korrelationskoeffizienten $|\rho_{XY}|$ geht die Reststreuung gegen 0. Und im Grenzfall $\rho_{XY}^2 = 1$ herrscht ein funktionaler Zusammenhang. (*ii*) Eine Beurteilung der Vertrauenswürdigkeit der getroffenen Aussagen, z. B. Vertrauenswürdigkeit der Parameterschätzung, findet man beispielsweise in [Bei95], [BHPT80], [BSMM99] unter den Schlagwörtern Vertrauensgrenzen, Konfidenzbereiche und Konfidenzintervalle.

12.5   Übungsbeispiele zu stochastischen Variablen

Beispiel   Linearer und quadratischer Mittelwert einer Summe von SV

Es werden zwei unabhängige SV X und Y addiert $Z = X + Y$.

Die SV X und Y besitzen die statistischen Kenngrößen μ_X und m_{2X} bzw. μ_Y und m_{2Y}.

Berechnen Sie den linearen und den quadratischen Mittelwert und die Varianz der SV Z.

Lösung

Bei der Berechnung des linearen Mittelwertes wird die zunächst die Unabhängigkeit der SV benutzt und dann die Normbedingung der WDF, so dass schließlich die Summe der linearen Mittelwerte resultiert.

$$E(X+Y) = \int\limits_{-\infty}^{+\infty}\int\limits_{-\infty}^{+\infty}(x+y)\cdot f_{X,Y}(x,y)\,dxdy =$$

$$= \int\limits_{-\infty}^{+\infty}\int\limits_{-\infty}^{+\infty}(x+y)\cdot f_X(x)\cdot f_Y(y)\,dxdy =$$

$$= \int\limits_{-\infty}^{+\infty} x\cdot f_X(x)\cdot\underbrace{\left(\int\limits_{-\infty}^{+\infty} f_Y(y)dy\right)}_{1}dx + \int\limits_{-\infty}^{+\infty} y\cdot f_Y(y)\cdot\underbrace{\left(\int\limits_{-\infty}^{+\infty} f_X(x)dx\right)}_{1}dy =$$

$$= E(X)+E(Y)$$

(12.78)

Die Berechnung des quadratischen Mittelwertes geschieht ähnlich wie oben.

$$E\left([X+Y]^2\right) = \int\limits_{-\infty}^{+\infty}\int\limits_{-\infty}^{+\infty}(x+y)^2\cdot f_{X,Y}(x,y)\,dxdy =$$

$$= \int\limits_{-\infty}^{+\infty}\int\limits_{-\infty}^{+\infty}(x^2+y^2+2xy)\cdot f_X(x)\cdot f_Y(y)\,dxdy =$$

$$= E(X^2)+E(Y^2)+2E(X)\cdot E(Y)$$

(12.79)

Für die Varianz gilt

$$D(X+Y) = E\left([X+Y]^2\right)-\left(E(X+Y)\right)^2 =$$

$$= E(X^2)+E(Y^2)+2E(X)\cdot E(Y)-\left(E(X)+E(Y)\right)^2 =$$

$$= E(X^2)+E(Y^2)-\left(E(X)\right)^2-\left(E(Y)\right)^2 = D(X)+D(Y)$$

(12.80)

Beispiel Versorgungswahrscheinlichkeit im Funknetz

Um die Versorgung eines Firmengeländes mit drahtloser Kommunikation auf der Basis der *Bluetooth*®-Technologie zu planen, wurden von einer Kollegin 100 Messungen der Empfangsfeldstärke, hier RSSI (Received Signal Strength Indication) genannt, durchgeführt.

Anmerkungen: (i) Bluetooth® ist ein eingetragenes Wahrenzeichen der Bluetooth Special Interest Group (SIG), siehe www.bluetooth.com [BrSt02]. (ii) Die Pseudoeinheit dBm steht für Leistung bezogen auf 1 mW.

Die Kollegin ist erkrankt und Ihr Abteilungsleiter stellt Ihnen um 9^{00} Uhr das Histogramm in Bild 12-13 und die Zahlenwerte in Tabelle 12-9 zur Verfügung.

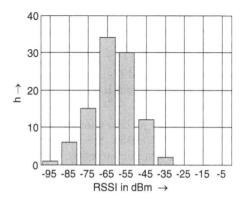

Bild 12-13 Messbeispiel

a) Ihre Aufgabe ist es, in der Besprechung mit der Firmenleitung um 9^{30} Uhr Aussagen zur Versorgungswahrscheinlichkeit zu machen. Es gibt zwei Beschaffungsalternativen: Bluetooth-Geräte (Standard) mit einer Empfängerempfindlichkeit (RX Sensitivity Limit) von −70 dBm oder verbesserte Empfänger (Enhanced) mit −83 dBm.

b) Da Ihr Gruppenleiter nächstes Jahr in den Ruhestand treten wird, wollen Sie die Gelegenheit nutzen, Ihren Namen und Ihr Gesicht nicht nur durch die Übermittlung von zwei Zahlen bekannt zu machen. Sie entscheiden sich, noch etwas nachzudenken und eine kurze Präsentation in Form einer Folie vorzubereiten.

Sie erinnern sich, dass in der Lehrveranstaltung Mobilkommunikation die Rede davon war, dass die Variation der gemessenen dB-Werte meist durch eine Normalverteilung approximiert werden kann und es weiter nicht unüblich ist, einen Sicherheitsabstand (Margin) von 10 dB einzurechnen.

Stellen Sie die Ergebnisse in einer für eine Präsentation geeigneten Form zusammen.

Tabelle 12-9 Messergebnisse (Häufigkeiten) vom 4. Juli 2008 (100 Messungen)

RSSI in dBm	−95	−85	−75	−65	−55	−45	−35	−25	−15	−5
h	1	6	15	34	30	12	2	0	0	0

Lösung

a) Schnelle Antwort

Die Daten lassen vermuten, dass die Kollegin eine Intervalleinteilung (Klasseneinteilung) in Schritten von −10 dBm mit den in Tabelle 12-9 und Bild 12-13 angegebenen Intervallmitten (Klassenmitten) durchgeführt hat. Das heißt, die Häufigkeit $h = 25$ für RSSI gleich −75 dBm fasst alle gemessenen Werte im Intervall [−80 dBm,−70 dBm[zusammen.

Daraus folgt unmittelbar, dass $1 + 6 + 15 = 22$ Messwerte von 100 die Empfängerempfindlichkeit für den Datenempfang vom −70 dBm der Standardgeräte unterschreiten. Das entspricht einer geschätzten Versorgungswahrscheinlichkeit von 78 %.

Im Falle der verbesserten Geräte mit einer Schwelle von −83 dBm kann bei einer konservativen Abschätzung von 7 Messwerten nahe an bzw. unter der Schwelle ausgegangen werden. Die Versorgungswahrscheinlichkeit ist also etwa 93 %.

b) Vorbereitung der Präsentation

Das Histogramm Bild 12-13 bestätigt die Vermutung auf eine Normalverteilung. Sie entscheiden sich, das Diagramm Ihrer Kollegin zu verwenden und um eine approximierende WDF zu ergänzen.

Um schnell eine gaußsche Glockenkurve eintragen zu können, benötigen Sie den linearen Mittelwert und die Varianz. Sie bestimmen die empirischen Werte. Aus den Zahlenwerten in Tabelle 12-9 ergibt sich (normiert, d. h. ohne Dimensionen)

$$\overline{x} \quad = \frac{1}{100} \cdot \left(-95 \cdot 1 - 85 \cdot 6 - 75 \cdot 15 - \cdots - 5 \cdot 0\right) \approx -62$$

$$\overline{x^2} \quad = \frac{1}{99} \cdot \left((-95)^2 \cdot 1 + (-85)^2 \cdot 6 + (-75)^2 \cdot 15 + \cdots + (-5)^2 \cdot 0\right) \approx 4019$$

$$\overline{\sigma}^2 \quad = \overline{x^2} - \overline{x}^2 = 175 \quad \text{und} \quad \overline{\sigma} = 13$$

Die geschätzte WDF nimmt die Form an

$$f_X(x) = \frac{1}{\sqrt{2\pi \cdot 175}} \cdot \exp\left(-\frac{(x+62)^2}{2 \cdot 175}\right)$$

Die zugehörige gaußsche Glockenkurve im Histogramm Bild 12-14 bestätigt die Vermutung auf Normalverteilung. (Für einen qualitativen Test auf Normalverteilung, z. B. den χ^2-Test [BSMM99], haben Sie jetzt keine Zeit mehr. Das holen Sie später nach.)

Jetzt können die Wahrscheinlichkeiten mit dem gaußschen Fehlerintegral berechnet werden.

$$P(RSSI \leq -70\text{dBm}) = \Phi\left(\frac{-70+62}{\sqrt{175}}\right) = \Phi(-0,61) = 1 - \Phi(0,61) = 1 - 0,7291 \approx 0,27$$

$$P(RSSI \leq -83\text{dBm}) = \Phi\left(\frac{-83+62}{\sqrt{175}}\right) = \Phi(-1,59) = 1 - \Phi(1,59) = 1 - 0,9441 \approx 0,06$$

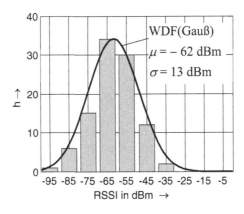

Bild 12-14 Gemessene RSSI-Häufigkeiten und approximierende WDF

Da die Niederlassung relativ ausgedehnt ist, also unmöglich alle relevanten Orte berücksichtigt wurden, bauliche Maßnahmen nicht auszuschließen sind und im realen Betrieb weitere Störquellen auftauchen werden, rechnen Sie eine „konservative" Abschätzung mit einem Sicherheitsabstand (Margin) von 10 dBm durch.

$$P(RSSI \leq -70\text{dBm}+10\text{dBm}) = \Phi\left(\frac{-60+62}{\sqrt{175}}\right) = \Phi(0,15) = 0,5596 \approx 0,44$$

$$P(RSSI \leq -83\text{dBm}+10\text{dBm}) = \Phi\left(\frac{-73+62}{\sqrt{175}}\right) = \Phi(-0,83) = 1-\Phi(0,83) = 1-0,7967 \approx 0,20$$

Jetzt sind alle Daten vorhanden, um die Präsentation mit einer Folie zu untermauern. Für die Folie wählen Sie die Zusammenstellung von Bild 12-14 und Tabelle 12-10.

Tabelle 12-10 Abschätzung der Funkversorgungswahrscheinlichkeiten auf Basis der Messdaten vom 4. Juli 2008

	Versorgungswahrscheinlichkeiten	
Empfängertyp	0 dB Margin	10 dB Margin
Standard (−70 dBm)	73 %	56 %
Enhanced (−83 dBm)	94 %	80 %

 Online-Ressourcen zu Kapitel 12 mit Übungsaufgaben und MATLAB-Übungen

13 Stochastische Signale und LTI-Systeme

13.1 Stochastische Prozesse

Lernziele

Nach Bearbeiten des Abschnitts 13.1 können Sie

- den Zusammenhang zwischen stochastischem Prozess, stochastischer Variablen und Musterfunktion erläutern
- die Begriffe Scharmittelwert, Zeitmittelwert, Stationarität und Ergodizität erklären
- die eindimensionalen Kenngrößen in Tabelle 13-1 an einfachen Beispielen anwenden
- die zweidimensionalen Kenngrößen in Tabelle 13-2 an einfachen Beispielen anwenden
- die Bedeutung der Autokorrelationsfunktion und des Leistungsdichtespektrums sowie ihre Eigenschaften erläutern
- die Begriffe weißes Rauschen und weißes Bandpass-Rauschen anhand von Skizzen vorstellen

13.1.1 Einführung

Anhand eines Gedankenexperiments soll zunächst der Begriff des stochastischen Prozesses deutlich werden. Wir stellen uns vor, ein Signalgenerator wird zufällig aus einem Vorrat von Generatoren mit Sinussignalen und unterschiedlichen Anfangsphasen ausgewählt, siehe Bild 13-1.

Welche Aussagen können dann über die Signal-amplitude zu einem bestimmten Zeitpunkt getroffen werden?

Wir präzisieren das Experiment. Zunächst seien N Sinusgeneratoren gegeben. Zum Zeitpunkt $t = 0$ wird ein Generator zufällig ausgewählt. Die Auswahl ist als Zufallsexperiment mit der Ergebnismenge $\Omega = (\omega_1, \omega_2, ..., \omega_N)$ aufzufassen. Für jedes Ereignis ω_i, d. h., der i-te Generator wird ausgewählt, erhalten wir ein Signal.

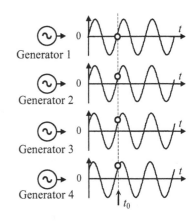

Bild 13-1 Ensemble von Sinusgeneratoren

$$u_i(t) = \sin\left(\omega t + \varphi_i\right) \quad \text{mit } \varphi_i = (i-1)\cdot\frac{2\pi}{N} \quad \text{und } i = 1, 2, ..., N \tag{13.1}$$

Ist die Auswahl des Generators unbekannt, so ist das Signal zum Zeitpunkt $t = t_0$ eine Zufalls-größe. Eine sinnvolle Fragestellung wäre dann beispielsweise: Wie groß ist die Wahrschein-lichkeit, dass das Signal zum Zeitpunkt $t = t_0$ größer als null ist?

Alternativ werden die Signalgeneratoren in Bild 13-2 durch baugleiche Widerstände ersetzt. An den Widerständen kann die durch die thermische Bewegung der Elektronen verursachte

Spannung, das Widerstandsrauschen, beobachtet werden. Jetzt wiederholen wir das Experiment für die Widerstände. Was hat sich im Vergleich zum ersten Experiment geändert?

Das Auswahlexperiment ist gleich geblieben. Jedoch kann jetzt auch bei bekannter Auswahl die Signalamplitude nicht vorhergesagt werden, da die Signalverläufe auf physikalischen Vorgängen beruhen, die sich einer analytischen mathematischen Beschreibung entziehen. Durch eine Messung der Signalamplitude kann die getroffene Auswahl deshalb auch nicht mehr bestimmt werden.

13.1.2 Definition stochastischer Prozesse

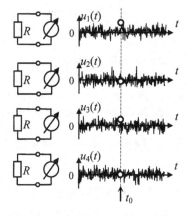

Den Beispielen in Bild 13-1 und in Bild 13-2 ist gemeinsam, dass die beobachtbaren Signale sowohl von der zufälligen Auswahl als auch von der Zeit abhängen. In beiden Fällen liegen den Experimenten stochastische Prozesse zugrunde.

In Bild 13-3 wird die mathematische Beschreibung stochastischer Prozesse vorgestellt. Ein *stochastischer Prozess* $X(\omega,t)$ ist eine geordnete Zusammenstellung von *stochastischen Variablen* $\{X_t(\omega),\ t\in I\}$, die auf einem gemeinsamen Wahrscheinlichkeitsraum definiert sind. Die stochastischen Variablen (SV) werden durch Indizes aus einer geordneten Indexmenge I unterschieden. Im Beispiel der beiden Experimente entspricht die Indexmenge der Zeitachse für $t > 0$.

Bild 13-2 Ensemble von Widerständen als Rauschsignalgeneratoren

Wählen wir, wie in Bild 13-1 und -2 veranschaulicht, einen festen Zeitpunkt $t = t_0$, so resultiert mit einer Betrachtung quer zum Prozess eine stochastische Variable.

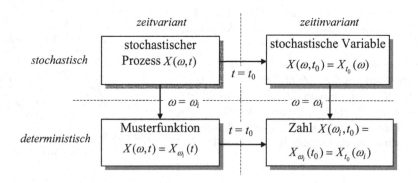

Bild 13-3 Beschreibung des stochastischen Prozesses

Führen wir hingegen das Zufallsexperiment der Wahl des Signalgenerators aus, so erhalten wir eine *Musterfunktion* (*Realisierung, Trajektorie*) $X_{\omega_i}(t)$ des stochastischen Prozesses. Diese ist streng deterministisch. Das gilt auch im Beispiel des Widerstandsrauschens. Wir stellen uns hierzu vor, die Musterfunktion sei auf einen Messstreifen aufgezeichnet und damit beliebig reproduzierbar.

Betrachten wir schließlich den stochastischen Prozess für eine bestimmte Musterfunktion zu einem festen Zeitpunkt, so resultiert ein gewöhnlichen Zahlenwert, den wir beispielsweise von einem Messstreifen ablesen könnten, wie in Bild 13-1 und Bild 13-2 durch die kleinen Kreise verdeutlicht wird.

Stochastische Prozesse als geordnete Zusammenstellungen von SV zu sehen, erlaubt, die aus der elementaren Wahrscheinlichkeitsrechnung bekannten Methoden und Kenngrößen unmittelbar zur Beschreibung heranzuziehen. Der stochastische Prozess wird deshalb im mathematischen Sinne vollständig charakterisiert, wenn für alle beliebigen Indexkombinationen t_1, t_2, ..., $t_N \in I$, gegebenenfalls auch im Grenzfall $N \to \infty$, die *Wahrscheinlichkeitsverteilungsfunktionen* (WVF) der Ordnung N

$$F_{X_{t1},\ldots,X_{tN}}(x_1,\ldots,x_N) = P\left(X_{t1} \leq x_1,\ldots,X_{tN} \leq x_N\right) \qquad (13.2)$$

oder äquivalent die *Wahrscheinlichkeitsdichtefunktionen* (WDF) der Ordnung N

$$f_{X_{t1},\ldots,X_{tN}}(x_1,\ldots,x_N) = \frac{\partial^N}{\partial x_1 \cdots \partial x_N} \, F_{X_{t1},\ldots,X_{tN}}(x_1,\ldots,x_N) \qquad (13.3)$$

bekannt sind.

In vielen Anwendungen ist dies nicht möglich. Zwei wichtige Ausnahmen sind vollständig unabhängige SV, bei denen die N-dimensionale WDF in das Produkt aus den eindimensionalen WDF faktorisiert, und die Gaußprozesse.

Eine Schätzung statistischer Kenngrößen höherer Ordnung ist in der Regel nicht praktikabel, da der notwendige Stichprobenumfang mit der Ordnung wächst. Häufig muss sich die Prozessbeschreibung auf die Größen 1. und 2. Ordnung beschränken, die mit der 1-dim. bzw. 2-dim. WDF definiert sind.

Zwei für die Anwendung wichtige Begriffe der Wahrscheinlichkeitsrechnung sind die Stationarität und die Ergodizität.

- Ein Prozess heißt *stationär*, wenn die stochastischen Kenngrößen unabhängig von der Wahl des Zeitursprungs sind. Prozesse, bei denen der lineare Mittelwert und die Korrelationsfunktion stationär sind, werden *schwach stationäre* Prozesse genannt.

- Ein Prozess heißt *ergodisch*, wenn prinzipiell alle stochastischen Kenngrößen durch Zeitmittelung aus einer Musterfunktion bestimmt werden können. Man schwächt diese Forderung oft auf den linearen Mittelwert und die Korrelationsfunktion ab und spricht von einem *schwach ergodischen* Prozess.

Man beachte, die Ergodizität schließt die Stationarität mit ein. Umgekehrt gilt das nicht.

In der Anwendung lassen sich die Stationarität und Ergodizität selten durch Experimente nachprüfen. Meist liegen Modellannahmen oder überhaupt nur eine Musterfunktion vor, so dass beide Eigenschaften als Arbeitshypothese angenommen werden.

13.1.3 Kenngrößen reellwertiger und ergodischer stochastischer Prozesse

Die Beschreibung stochastischer Prozesse legt die weitere Vorgehensweise fest. Die aus der elementaren Wahrscheinlichkeitsrechnung bekannten Kenngrößen für SV werden auf die Prozesse angewendet. Darüber hinaus können bei Ergodizität die statistischen Kenngrößen prinzipiell auch durch Messung an einer Musterfunktion bestimmt werden.

Die Beziehungen für die elementaren Kenngrößen erster Ordnung sind in Tabelle 13-1 zusammengestellt. In der linken Spalte sind die mit der WDF definierten Größen, die Scharmittelwerte, angegeben. In der rechten Spalte kommen die Zeitmittelwerte hinzu. Die zugehörigen Gleichungen sind als Messvorschriften aufzufassen. Dabei wird zwischen zeitkontinuierlichen und zeitdiskreten Musterfunktionen unterschieden. Wegen der angenommenen Stationarität sind die resultierenden Kenngrößen zeitunabhängig.

Anmerkungen: (i) Die Grenzübergänge in den Beweisen zur Wahrscheinlichkeitsrechnung sprechen von Konvergenz „in Wahrscheinlichkeit" bzw. „mit Wahrscheinlichkeit eins". Dies trifft insbesondere auf den Zusammenhang zwischen den Scharmittelwerten und den Zeitmittelwerten zu. Man spricht deshalb treffender von Schätzen und Schätzwerten. Eine adäquate Darstellung der mathematischen Zusammenhänge würde den Rahmen dieses Buches sprengen. Für unsere praktischen Anwendungen gehen wir davon aus, dass die Wahrscheinlichkeit zufällig eine ungeeignete Musterfolge zur Schätzung herauszugreifen null ist. (ii) In der praktischen Durchführung sind die Zeitmittelwerte immer auf ein endliches Zeitintervall bzw. begrenzten Stichprobenumfang beschränkt und deshalb mehr oder weniger ungenau.

Tabelle 13-1 1-dim. Kenngrößen reeller und ergodischer stochastischer Prozesse

Scharmittelwerte		Zeitmittelwerte	
Prozesse		*Musterfunktionen (-folgen)*	
zeitkontinuierlich $X(t), Y(t)$		$x(t), y(t)$	
zeitdiskret $X[n], Y[n]$		$x[n], y[n]$	
Wahrscheinlichkeitsdichtefunktion (WDF)			
$f_X(x), f_Y(y)$		relative Häufigkeiten (Histogramm)	
linearer Mittelwert (Erwartungswert)			
$\mu_X = E(X) = \int\limits_{-\infty}^{+\infty} x \cdot f_X(x)\,dx$	(13.4)	$\overline{x} = \lim\limits_{T \to \infty} \dfrac{1}{2T} \int\limits_{-T}^{+T} x(t)\,dt$	(13.5)
		$\overline{x} = \lim\limits_{N \to \infty} \dfrac{1}{2N+1} \sum\limits_{n=-N}^{+N} x[n]$	(13.6)
quadratischer Mittelwert (mittlere Leistung)			
$m_{2X} = E(X^2) = \int\limits_{-\infty}^{+\infty} x^2 \cdot f_X(x)\,dx$	(13.7)	$\overline{x^2} = \lim\limits_{T \to \infty} \dfrac{1}{2T} \int\limits_{-T}^{+T} x^2(t)\,dt$	(13.8)
		$\overline{x^2} = \lim\limits_{N \to \infty} \dfrac{1}{2N+1} \sum\limits_{n=-N}^{+N} x^2[n]$	(13.9)
Varianz (Dispersion, Streuung)			
$\sigma_X^2 = E\left((X-\mu_X)^2\right) =$ $= \int\limits_{-\infty}^{+\infty}(x-\mu_X)^2 f_X(x)\,dx =$ $= E(X^2) - \mu_X^2$	(13.10)	empirische Varianz $\overline{\sigma}^2 = \overline{x^2} - \overline{x}^2$	(13.11)

Betrachten wir nun einen stochastischen Prozess zu zwei Zeitpunkten, ergeben sich zwei SV, $X_1 = X(t)$ und $X_2 = X(t+\tau)$, mit der 2-dim. WDF $f_{X_1 X_2}(x_1, x_2)$. Der Erwartungswert zwischen zwei SV eines stationären Prozesses im zeitlichen Abstand τ wird *Autokorrelationsfunktion* (AKF) genannt und spielt eine wichtige Rolle.

$$R_{XX}(\tau) = E\big(X(t)X(t+\tau)\big) = \int\limits_{-\infty}^{+\infty} \int\limits_{-\infty}^{+\infty} x_1 x_2 f_{X_1 X_2}(x_1, x_2)\, dx_1 dx_2 \qquad (13.12)$$

Für zeitdiskrete Prozesse vereinbaren wir die Schreibweise

$$R_{XX}[l] = E\big(X[n]X[n+l]\big) \qquad (13.13)$$

Die AKF beschreibt die linearen Bindungen innerhalb des Prozesses. In Bild 13-4 sind Musterfunktionen zweier normalverteilter zeitdiskreter Prozesse $X[n]$ und $Y[n]$ zu sehen. Der Prozess in der linken Spalte ist unkorreliert, d. h. $R_{XX}[l] = m_{2X} \cdot \delta[l]$. Es ist kein innerer Zusammenhang zwischen den Elementen der jeweiligen Musterfolge zu erkennen. Die Musterfolgen in der rechten Spalte hingegen zeigen jeweils eine starke Korrelation.

Anmerkung: Bei stark korrelierten Signalen kann von einem Abschnitt des Signals auf den nächsten geschlossen werden. Dies wird beispielsweise in der prädiktiven Sprach- und Bildcodierung benutzt, um den Übertragungsaufwand zu senken.

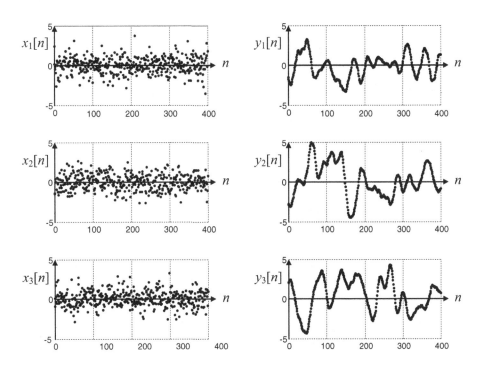

Bild 13-4 Musterfolgen stochastischer Prozesse (links unkorreliert und rechts stark korreliert)

Die zugehörigen Zeitmittelwerte ergeben sich aus der Messvorschrift für die Erwartungswerte. Man erhält die *Zeitautokorrelationsfunktion* (Zeit-AKF)

$$\overline{x(t) \cdot x(t+\tau)} = \lim_{T \to \infty} \frac{1}{2T} \int_{-T}^{+T} x(t) \cdot x(t+\tau) dt$$

$$\overline{x[n] \cdot x[n+l]} = \lim_{N \to \infty} \frac{1}{2N+1} \sum_{n=-N}^{+N} x[n] \cdot x[n+l]$$

(13.14)

Das Integral und die Summe entsprechen bis auf das Vorzeichen im Argument der verschobenen Funktion der gewöhnlichen Faltung (3.29) bzw. (3.6), weshalb hier auch von der *Pseudofaltung* gesprochen wird.

Anmerkung: Durch das Minuszeichen im Argument der Pseudofaltung, $x(t)*x(-t)$ bzw. $x[n]*x[-n]$, wird die Funktion an der Ordinate gespiegelt. Wendet man die Faltung an, so wird die Funktion nochmals gespiegelt. Beide Spiegelungen heben sich gegenseitig auf, so dass bei der Verschiebung null das Quadrat der reellen Musterfunktion integriert bzw. summiert wird.

Der Vergleich der beiden Gleichungen (13.14) mit der Definition der mittleren Leistung deterministischer Signale (2.13) zeigt die Übereinstimmung für $\tau = 0$ bzw. $l = 0$. Die AKF an der Stelle null gibt für jede Musterfunktion und damit für den ergodischen Prozess die *mittlere Leistung* an.

$$R_{XX}(0) = \overline{x^2} = \lim_{T \to \infty} \frac{1}{2T} \int_{-T}^{+T} x^2(t) dt \quad \text{bzw.} \quad R_{XX}[0] = \overline{x^2} = \lim_{N \to \infty} \frac{1}{2N+1} \sum_{n=-N}^{N} x^2[n] \quad (13.15)$$

Aus den bisherigen Überlegungen ergeben sich drei wichtige Eigenschaften. Die AKF reeller, stationärer stochastischer Prozesse

- ist eine gerade Funktion

$$R_{XX}(\tau) = R_{XX}(-\tau) \quad \text{bzw.} \quad R_{XX}[l] = R_{XX}[-l] \quad (13.16)$$

- besitzt ein globales Maximum bei null

$$R_{XX}(0) \geq |R_{XX}(\tau)| \quad \text{bzw.} \quad R_{XX}[0] \geq |R_{XX}[l]| \quad (13.17)$$

- und ist an der Stelle null gleich der mittleren Leistung

$$R_{XX}(0) = E(X^2) \quad \text{bzw.} \quad R_{XX}[0] = E(X^2) \quad (13.18)$$

Der Zusammenhang zwischen der AKF und der Leistung des Prozesses regt zu weiteren Überlegungen an. Von der parsevalschen Gleichung der Fourier-Transformation wissen wir, dass Energie und Leistung auch im Frequenzbereich bestimmt werden können; also die Fourier-Transformation eine energiekonservierende Transformation ist. Gibt es zur AKF ein Gegenstück im Frequenzbereich? Wenn ja, welche praktische Bedeutung hat es?

Die Autokorrelationsfunktion bildet ein Fourier-Paar mit dem *Leistungsdichtespektrum* (LDS) des Prozesses.

$$R_{XX}(\tau) \overset{F}{\leftrightarrow} S_{XX}(\omega) \quad \text{bzw.} \quad R_{XX}[l] \overset{F}{\leftrightarrow} S_{XX}(\Omega) \quad (13.19)$$

Der Zusammenhang wird auch als *Wiener-Khinchin-Gleichung* bezeichnet.

Anmerkungen: (i) Wir wählen hier die in der englischsprachigen Literatur übliche Form des Namens „Khinchin". (ii) *Alexander Jakowlewitsch Cintschin* [Khinchin]*: *1894/†1959*, russischer Mathematiker, Beiträge zur Wahrscheinlichkeitsrechnung und ihrer Anwendung in der Informationstheorie und Theorie der Warteschlangen. (iii) *Norbert Wiener: *1884/†1964*, US-amerikanischer Mathematiker, grundlegende Arbeiten zur Kybernetik.

Das LDS gibt die Verteilung der Leistung im Frequenzbereich an. Integriert man, wie in Bild 13-5 skizziert, das LDS über ein bestimmtes Frequenzband, so erhält man die mittlere Leistung des Prozesses in diesem Band. Messtechnisch ließe sich das durch einen Bandpass mit nach geschalteter Leistungsmessung realisieren. Man beachte dabei, dass bei der physikalischen Messung die Leistung im zugeordneten Bereich bei negativen Kreisfrequenzen mit gemessen wird.

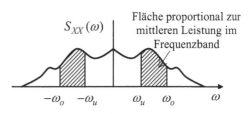

Bild 13-5 Leistungsdichtespektrum (zweiseitig)

Für das LDS ergeben sich drei wichtige Eigenschaften. Das LDS ist

- reell und nicht negativ

$$S_{XX}(\omega) \geq 0 \ \forall \ \omega \quad \text{bzw.} \quad S_{XX}(\Omega) \geq 0 \ \forall \ \Omega \tag{13.20}$$

- eine gerade Funktion und

$$S_{XX}(\omega) = S_{XX}(-\omega) \quad \text{bzw.} \quad S_{XX}(\Omega) = S_{XX}(-\Omega) \tag{13.21}$$

- und gibt die Leistung des Prozesses an

$$R_{XX}(0) = \frac{1}{2\pi} \int\limits_{-\infty}^{+\infty} S_{XX}(\omega) d\omega \quad \text{bzw.} \quad R_{XX}[0] = \frac{1}{2\pi} \int\limits_{-\pi}^{+\pi} S_{XX}(\Omega) d\Omega \tag{13.22}$$

In Tabelle 13-2 werden die bisherigen Überlegungen für die Scharmittelwerte und die Zeitmittelwerte nochmals gegenübergestellt. Zusätzlich wird der Zusammenhang zwischen der AKF und dem LDS hervorgehoben.

Ganz entsprechend zu der Betrachtung zweier SV eines Prozesses können auch zwei SV aus verschiedenen Prozessen $X(t)$ und $Y(t)$ mit der 2-dim. Verbund-WDF $f_{XY}(x,y)$ betrachtet werden. Dann spricht man von der *Kreuzkorrelationsfunktion* (KKF)

$$R_{XY}(\tau) = E\big(X(t)Y(t+\tau)\big) = \int\limits_{-\infty}^{+\infty} \int\limits_{-\infty}^{+\infty} xy \cdot f_{XY}(x,y) \, dxdy \tag{13.23}$$

$$R_{XY}[l] = E\big(X[n]Y[n+l]\big)$$

mit den zugehörigen Zeitmittelwerten, der Zeitkreuzkorrelationsfunktion (Zeit-KKF)

$$\overline{x(t) \cdot y(t+\tau)} = \lim_{T \to \infty} \frac{1}{2T} \int_{-T}^{+T} x(t) \cdot y(t+\tau) dt$$

(13.24)

$$\overline{x[n] \cdot y[n+l]} = \lim_{N \to \infty} \frac{1}{2N+1} \sum_{n=-N}^{+N} x[n] \cdot y[n+l]$$

Man beachte, dass KKF und AKF nicht die gleichen Eigenschaften besitzen.

Tabelle 13-2 2-dim. Kenngrößen eines reellen und ergodischen stochastischen Prozesses

Scharmittelwerte	Zeitmittelwerte
Autokorrelationsfunktion (AKF)	
$R_{XX}(\tau) = E\big(X(t)X(t+\tau)\big) =$ $$= \int_{-\infty}^{+\infty} \int_{-\infty}^{+\infty} x_1 x_2 \cdot f_{XX}(x_1, x_2)\, dx_1 dx_2$$ (13.25)	$\overline{x(t) \cdot x(t+\tau)} =$ $$= \lim_{T \to \infty} \frac{1}{2T} \int_{-T}^{+T} x(t)x(t+\tau) dt$$ (13.26)
$R_{XX}[l] = E\big(X[n]X[n+l]\big)$ (13.27)	$\overline{x[n] \cdot x[n+l]} =$ $$= \lim_{N \to \infty} \frac{1}{2N+1} \sum_{n=-N}^{+N} x[n] \cdot x[n+l]$$ (13.28)
Das Maximum der AKF $R_{XX}(0) = E\big(X^2\big)$ bzw. $R_{XX}[0] = E\big(X^2\big)$ ist gleich der *mittleren Leistung* des Prozesses und gleich der mittleren Leistung der Musterfunktionen $\overline{x^2(t)}$ bzw. $\overline{x^2[n]}$	
Leistungsdichtespektrum (LDS)	
Wiener-Khinchin-Gleichung $\quad S(\omega) \overset{F}{\leftrightarrow} R(\tau) \quad$ bzw. $\quad S(\Omega) \overset{F}{\leftrightarrow} R[l]$	(13.29)
nicht negativ $\qquad\qquad S(\omega) \geq 0 \quad$ bzw. $\quad S(\Omega) \geq 0$	(13.30)

13.1.4   Beispiele für Korrelationsfunktionen und Leistungsdichtespektren

Wir betrachten zwei Beispiele für Prozesse der Informationstechnik und bestimmen dazu jeweils die AKF und das LDS.

Anmerkung: Die Beispiele sind so geartet, dass die Lösungen nicht durch Einsetzen in die Definitionsgleichungen und langes Rechnen sondern durch elementare Überlegungen und daraus folgende, geschickte Ansätze bestimmt werden. Diese Vorgehensweise ist in vielen ingenieurwissenschaftlichen Anwendungen der Wahrscheinlichkeitsrechnung zu finden und mag zunächst frustrierend sein. Wer sich intensiver als üblich – über den Rahme dieses Buches bzw. einer typischen Lehrveranstaltung hinaus – mit diesem Themenkreis auseinandersetzt, entwickelt mit zunehmender Übung ein Gespür für geschickte Ansätze.

Beispiel Telegrafensignal

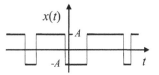

In Bild 13-6 ist eine Musterfunktion des Prozesses *Telegrafensignal* dargestellt. Das Telegrafensignal wird zufällig zwischen den Amplituden $+A$ und $-A$ umgetastet. Die Wahrscheinlichkeit für k Umtastungen, d. h., Nulldurchgänge des Signals, im Zeitintervall Δ ist durch die *Poisson-Verteilung* gegeben.

Bild 13-6 Telegrafensignal

$$P(Z = k) = e^{-\alpha \cdot \Delta} \cdot \frac{(\alpha \cdot \Delta)^k}{k!} \quad \text{für } \Delta \geq 0 \quad \text{und } \alpha > 0 \tag{13.31}$$

Anmerkung: Die Poisson-Verteilung wird häufig in der Verkehrstheorie für Ankunfts- und Bedienprozesse verwendet. Im Telegrafensignal bedeutet das, dass die Zeit zwischen zwei Umtastungen als exponentialverteilt angenommen wird und sich die Schaltvorgänge nicht gegenseitig beeinflussen. Das Produkt $\lambda = \alpha \cdot \Delta$ gibt die mittlere Zahl der Umtastungen pro Referenzzeitintervall Δ an. λ ist der Erwartungswert der Poisson-Verteilung und ist auch gleich der Varianz.

Wir berechnen nun die AKF des Prozesses als Erwartungswert. Da das Telegrafensignal nur die Werte $+A$ und $-A$ annehmen kann, ergeben sich genau zwei Möglichkeiten

$$\begin{aligned}
R_{XX}(\tau) &= E\big(X(t)X(t+\tau)\big) = \\
&= A^2 \cdot P(X(t) \text{ und } X(t+\tau) \text{ haben gleiches Vorzeichen}) + \\
&\quad -A^2 \cdot P(X(t) \text{ und } X(t+\tau) \text{ haben ungleiches Vorzeichen})
\end{aligned} \tag{13.32}$$

Die Wahrscheinlichkeiten für gleiches Vorzeichen und ungleiches Vorzeichen sind mit den Wahrscheinlichkeiten für Nulldurchgänge des Signals verknüpft. Findet nämlich zwischen dem Zeitpunkt t und $t+\tau$ eine gerade Anzahl von Nulldurchgängen statt, so sind die Vorzeichen des Signals in den beiden betrachteten Zeitpunkten gleich. Ist die Anzahl von Nulldurchgängen ungerade, sind die Vorzeichen ungleich.

Mit diesen Überlegungen und der Wahrscheinlichkeit für k Umtastungen in einem vorzugebenden Zeitintervall (13.31) resultiert für die gesuchte AKF

$$R_{XX}(\tau \geq 0) = A^2 \sum_{k=0,2,4,\ldots} e^{-\alpha\tau} \frac{(\alpha\tau)^k}{k!} - A^2 \sum_{k=1,3,5,\ldots} e^{-\alpha\tau} \frac{(\alpha\tau)^k}{k!} \tag{13.33}$$

Die Gleichung kann so umgeformt werden, dass sich die Reihendarstellung der Exponentialfunktion ergibt.

$$R_{XX}(\tau \geq 0) = A^2 e^{-\alpha\tau} \cdot \underbrace{\sum_{k=0}^{\infty} \frac{(-\alpha\tau)^k}{k!}}_{e^{-\alpha\tau}} = A^2 \cdot e^{-2\alpha\tau} \tag{13.34}$$

Setzen wir noch die Lösung gerade fort, resultiert die gesuchte AKF

$$R_{XX}(\tau) = A^2 \cdot e^{-2\alpha|\tau|} \tag{13.35}$$

Das zugehörige LDS bestimmt sich durch Fourier-Transformation aus der AKF mit der Korrespondenz [BSMM99], [Unb02]

$$e^{-a\cdot|t|} \quad \overset{F}{\leftrightarrow} \quad \frac{2a}{a^2+\omega^2} \quad \text{für } a > 0 \tag{13.36}$$

zu

$$S_{XX}(\omega) = A^2 \cdot \frac{4\alpha}{4\alpha^2+\omega^2} \tag{13.37}$$

Die AKF und das LDS werden in Bild 13-7 gezeigt. Wir sehen, dass zur exponentiell fallenden AKF ein kompaktes LDS gehört, dass selbst mit ω^2 fällt, also Tiefpass-Verhalten zeigt. Werden im Mittel 3 Umtastungen pro Sekunde vorgenommen, ist die 3dB-Grenzfrequenz f_{3dB} = $\alpha / \pi \approx 1$ Hz.

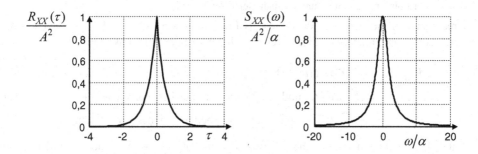

Bild 13-7   AKF $R_{XX}(\tau)$ und LDS $S_{XX}(\omega)$ des Prozesses Telegrafensignal

Beispiel   NRZ-Basisbandsignal

In Bild 13-8 ist eine Musterfunktion des Prozesses *NRZ-Basisbandsignal* dargestellt. Sie ähnelt dem Telegrafensignal. Das Umschalten geschieht jedoch im Bittakt gemäß der zu übertragenden Bits. Im Weiteren wird eine gleichverteilte und gedächtnislose Binärquelle vorausgesetzt. Demzufolge nehmen die abgegebenen Bits gleichwahrscheinlich die Werte 0 und 1 an und sind wechselseitig unabhängig.

Anmerkung: Das Akronym NRZ steht für Non-Return-to-Zero und ist ein Begriff aus der Leitungscodierung. Es drückt aus, dass das Signal während eines Bitintervalls nicht auf den Wert null zurückkehrt [Wer06].

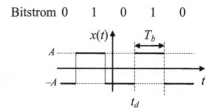

Bild 13-8   NRZ-Signal

Bei der Berechnung der AKF gehen wir davon aus, dass der Prozess (die Schar der NRZ-Musterfunktionen) und der Zeitursprung nicht synchronisiert sind. Das heißt, der zeitliche Versatz t_d des ersten für $t \geq 0$ neu gesendeten rechteckförmigen Sendegrundimpulses ist gleichverteilt im Bitintervall $[0,T_b[$.

Zunächst wird der Prozess als Überlagerung von Sendegrundimpulsen der Dauer T_b mit zufälligen Amplituden $A_n \in \{-A, +A\}$ dargestellt.

$$X(t) = \sum_{n=-\infty}^{+\infty} A_n \cdot \Pi_{T_b}\left(t - \frac{2n+1}{2} \cdot T_b - t_d\right) \tag{13.38}$$

Die SV der Amplituden sind entsprechend der gleichverteilten und gedächtnislosen Binärquelle unabhängig und haben die Wahrscheinlichkeiten

$$P(A_n = A) = P(A_n = -A) = 1/2 \tag{13.39}$$

Da die SV der Amplituden unabhängig und mittelwertfrei sind, ist deren gemeinsamer Erwartungswert

$$E(A_n A_k) = \begin{cases} A^2 & \text{für } n = k \\ 0 & \text{sonst} \end{cases} \tag{13.40}$$

Die AKF ist für die zwei Zeitpunkte t und $t + \tau$ auszuwerten.

$$R_{XX}(\tau) = E\big(X(t)X(t+\tau)\big) \tag{13.41}$$

Statt jetzt (13.38) einzusetzen, beschreiten wir einen einfacheren intuitiven Weg, um die AKF zu bestimmten:

Fall 1: Ist $\tau > T_b$, so liegen die beiden SV $X(t)$ und $X(t+\tau)$ in unterschiedlichen Bitintervallen und der Erwartungswert wird null.

Fall 2: Ist $0 \leq \tau < T_b$, so gibt es zwei mögliche komplementäre Ereignisse, siehe Bild 13-8

   B : $X(t)$ und $X(t+\tau)$ im selben Bitintervall

   $\overline{B}$: $X(t)$ und $X(t+\tau)$ nicht im selben Bitintervall

$\overline{B}$ liefert orthogonale SV, weshalb sich die AKF vereinfacht.

$$R_{XX}(0 \leq \tau < T_b) = E\big(X(t)X(t+\tau) \,|\, B\big) \cdot P(B) = A^2 \cdot P(B) \tag{13.42}$$

Die Wahrscheinlichkeit für einen Wechsel des Bitintervalls, d. h. Vorzeichenwechsel der Amplitude, im Intervall τ ergibt sich aus der geometrischen Betrachtung für die SV t_d in Bild 13-8. Da die SV t_d gleichverteilt in $[0, T_b[$ ist, ist die Wahrscheinlichkeit dafür, dass sie einen Wert zwischen t und $t + \tau$ annimmt, proportional der Länge des Intervalls.

$$P(B) = 1 - P(\overline{B}) = 1 - P(t < t_d < t + \tau) = 1 - \frac{\tau}{T_b} \tag{13.43}$$

Somit erhalten wir insgesamt für die gesuchte AKF den Dreieckimpuls, in Bild 13-9

$$R_{XX}(\tau) = \begin{cases} A^2 \cdot \left(1 - \dfrac{|\tau|}{T_b}\right) & |\tau| < T_b \\ 0 & \text{sonst} \end{cases} \tag{13.44}$$

Da der Dreieckimpuls als Faltung zweier Rechteckimpulse dargestellt werden kann, ist das zugehörige LDS das Quadrat der si-Funktion

$$S_{XX}(\omega) = A^2 T_b \cdot \left[\text{si}\left(\omega T_b/2\right)\right]^2 \tag{13.45}$$

Das LDS des Prozesses NRZ-Basisbandsignal ist wie das des Telegrafensignals kompakt. Für große Frequenzen fällt es mit $(f \cdot T_b)^2$. Eine Verdoppelung der Bitrate, $R_b = 1$ bit / T_b, zieht eine Verdoppelung der Bandbreite nach sich.

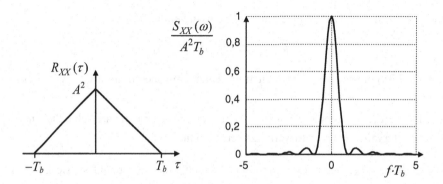

Bild 13-9 AKF $R_{XX}(\tau)$ und LDS $S_{XX}(\omega)$ des Prozesses NRZ-Basisbandsignal

13.1.5 Weißes Rauschen

In Anlehnung an die additive Farbmischung in der Optik, wo sich bei Vorhandensein aller Spektralanteile im ungefilterten Sonnenlicht weißes Licht ergibt, wird in der Informationstechnik ein mittelwertfreier Prozess mit konstantem LDS als *weißes Rauschen* bezeichnet

$$S_{XX}(\omega) = \frac{N_0}{2} \; \forall \; \omega \tag{13.46}$$

mit der zweiseitigen *Rauschleistungsdichte* N_0.

Anmerkungen: (i) Man beachte, dass in der Literatur teilweise mit einem einseitigen LDS gerechnet wird. Dadurch können sich bei Rechnungen in der Leistung Unterschiede um den Faktor 2 bzw. 3 dB ergeben. (ii) Man beachte ferner, dass durch Einschränkung auf weißes Rauschen außer, dass der Mittelwert null ist, die eindimensionale WDF nicht festgelegt ist. (iii) Das menschliche Auge spricht auf die Spektralanteile im Licht ungleichmäßig an, was in der Fernseh- und Videotechnik berücksichtigt wird. Der Sinneseindruck weiß entspricht also genau genommen nicht einem konstanten Leistungsdichtespektrum im sichtbaren optischen Spektrum.

Die inverse Fourier-Transformation des konstanten LDS liefert die Impulsfunktion als AKF.

$$R_{XX}(\tau) = \frac{N_0}{2}\,\delta(\tau) \tag{13.47}$$

Damit kann es sich nicht um einen physikalisch realisierbaren Prozess handeln. Dies zeigt auch die parsevalsche Gleichung, die eine unendliche mittlere Leistung ergeben würde.

Die mathematische Idealisierung durch den weißen Prozess vereinfacht in vielen Fällen die Analyse informationstechnischer Systeme. Dabei wird durch die Systeme, z. B. das Eingangsfilter eines Radioempfängers, eine Bandbegrenzung herbeigeführt, so dass letztendlich stets *bandbegrenztes weißes Rauschen* mit begrenzter mittlerer Leistung vorliegt.

$$S_{XX}(\omega) = \begin{cases} \dfrac{N_0}{2} & |\omega| < \omega_g \\ 0 & \text{sonst} \end{cases} \tag{13.48}$$

Mit der zugehörigen AKF

$$R_{XX}(\tau) = N_0 \cdot \frac{\omega_g}{2\pi} \cdot \text{si}\left(\omega_g \tau\right) \tag{13.49}$$

ergibt sich die mittlere Leistung – hier gleich der Varianz, da mittelwertfrei – proportional zur *Bandbreite B*

$$R_{XX}(0) = \sigma_X^2 = N_0 \cdot \frac{\omega_g}{2\pi} = N_0 \cdot B \tag{13.50}$$

mit $\omega_g = 2\pi \cdot B$. Die Zusammenhänge werden in Bild 13-10 veranschaulicht.

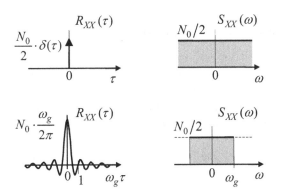

Bild 13-10 AKF und LDS des weißen und bandbegrenzten weißen Prozesses oben bzw. unten

Im Zeitdiskreten spricht man von einem *weißen Prozess*, falls

$$S_{XX}(\Omega) = \frac{N_0}{2} \quad \forall \ \Omega \tag{13.51}$$

Die zugehörige AKF ist wieder ein Impuls

$$R_{XX}[l] = \frac{N_0}{2} \cdot \delta[l] = \sigma_X^2 \cdot \delta[l] \tag{13.52}$$

dessen Gewicht gleich der Varianz der SV des Prozesses ist, siehe Bild 13-11. Die SV des Prozesses sind wechselseitig unkorreliert.

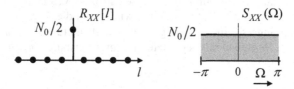

Bild 13-11   AKF und LDS eines zeitdiskreten weißen Prozesses

Anmerkung: Im Gegensatz zum Zeitkontinuierlichen, wo der weiße Prozess nur als mathematische Idealisierung gedacht werden kann, ist im Zeitdiskreten ein weißer Prozess tatsächlich darstellbar. Interessant ist der folgende Zusammenhang: Zu einer unkorrelierten Zufallsfolge gelangt man, wenn man den weißen Tiefpass-Prozess mit der AKF in Bild 13-10 mit der Abtastfrequeunz $f_a = 2 \cdot f_g$ abtastet. Bezüglich der AKF tastet man die si-Funktion (13.49) in ihren Nullstellen ab. Die SV der Abtastwerte sind demzufolge unkorreliert. Ähnliche Überlegungen führen in der Datenübertragungstechnik auf die so genannten Root-Raised-Cosine-Filter bei denen dieser Effekt bewußt herbeigeführt wird [Wer06].

Der Einfluss der Bandbegrenzung eines weißen Prozesses auf das Verhalten der Musterfunktionen ist in Bild 13-12 zu sehen. Von oben nach unten wird die Grenzfrequenz des LDS jeweils halbiert. Von der unkorrelierten Musterfolge oben ausgehend, entstehen Musterfolge deren benachbarte Folgenelemente mehr und mehr aneinander gebunden sind. Gemäß dem Zeitdauer-Bandbreite-Produkt (8.74) verringert sich die zeitliche Dynamik mit abnehmender Grenzfrequenz.

13.2   Reaktion von LTI-Systemen auf stochastische Signale

Lernziele

Nach Bearbeiten des Abschnitts 13.2 können Sie

- das Konzept zur Beschreibung der Abbildung stochastischer Prozesse durch LTI-Systeme vorstellen
- die Bedeutung der Zeitautokorrelationsfunktion und der Leistungsübertragungsfunktion sowie ihre Eigenschaften erläutern
- die Kenngrößen in Tabelle 13-3 und Tabelle 13-4 an einfachen Beispielen anwenden

13.2.1   Zeitdiskrete stochastische Prozesse und LTI-Systeme

Informationstragende Signale, wie auch die in der Regel unvermeidbaren Störsignale, sind stochastischer Natur. Deshalb ist es in der Informationstechnik notwendig, Signal- und Systemeigenschaften je nach Problemstellung aufeinander abzustimmen.

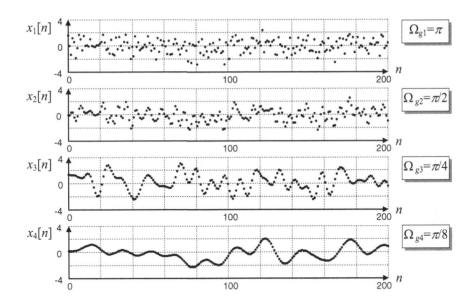

Bild 13-12 Musterfolgen bandbegrenzter weißer Prozesse

In diesem Abschnitt werden dazu die notwendigen Zusammenhänge vorgestellt. Bei bekannten Kenngrößen des Eingangsprozesses lassen sich die Kenngrößen des Ausgangsprozesses bestimmen oder die Systeme so dimensionieren, dass der Ausgangsprozess die geforderten Eigenschaften aufweist – soweit das möglich ist.

Bild 13-13 zeigt die Situation in symbolischer Darstellung mit den reellen Prozessen am Systemeingang $X[n]$ und am Systemausgang $Y[n]$. Hierbei wird, wie in der Einführung in Bild 13-1 und Bild 13-2 angedeutet, von einem Zufallsexperiment mit einem Ensemble von Musterfunktionen und identischen Systemen ausgegangen. Die Stationarität und die Ergodizität werden unterstellt. Das LTI-System sei BIBO-stabil und reellwertig. Dann gelten die im Folgenden vorgestellten Beziehungen für (fast) alle Musterfolgen.

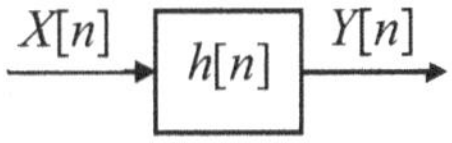

$X[n] \rightarrow \boxed{h[n]} \rightarrow Y[n]$

Bild 13-13 LTI-System mit stochastischem Prozess am Ein- und am Ausgang

Wir beginnen mit der Frage nach dem linearen Mittelwert am Systemausgang. Dazu setzen wir die Eingangs-Ausgangsgleichung mit der Faltungssumme für alle Musterfunktionen – und damit für den Prozess als Gesamtheit der Schar der Musterfunktionen – in den Erwartungswert ein.

$$\mu_Y = E(Y[n]) = E\left(X[n] * h[n]\right) \tag{13.53}$$

Die folgenden Überlegungen sind von grundlegender Art und wiederholen sich für alle Kenngrößen die über den Erwartungswert definiert sind. Durch den Erwartungswert gelangt man zu einer Beschreibung des Prozesses, die den Zufall durch das Verhalten im Mittel ersetzt. Da der Erwartungswert als Integral über die WDF eine lineare Operation ist, ebenso wie die Faltung, wird die Reihenfolge zwischen beiden vertauscht. Das Vertauschen ist wegen der vorausge-setzten BIBO-Stabilität des Systems zulässig.

Der Erwartungswert wird bezüglich der stochastischen Variablen ausgewertet. Die determinis-tischen Anteile können vorgezogen werden. Ist der Eingangsprozess zumindest schwach statio-när, dann ist der lineare Mittelwert zeitunabhängig und man erhält

$$\mu_Y = \sum_{k=-\infty}^{+\infty} h[k] \cdot \underbrace{E\left(X[n-k]\right)}_{\mu_X} = \mu_X \cdot \sum_{k=-\infty}^{+\infty} h[k] = \mu_X \cdot H(1) = \mu_X \cdot H\left(e^{j0}\right) \qquad (13.54)$$

Die Summe über der Impulsantwort ist die z-Transformierte auf dem Einheitskreis für $z = 1$, so dass der lineare Mittelwert beim Durchgang durch das System mit dem Übertragungsfaktor für ein konstantes Eingangssignal gewichtet wird. Im Frequenzgang entspricht das der normierten Kreisfrequenz $\Omega = 0$.

Ebenso verfahren wir für die AKF.

$$R_{YY}[l] = E(Y[n] \cdot Y[n+l]) = E\left(\left[\sum_{k=-\infty}^{+\infty} h[k] \cdot X[n-k]\right] \cdot \left[\sum_{m=-\infty}^{+\infty} h[m] \cdot X[n+l-m]\right]\right) \qquad (13.55)$$

Vertauschen der Faltung mit dem Erwartungswert liefert die AKF des Eingangsprozesses.

$$R_{YY}[l] = \sum_{k=-\infty}^{+\infty} \sum_{m=-\infty}^{+\infty} h[k]h[m] \cdot \underbrace{E\left(X[n-k] \cdot X[n+l-m]\right)}_{R_{XX}[l+k-m]} \qquad (13.56)$$

Durch die Substitution

$$i = m - k \qquad (13.57)$$

ergibt sich als Teil der Lösung die Pseudofaltung der Impulsantwort mit sich selbst

$$R_{YY}[l] = \sum_{k=-\infty}^{+\infty} \sum_{i=-\infty}^{+\infty} h[k] \cdot h[i+k] \cdot R_{XX}[l-i] = \sum_{i=-\infty}^{+\infty} R_{XX}[l-i] \cdot \underbrace{\sum_{k=-\infty}^{+\infty} h[k] \cdot h[i+k]}_{R_{hh}[i]} \qquad (13.58)$$

Man spricht von der *Zeitautokorrelationsfunktion*, oder kurz von der Zeit-AKF (oder auch Filter-AKF), des Systems

$$R_{hh}[l] = h[l] * h[-l] = \sum_{k=-\infty}^{+\infty} h[k] \cdot h[l+k] \qquad (13.59)$$

Zusammenfassend ergibt sich die AKF des Prozesses am Systemausgang aus der Faltung der AKF des Prozesses am Systemeingang mit der Zeit-AKF des Systems

$$R_{YY}[l] = R_{hh}[l] * R_{XX}[l] \qquad (13.60)$$

Diese Gleichung wird, insbesondere in ihrer zeitkontinuierlichen Form in Tabelle 13-4, auch *Wiener-Lee-Gleichung* genannt.

Anmerkung: Yuk-Wing Lee: *1904/†1989, US-amerikanischer Elektroingenieur chinesischer Abstammung, grundlegende Arbeiten zur Stochastik und Informationstheorie.

Zur Beschreibung im Zeitbereich ergänzen wir nun die korrespondierenden Beziehungen im Frequenzbereich. Die Transformation von (13.60) in den Frequenzbereich liefert den multiplikativen Zusammenhang

$$S_{YY}(\Omega) = \left| H\left(e^{j\Omega}\right) \right|^2 \cdot S_{XX}(\Omega) \tag{13.61}$$

mit dem LDS des Eingangsprozesses und der *Leistungsübertragungsfunktion* des reellwertigen Systems

$$F\left\{R_{hh}[l]\right\} = F\left\{h[l] * h[-l]\right\} = H\left(e^{j\Omega}\right) \cdot \underbrace{H\left(e^{-j\Omega}\right)}_{H\left(e^{j\Omega}\right)^*} = \left| H\left(e^{j\Omega}\right) \right|^2 \tag{13.62}$$

Die Leistungsübertragungsfunktion ergibt sich durch Anwenden des Satzes zur Zeitumkehr in Tabelle 9-1 für Fourier-Transformierte und aus der Reellwertigkeit des Systems.

In Tabelle 13-3 sind die bisherigen Ergebnisse zusammengefasst und weitere daraus resultierende eingetragen. Zusätzlich ist der in den Anwendungen wichtige Fall eines weißen Prozesses explizit aufgeführt.

Man beachte auch die Frage nach der WDF am Systemausgang. Anders als bei den auf dem Erwartungswert fußenden Kenngrößen ist eine Einzelfallbetrachtung notwendig. Häufig lässt jedoch der zentrale Grenzwertsatz der Wahrscheinlichkeitsrechnung eine Verteilung ähnlich der Normalverteilung erwarten, wenn bei der Faltung mit der Impulsantwort viele SV des Eingangsprozesses miteinander etwa gleichgewichtig kombiniert werden. Dies wird durch Beobachtungen bei typischen Filtern bestätigt.

Beispiel AKF zu einem System 1. Ordnung

Als Beispiel betrachten wir ein System 1. Ordnung mit der Übertragungsfunktion

$$H(z) = \frac{0,3z}{z - 0,8} \tag{13.63}$$

Am Eingang liegt ein weißer Rauschprozess $X[n]$ mit der Varianz σ^2 an. Wir berechnen die AKF und das LDS am Ausgang. Dabei zeigen wir die zwei alternativen Lösungswege im Zeitbereich (a) bzw. im Bildbereich (b) auf.

a) *Lösung im Zeitbereich*

Mit der AKF des Eingangsprozesses

$$R_{XX}[l] = \sigma^2 \cdot \delta[l] \tag{13.64}$$

ist mit (13.60) die AKF des Ausgangsprozesses proportional zur Zeit-AKF des Systems.

$$R_{YY}[l] = \sigma^2 \cdot R_{hh}[l] \tag{13.65}$$

Tabelle 13-3   Kausale, zeitdiskrete, reellwertige und stabile LTI-Syteme mit stochastischen Eingangssignalen

LTI-System mit Impulsantwort und Frequenzgang	$X[n] \xrightarrow{\hspace{1cm}} \boxed{h[n] \leftrightarrow H(e^{j\Omega})} \xrightarrow{\hspace{0.5cm}} Y[n]$

Zeitautokorrelationsfunktion	$R_{hh}[l] = h[l] * h[-l]$	(13.66)
Leistungsübertragungsfunktion	$R_{hh}[l] \;\leftrightarrow\; \left\|H\left(e^{j\Omega}\right)\right\|^2$	(13.67)
Autokorrelationsfunktion (AKF)	$R_{YY}[l] = R_{hh}[l] * R_{XX}[l]$	(13.68)
Leistungsdichtespektrum (LDS)	$S_{YY}(\Omega) = \left\|H\left(e^{j\Omega}\right)\right\|^2 \cdot S_{XX}(\Omega)$	(13.69)
linearer Mittelwert (Gleichanteil)	$\mu_Y = H(z=1) \cdot \mu_X = H(e^{j0}) \cdot \mu_X$	(13.70)

quadratischer Mittelwert (mittlere Leistung)

$$m_{2X} = R_{XX}[0] = \frac{1}{2\pi}\int_{-\pi}^{+\pi} S_{XX}(\Omega)d\Omega \quad (13.71)$$

$$\begin{aligned} m_{2Y} &= R_{YY}[0] = \\ &= \frac{1}{2\pi}\int_{-\pi}^{+\pi} S_{XX}(\Omega)\cdot\left\|H\left(e^{j\Omega}\right)\right\|^2 d\Omega \end{aligned} \quad (13.72)$$

für *weißes Rauschen* am Eingang

$$R_{XX}[l] = m_{2X}\cdot\delta[l] \quad (13.73)$$

$$R_{YY}[l] = m_{2X}\cdot\frac{1}{2\pi}\int_{-\pi}^{+\pi}\left\|H\left(e^{j\Omega}\right)\right\|^2 d\Omega \quad (13.74)$$

$$\text{\textit{Energie der Impulsantwort}} \quad R_{hh}[0] = \sum_{n=-\infty}^{+\infty}\left(h[n]\right)^2 = \frac{1}{2\pi}\int_{-\pi}^{+\pi}\left\|H\left(e^{j\Omega}\right)\right\|^2 d\Omega \quad (13.75)$$

$$S_{XX}(\Omega) = m_{2X} \quad (13.76)$$

$$S_{YY}(\Omega) = m_{2X}\cdot\left\|H\left(e^{j\Omega}\right)\right\|^2 \quad (13.77)$$

Kreuzkorrelationsfunktion (KKF)	$R_{XY}[l] = R_{XX}[l] * h[l]$	(13.78)

Letztere bestimmt sich aus der Pseudofaltung der Impulsantwort, die wir durch inverse z-Transformation aus der Übertragungsfunktion, siehe Tabelle 6-2, bestimmen können.

$$h[n] = 0,3 \cdot 0,8^n u[n] \tag{13.79}$$

Die Impulsantwort in die Pseudofaltung eingesetzt, liefert zunächst

$$R_{hh}[l] = \sum_{n=-\infty}^{+\infty} 0,3 \cdot 0,8^n u[n] \cdot 0,3 \cdot 0,8^{l+n} u[l+n] \tag{13.80}$$

Berücksichtigt man die Kausalität der Impulsantwort und beschränkt man die Rechnung auf den kausalen Anteil der Zeit-AKF, dann vereinfacht sich die Gleichung wesentlich.

$$R_{hh}[l \geq 0] = 0,09 \cdot 0,8^l \cdot \sum_{n=0}^{+\infty} 0,8^{2n} = 0,09 \cdot 0,8^l \cdot \frac{1}{1-0,8^2} = \frac{1}{4} \cdot 0,8^l \tag{13.81}$$

Da die Zeit-AKF einer reellen Impulsantwort eine gerade Funktion ist, ergibt sich für die gesuchte AKF am Systemausgang

$$R_{YY}[l] = \frac{\sigma^2}{4} \cdot 0,8^{|l|} \tag{13.82}$$

b) *Lösung im Bildbereich*

Alternativ zu oben bestimmen wir die AKF am Systemausgang mit Hilfe des Bildbereiches. Die z-Transformation der Pseudofaltung der Impulsantwort liefert zunächst allgemein

$$R_{YY}[l] = \sigma^2 \cdot h[l] * h[-l] \quad \leftrightarrow \quad \Phi_{YY}(z) = \sigma^2 \cdot H(z) \cdot H(1/z) \tag{13.83}$$

Die Zahlenwerte eingesetzt, ergibt

$$\Phi_{YY}(z) = 0,09 \cdot \sigma^2 \cdot \frac{z}{z-0,8} \cdot \frac{z^{-1}}{z^{-1}-0,8} = \frac{0,09}{0,8} \cdot \sigma^2 \cdot \frac{z}{z-0,8} \cdot \frac{1}{z-1/0,8} \tag{13.84}$$

Das zugehörige Pol-Nullstellendiagramm ist in Bild 13-14 zu sehen. Man erkennt den Pol im Einheitskreis $z_\infty = 0,8$ und sein Inverses $z_\infty^{-1} = 1/0,8$ außerhalb.

Die Rücktransformation wird durch die Partialbruchzerlegung vorbereitet.

$$\Phi_{YY}(z) = \frac{\sigma^2}{4} \cdot \left[\frac{z}{z-0,8} - \frac{1}{z-1/0,8} \right] \tag{13.85}$$

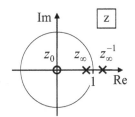

Bild 13-14 Pol-Nullstellen-diagramm zur Zeit-AKF

Die AKF ist eine zweiseitige Funktion, die aus einem rechtsseitigen und einem linksseitigen Anteil besteht. Zum rechtsseitigen Anteil tragen aus Gründen der Stabilität nur die Pole im Inneren des Einheitskreises bei.

$$R_{hh}[l \geq 0] = \frac{\sigma^2}{4} \cdot 0{,}8^l \tag{13.86}$$

Die gerade Fortsetzung liefert wieder (13.82). Bild 13-15 zeigt die Impulsantwort des Systems 1. Ordnung und die AKF am Systemausgang bei Erregung mit weißem Rauschen.

Anmerkung: Die Eigenschaft der AKF, eine reelle und gerade Funktion zu sein, impliziert gewisse Symmetrien in den Pol-Nullstellendiagrammen der z-Transformierten und kommt in (13.83) in der Pseudofaltung und im Produkt von $H(z)$ und $H(1/z)$ zum Ausdruck.

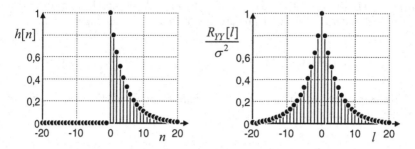

Bild 13-15 Impulsantwort des kausalen Systems 1. Ordnung und AKF des Prozesses am Ausgang bei Erregung mit weißem Rauschen

13.2.2 Zeitkontinuierliche stochastische Prozesse und LTI-Systeme

Die allgemeine Definition stochastischer Prozesse als Zusammenstellung von SV entspricht in natürlicher Weise dem Konzept zeitdiskreter Signale und Systeme. Es lassen sich deshalb die Resultate für zeitdiskrete stationäre Prozesse in Tabelle 13-3 direkt auf den zeitkontinuierlichen Fall übertragen. Tatsächlich wird im Wesentlichen nur die Faltungssumme durch das Faltungsintegral ersetzt, siehe auch (13.53) und (13.54). Dabei werden wieder reellwertige und stabile LTI-Systeme vorausgesetzt. Am Beispiel des linearen Mittelwertes wird dies deutlich.

$$\mu_Y = E(Y(t)) = E\left(X(t) * h(t)\right) = E\left(\int\limits_{-\infty}^{+\infty} h(\tau) \cdot X(t-\tau)d\tau\right) =$$
$$= \int\limits_{-\infty}^{+\infty} h(\tau) \cdot \underbrace{E\left(X(t-\tau)\right)}_{\mu_X} d\tau = \mu_X \cdot \int\limits_{-\infty}^{+\infty} h(\tau)d\tau = \mu_X \cdot H(s=0) \tag{13.87}$$

Die Kenngrößen zeitkontinuierlicher Prozesse und ihre Abbildung durch reellwertige stabile LTI-Systeme sind in Tabelle 13-4 eingetragen. Sie gleicht in ihrem Aufbau Tabelle 13-3 für den zeitdiskreten Fall. Auf eine weitere Diskussion wird deshalb verzichtet. Stattdessen wird auf die nachfolgenden Beispiele verwiesen.

Tabelle 13-4 Kausale, zeitkontinuierliche, reellwertige und stabile LTI-Syteme mit stochastischen Eingangssignalen

LTI-System mit Impulsantwort und Frequenzgang	$X(t) \longrightarrow \boxed{h(t) \leftrightarrow H(j\omega)} \longrightarrow Y(t)$	
Zeitkorrelationsfunktion	$R_{hh}(\tau) = h(\tau) * h(-\tau)$	(13.88)
Leistungsübertragungsfunktion	$R_{hh}(\tau) \quad \leftrightarrow \quad \left\vert H(j\omega) \right\vert^2$	(13.89)
Autokorrelationsfunktion (AKF)	$R_{YY}(\tau) = R_{hh}(\tau) * R_{XX}(\tau)$	(13.90)
Leistungsdichtespektrum (LDS)	$S_{YY}(\omega) = \left\vert H(j\omega) \right\vert^2 \cdot S_{XX}(\omega)$	(13.91)
linearer Mittelwert (Gleichanteil)	$\mu_Y = H(s=0) \cdot \mu_X$	(13.92)

quadratischer Mittelwert (Leistung)

$$m_{2X} = R_{XX}(0) = $$
$$= \frac{1}{2\pi} \int\limits_{-\infty}^{+\infty} S_{XX}(\omega)\, d\omega \qquad (13.93)$$

$$m_{2Y} = R_{YY}(0) = $$
$$= \frac{1}{2\pi} \int\limits_{-\infty}^{+\infty} S_{XX}(\omega) \cdot \left\vert H(j\omega) \right\vert^2 d\omega \qquad (13.94)$$

für *weißes Rauschen* am Eingang

$$R_{XX}(\tau) = m_{2X} \cdot \delta(\tau) \qquad (13.95)$$

$$R_{YY}(\tau) = m_{2X} \cdot \frac{1}{2\pi} \int\limits_{-\infty}^{+\infty} \left\vert H(j\omega) \right\vert^2 d\omega \qquad (13.96)$$

Energie der Impulsantwort $\quad R_{hh}(0) = \int\limits_{-\infty}^{+\infty} \left(h(t) \right)^2 dt = \frac{1}{2\pi} \int\limits_{-\infty}^{+\infty} \left\vert H(j\omega) \right\vert^2 d\omega \qquad (13.97)$

$$S_{XX}(\omega) = m_{2X} \qquad (13.98)$$

$$S_{YY}(\omega) = m_{2X} \cdot \left\vert H(j\omega) \right\vert^2 \qquad (13.99)$$

Kreuzkorrelationsfunktion (KKF)	$R_{XY}(\tau) = R_{XX}(\tau) * h(\tau)$	(13.100)

13.3   Thermisches Rauschen

Lernziele

Nach Bearbeiten des Abschnitts 13.3 können Sie

- Ursache und Wirkung des thermischen Rauschens aufzeigen
- für ohmsche Widerstände in RLC-Netzwerken das Rauschersatzschaltbild angeben
- das Leistungsdichtespektrum bzw. die effektive Spannung für einfache Schaltungen berechnen

In vielen Anwendungen der Informationstechnik wird das Modell des weißen gaußschen Rauschens mit der zweiseitigen Rauschleistungsdichte $N_0 / 2$ verwendet. Damit wird der wichtige Fall des thermischen Rauschens erfasst.

Thermisches Rauschen entsteht durch die regellose Wärmebewegung der freien Elektronen in leitenden Medien, wie beispielsweise in ohmschen Widerständen oder Halbleiterdioden. Am Gesamtphänomen ist eine Vielzahl von quasi-unabhängigen Elektronen beteiligt, die jeweils nur einen verschwindend geringen Beitrag leisten. Damit sind die Voraussetzungen des zentralen Grenzwertsatzes der Wahrscheinlichkeitsrechnung gegeben und es kann eine normalverteilte Rauschspannung erwartet werden.

Physikalische Messungen und theoretische Überlegungen führen auf eine Beschreibung des thermischen Rauschens an ohmschen Widerständen durch das Rauschersatzschaltbild in Bild 13-16. Darin ist die Rauschspannung $u_r(t)$ eine Musterfunktion eines mittelwertfreien Gauß-Prozesses mit dem zweiseitigen Leistungsdichtespektrum (LDS).

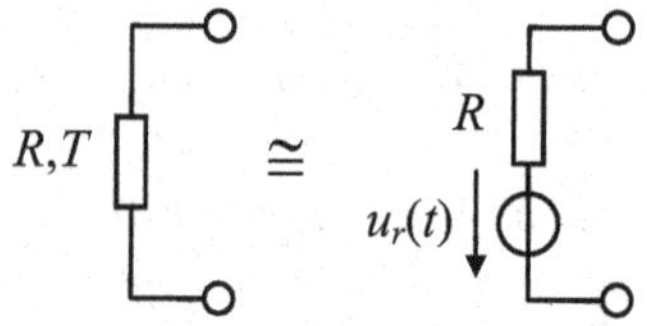

$$S_{UU}(\omega) = 2kTR \qquad (13.101)$$

Als Parameter treten auf, die *Boltzmann-Konstante*

Bild 13-16 Rauschersatzschaltbild für ohmsche Widerstände

$$k = 1{,}38 \cdot 10^{-23} \ \frac{\text{Ws}}{\text{K}} \qquad (13.102)$$

die absolute Temperatur T in K (Kelvin) und der ohmsche Widerstand R in Ω (Ohm). Die Idealisierung eines weißen LDS gilt näherungsweise für den technisch interessanten Frequenzbereich bis etwa 100 ... 1000 GHz.

Anmerkungen: (i) In [ZiBr93] ist eine ausführliche Darstellung von Stör- und Rauschphänomenen in der Hochfrequenztechnik zu finden. (ii) Man beachte auch, dass in der Literatur häufig das LDS einseitig definiert und deswegen nur über positive (Kreis-) Frequenzen integriert wird. In diesem Falle wird mit $4kTR$ im LDS gerechnet. (iii) Bei 0°C beträgt die absolute Temperatur etwa 273 K.

Zur Bestimmung des LDS des Rauschens ist oft das *Nyquist-Theorem* hilfreich. Für ein RLC-Netzwerk mit inneren thermischen Rauschquellen erhält man das LDS am Tor (Klemmenpaar) n aus der zugehörigen Impedanz $Z_n(s)$, siehe Bild 13-17,

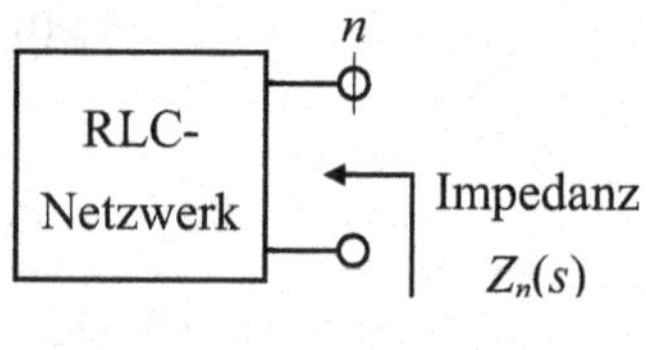

Bild 13-17 Impedanz am Tor n

$$S_{nn}(\omega) = 2kT \cdot \text{Re}\big(Z_n(j\omega)\big) \qquad (13.103)$$

Beispiel   Thermisches Rauschen am RC-Glied

Wir betrachten als Beispiel das einfache RC-Glied in Bild 13-18 und berechnen den Effektivwert der Rauschspannung $u_C(t)$ an der Kapazität. Im 1. Schritt geben wir das Rauschersatzschaltbild als Spannungsquelle an einem rauschfreien Vierpol in Bild 13-18 an.

Anmerkung: Da wir als Eingangs- und Ausgangsgröße eine physikalische Spannung betrachten, besitzt die Übertragungsfunktion keine physikalische Dimension.

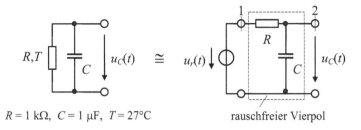

$R = 1\,\mathrm{k\Omega}, \; C = 1\,\mathrm{\mu F}, \; T = 27°C$ rauschfreier Vierpol

Bild 13-18   RC-Glied (links) und zugehöriges Rauschersatzschaltbild (rechts)

Im 2. Schritt wird das LDS am Klemmenpaar 2 berechnet. Aus dem LDS am Eingang 1

$$S_1(\omega) = 2kTR \tag{13.104}$$

folgt mit der Leistungsübertragungsfunktion des RC-Glieds

$$S_2(\omega) = 2kTR \cdot |H(j\omega)|^2 = \frac{2kTR}{1 + \omega^2 R^2 C^2} \tag{13.105}$$

Im 3. Schritt geben wir den Effektivwert der Rauschspannung an der Kapazität an. Allgemein gilt der Zusammenhang zwischen Effektivwert und der Leistung eines mittelwertfreien und stationären stochastischen Prozesses

$$U_{C,eff} = \sqrt{E(U_C^2(t))} = \sqrt{R_2(0)} \tag{13.106}$$

Aus dem LDS folgt

$$R_2(0) = \frac{1}{2\pi} \cdot \int\limits_{-\infty}^{+\infty} \frac{2kTR}{1 + \omega^2 R^2 C^2} \, d\omega \tag{13.107}$$

Eine kurze Zwischenrechnung ergibt den gesuchten Effektivwert

$$U_{C,eff} = \sqrt{\frac{kT}{C}} = \sqrt{\frac{1,38 \cdot 10^{-23}\,\mathrm{Ws/K} \; \cdot \; 300K}{10^{-6}\,\mathrm{As/V}}} \approx 64\,\mathrm{nV} \tag{13.108}$$

Zum Schluss überprüfen wir das Ergebnis mit Hilfe des Nyquist-Theorems. Dazu berechnen wir die Impedanz in Bild 13-18

$$Z(s = j\omega) = \frac{R}{1 + j\omega RC} \tag{13.109}$$

Die Realteilbildung

$$\mathrm{Re}\big(Z(j\omega)\big) = \mathrm{Re}\left(\frac{R \cdot (1 - j\omega RC)}{1 + \omega^2 R^2 C^2} \right) = \frac{R}{1 + \omega^2 R^2 C^2} \tag{13.110}$$

liefert wieder das LDS wie im 2. Schritt

$$S_{nn}(\omega) = 2kT \cdot \mathrm{Re}\big(Z(j\omega)\big) = \frac{2kTR}{1 + \omega^2 R^2 C^2} \qquad (13.111)$$

13.4   Detektion und Matched-Filter-Empfänger

Ein bekanntes Signal als Indikator für das Auftreten eines bestimmten Ereignisses zu erkennen, ist eine wichtige Aufgabe der Informationstechnik. Eine formtreue Rekonstruktion des Signals, wie beispielsweise in der analogen Audiotechnik oder Telefonie, ist dabei nicht von Belang. Die Datenübertragung über die RS-232-Schnittstelle, die Rahmensynchronisation der U_{K0}-Schnittstelle im ISDN-Teilnehmeranschluss und das Erkennung von Radarechos in der Flugsicherung sind hierfür Beispiele. Dabei kann sich additives Rauschen sehr störend bemerkbar machen. Eine Rauschunterdrückung ist deshalb wünschenswert oder notwendig.

Lernziele

Nach Bearbeiten des Abschnitts 13.4 können Sie

- die Aufgabe der Detektion am Beispiel der RS-232-Schnittstelle vorstellen
- das Maximum-a-posteriori-(MAP-)Kriterium und das Maximum-likelihood-(ML-)Kriterium und den Begriff des Entscheidungsgebietes erklären
- die Funktion des Matched-Filter-Empfängers und seine Dimensionierung angeben
- die Bedeutung der Korrelation am Beispiel des Chirp-Signals vorstellen
- am Beispiel des Chirp-Signals eine Simulationsaufgabe nachvollziehen

---

13.4.1   Detektion

Es wird zunächst die Aufgabe der *Detektion* am Beispiel der Übertragung über die *RS-232-Schnittstelle* vorgestellt. Bild 13-7 zeigt exemplarisch das Signal zur Übertragung des ASCII-Zeichens E [Wer06].

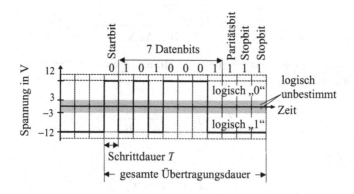

Bild 13-19   Signal zur Übertragung des ASCII-Zeichens E mit gerader Parität und einem Start- und zwei Stopbit über die RS-232-Schnittstelle

Da die RS-232-Schnittstelle asynchron überträgt, d. h., eine dauerhafte zeitliche Koordination zwischen Sender und Empfänger nicht gegeben ist, kann der Empfänger z. B. eine Abtastung der Spannung auf der Leitung mit dem Vierfachen der Baud-Rate $1/T$ vornehmen, siehe Bild 13-20. Der Beginn einer Übertragung wird durch einen positiven Spannungssprung gekennzeichnet. Dann können in jedem Übertragungsschritt drei Abtastwerte für eine eindeutige Entscheidung herangezogen werden.

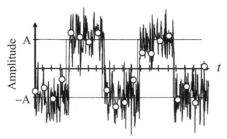

Bild 13-20 Abtastung (o) des Signals bei Überlagerung mit weißem gaußschen Rauschen, $N(0,\sigma^2 = A^2/4)$

Anmerkungen: (i) In Bild 13-20 ist zur besseren Verdeutlichung die Rauschstörung mit $\sigma^2 = A^2/4$ für praktische Anwendungen ungewöhnlich groß gewählt. (ii) Der vierte Abtastwert wird verworfen. Mit der vierfachen Abtastung pro Schritt wird verhindert, dass sich eine zufällige Abtastung in der Signalflanke störend bemerkbar macht.

Aus Bild 13-20 folgt intuitiv, dass eine *Schwellwertentscheidung* pro Abtastwert und eine nachfolgende *Mehrheitsentscheidung* über die drei Abtastwerte pro Übertragungsschritt das Gewünschte liefern. Wir stellen die folgende Entscheidungsregel auf:

(i) Schwellwertentscheidung: Der Empfänger entscheidet auf 0, wenn der Abtastwert positiv ist, ansonsten auf 1.

(ii) Mehrheitsentscheidung: Sind im Übertragungsschritt zwei oder drei der Entscheidungen 0, so wird 0 detektiert; ansonsten 1.

Anmerkung: Die Mehrheitsentscheidung kann zusätzlich dazu benutzt werden, eine Zuverlässigkeitsaussage abzugeben. Weicht ein Abtastwert ab, so kann im Empfänger ein bestimmtes Flag-Register gesetzt werden, das von nachfolgenden Verarbeitungsalgorithmen abgefragt werden kann.

Die intuitiv festgelegte Entscheidungsregel stellt – obwohl sie praktisch gut funktioniert – den planenden Ingenieur zunächst vor offene Fragen. Wie zuverlässig ist die Detektion? Gibt es etwas Besseres? Wie kann beim Systementwurf die Zuverlässigkeit der Detektion und der Realisierungsaufwand gegeneinander abgewogen werden?

Wir gehen diesen Fragen im Folgenden nach. Dazu legen wir zuerst ein plausibles und überschaubares Übertragungsmodell fest. Wir gehen von einer weißen gaußschen Rauschstörung aus, so dass wir in den Abtastzeitpunkten die *Detektionsvariablen*

$$V_n = Y_n + Z_n \qquad (13.112)$$

als Überlagerung der SV der Daten Y_n und Rauschstörungen Z_n erhalten, siehe Bild 13-20. Die Rauschstörung sei $N(0,\sigma^2)$-verteilt. Die Daten können die Werte $\pm A$ annehmen. Weiter gehen wir davon aus, dass die Detektionsvariablen unabhängig sind, also jede Entscheidung einer Detektionsvariablen unabhängig von anderen ohne Einbuße an Vertrauenswürdigkeit getroffen werden darf.

Anmerkungen: (i) Letzteres ist im Beispiel nicht ganz richtig, da die Daten von bis zu vier aufeinander folgende Detektionsvariablen gleich sind. Die Abhängigkeit wird nachträglich bei der Mehrheitsentscheidung berücksichtigt. (ii) Das Modell entspricht in der Nachrichtenübertragungstechnik der Übertragung im AWGN-Kanal (Additiv White Gaussian Noise).

Im Modell ergeben sich für die Detektionsvariablen die bedingten WDF in Bild 13-21, so dass sie im Sinne der Wahrscheinlichkeitsrechnung vollständig charakterisiert sind.

$$f_{V/1} = \frac{1}{\sqrt{2\pi\sigma^2}} \cdot \exp\left(-\frac{(v+A)^2}{2\sigma^2}\right) \quad \text{und} \quad f_{V/0} = \frac{1}{\sqrt{2\pi\sigma^2}} \cdot \exp\left(-\frac{(v-A)^2}{2\sigma^2}\right) \quad (13.113)$$

Es ist nahe liegend, die Optimalität der Detektion an der Wahrscheinlichkeit fest zu machen, dass der Empfänger die tatsächlich gesendeten Daten, $d \in \{0,1\}$ entscheidet. Also bei bekanntem Wert der Detektionsvariablen v die Wahrscheinlichkeit der detektierten Nachricht d maximal ist.

$$\max_{d} P(d/v) \quad (13.114)$$

Die Detektionsaufgabe ist hier nicht direkt lösbar, da nur die bedingten WDF der Detektionsvariablen (13.113) zur Verfügung stehen. Mit einer kleinen Überlegung, lässt sich die Aufgabe jedoch äquivalent formulieren.

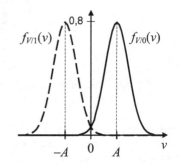

Bild 13-21 Bedingte WDF mit $\sigma^2 = A^2/4$

Die gesuchte Wahrscheinlichkeit lässt sich durch Erweitern mit der Wahrscheinlichkeit, dass d gesendet wird, in die für die Übertragung vom Sender zum Empfänger natürliche Form bringen.

$$P(d/v) = \frac{f(d,v) \cdot P(d)}{f(v) \cdot P(d)} = \frac{f(v/d) \cdot P(d)}{f(v)} \quad (13.115)$$

Der Nenner ist unabhängig von der Nachricht d. Er hat demzufolge keinen Einfluss auf die Entscheidung. Wir notieren deshalb die Entscheidungsregel für den Optimalempfänger:

- *Maximum-a-posteriori-(MAP-)Kriterium*

Der Empfänger wählt die Nachricht d mit der maximalen A-posteriori-Wahrscheinlichkeit von allen möglichen Nachrichten aus.

$$\max_{d} P(d/v) = \max_{d} f(v/d) \cdot P(d) \quad (13.116)$$

Anmerkung: „A priori" und „a posteriori" stehen für „vom Früheren her" bzw. „vom Späteren her". A priori bezeichnet eine durch logisches Schließen gefundene Erkenntnis, während a posteriori auf eine Erfahrung, hier den Wert der Detektionsvariablen, hinweist.

Im Falle nur gleichwahrscheinlicher Nachrichten kann das MAP-Kriterium äquivalent zum ML-Kriterium vereinfacht werden.

- *Maximum-likelihood-(ML-)Kriterium*

Der Empfänger wählt die Nachricht d mit der maximalen bedingten Wahrscheinlichkeit von allen möglichen Nachrichten aus.

$$\max_{d} f(v/d) \tag{13.117}$$

Die beiden Kriterien werden in Bild 13-22 für den Fall einer binären Entscheidung anschaulich dargestellt. Links ist die Situation des MAP-Kriteriums skizziert. Es lassen sich zwei *Entscheidungsgebiete* identifizieren, deren Grenzen an den Schnittpunkten der Kurven für die Produkte aus den bedingten WDF und den A-priori-Wahrscheinlichkeiten der Nachrichten liegen. Liegt beispielsweise die Detektionsvariable im Entscheidungsgebiet D_2, so wird auf die Nachricht d_2 entschieden. Ganz entsprechendes gilt für das ML-Kriterium im rechten Teilbild.

Anmerkung: Gilt, wie in Bild 13-22 links im Vergleich mit rechts angenommen, $P(d_2) > P(d_1)$, so wird die Nachricht d_2 häufiger gesendet. Das Entscheidungsgebiet für d_2 ist deshalb links im Bild größer als rechts im Bild, und es werden mehr Nachrichten auf d_2 entschieden, so dass im Mittel weniger Fehler auftreten.

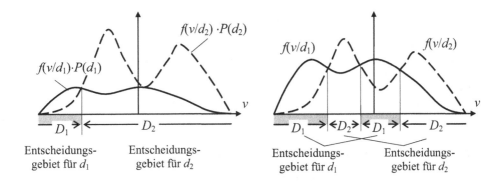

Bild 13-22 Entscheidungsgebiete für die binäre Nachrichtenübertragung für das MAP-Kriterium (links) und das ML-Kriterium (rechts)

Die Modellüberlegungen zeigen, dass unsere intuitive Wahl der Schwellwertenscheidung im Falle unabhängiger Daten und einer weißen, normalverteilten Rauschstörung im Sinne des MAP-Kriteriums optimal ist.

Die Wahrscheinlichkeit für eine Fehlentscheidung lässt sich am schnellsten aus Bild 13-21 ableiten. Es ergibt sich für den Fall der Übertragung von 0 ebenso wie für 1 mit dem gaußschen Fehlerintegral in Abschnitt 12.2

$$P_{sch,0} = P_{sch,1} = 1 - \Phi(A/\sigma) \tag{13.118}$$

Ersetzen wir noch das gaußsche Fehlerintegral durch die komplementäre Fehlerfunktion (12.37) erhalten wir für die Wahrscheinlichkeit einer falsche Schwellwertentscheidung

$$P_{sch} = \frac{1}{2} \cdot \text{erfc}\left(\frac{A}{\sigma\sqrt{2}}\right) \tag{13.119}$$

In der Informationstechnik ist es üblich das Argument der komplementären Fehlerfunktion als Verhältnis von Leistungen anzugeben, also

$$P_{sch} = \frac{1}{2} \cdot \text{erfc} \sqrt{\frac{S}{2N}} \tag{13.120}$$

mit der Momentanleistung des Nutzanteils $S = A^2$ und der Leistung der Störung $N = \sigma^2$.

Die Wahrscheinlichkeit für eine falsche Schwellwertentscheidung nimmt mit wachsendem Verhältnis von Signalleistung zu Geräuschleistung monoton ab, siehe Bild 12-10. Im Zahlenwertbeispiel in Bild 13-8 ergibt sich eine Fehlerwahrscheinlichkeit von etwa 2,28 %.

$$P_{sch} = \frac{1}{2} \cdot \text{erfc} \sqrt{2} \approx 0,0228 \tag{13.121}$$

Im vorgestellten Beispiel der RS-232-Schnittstelle verringert sich die Fehlerwahrscheinlichkeit für ein Binärzeichen eines Übertragungsschrittes durch die Mehrheitsentscheidung auf 0,15 %.

$$P_{sch}^3 + 3 \cdot P_{sch}^2 \cdot (1 - P_{sch}) \approx 0,0015 \tag{13.122}$$

Anmerkung: (i) Bei der Datenübertragung ohne Fehlererkennung oder Fehlerkorrektur durch zusätzliche Codierung geht man je nach Anwendung von Fehlerwahrscheinlichkeiten von 10^{-6} (Modemübertragung im öffentlichen analogen Telefonnetz) bis 10^{-12} (Lichtwellenleiter-Übertragung) oder noch kleiner aus. (ii) Bei vielen Anwendungen, z. B. der Telefonie oder dem digitalen Teilnehmeranschluss (DSL), ist das thermische Rauschen nicht das Problem, sondern das Einkoppeln vor fremden Störsignalen oder eigenen Signalechos. Die Störungen werden oft durch eine aufgrund von Erfahrungen entsprechend angesetzte Rauschsignalleistung im AWGN-Kanal modelliert.

13.4.2   Optimales Suchfilter – Matched-Filter

Additives Rauschen kann die Detektion von Signalen stark stören. Eine Rauschunterdrückung ist deshalb wünschenswert oder sogar notwendig. Dies leistet das im Folgenden vorgestellte Matched-Filter – auch optimales Suchfilter genannt.

Wir nähern uns der Idee des Matched-Filters zunächst auf anschaulichem Weg. Eine in der Luftfahrt wichtige Aufgabe ist die Detektion von Flugzeugen durch zurückgestrahlte Radarsignalechos im Hintergrundrauschen. Gehen wir von einem gesendeten und unverzerrt empfangenen Rechteckimpuls aus, so erhalten wir für die Energie- bzw. Leistungsbetrachtung im Frequenzbereich die Überlagerung des si^2-Energiespektrums des Nutzanteils und des konstanten Leistungsdichtespektrums (LDS) der weißen Rauschstörung in Bild **13-23**. Das LDS sei näherungsweise konstant im betrachteten Frequenzbereich, so dass der Einfachheit halber das Modell des weißen Rauschens verwendet werden darf.

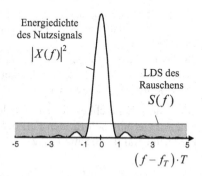

Bild 13-23 Energiedichte des Nutzsignals und Leistungsdichtespektrum des Rauschsignals

Anmerkungen: (i) Da es sich im Beispiel des Radarsignals um ein gepulstes Trägersignal handelt, liegt nach dem Modulationssatz der Fourier-Transformation das si^2-Spektrum symmetrisch um die Trägerfrequenz f_T. Im Falle der Basisbandübertragung ist f_T gleich null zu setzen. (ii) Weil die Empfangsleistung mit wachsender Entfernung des Flugzeuges abnimmt, ist man, um eine möglichst große Reichweite zu erzielen, an einer zuverlässigen Erkennung bei leistungsschwachen Echosignalen besonders interessiert.

Überall dort, wo das LDS der Störung größer als das Energiespektrum des Nutzsignals ist, dominieren die Frequenzkomponenten des Rauschens. Es ist nahe liegend, all diese Frequenzkomponenten durch Filterung zu unterdrücken und so das Verhältnis von Signalleistung und Geräuschleistung, kurz *Signal-Rauschverhältnis* (*SNR*, Signal-to-Noise Ratio) genannt, zu verbessern. Im Beispiel wäre ein einfacher Bandpass bzw. Tiefpass mit passender Sperrfrequenz geeignet. Dabei wird allerdings auch dem Nutzsignal Energie entzogen.

Im Folgenden kommt die besondere Fragestellung der Detektion, wie sie auch bei der digitalen Übertragung auftritt, zum Tragen. Eine formtreue Signalrekonstruktion ist nicht notwendig, sondern nur das Auftreten des Echos (Anwesenheit eines Flugzeuges im Luftraum) soll möglichst zuverlässig detektiert werden.

Wir gehen die Aufgabe in Bild 13-24 systematisch an. Es soll ein lineares Empfangsfilter – das spätere Matched-Filter – so entworfen werden, dass das SNR im Detektionszeitpunkt für ein Signal $x(t)$ der endlichen Dauer T bei additiver stationärer Rauschstörung maximal wird.

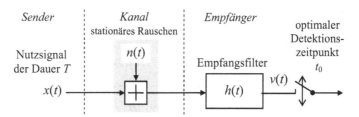

Bild 13-24 Empfangsfilter zur Rauschunterdrückung

Am Ausgang des Empfangsfilters überlagern sich das Nutz- und das Störsignal

$$v(t) = \left[x(t) + n(t)\right] * h(t) = \underbrace{x(t) * h(t)}_{\text{Nutzsignal } y(t)} + \underbrace{n(t) * h(t)}_{\text{Störsignal } \tilde{n}(t)} = y(t) + \tilde{n}(t) \qquad (13.123)$$

Fassen wir die Detektionsaufgabe als Experiment im Sinne der Wahrscheinlichkeitsrechnung auf, so resultiert nach Abtastung im Zeitpunkt t_0 die Detektionsvariable als SV

$$V = Y + Z \qquad (13.124)$$

bestehend aus der SV Y für den Nutzanteil und der mittelwertfreien SV Z mit der Varianz σ^2 für die Rauschstörung. Die SV Y nimmt den Wert 0 an, falls $x(t)$ nicht gesendet wird. Sonst ist $y_0 = y(t_0)$. Für den wichtigen Sonderfall des gaußschen Rauschens ergeben sich die bedingten WDF in Bild 13-25.

Die Detektion basiert auf einer Schwellwertentscheidung. Wie im vorhergehenden Abschnitt gezeigt wurde, ist bei gleichwahrscheinlichem Senden und Nichtsenden des Signals die Wahrscheinlichkeit für einen Fehler minimal, wenn die Entscheidungsschwelle in den Schnittpunkt der beiden bedingten WDF gelegt wird. Die Wahrscheinlichkeit für eine richtige Entscheidung nimmt dann mit wachsendem SNR monoton zu.

$$\left(\frac{S}{N}\right)_0 = \frac{y_0^2}{\sigma^2} \qquad (13.125)$$

Das optimale Suchfilter minimiert bei einer gaußschen Rauschstörung die Fehlerwahrscheinlichkeit entsprechend dem MAP-Kriterium, indem es bei gegebenem Signal und gegebenem LDS das maximale SNR liefert.

Zur Maximierung des SNR betrachten wir die Leistung des Nutzanteils

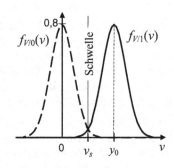

Bild 13-25   Bedingte WDF
mit $\sigma^2 = 1/4$

$$y_0^2 = \left(\frac{1}{2\pi} \int\limits_{-\infty}^{+\infty} X(j\omega) \cdot H(j\omega) e^{j\omega t_0} d\omega\right)^2 \qquad (13.126)$$

und die des stationären mittelwertfreien Rauschanteils

$$\sigma^2 = \frac{1}{2\pi} \int\limits_{-\infty}^{+\infty} S_{NN}(\omega) \cdot |H(j\omega)|^2 d\omega \qquad (13.127)$$

Eingesetzt in das SNR resultiert

$$\left(\frac{S}{N}\right)_0 = \frac{\left(\dfrac{1}{2\pi} \int\limits_{-\infty}^{+\infty} X(j\omega) \cdot H(j\omega) e^{j\omega t_0} d\omega\right)^2}{\dfrac{1}{2\pi} \int\limits_{-\infty}^{+\infty} S_{NN}(\omega) \cdot |H(j\omega)|^2 d\omega} \qquad (13.128)$$

Der Freiheitsgrad der Optimierung ist der Frequenzgang des Empfangsfilters. Er ist so zu wählen, dass das SNR maximal wird.

Die Lösung ergibt sich mit Hilfe der Cauchy-Schwarz-Ungleichung [BSMM99] für Fourier-Transformierte

$$\left|\int\limits_{-\infty}^{+\infty} g_1(\omega) \cdot g_2^*(\omega) d\omega\right|^2 \leq \int\limits_{-\infty}^{+\infty} |g_1(\omega)|^2 d\omega \cdot \int\limits_{-\infty}^{+\infty} |g_2(\omega)|^2 d\omega \qquad (13.129)$$

wobei die Gleichheit genau dann gilt, wenn die beiden Funktionen zueinander proportional sind.

Mit dem Ansatz

$$g_1(\omega) = \frac{X(j\omega)}{\sqrt{S_{NN}(\omega)}} \quad \text{und} \quad g_2^*(\omega) = \sqrt{S_{NN}(\omega)} \cdot H(j\omega) \cdot e^{j\omega t_0} \qquad (13.130)$$

in das SNR (13.128) eingesetzt, erhält man

$$\left(\frac{S}{N}\right)_0 = \frac{1}{2\pi} \cdot \frac{\left|\int\limits_{-\infty}^{+\infty} g_1(\omega) \cdot g_2^*(\omega)\ d\omega\right|^2}{\int\limits_{-\infty}^{+\infty} |g_2(\omega)|^2\ d\omega} \leq \frac{1}{2\pi} \cdot \int\limits_{-\infty}^{+\infty} |g_1(\omega)|^2\ d\omega \qquad (13.131)$$

Das maximale SNR wird bei Gleichheit erreicht. Es folgt die Dimensionierungsvorschrift für das Empfangsfilter im Frequenzbereich

$$H_{MF}(j\omega) = c \cdot \frac{X^*(j\omega)}{S_{NN}(\omega)} \cdot e^{-j\omega t_0} \qquad (13.132)$$

mit der positiven Proportionalitätskonstanten c, die wir im Weiteren zu eins setzen. Man beachte, dass hier dimensionslose Größen verwendet werden.

Das so bestimmte Empfangsfilter wird *Matched-Filter* genannt, weil es speziell auf das Sendesignal angepasst ist. Es lässt besonders die Frequenzkomponenten passieren, die zum Signalspektrum leistungsmäßig wesentlich beitragen und/oder in denen nur wenig Rauschen auftritt. Umgekehrt werden die Frequenzkomponenten besonders gedämpft, in denen das Signalspektrum nur relativ wenig Leistung aufweist und/oder das LDS des Rauschens überwiegt.

Von besonderer Bedeutung ist der Fall des weißen Rauschens. Besitzt die Störung ein (im Übertragungsband) konstantes LDS

$$S_{NN}(\omega) = \frac{N_0}{2} \qquad (13.133)$$

hängt die Lösung (13.132) nur vom Signal ab.

$$H_{MF}(j\omega) = X^*(j\omega) \cdot e^{-j\omega t_0} \qquad (13.134)$$

Die Rücktransformation in den Zeitbereich geschieht durch Anwenden der Sätze der Fourier-Transformation. Die Bildung des konjugiert komplexen Spektrums bedeutet für die Zeitfunktion eine Spiegelung an der Ordinate. Für ein gesendetes rechtsseitiges Signal $x(t)$ ergibt sich daraus ein linksseitiges Zwischenergebnis. Der Faktor $\exp(-j\omega t_0)$ verursacht eine Zeitverschiebung um t_0 nach rechts. Wählt man t_0 gleich der Zeitdauer des Nutzsignals T, resultiert schließlich die Impulsantwort des kausalen reellwertigen Matched-Filters.

$$h_{MF}(t) = x(-t+T) \qquad (13.135)$$

Das Matched-Filter liefert als Reaktion auf $x(t)$ am Ausgang die verschobene Zeit-AKF.

$$x(t) * h_{MF}(t) = R_{xx}(t-T) = R_{hh}(t-T) \qquad (13.136)$$

Im optimalen Detektionszeitpunkt $t_0 = T$ erhält man die Signalenergie

$$R_{xx}(0) = E_x = \int\limits_0^T x^2(t)dt \qquad (13.137)$$

Für das SNR am Matched-Filterausgang (13.125) gilt im optimalen Detektionszeitpunkt bei weißer Rauschstörung mit der parsevalschen Formel

$$\left(\frac{S}{N}\right)_{0,MF} = \frac{\dfrac{1}{2\pi}\cdot\displaystyle\int_{-\infty}^{+\infty}|X(j\omega)|^2\,d\omega}{N_0/2} = \frac{E_x}{N_0/2} \tag{13.138}$$

Damit ist das SNR gleich dem Verhältnis aus der Energie des Signals $x(t)$ zur Rauschleistungsdichte. Man beachte, dass das SNR nicht von der speziellen Form des Signals abhängt. Für die Anwendung ergibt sich damit die Möglichkeit ein Signal mit kompaktem Spektrum auszuwählen.

Nachdem das Konzept und die Dimensionierungsvorschrift für das Matched-Filter vorgestellt wurde, wird noch auf drei für die Anwendung wichtige Punkte hingewiesen:

- Betrachtet man rückblickend nur den Betrag des Frequenzganges, dann wird die Überlegung der Rauschunterdrückung durch eine einfache Bandpass- bzw. Tiefpassfilterung in Bild 13-24 bestätigt und präzisiert. Wie im Übungsteil, Abschnitt 13.4, gezeigt wird, kann bei rechteckförmigen Sendegrundimpulsen bereits mit dem einfachen RC-Tiefpass ein SNR erreicht werden, das weniger als 1 dB unterhalb des mit dem Matched-Filter erzielbaren SNR (13.138) liegt.

- Im Falle der AWGN-Störung wird in Abschnitt 13.3.1 gezeigt, dass beim Matched-Filter-Empfänger die Wahrscheinlichkeit für eine Fehlentscheidung minimal wird. Man spricht in diesem Fall von einer *Maximum-Likelihood-Detektion* bzw. in der Radartechnik von einem *optimalen Suchfilter*.

- Schließlich sei angemerkt, dass weitergehende Überlegungen zur Detektion von Signalen und Prozessen in der Literatur unter den Stichworten *Wiener-Filter* und *Kalman-Filter* zu finden sind, z. B. [Schl92] und [Unb02].

Beispiel   Unipolare und bipolare Datenübertragung im Basisband

Wir greifen das frühere Beispiel der binäre Datenübertragung in Abschnitt 13.3.1 und Bild 13-24 auf und stellen die in der Informationstechnik wichtige unipolare und bipolare Datenübertragung im Basisband vor.

Übertragungsmodell

Wird die Datenübertragung durch additives Rauschen stark gestört, so bietet sich der Einsatz eines Matched-Filter-Empfängers an. Dessen Empfangsfilter ist speziell an den Sendegrundimpuls angepasst, so dass in den Detektionszeitpunkten ein größtmögliches SNR erreicht wird. Bild 13-26 stellt das zugrunde liegende Übertragungsmodell vor. Lineare Verzerrungen werden als vernachlässigbar vorausgesetzt.

Der zu übertragende Bitstrom $b_n \in \{-1, 1\}$ wird im *Impulsformer* in das bipolare analoge Sendesignal umgesetzt

$$u(t) = \sum_{n=0}^{\infty} b_n \cdot g(t - nT_b) \tag{13.139}$$

mit dem auf das Bitintervall $[0,T_b[$ zeitlich begrenzten, rechtsseitigen und rechteckförmigen Sendegrundimpuls $g(t)$ mit der Amplitude A.

$$g(t) = A \cdot \Pi_{T_b}\left(t - T_b/2\right) \qquad (13.140)$$

Das Empfangsfilter wird als Matched-Filter an den Sendegrundimpuls angepasst. Die Impulsantwort des Matched-Filters ist demgemäß gleich dem zeitlich gespiegelten und um eine Bitdauer verschobenen Sendegrundimpuls.

$$h_{MF}(t) = g(T_b - t) = g(t) \qquad (13.141)$$

Die Impulsantwort des kausalen Matched-Filters ist hier wegen der geraden Symmetrie des Sendegrundimpulses mit ihm identisch.

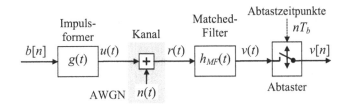

Bild 13-26 Basisbandübertragung im AWGN-Kanal

Die Faltung von $g(t)$ mit $h_{MF}(t)$ liefert dann als *Detektionsgrundimpuls* einen Dreieckimpuls, siehe Bild 3-5, der Breite $2 \cdot T_b$ und der Höhe gleich der Energie des Sendegrundimpulses E_g.

Folglich ergibt sich der Nutzanteil am Abtastereingang als Überlagerung von um Vielfache der Bitdauer verzögerten Dreieckimpulsen der Höhe E_g, die entsprechend dem jeweilig korrespondierenden Bit noch mit +1 bzw. −1 gewichtet sind. Zur Illustration des Matched-Filter-Empfängers knüpfen wir am Beispiel der RS-232-Schnittstelle in Bild 13-20 mit der vierfachen Abtastung pro Übertragungsschritt an. Statt der Mehrheitsentscheidung verwenden wir ein zeitdiskretes Matched-Filter mit $h[n] = 1/4 \cdot \{1, 1, 1, 1\}$ entsprechend den vier Abtastwerten je Rechteckimpuls, siehe gleitender Mittelwert.

In Bild 13-27 werden Beispiele für das Empfangssignal (oben) und das Detektionssignal (unten) gezeigt. Die Übertragung wurde am PC simuliert. Um den Effekt der Störung deutlich zu machen, wurde bei der Simulation, wie in Bild 13-20, ein relativ großer Rauschanteil von $\sigma^2 = A^2/4$ mit $A = 1$ vorgegeben.

Die obere Tafel zeigt das Empfangssignal $r[n]$ als Überlagerung der Rechteckimpulse des Sendesignals mit einem typischen regellosen Rauschsignal.

Das Detektionssignal wird darunter gezeigt. Zusätzlich ist der korrespondierende zeitkontinuierliche Verlauf im ungestörten Fall angedeutet. Das Detektionssignal setzt sich im ungestörten Fall (nur Nutzsignal) aus der Überlagerung der Detektionsgrundimpulse zusammen. Im Vergleich mit den Abtastwerten des Empfangssignals $r[n]$ im oberen Bild, ist die Streuung der Detektionsvariablen v_n um die „idealen" Werten ±1 deutlich geringer. Die Rauschstörung wird durch das Matched-Filter „herausgemittelt".

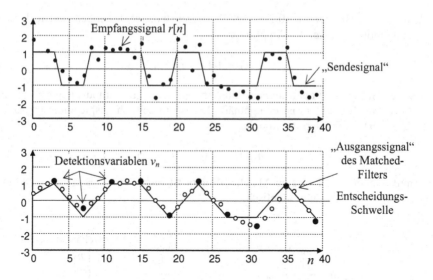

Bild 13-27 AWGN gestörtes Empfangssignal und Detektionssignal des Matched-Filter-Empfängers mit den Detektionsvariablen v_n

Anhand von Bild 13-27 lassen sich zwei allgemeine, wichtige Eigenschaften erkennen:

- Die zu den Abtastzeitpunkten $t = nT_b$ gewonnenen Detektionsvariablen v_n liefern im ungestörten Fall nach der Schwellwertdetektion die gesendeten Bits.

- Zu den Abtastzeitpunkten ist jeweils nur ein Empfangsimpuls wirksam, so dass in den Detektionsvariablen v_n keine Interferenzen benachbarter Zeichen auftreten.

Bitfehlerwahrscheinlichkeit

Für die Detektionsvariablen nach dem Matched-Filter ergibt sich ein SNR von (13.138)

$$\left(\frac{S}{N}\right)_{0,MF} = \frac{E_g}{N_0/2} \tag{13.142}$$

Zur Berechnung der Bitfehlerwahrscheinlichkeit bedienen wir uns der Ergebnisse aus Abschnitt 13.4.1. Statt der Amplitude A in Bild 13-21 ist jetzt die Energie des Sendegrundimpulses E_g für die bipolare Übertragung bzw. $E_g / 2$ bei unipolarer Übertragung zu setzen.

Damit resultiert mit (13.120) die *Bitfehlerwahrscheinlichkeit*

$$P_{b,unipolar} = \frac{1}{2} \cdot \text{erfc} \sqrt{\frac{E_g}{2N_0}} \quad \text{und} \quad P_{b,bipolar} = \frac{1}{2} \cdot \text{erfc} \sqrt{\frac{E_g}{N_0}} \tag{13.143}$$

In der Informationstechnik ist es üblich die Leistungsfähigkeit unterschiedlicher Übertragungsverfahren bzgl. der pro Bit im Mittel aufgewendeten Energie E_b zu vergleichen. Im Beispiel der bipolaren Übertragung ist $E_b = E_g$ und der unipolaren Übertragung $E_b = E_g / 2$. Es resultiert für die uni- und bipolare Übertragung

$$P_b = \frac{1}{2} \cdot \mathrm{erfc} \sqrt{\frac{E_b}{N_0}} \qquad (13.144)$$

Abschließend führen wir das Zahlenwertbeispiel fort. Mit $\sigma^2 = N_0 / 2 = 1/4$ und $E_g = 4$ ergibt sich die Bitfehlerwahrscheinlichkeit

$$P_b = 0,5 \cdot \mathrm{erfc} \sqrt{8} = 3,2 \cdot 10^{-5} \qquad (13.145)$$

Im Vergleich zur Lösung (13.122) mit $1,5 \cdot 10^{-3}$ für die Kombination aus Schwellwert- und Mehrheitsentscheidung resultiert hier durch das zeitdiskrete Matched-Filter eine spürbare Abnahme der Bitfehlerwahrscheinlichkeit.

Anmerkungen: (i) Der Faktor $1/4$ in der Impulsantwort des Matched-Filters wirkt auf das Nutzsignal und Störsignal gleichermaßen, so dass sich das SNR nicht ändert. (ii) Die Reduktion der Bitfehlerwahrscheinlichkeit wird durch eine höhere Komplexität erkauft. Insbesondere ist das Abtasten in den optimalen Detektionszeitpunkten von großer Bedeutung [Wer06].

13.4.3   Beispiel: Mehrkanal-Tokographie

Die Wirksamkeit der Korrelation zur Erkennung von Ereignissen in Signalen demonstriert das Beispiel aus der Medizintechnik, die *Mehrkanal-Tokographie*. Dabei werden bei Schwangeren über Drucksensoren auf der Bauchdecke indirekt Bewegungen der Gebärmutter (des Uterus) aufgezeichnet. Die einkanalige Ausführung ist als Wehenschreiber bekannt.

Der Kürze halber beschränken wir uns im Folgenden auf die Darstellung der ersten Schritte der Signalverarbeitung: die Signalverbesserung durch ein Medianfilter und die Korrelationsanalyse.

Anmerkungen: (i) Für die folgende grafische Darstellung wurden die Signale gemeinsam auf den Wertebereich [0, 1] normiert. (ii) Die Signalverarbeitung erfolgt digital, die Signale werden in Anlehnung an die analogen Wehenschreiber zeitkontinuierlich dargestellt. Das Tokogramm besitzt eine Abtastfrequenz von 18 Hz und wird nach Medianfilterung auf 2 Hz unterabgetastet. (iii) Die gewählten Zahlenwertbeispiele sind typisch aber nicht weiter optimiert. (iv) Mehr zu technischen Aspekte der Realisierung mittels Festkomma-Signalprozessor und die statistische Verknüpfung der Daten sind in [WeHe00] zu finden.

In einem klinischen Versuch wurden vier Drucksensoren (Transducer) über der Bauchdecke einer Schwangeren verteilt und die Druckschwankungen gleichzeitig aufgenommen. In Bild 13-28 oben sind die Tokogramme zu den Drucksensoren oben links (OL) und unten links (UL) zu sehen, wie sie in der Signalverarbeitungseinheit ankommen.

Das Tokogramm links oben zeigt einen typischen Verlauf für regelmäßige starke Kontraktionen. Die Kontraktionen treten in Abständen von 2 bis 3 Minuten auf und dauern jeweils etwa 1 Minute. Das Tokogramm rechts daneben zeigt dagegen kaum erkennbare Kontraktionsbewegungen.

Beide Tokogramme sind stark gestört. Zu erkennen sind einmal kurzeitige Signalüberhöhungen (Spikes) durch spontane Bewegungen der Schwangeren – die Schwangeren sollen bei der Untersuchung lange Zeit möglichst bewegungslos liegen. Zum zweiten zeigen die Kurven eine gleichmäßig überlagerte starke Unruhe (Rauschen), die vor allem durch Atembewegungen im Sekundenrhythmus induziert wird.

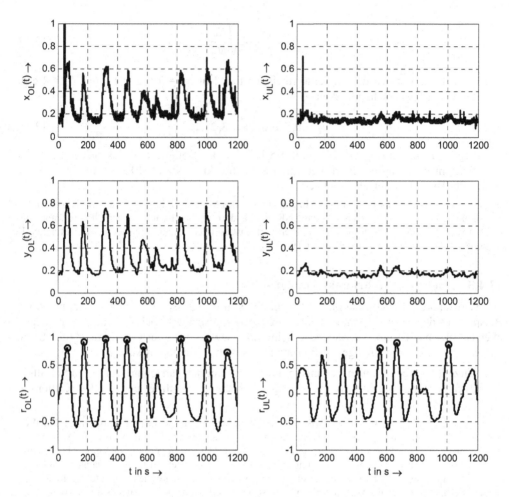

Bild 13-28 Signalbeispiele zur Vierkanal-Tokographie: Transducer-Signale oben links (x_{OL}) und unten
links (x_{UL}), Signale nach Medianfilterung (y_{OL} bzw. y_{UL}) und Signale des gleitenden Korrelationskoeffizient (r_{OL} bzw. r_{UL})

Zur Signalverbesserung wird deshalb ein Medianfilter mit einer Fensterbreite von 5 Sekunden
eingesetzt. Die nichtlinear gefilterten Tokogramme sind in der Bildmitte zu sehen. Die Medianfilterung beseitigt die Spikes und führt zu einer allgemeinen Rauschunterdrückung, ohne die
Signalflanken übermäßig zu verschleifen. Wichtige Information über die zeitliche Entwicklung
von übergreifenden Kontraktions-Komplexen bleibt somit erhalten.

Nun kann in den gefilterten Tokogramme nach Kontraktionsereignissen gesucht werden. Die
Kontraktionsereignisse bilden sich im Tokogramm offensichtlich als Impulse ab. Die Formen
der Impulse erinnern an gaußsche Glockenkurven mit einer mittleren Dauer von ca. 60 Sekunden.

Zur Detektion der Kontraktionen wird deshalb eine Korrelation der Tokogramme mit einem
Musterimpuls vorgeschlagen. Dazu wird eine gaußsche Glockenkurve mit der Standardabweichung von 15 Sekunden zugrunde gelegt. Aus praktischen Gründen wird der Muster-

impuls auf die Dauer von 180 Sekunden beschränkt, so dass eine Blockverarbeitung vorgenommen werden kann. Für die weiteren Berechnungen wird der Musterimpuls auf den Mittelwert 0 und die Varianz 1 normiert, siehe Bild **13-29**.

Zur Detektion der Kontraktionsereignisse wird der empirische Korrelationskoeffizient (12.69) zum Musterimpuls und überlappenden Ausschnitten des Tokogrammes berechnet – ähnlich dem gleitenden Mittelwert. Es entsteht das Signal des gleitenden Korrelationskoeffizienten.

Man beachte dass dabei jeder Ausschnitt aus dem Tokogramm neu normiert wird, so dass mögliche Störungen bei der Signalaufnahme, wie ein Sprung (Offset) und eine Änderung der Aussteuerung (Verstärkung) im Tokogramm ausgeglichen werden.

Anmerkung: Derartige Störungen sind im Beispiel nicht zu beobachten.

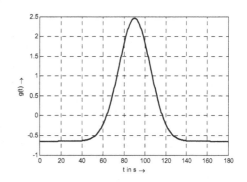

Bild 13-29 Normierter Musterimpuls für die Korrelationsanalyse

Die Resultate der Korrelationsanalyse zeigen die unteren beiden Tafeln in Bild 13-28. Für das Tokogramm mit den deutlich sichtbaren Kontraktionsereignissen erkennt man einen starken Zusammenhang zwischen dem Tokogramm und dem gleitenden Korrelationskoeffizienten. Der gleitende Korrelationskoeffizient liefert ausgeprägte lokale Maxima mit Werte nahe bei eins, wo auch der geübte Arzt ein Kontraktionsereignis beobachtet. Damit ist eine Grundlage für die automatische Erkennung geschaffen. Führt man beispielsweise für die Detektion eine Schwelle von 0,7 ein, so werden 8 Kontraktionsereignisse automatisch erkannt.

Die Stärke der Korrelationsanalyse zeigt sich im Beispiel des Tokogramms in der rechten Spalte von Bild 13-28. Obwohl das Tokogramm relativ flach verläuft liefert der gleitende Korrelationskoeffizient ein Abbild der Kontraktionsereignisse.

Durch weitere statistische Auswertungen, wie die Dauer und die Intensität sowie die zeitliche Ausbreitung der Kontraktionsereignisse über die einzelnen Tokogramme, kann ein detailliertes Bild über die Kontraktionsvorgänge automatisch geschaffen und den behandelnden Ärzten zur Verfügung gestellt werden.

13.4.4 Beispiel: Chirp-Signal

Anmerkung: Dieser Abschnitt stellt ein praktisches Beispiel aus der Biologie und Radartechnik für die Anwendung der Korrelation vor. Ausgehend von theoretischen Überlegungen wird in einer Art Fallstudie die zeitdiskrete Simulation entwickelt und es werden konkrete Ergebnisse vorgestellt. Wegen der Komplexität des Themas kann die theoretische Seite nur angedeutet werden. Die grafischen Darstellungen der Simulationsergebnisse sprechen jedoch für sich selbst und verifizieren die theoretischen Aussagen.

Fledermäuse würden verhungern, könnten sie sich nicht bei Dunkelheit und im Flug orientieren. Sie senden Schreie im Ultraschallbereich aus und erkennen Objekte anhand der zurückgeworfenen Echos. Es gelingt ihnen damit sogar unter verschieden fliegenden Insekten ihre „Lieblingsspeise" zu erkennen und im Flug zu ergreifen. Fledermäuse erfassen die Geschwindigkeit ihrer Beute im Flug. Mit ihrer biologischen Signalverarbeitung verbinden sie die Robustheit gegen Störgeräusche mit einer hohen Zeitauflösung.

Das Geheimnis der Fledermäuse steckt in der besonderen Form des Ortungsschreies. Weil die Lautstärke beschränkt ist, kann die benötigte hohe Signalenergie nur durch eine längere Dauer des Schreies erzielt werden. Andererseits stört ein langer Schrei die Objekterkennung, da sich dann viele Echos von unterschiedlichen Objekten überlagern. Die Lösung liefert die Kombination aus speziellem Signal und Korrelationsempfang. Es handelt sich um ein frequenzmoduliertes Signal. Im für Menschen hörbaren Frequenzbereich umgesetzt erinnert es an ein Zwitschern, englisch twitter oder chirp. Man spricht deshalb von einem *Chirp-Signal*.

In der Radartechnik liegt die gleiche Aufgabenstellung vor. Das Beispiel der Radarortung im vorhergehenden Abschnitt zeigt, dass die Kombination von Rechteckimpuls und Matched-Filterempfang nur einen relativ bescheidenen Gewinn im Vergleich zu einem Empfänger mit einem einfachen RC-Tiefpass liefert. In der Radartechnik wurde deshalb unter dem Schlagwort *Impulskompression* nach speziellen Signalen gesucht, die eine hohe Zeitauflösung und Robustheit gegen Rauschen verbinden. Eine in den Anwendungen wichtige Lösung sind die Chirp-Signale, oder wie in der Radartechnik genannt, die *linear frequenzmodulierten* (LFM, Linearly Frequency Modulated) *Signale*.

Chirp-Signal

Wir gehen im Folgenden von Chirp-Signalen mit der komplexen Darstellung

$$c(t) = \exp\left(-\frac{t^2}{T^2}\right) \cdot \exp\left(j\left[\omega_0 t + \pi\mu \cdot t^2\right]\right) \tag{13.146}$$

mit linear modulierter *Momentanfrequenz* aus.

$$f_M(t) = \frac{1}{2\pi} \cdot \frac{d}{dt}\left[\omega_0 t + \pi\mu \cdot t^2\right] = f_0 + \mu \cdot t \tag{13.147}$$

Der Proportionalitätsfaktor μ wird *Chirp-Rate* genannt. Er bestimmt die Geschwindigkeit der Frequenzänderung.

Anmerkung: Eine erweitere Definitionen von Chirp-Signalen basiert auf der allgemeinen Zeitabhängigkeit der Momentanfrequenz, wie beispielsweise in quadratischer oder logarithmischer Form.

Die Bewertung des frequenzmodulierten Trägersignals mit einer gaußschen Glockenkurve, *Gauß-Impuls* genannt, ist von besonderer Bedeutung. Für Gauß-Impulse gilt, dass die Betragsspektren ebenfalls die Form von Gauß-Impulsen aufweisen. Es kann weiter gezeigt werden, dass das Zeitdauer-Bandbreite-Produkt für Gauß-Impulse minimal ist, legt man das Produkt der Varianzen der Funktionen im Zeit- und Spektralbereich zugrunde, siehe Abschnitt 8.4.8. In der Radartechnik führt das zu einer guten Zeit- und Frequenzauflösung; also relativ geringen Unschärfen in den Orts- und Geschwindigkeitsangaben.

Wie in einem Übungsbeispiel in Abschnitt 13.5 gezeigt wird, resultiert zum Chirp-Signal (13.146) der Betrag des Spektrums

$$|C(j\omega)| = \sqrt{\pi T^2} \cdot \exp\left(-\frac{(\omega - \omega_0)^2}{W^2}\right) \tag{13.148}$$

mit dem die Bandbreite bestimmenden Parameter

$$W^2 = \frac{4}{T^2} \cdot \left(1 + \pi^2 \mu^2 T^4\right) \tag{13.149}$$

Zeitdiskrete Simulation

Mit der Festlegung des Chirp-Signals (13.146) und der Auswahl des Korrelationsempfängers sind die wesentlichen Vorgaben für eine Simulation getroffen.

$$c[n] = c(t = nT_s) = \exp\left(-\frac{n^2}{(T/T_s)^2}\right) \cdot \cos\left(\omega_0 T_s n + \pi \mu T_s^2 n^2\right) \quad \text{für} \quad n = -N : N \tag{13.150}$$

Beachten Sie, die Dauer des Chirp-Signals ist mit dem Abtastintervall $T_s = 1 / f_s$ und der Beschränkung der normierten Zeitvariablen auf den Bereich $[-N, N]$ festgelegt.

$$T_c = 2N \cdot T_s \tag{13.151}$$

Die Simulation wird übersichtlicher, wenn mit normierten Größen gearbeitet wird. Wir führen deshalb eine Normierung auf die Abtastfrequenz bzw. das Abtastintervall durch.

$$\tilde{T} = T \cdot f_s \quad , \quad \tilde{f}_0 = f_0 \cdot T_s \quad \text{und} \quad \tilde{\mu} = \mu \cdot T_s^2 \tag{13.152}$$

Somit schreibt sich das zeitdiskrete Chirp-Signal kompakt

$$c[n] = \exp\left(-\frac{n^2}{\tilde{T}^2}\right) \cdot \cos\left(2\pi \tilde{f}_0 n + \pi \tilde{\mu} n^2\right) \quad \text{für} \quad n = -N : N \tag{13.153}$$

Dimensionierungsbeispiel

Zur konkreten Durchführung der Simulation sind die Parameter f_s, f_0, μ, T, T_c bzw. N vorzugeben. Die Abtastfrequenz und die Mittenfrequenz des Chirp-Signals legen wir mit Blick auf die späteren grafischen Darstellungen und die Ausgabe als Audiosignal fest.

$$f_s = 20\,\text{kHz} \quad \text{und} \quad f_0 = 2\,\text{kHz} \tag{13.154}$$

Weil die Simulation zeitlich beschränkt ist, muss der Gauß-Impuls beschnitten werden. Um die dadurch verursachten Abweichungen vom berechneten Betragsspektrum (13.148) nicht zu groß werden zu lassen, wählen wir T so, dass der Gauß-Impuls zu Beginn und Ende der Simulation auf $1/e^2 \approx 0,13$ abgeklungen ist.

$$\tilde{T} = \frac{N}{\sqrt{2}} \quad \triangleq \quad T = \frac{T_c}{2\sqrt{2}} \tag{13.155}$$

Es ist noch die Chirp-Rate vorzugeben. Wir geben uns den Variationsbereich der Momentanfrequenz mit $\pm 50\,\%$ Abweichung von der Mittenfrequenz f_0 vor, d. h.

$$f_M(t) = 1...3 \text{ kHz} \tag{13.156}$$

Also eine Frequenzabweichung von -1 kHz und $+1$ kHz zu Beginn bzw. am Ende des Chirp-Signals. Daraus folgt mit (13.147) für die Chirp-Rate

$$\mu = \frac{f_0}{T_c} \quad \triangleq \quad \tilde{\mu} = \frac{f_0}{T_c} \cdot T_s^2 = \frac{\tilde{f}_0}{2N} \tag{13.157}$$

Zum Schluss überlegen wir, wie wir die theoretischen Ergebnisse und die Simulation „auf einen Blick" verifizieren können. Dazu wählen wir als besonderes Kriterium die Bandbreite des Spektrums aus. Aus (13.148) folgt, dass das Betragsspektrum von seinem Maximalwert bei f_0 um den Faktor $1/e \approx 0,37$ abnimmt, wenn ein Frequenzversatz vorliegt von

$$2\pi \cdot \Delta f = W \tag{13.158}$$

Aus (13.149) erhalten wir für die festgelegten Simulationsparameter in (13.155) und (13.157)

$$2\pi \cdot \Delta f = \frac{2}{T} \cdot \sqrt{1 + \pi^2 \mu^2 T^4} = \frac{4\sqrt{2}}{T_c} \cdot \sqrt{1 + \pi^2 \cdot \frac{f_0^2}{T_c^2} \cdot \frac{T_c^4}{64}} = \frac{4\sqrt{2}}{T_c} \cdot \sqrt{1 + \pi^2 \cdot \frac{f_0^2 \cdot T_c^2}{64}} \tag{13.159}$$

Wir bringen noch die Dauer des Chirp-Signals und die Abtastfrequenz (13.151) in die Formel ein.

$$2\pi \cdot \Delta f = f_s \cdot \frac{2\sqrt{2}}{N} \cdot \sqrt{1 + \frac{\pi^2 \tilde{f}_0^2 N^2}{16}} \tag{13.160}$$

So dass wir mit den gewählten Zahlenwerten erhalten

$$2\pi \cdot \Delta f = 20 \text{ kHz} \cdot \frac{2\sqrt{2}}{200} \cdot \sqrt{1 + \pi^2 \cdot \left(\frac{2 \text{ kHz}}{20 \text{ kHz}}\right)^2 \cdot \left(\frac{200}{4}\right)^2} \approx 2\pi \cdot 0,709 \text{ kHz} \tag{13.161}$$

Simulationsergebnisse

Die Programmierung und Durchführung der zeitdiskreten Simulation werden im Übungsteil als MATLAB-Übung präsentiert. Für die oben beschriebene Dimensionierung werden die Ergebnisse nachfolgend diskutiert. Um den Zusammenhang mit den theoretischen Überlegungen herauszustellen, sind die Bilder, trotz der zeitdiskreten Simulation, entsprechend den zeitkontinuierlichen Größen beschriftet.

In Bild 13-30 sind das Chirp-Signal und seine Zeit-AKF zu sehen. Oben im Chirp-Signal ist die zunehmende Momentankreisfrequenz an den mit wachsender Zeit abnehmenden Abständen der Nulldurchgänge zu erkennen. Die Gewichtung mit dem Gauß-Impuls tritt klar hervor.

In der Tafel darunter ist die zugehörige Zeit-AKF, wie sie sich auch am Ausgang des Matched-Filters ergibt, dargestellt. Das in der Simulation verwendete Chirp-Signal mit einer Dauer von 20 ms wird beim Durchgang durch das Matched-Filter im Wesentlichen auf etwa 2 ms, also etwa um den Faktor 10, komprimiert.

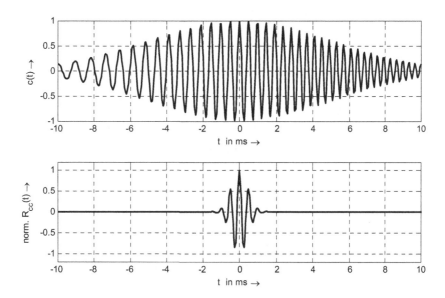

Bild 13-30 Chirp-Signal (oben) und seine Zeitautokorrelationsfunktion (unten) (zeitdiskrete Simulation)

In der Simulation wird der Betragsfrequenzgang des Chirp-Signals mit der DFT bestimmt. Bild 13-31 zeigt das Ergebnis in linearer und logarithmischer Darstellung. Zum Vergleich ist auch das berechnete Betragsspektrum (13.148), der Gauß-Impuls in Frequenzbereich, eingetragen. Der Betragsfrequenzgang des zeitdiskreten Chirp-Signals folgt im Wesentlichen dem berechneten Gauß-Impuls. Insbesondere ist, wie in (13.161) vorhergesagt, bei den Frequenzen $f_0 \pm$ 709 Hz ein Abfall des Betragsspektrums auf den Wert 0,37 (−8,7 dB) zu erkennen.

Anmerkung: Siehe auch Aliasing bei der impulsinvarianten Transformation in Abschnitt 11.3.1.

In der logarithmischen Darstellung wird der Einfluss der Impulsverkürzung im Zeitbereich deutlich erkennbar. Wie bei der Wahl der Parameter schon angesprochen, bleiben die Abweichungen im erwarteten Rahmen, so dass das berechnet Betragsspektrum durch die Simulation bestätigt wird.

Die Veränderungen der Momentanfrequenz werden in einem *Spektrogramm* sichtbar gemacht. Dazu wird das zeitdiskrete Signal in aufeinander folgende Blöcke eingeteilt und jeder Block der DFT unterworfen, so dass eine Folge von Kurzzeitspektren entsteht [Wer06a]. Die Beträge der Spektren werden farblich codiert nebeneinander über der Zeit (Blocknummer) aufgetragen.

Bild 13-32 zeigt das Spektrogramm des Chirp-Signals. Für die Blöcke wurde die Länge 32 und eine Überlappung um 50 % gewählt, so dass 24 Kurzzeitspektren mit je 32 DFT-Koeffizienten entstehen. Der Betrag des Spektrogramms weist insgesamt eine Auflösung von 24×17 auf. Es ergibt sich ein relativ grobes Frequenzraster. Jedoch kann der lineare Übergang der Momentanfrequenz von 1 kHz nach 3 kHz im Bild gut nachvollzogen werden. In Bild 13-32 werden höhere Betragswerte der DFT-Koeffizienten durch hellere Grautöne repräsentiert.

Anmerkung: Durch die Umwandlung des Farbbildes in ein Graustufenbild geht für das Auge leider die Dynamik im Spektrogramm verloren.

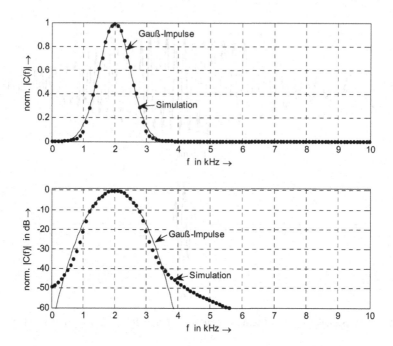

Bild 13-31 Betrag des Spektrums des Chirp-Signals ((13.148) „-" und Simulation „."")

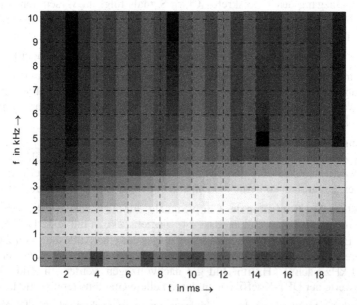

Bild 13-32 Spektrogramm des Chirp-Signals (Je größer der Betrag des Spektrums, umso heller die Darstellung im Bild; Beginn des Chirp-Signals bei $t = 0$ ms.)

13.5 Übungsbeispiele zu stochastischen Prozessen

Beispiel Äquivalente Rauschbandbreite des RC-Tiefpasses

Die Rauschleistung am Filterausgang N wird in der Nachrichtenübertragungstechnik oft mit der *äquivalenten Rauschbandbreite* B_{neq} (Noise Equivalent Bandwidth) angegeben

$$N = N_0 \cdot H_{max}^2 \cdot B_{neq} \tag{13.162}$$

mit dem zweiseitigen Leistungsdichtespektrum am Eingang

$$S_{XX}(\omega) = \frac{N_0}{2} \ \forall \ \omega \tag{13.163}$$

und dem Betragsmaximum des Frequenzgangs des Filters

$$H_{max} = \max_{\omega} |H(j\omega)| \tag{13.164}$$

a) Geben Sie die Bestimmungsgleichung der äquivalenten Rauschbandbreite an.

b) Berechnen Sie die äquivalente Rauschbandbreite des RC-Tiefpasses in Abhängigkeit von der 3dB-Grenzfrequenz.

c) Wie groß müsste die Bandbreite eines idealen Tiefpasses mit $H(0) = H_{max}$ sein, damit an seinem Ausgang die gleiche Rauschleistung wie in (b) vorliegt?

Lösung

a) Aus Tabelle 13-4, (13.94), folgt für die mittlere Leistung am Systemausgang

$$N = \frac{N_0}{2} \cdot \frac{1}{2\pi} \int_{-\infty}^{+\infty} |H(j\omega)|^2 \, d\omega \tag{13.165}$$

und demzufolge für die äquivalente Rauschbandbreite

$$B_{neq} = \frac{1}{2H_{max}^2} \cdot \frac{1}{2\pi} \int_{-\infty}^{+\infty} |H(j\omega)|^2 \, d\omega \tag{13.166}$$

b) Mit dem Betragsfrequenzgang des RC-Tiefpasses (8.99) und der 3dB-Grenzfrequenz des RC-Tiefpasses (8.101) erhält man

$$B_{neq} = \frac{1}{2} \cdot \frac{1}{2\pi} \int_{-\infty}^{+\infty} \frac{1}{1+\omega^2\tau^2} \, d\omega = \frac{1}{2} \cdot \frac{1}{2\tau} = \frac{1}{4} \cdot 2\pi f_{3dB} \tag{13.167}$$

c) Im Falle des idealen Tiefpasses ist die äquivalente Rauschbandbreite gleich der Grenzfrequenz des Tiefpasses

$$B_{neq} = f_g \tag{13.168}$$

so dass sich der Zusammenhang ergibt

$$f_g = \frac{\pi}{2} \cdot f_{3dB} \tag{13.169}$$

Beispiel   Lineare Filterung

Am Eingang eines LTI-Systems mit der Übertragungsfunktion

$$H(s) = \frac{1}{s+2} \tag{13.170}$$

tritt ein $N(1,1)$-verteilter Zufallsprozess $X(t)$ auf.

a) Geben Sie die WDF am Systemeingang an.

b) Bestimmen Sie die mittlere Leistung des Eingangsprozesses.

c) Geben Sie den linearen Mittelwert am Systemausgang an.

Im Weiteren wird der Eingangsprozess in einen deterministischen Anteil, entsprechend dem linearen Mittelwert, und einen stochastischen Anteil $Z(t)$ zerlegt. Dabei sei $Z(t)$ ein weißer Prozess.

d) Geben Sie das LDS ohne deterministischen Anteil am Systemausgang an.

e) Geben Sie die WDF am Systemausgang an.

Lösung

a) Da der Eingangsprozess $N(1,1)$-verteilt ist, ist seine WDF (12.7)

$$f_X(x) = \frac{1}{\sqrt{2\pi}} \cdot \exp\left(-\frac{(x-1)^2}{2}\right) \tag{13.171}$$

b) Die Leistung des Eingangsprozesses ist nach Tabelle 13-1 mit (13.7) und (13.10)

$$m_{2X} = \sigma_X^2 + \mu_X^2 = 2 \tag{13.172}$$

c) Der lineare Mittelwert am Systemausgang berechnet sich aus (13.92).

$$\mu_Y = H(0) \cdot \mu_X = \frac{1}{2} \tag{13.173}$$

d) Das LDS am Systemausgang ohne deterministischen Anteil erhält man aus (13.99).

$$S_{ZZ}(\omega) = \sigma_X^2 \cdot |H(j\omega)|^2 \tag{13.174}$$

e) Der Ausgangsprozess $Y(t)$ ist ebenfalls normalverteilt. Sein Mittelwert ist gleich μ_Y. Die Varianz ist gleich der Varianz von $Z(t)$. Letztere berechnet sich entsprechend aus (13.174) mit (13.167).

$$\sigma_Z^2 = \sigma_X^2 \cdot \frac{1}{2\pi} \int_{-\infty}^{+\infty} \frac{1}{4+\omega^2} d\omega = \frac{1}{4} \cdot \frac{1}{2\pi} \int_{-\infty}^{+\infty} \frac{1}{1+\omega^2 \cdot (1/2)^2} d\omega = \frac{1}{4} \qquad (13.175)$$

Der Ausgangsprozess ist $N(1/2, 1/4)$-verteilt. Seine WDF ist

$$f_Y(y) = \sqrt{\frac{2}{\pi}} \cdot \exp\left(-2 \cdot [y - 1/2]^2\right) \qquad (13.176)$$

Beispiel Quantisierungsrauschen

Hinweis: Dieses Beispiel ergänzt die Überlegungen zur A/D-Umsetzung in Abschnitt 11.2.3 Es handelt es sich um ein umfangreiches Fallbeispiel.

Bei der A/D-Umsetzung werden durch die Quantisierung die wertkontinuierlichen Amplituden durch diskrete Werte ersetzt. Dabei entsteht das *Quantisierungsrauschen* als additive Störung des Nutzsignals wie in Bild 13-33 dargestellt.

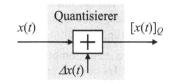

Bild 13-33 Modell der Quantisierung mit Fehlersignal

$$\Delta x(t) = [x(t)]_Q - x(t) \qquad (13.177)$$

Anmerkung: Bei Audiosignalen ist der Quantisierungsfehler u. U. deutlich hörbar, weshalb das Fehlersignal oft auch Quantisierungsgeräusch genannt wird.

Die Art der Quantisierung wird durch die Quantisierungskennlinie festgelegt. Für die Aufgabe wählen wir die gleichförmige und symmetrische Kennlinie in Bild 13-34 mit der binären Wortlänge $w = 3$ bit und somit $2^{w/\text{bit}} = 8$ Quantisierungsstufen, dargestellt. Es werden die Eingangswerte x den jeweiligen Quantisierungsintervallen $[x_l, x_{l+1}[$ mit $x_l \leq x < x_{l+1}$ zugeordnet. Tritt mit $|x| > x_{\max}$ ein Überlauf an den Rändern auf, so wird das nächste innere Quantisierungsintervall gewählt. Man spricht von einer Sättigung bzw. einer Sättigungskennlinie. Alle Eingangswerte im l-ten Quantisierungsintervall werden auf den Repräsentanten r_l abgebildet.

Es soll die Leistung des Quantisierungsgeräusches und damit das *SNR* als Maß für die Störung berechnet werden. Dazu gehen wir von einem mittelwertfreien stationären Eingangsprozess $X(t)$ mit der WDF $f_X(x)$ und Varianz σ^2 aus. Wegen der Stationarität und der gedächtnislosen Quantisierung dürfen wir im Weiteren stellvertretend die SV $X = X(t_0)$ zu einem beliebigen Zeitpunkt t_0 betrachten.

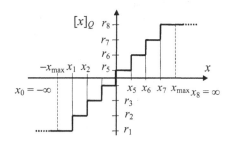

Bild 13-34 Kennlinie für die symmetrische gleichförmige Quantisierung mit Runden und Sättigung für die binäre Wortlänge $w = 3$ bit

a) Geben Sie den allgemeinen Ansatz für die Berechnung der Leistung des Quantisierungsgeräusches an.

b) Geben Sie die Formel für die Leistung des Quantisierungsgeräusches für ein mittelwertfreies normalverteiltes Eingangssignal an.

   Hinweis: Die Formel ist nicht sehr kompakt und wird in Teilaufgabe (d) mit einem Com-
   puterprogramms ausgewertet.

Die Leistung des Quantisierungsgeräusches hängt von der Anzahl und der Wahl der Quantisierungsintervalle ab. Für die weitere Rechnung gehen wir von einer symmetrischen gleichförmigen Quantisierungskennlinie mit Runden aus. Letzteres heißt, dass die Repräsentanten in der
Mitte der jeweiligen Quantisierungsintervalle liegen. So wird, unter den gegebenen Randbedingungen, der mittlere quadratische Fehler minimal.

c) Spezialisieren Sie das Ergebnis in b) auf eine symmetrische gleichförmige Quantisierung
   mit Runden, siehe Bild 13-34. Benutzen Sie dabei die binäre Wortlänge w in bit und das
   Aussteuerungsverhältnis $c = x_{max}/\sigma$ als Parameter.

d) Erstellen Sie ein Computerprogramm zur grafischen Darstellung des SNR nach c) für $x_{max} =$
   1; $c = 1/2, 1/4$ und $1/8$ und $w = 1, 2, ..., 16$ bit.

Anmerkungen: (i) Wie die Teilaufgabe d) anschaulich zeigt, kommt es bei der Quantisierung auf die
richtige Aussteuerung der Eingangssignale an. Überläufe sind zu vermeiden. Jedoch kann eine zu kleine
Aussteuerung ebenfalls zu Qualitätseinbußen führen. In Bild 13-34 kann der Extremfall nur kleiner
Signalamplituden um null herum dazu führen, dass das Ausgangssignal quasi regellos zwischen r_4 und r_5
hin und her springt. Es entsteht *granulares Rauschen.* (ii) In den Anwendungen werden unterschiedliche
Quantisierungskennlinien bzw. Strategien verwendet. Mit einem Quantisierungsintervall um die Null und
einem Repräsentanten gleich null wird das granulare Rauschen vermieden. Weiterführende Überlegungen
zur Quantisierung finden Sie beispielsweise in [LüOh05] und [VHH98].

Lösung

a) Die Leistung des Quantisierungsrauschens ist gleich dem mittleren quadratischen Fehler

$$N_Q = E(\Delta X^2) = \sum_{l=1}^{L} \int_{x_{l-1}}^{x_l} (x - r_l)^2 \cdot f_X(x) dx \qquad (13.178)$$

Die Formel kann durch ausquadrieren im Integranden noch etwas umgeformt werden. Es entstehen drei Integrale. Wegen der lückenlosen Abdeckung der Abszisse durch die Quantisierungsintervalle erhält man für den Integranden mit x^2 das 2. Moment des Eingangsprozesses.

$$N_Q = m_{2X} + \sum_{l=1}^{L} r_l^2 \left[F_X(x_l) - F_X(x_{l-1}) \right] - 2 \sum_{l=1}^{L} r_l \int_{x_{l-1}}^{x_l} x \cdot f_X(x) dx =$$

$$= m_{2X} + r_L^2 + \sum_{l=1}^{L-1} \left(r_l^2 - r_{l+1}^2 \right) \cdot F_X(x_l) - 2 \sum_{l=1}^{L} r_l \int_{x_{l-1}}^{x_l} x \cdot f_X(x) dx \qquad (13.179)$$

b) Im Falle der Normalverteilung $N(0, \sigma^2)$ am Eingang ergibt sich mit der WDF (12.7) und
   dem tabellierten gaußschen Fehlerintegral (12.32)

$$N_{Q,G} = \sigma^2 + r_L^2 + \sum_{l=1}^{L-1} (r_l^2 - r_{l+1}^2) \cdot \Phi\left(\frac{x_l}{\sigma}\right) - 2\sum_{l=1}^{L} r_l \int_{x_{l-1}}^{x_l} \frac{x}{\sigma\sqrt{2\pi}} e^{-\frac{x^2}{2\sigma^2}} dx \qquad (13.180)$$

Die Lösung der noch verbleibenden Integrale geschieht mit der Beziehung

$$\frac{d}{dx} \exp\left(-\frac{x^2}{2\sigma^2}\right) = -\frac{x}{\sigma^2} \cdot \exp\left(-\frac{x^2}{2\sigma^2}\right) \qquad (13.181)$$

Es ergibt sich

$$-2\sum_{l=1}^{L} r_l \int_{x_{l-1}}^{x_l} \frac{x}{\sigma\sqrt{2\pi}} e^{-\frac{x^2}{2\sigma^2}} dx = \sigma\sqrt{\frac{2}{\pi}} \cdot \underbrace{\sum_{l=1}^{L} r_l \left[\exp\left(-\frac{x_l^2}{2\sigma^2}\right) - \exp\left(-\frac{x_{l-1}^2}{2\sigma^2}\right)\right]}_{\sum_{l=1}^{L-1}(r_l - r_{l+1}) \cdot \exp\left(-\frac{x_l^2}{2\sigma^2}\right)} \qquad (13.182)$$

Dabei sind die Ränder $x_0 = -\infty$ und $x_L = +\infty$ bereits eingearbeitet. Zusammengefasst erhält man die gesuchte Leistung des Quantisierungsrauschens in normierter Form

$$\frac{N_{Q,G}}{\sigma^2} = 1 + \left(\frac{r_L}{\sigma}\right)^2 + \sum_{l=1}^{L-1} \frac{r_l^2 - r_{l+1}^2}{\sigma^2} \cdot \Phi\left(\frac{x_l}{\sigma}\right) + \sqrt{\frac{2}{\pi}} \sum_{l=1}^{L-1} \frac{r_l - r_{l+1}}{\sigma} \cdot \exp\left(-\frac{x_l^2}{2\sigma^2}\right) \qquad (13.183)$$

c) Aus der binären Wortlänge w folgt die Anzahl der Quantisierungsintervalle

$$L = 2^{w/\text{bit}} \qquad (13.184)$$

und die Breite der inneren Quantisierungsintervalle.

$$Q = x_{\max} \cdot 2^{-w/\text{bit}+1} \qquad (13.185)$$

Für die Grenzen der Quantisierungsintervalle gilt

$$x_l = -x_{\max} + l \cdot Q = x_{\max} \cdot \underbrace{(l \cdot 2^{-w/\text{bit}+1} - 1)}_{a_l} \qquad \text{für} \quad l = 1, 2, ..., L\text{-}1 \qquad (13.186)$$

und für die Repräsentanten folgt

$$r_l = -x_{\max} + l \cdot Q - \frac{Q}{2} = x_{\max} \cdot \underbrace{\left[(2l-1) \cdot 2^{-w/\text{bit}} - 1\right]}_{b_l} \qquad \text{für} \quad l = 1, 2, ..., L \qquad (13.187)$$

Zur Beschreibung der Aussteuerung führen wir die Größe

$$c = \frac{x_{\max}}{\sigma} \qquad (13.188)$$

ein. Obige Hilfsgrößen in die Formel für die Rauschleistung (13.183) eingesetzt, liefert eine Funktion die im Wesentlichen vom Aussteuerungsparameter c und der Wortlänge w abhängt

$$\frac{N_{Q,G}}{\sigma^2} = 1 + c^2 b_L^2 + c^2 \cdot \sum_{l=1}^{2^{w/\text{bit}}-1} (b_l^2 - b_{l+1}^2) \cdot \Phi\left(ca_l\right) + c\sqrt{\frac{2}{\pi}} \cdot \sum_{l=1}^{2^{w/\text{bit}}-1} (b_l - b_{l+1}) \cdot \exp\left(-\frac{c^2 a_l^2}{2}\right) \quad (13.189)$$

d) Für das Verhältnis der Leistungen des Eingangssignals und des Fehlersignals gilt

$$SNR_{Q,G} = \frac{\sigma^2}{N_{Q,G}} \qquad (13.190)$$

Die graphische Auswertung der Formel mit dem Computer liefert die Kurven in Bild 13-35. Wir diskutieren die Ergebnisse anhand prinzipieller Überlegungen und verifizieren so auch das numerische Resultat.

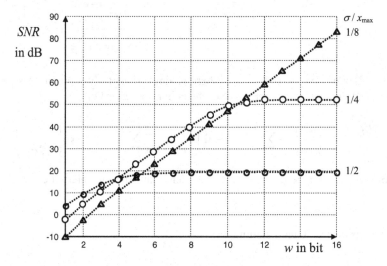

Bild 13-35 Signal-Geräuschverhältnis SNR in dB für die symmetrische gleichförmige Quantisierung mit Runden nach der Kennlinie in Bild 13-34 bei verschiedenen Wortlängen w und Aussteuerungen σ / x_{max} des normalverteilten Eingangsprozesses

Zunächst betrachten wir den Extremfall der binären Wortlänge $w = 1$ bit und einer kleinen Aussteuerung $\sigma / x_{\text{max}} = 1/8$. In diesem Fall ist am Quantisiererausgang näherungsweise nur granulares Rauschen mit den Signalwerten $\pm x_{\text{max}} / 2$ zu beobachten. Für das SNR ergibt sich demzufolge in erster Näherung $(x_{\text{max}}/8)^2 /(x_{\text{max}}/2)^2 = 1/16$. Im logarithmischen Maß erhält man daraus $10 \cdot \lg(1/16)\,\text{dB} \approx -12\,\text{dB}$, was dem in Bild 13-35 links unten angezeigten Wert nahe kommt.

Des Weiteren ist, z. B. [Wer06], die Faustformel für eine Verbesserung des SNR um 6 dB für jedes zusätzliche Bit Wortlänge bekannt. In Übereinstimmung dazu zeigen die Kurven zunächst eine Steigung von ca. 6 dB pro Bit Wortlänge. Bei zunehmender Wortlänge gehen die Kurven jedoch in eine Sättigung über. Dies ist auf die Überläufe zurückzuführen. Je größer die Aussteuerung, d. h., das Verhältnis von Standardabweichung σ und vorgesehener Aussteuerungsgrenze x_{max}, desto häufiger treten Überläufe auf, desto niedriger liegt das SNR aufgrund der von der Wortlänge unabhängigen Sättigung.

Beispiel Inneres Rauschen eines realen digitalen Systems

Anmerkung: Bei dieser Aufgabe handelt es sich um ein umfangreiches Fallbeispiel, das die Überlegungen zu den digitalen Systemen ergänzt.

Wir gehen von dem Blockschaltbild eines zeitdiskreten Systems 2. Ordnung in Bild 13-36 aus. Für dessen Realisierung steht an einem Digitalrechner jedoch nur eine endliche Wortlänge für die Zahlendarstellung zur Verfügung. Da sich die Wortlänge bei einer Multiplikation vergrößert, wird das Produkt auf die ursprüngliche Wortlänge verkürzt, wobei in der Regel ein Quantisierungsfehler auftritt. Am Systemausgang ist deshalb neben dem gewünschten Nutzsignal eine Rauschkomponente, das *innere Rauschen*, zu beobachten.

Im Beispiel legen wir eine übliche Festkommadarstellung der Zahlen im Bereich $[-1, 1]$ zugrunde. Dann ist die Auflösung der Zahlendarstellung, die Wertigkeit des LSB (Least Significant Bit), auf $2^{-w/\text{bit}+1}$ begrenzt.

Anmerkungen: (i) In den Anwendungen wird häufig die 2er-Komplement-Darstellung für Festkommazahlen verwendet. Überläufe an den Addierern werden im Weiteren ausgeschlossen. In der Praxis sind Überläufe für das Systemverhalten sehr kritisch und können u. U. zu nicht tolerierbaren Fehlern führen. (ii) Messungen zeigen, dass das hier verwendete Modell für viele Anwendungen die Effekte der Wortlängenverkürzungen adäquat beschreibt [Wer06a]. (iii) Man beachte auch, dass aufgrund der diskreten Arithmetik der Digitalrechner die verschiedenen Realisierungsmöglichkeiten, siehe Signalflussgraphen, nicht mehr äquivalent sind.

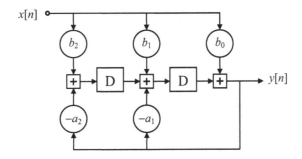

Bild 13-36 Blockschaltbild eines zeitdiskreten Systems 2. Ordnung

a) Beschreiben Sie den Effekt der Quantisierung durch die Wortlängenverkürzung mit Runden auf die binäre Wortlänge w nach einer Multiplikation.

   Hinweis: Siehe auch Beispiel „WDF des Quantisierungsgeräusches" in Abschnitt 12.2.

b) Ergänzen Sie das Blockschaltbild Bild 13-36 durch Rauschquellen so, dass die Wortlängenverkürzungen nach den Multiplikationen berücksichtigt werden. Fassen Sie die einzelnen Rauschquellen geeignet zusammen.

   Hinweis: Gehen Sie dabei von unabhängigen Quellen aus und geben Sie die Leistungen an. Man spricht bei dem resultierenden Modell von einem linearen Modell mit innerem Rauschen.

c) Beschreiben Sie die Wirkung des inneren Rauschens am Systemausgang, indem sie die AKF für das innere Rauschen am Systemausgang angeben.

   Hinweis: Gehen Sie von weißem Rauschen für die Quellen und einem stabilen System 2. Ordnung mit konjugiert komplexem Polpaar aus, siehe auch das Beispiel in Abschnitt 13.2.

d) Geben Sie zu (c) auch das LDS an.

e) Stellen Sie mit einem Computerprogramm die AKF (c) und das LDS (d) für das Zahlenwertbeispiel in Bild 13-37 grafisch dar.

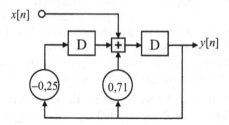

Bild 13-37 Blockschaltbild eines zeitdiskreten Systems 2. Ordnung (Zahlenwertbeispiel)

f) Berechnen Sie für ein mittelwertfreies normalverteiltes Eingangssignal mit der Varianz σ_X^2 = 1/ 16 das resultierende SNR in dB am Ausgang des Systems in (e) aufgrund des inneren Rauschens bei einer Wortlänge von 16 Bit.

Lösung

a) Die Wortlängenverkürzung nach der Multiplikation wird durch ein additives Fehlersignal modelliert. Unter der Annahme, dass die Multiplikationsergebnisse im Quantisierungsbereich gleichverteilt sind, stellt sich für den Fehler ebenfalls eine Gleichverteilung ein. Bei der Verkürzung auf *w* Bit mit Runden ergibt sich die WDF

$$f_Q(x) = \begin{cases} 1/Q & \text{für } |x| < Q/2 \\ 0 & \text{sonst} \end{cases} \quad \text{und} \quad Q = 2^{-w/\text{bit}+1} \tag{13.191}$$

Der Fehler ist mittelwertfrei und besitzt eine mittlere Leistung, die hier gleich der Varianz ist.

$$\sigma^2 = \frac{Q^2}{12} \tag{13.192}$$

b) Das lineare Ersatzmodell in Bild 13-38 mit innerem Rauschen ordnet jedem Multiplizierer eine nachgeschaltete Rauschquelle zu. Mit der Annahme der Unabhängigkeit können alle Rauschquellen an einem Addierer zusammengefasst werden. Die Leistungen der Rauschquellen addieren sich, siehe Abschnitt 12.5.

c) Für die weiteren Überlegungen machen wir uns die Linearität des Ersatzmodells Bild 13-38 zunutze. Wir dürfen deshalb das System zur Analyse in vier parallel geschaltete Systeme zerlegen. Ein ideales System für das Eingangssignal ohne inneres Rauschen und drei ideale leicht modifizierte Systeme mit jeweils einer der Rauschquellen am Eingang, wie in Bild 13-39 für die Rauschquelle zum Koeffizienten b_0 beispielhaft gezeigt wird.

Anmerkung: Dies ist der besondere Vorteil des linearen Fehlermodells. Würde man auch Überläufe in den Addierern zulassen und z. B. durch eine Sättigungskennlinie berücksichtigen, so ginge die Linearität verloren.

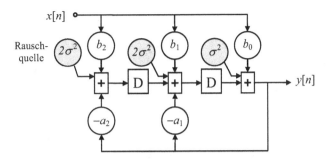

Bild 13-38 Lineares Ersatzmodell für ein System 2. Ordnung mit innerem Rauschen

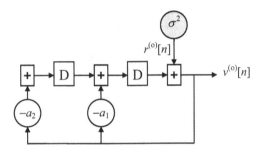

Bild 13-39 Lineares Ersatzmodell für die innere Rauschquelle zum Koeffizienten b_0

Nun kann die AKF am Systemausgang mit den Beziehungen in Tabelle 13-3 berechnet werden. Mit der AKF der unkorrelierten Rauschquelle

$$R_{rr}^{(i)}[l] = m_2^{(i)} \cdot \delta[l] \tag{13.193}$$

und der Zeit-AKF des i-ten Teilsystems ergibt sich am Systemausgang die gesuchte AKF

$$R_{vv}^{(i)}[l] = m_2^{(i)} \cdot \delta[l] * R_{hh}^{(i)}[l] = m_2^{(i)} \cdot R_{hh}^{(i)}[l] \tag{13.194}$$

Der hochgestellte Index zeigt die Einspeisestelle der Rauschquelle entsprechend dem Koeffizienten b_i mit $i = 0$, 1 oder 2 an. Die zweiten Momente $m_2^{(i)}$ sind gleich den jeweiligen Varianzen σ^2 bzw. $2\sigma^2$.

Jetzt wird die Zeit-AKF der Teilsysteme berechnet. Zunächst erhält man aus der Definition der Zeit-AKF einen Ansatz für die Berechnung im Bildbereich, siehe (13.65) und (13.83).

$$R_{hh}^{(i)}[l] = h^{(i)}[l] * h^{(i)}[-l] \leftrightarrow \Phi(z) = H^{(i)}(z) \cdot H^{(i)}\left(\frac{1}{z}\right) \tag{13.195}$$

Für das vorliegende Beispiel eines stabilen Systems 2. Ordnung mit konjugiert komplexem Polpaar ergibt sich die z-Transformierte der Zeit-AKF

$$\Phi^{(i)}(z) = \frac{z^{2-i}}{z^2 + a_1 z + a_2} \cdot \frac{z^{-2+i}}{z^{-2} + a_1 z^{-1} + a_2} = \frac{1}{z^2 + a_1 z + a_2} \cdot \frac{1}{z^{-2} + a_1 z^{-1} + a_2} \qquad (13.196)$$

Sie besitzt eine doppelte Nullstelle bei $z = 0$ und vier Pole, die in der z-Ebene symmetrisch um die reelle Achse und spiegelbildlich um den Einheitskreis angeordnet sind, siehe Bild **13-40**.

Man beachte, dass die Zeit-AKF für alle Teilsysteme $i = 0$, 1 und 2 gleich sind, weil sich die Zähler-polynome im Produkt von $H(z)$ und $H(1/z)$ jeweils kompensieren. Im Weiteren kann deshalb die Indi-zierung der Teilsysteme weggelassen werden.

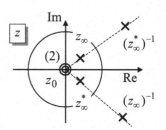

Die Rücktransformation liefert die gesuchte Zeit-AKF, siehe auch Beispiel in Abschnitt 13.2. Zunächst wird die Partialbruchzerlegung durchgeführt, wobei nur die Summanden der Pole im Einheitskreis berechnet werden müssen, da die Rücktransformation auf den rechtsseitigen Anteil der geraden Zeit-AKF beschränkt werden darf.

Bild 13-40 Pol-Nullstellendiagramm der Teilsysteme

$$\frac{\Phi(z)}{z} = \frac{B}{z - z_\infty} + \frac{B^*}{z - z_\infty^*} + \cdots \qquad (13.197)$$

mit dem Koeffizienten der Partialbruchzerlegung

$$B = \frac{1}{z_\infty - z_\infty^*} \cdot \frac{1}{z_\infty^{-1} + a_1 + a_2 z_\infty} \qquad (13.198)$$

Es ergibt sich der rechtsseitige Anteil der Zeit-AKF aus Tabelle 5.2

$$R_{hh}^{(i)}[l \ge 0] = r^l \cdot 2\big[\operatorname{Re}(B) \cdot \cos(\Omega l) - \operatorname{Im}(B) \cdot \sin(\Omega l)\big] \cdot u[l] \quad \text{und} \quad z_\infty = re^{j\Omega} \qquad (13.199)$$

Weil die Zeit-AKF für alle Rauschanteile identisch und die Rauschquellen unabhängig sind, folgt für die gesuchte AKF des inneren Rauschens am Systemausgang

$$R_{vv}[l] = 5\sigma^2 \cdot 2r^{|l|} \cdot \big[\operatorname{Re}(B) \cdot \cos(\Omega|l|) - \operatorname{Im}(B) \cdot \sin(\Omega|l|)\big] \qquad (13.200)$$

d) Das Leistungsdichtespektrum des inneren Rauschens am Systemausgang bestimmt sich aus der z-Transformierten der AKF ausgewertet auf dem Einheitskreis.

$$S_{vv}(\Omega) = \Phi_{vv}(z = e^{j\Omega}) = \frac{5\sigma^2}{1 + a_1^2 + a_2^2 + 2 \cdot (a_1 + a_2 + a_1 a_2 \cos\Omega) + a_2 \cos(2\Omega)} \qquad (13.201)$$

e) Im Zahlenwertbeispiel ergeben sich die in Bild 13-41 gezeigten Verläufe der Zeit-AKF (13.199) und des zugehörigen LDS (13.201).

Da im Zahlenwertbeispiel die Zählerkoeffizienten b_0 und b_2 gleich null sind, also nicht zum inneren Rauschen beitragen, gilt am Systemausgang

$$R_{vv}[l] = 3\sigma^2 \cdot R_{hh}[l] \qquad (13.202)$$

und

$$S_{vv}(\Omega) = 3\sigma^2 \cdot S_{hh}(\Omega) \qquad (13.203)$$

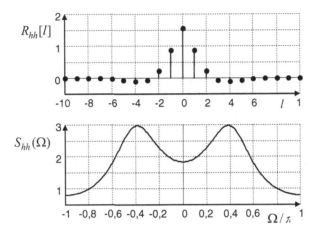

Bild 13-41 Zeit-AKF und zugehöriges LDS des Systems 2. Ordnung

f) Mit

$$R_{vv}[0] = 3\sigma^2 \cdot R_{hh}[0] = 3\sigma^2 \cdot 2\,\mathrm{Re}\{B\} = 3\sigma^2 \cdot 1,5685 \qquad (13.204)$$

und

$$\sigma^2 = \frac{2^{-2(w+1)}}{12} = \frac{2^{-32}}{3} \approx 77,6 \cdot 10^{-12} \qquad (13.205)$$

ergibt sich für das SNR im logarithmischen Maß

$$10 \cdot \lg\left(\frac{\sigma_X^2}{R_{vv}[0]}\right) \mathrm{dB} \approx 10 \cdot \lg\left(\frac{2^{-4}}{\dfrac{2^{-32}}{3} \cdot 3 \cdot 1,5685}\right) \mathrm{dB} \approx 10 \cdot \lg\left(171 \cdot 10^6\right) \mathrm{dB} \approx 82,3\ \mathrm{dB} \quad (13.206)$$

Anmerkung: Das Beispiel zeigt, dass für manche Anwendungen eine Wortlänge von 16 Bit (Audio-CD) bei einer nachfolgenden Signalverarbeitung nicht ausreichend sein kann. Deshalb werden für die Verarbeitung von Audiosignalen Signalprozessoren mit 24 Bit Wortlänge eingesetzt.

Beispiel   Spektrum des Chirp-Signals

Berechnen Sie für das Chirp-Signal

$$c(t) = \exp\left(-\frac{t^2}{T^2}\right) \cdot \exp\left(j\left[\omega_0 t + \pi\mu t^2\right]\right) \tag{13.207}$$

a) das Spektrum und

b) den Betrag des Spektrums.

Lösung

a) Das Spektrum des Chirp-Signals resultiert durch Fourier-Transformation von (13.207).

$$C(j\omega) = \int_{-\infty}^{+\infty} \exp\left(-\frac{t^2}{T^2}\right) \cdot \exp\left(j\left[\omega_0 t + \pi\mu t^2\right]\right) \cdot \exp(-j\omega t)\, dt \tag{13.208}$$

Die Fourier-Transformation gelingt nach Umformen des Exponenten mit dem gaußschen Fehlerintegral. Wir führen die dazu notwendigen Schritte durch und beginnen mit dem zusammengefassten Exponenten

$$-E = \frac{t^2}{T^2} - j\left[\omega_0 t + \pi\mu t^2\right] + j\omega t = t^2 \cdot \underbrace{\left(\frac{1}{T^2} - j\pi\mu\right)}_{A^2} + t \cdot \underbrace{j\left[\omega - \omega_0\right]}_{2B} \tag{13.209}$$

Mit den Hilfsgrößen A und B führen wir die quadratische Ergänzung durch

$$-E = \left(A \cdot t + \frac{B}{A}\right)^2 - \left(\frac{B}{A}\right)^2 \tag{13.210}$$

Es resultiert

$$C(j\omega) = \int_{-\infty}^{+\infty} \exp(E)\, dt = \exp\left(\frac{B^2}{A^2}\right) \cdot \int_{-\infty}^{+\infty} \exp\left(-\left[A \cdot t + \frac{B}{A}\right]^2\right) dt \tag{13.211}$$

Die Substitution

$$\frac{y}{\sqrt{2}} = A \cdot t + \frac{B}{A} \quad \text{mit} \quad \frac{dy}{dt} = A\sqrt{2} \tag{13.212}$$

liefert das gaußsche Fehlerintegral (12.32)

$$C(j\omega) = \exp\left(\frac{B^2}{A^2}\right) \cdot \frac{\sqrt{\pi}}{A} \cdot \underbrace{\frac{1}{\sqrt{2\pi}} \int_{-\infty}^{+\infty} \exp\left(-\frac{y^2}{2}\right) dy}_{\Phi(\infty)=1} \tag{13.213}$$

Das gesuchte Spektrum in kompakter Form ist

$$C(j\omega) = \sqrt{\frac{\pi}{\sqrt{\frac{1}{T^2} - j\pi\mu}}} \cdot \exp\left(-\frac{[\omega-\omega_0]^2}{4\cdot\left(\frac{1}{T^2} - j\pi\mu\right)}\right) \tag{13.214}$$

b) Zur Berechnung des Betrages stellen wir mit

$$\eta = 1 + \pi^2\mu^2T^4 \tag{13.215}$$

die Formel (13.214) um

$$C(j\omega) = \sqrt{\frac{\pi\left(1+j\pi\mu T^2\right)}{\eta/T^2}} \cdot \exp\left(-\frac{[\omega-\omega_0]^2}{4\eta/T^2}\right) \cdot \exp\left(-j\pi\mu T^2 \cdot \frac{[\omega-\omega_0]^2}{4\eta/T^2}\right) \tag{13.216}$$

Mit der Zusammenfassung

$$W^2 = 4\eta/T^2 \tag{13.217}$$

erhalten wir den Gauß-Impuls im Frequenzbereich entsprechend zum Chirp-Signal

$$C(j\omega) = \sqrt{\frac{4\pi}{W^2}} \cdot \sqrt{1+j\pi\mu T^2} \cdot \exp\left(-\frac{[\omega-\omega_0]^2}{W^2}\right) \cdot \exp\left(-j\pi\mu T^2 \cdot \frac{[\omega-\omega_0]^2}{W^2}\right) \tag{13.218}$$

Der Wurzelausdruck lässt sich noch umformen zu

$$\sqrt{1+j\pi\mu T^2} = \frac{TW}{2} \cdot \exp\left(j\frac{\arctan\left(\pi\mu T^2\right)}{2}\right) \tag{13.219}$$

Zusammengefasst resultiert

$$C(j\omega) = \sqrt{\pi T^2} \cdot \exp\left(-\frac{(\omega-\omega_0)^2}{W^2}\right) \cdot \exp\left(-j\left[\pi\mu T^2 \cdot \frac{(\omega-\omega_0)^2}{W^2} - \frac{\arctan\left(\pi\mu T^2\right)}{2}\right]\right) \tag{13.220}$$

Der Betrag des Spektrums kann jetzt abgelesen werden.

$$\left|C(j\omega)\right| = \sqrt{\pi T^2} \cdot \exp\left(-\frac{(\omega-\omega_0)^2}{W^2}\right) \tag{13.221}$$

mit (13.217)

$$W^2 = \frac{4}{T^2} \cdot \left(1 + \pi^2\mu^2T^4\right) \tag{13.222}$$

Beispiel   Zeitdauer-Bandbreite-Produkt

Im vorhergehenden Beispiel wurde das Spektrum zu einem Gauß-Impuls berechnet. Wir knüpfen daran an und holen die Diskussion zum Zeitdauer-Bandbreite-Produkt in Abschnitt 8.4.8 nach.

a) Zunächst geben wir den energienormierten *Gauß-Impuls* mit seiner Varianz an. Mit der gaußschen Glockenkurve aus der Wahrscheinlichkeitsrechnung setzen wir für den Gauß-Impuls an

$$x_G(t) = a \cdot \frac{1}{\alpha\sqrt{2\pi}} \cdot e^{-\frac{(t-t_s)^2}{2\alpha^2}} \tag{13.223}$$

wobei wir den Faktor a zur Energienormierung benutzen.

$$1 \overset{!}{=} \int_{-\infty}^{+\infty} x_G^2(t)dt = a^2 \cdot \frac{1}{\alpha\sqrt{2\pi}\cdot\alpha\sqrt{2\pi}} \cdot \int_{-\infty}^{+\infty} e^{-2\cdot\frac{(t-t_s)^2}{2\alpha}}\, dt =$$

$$= a^2 \cdot \frac{1/\sqrt{2}}{\alpha\sqrt{2\pi}} \cdot \frac{1}{(\alpha/\sqrt{2})\sqrt{2\pi}} \cdot \underbrace{\int_{-\infty}^{+\infty} e^{-\frac{(t-t_s)^2}{2\cdot(\alpha/\sqrt{2})^2}}\, dt}_{1} = \tag{13.224}$$

$$= a^2 \cdot \frac{1}{\alpha\sqrt{4\pi}}$$

Es resultiert mit

$$a^2 = \alpha\sqrt{4\pi} \tag{13.225}$$

für den Gauß-Impuls mit der Energie gleich 1, vgl. (8.78),

$$x_G(t) = \frac{1}{\left(\pi\cdot\alpha^2\right)^{1/4}} \cdot e^{-\frac{(t-t_s)^2}{2\cdot\alpha^2}} \tag{13.226}$$

Die Varianz des Gauß-Impulses (8.75) ist

$$\sigma_T^2 = \int_{-\infty}^{+\infty} (t-t_s)^2 \cdot x_G^2(t)\, dt = \frac{1}{\left(\pi\cdot\alpha^2\right)^{1/2}} \cdot \int_{-\infty}^{+\infty} (t-t_s)^2 \cdot e^{-2\frac{(t-t_s)^2}{2\cdot\alpha^2}}\, dt =$$

$$= \underbrace{\frac{1}{(\alpha/\sqrt{2})\cdot\sqrt{2\pi}} \cdot \int_{-\infty}^{+\infty} (t-t_s)^2 \cdot \exp\left(-\frac{(t-t_s)^2}{2\cdot(\alpha/\sqrt{2})^2}\right)\, dt}_{(\alpha/\sqrt{2})^2} = \frac{\alpha^2}{2} \tag{13.227}$$

b) Das Spektrum des Gauß-Impulses ergibt sich, ähnlich wie im vorhergehenden Beispiel. Zunächst wenden wir den Verschiebungssatz der Fourier-Transformation aus Tabelle 8-1 an.

$$X_G(j\omega) = e^{-j\omega t_s} \cdot \frac{1}{\left(\pi \cdot \alpha^2\right)^{1/4}} \cdot \int_{-\infty}^{+\infty} e^{-\frac{t^2}{2 \cdot \alpha^2}} \cdot e^{-j\omega t} dt \tag{13.228}$$

Durch Koeffizientenvergleich mit (13.208) und mit der Lösung (13.214) erhalten wir

$$X_G(j\omega) = e^{-j\omega t_s} \cdot \left(4\pi \cdot \alpha^2\right)^{1/4} \cdot e^{-2 \cdot \alpha^2 \cdot \omega^2} \tag{13.229}$$

Daraus bestimmen wir nun die Varianz des Energiedichtespektrums (8.76)

$$\sigma_B^2 = \frac{1}{2\pi} \int_{-\infty}^{+\infty} \omega^2 \left|X_G(j\omega)\right|^2 d\omega = \frac{1}{2\pi} \cdot \sqrt{4\pi \cdot \alpha^2} \cdot \int_{-\infty}^{+\infty} \omega^2 \cdot e^{-4 \cdot \alpha^2 \cdot \omega^2} d\omega =$$

$$= \frac{1}{2\pi} \cdot \sqrt{4\pi\alpha^2} \cdot \sqrt{2\pi/8\alpha^2} \cdot \underbrace{\frac{1}{\sqrt{2\pi/8\alpha^2}} \int_{-\infty}^{+\infty} \omega^2 \cdot e^{-\frac{\omega^2}{2 \cdot 1/(8\alpha^2)}} d\omega}_{1/(8\alpha^2)} = \tag{13.230}$$

$$= \frac{1}{2} \cdot \frac{1}{8\alpha^2} = \frac{1}{16} \cdot \frac{1}{\alpha^2} = \frac{1}{4} \cdot \frac{1}{\sigma_T^2}$$

Das *Zeitdauer-Bandbreite-Produkt* resultiert somit in, vgl. (8.77)

$$\sigma_T \cdot \sigma_B = \sigma_T \cdot \frac{1}{2\sigma_T} = \frac{1}{2} \tag{13.231}$$

 Online-Ressourcen zu Kapitel 13 mit Übungsaufgaben und MATLAB-Übungen

14 Zustandsraumdarstellung

14.1 Einführung

Mit der Zustandsraumdarstellung treten die inneren Zustände der Systeme in Erscheinung. Die Zustandsraumdarstellung geht von den linearen Differenzialgleichungen bzw. Differenzengleichungen mit konstanten Koeffizienten aus. Wie in den bisherigen Abschnitten gilt auch hier ein enger Zusammenhang zwischen zeitkontinuierlichen und zeitdiskreten Systemen, so dass für beide Systemarten ähnliche Beschreibungen resultieren.

Die Zustandsraumdarstellung eröffnet neue Anwendungen der Signalverarbeitung, wie zeitvariante adaptive Systeme. Eine angemessene Behandlung dieses Themenkreises würde den hier vorgesehenen Rahmen sprengen und muss der speziellen Fachliteratur vorbehalten bleiben, z. B. der Nachrichtentechnik und Regelungstechnik [Schl88], [Schl92], [Schü94], [Unb98], [Unb02] und [Wer07].

Im Folgenden soll ein Einstieg in die Zustandsraumdarstellung gegeben werden. Da in der Regel die digitale Signalverarbeitung praktisch eingesetzt wird und die mathematischen Zusammenhänge für die zeitdiskreten Systeme einfacher zu verstehen sind, beschränken sich die weiteren Ausführungen auf den zeitdiskreten Fall. Letztere kann auch mit dem Computer einfacher nachvollzogen werden.

Lernziele

Nach Bearbeiten des Abschnitts 14 können Sie

- die Zustandsraumdarstellung mit der Zustandsgleichung und der Eingangs-Ausgangsgleichung angeben und durch ein Blockdiagramm die Struktur veranschaulichen
- die Übertragungsfunktion und die Impulsantwort aus der Zustandsraumdarstellung für Systeme 2. Ordnung berechnen
- den Zusammenhang zwischen charakteristischem Polynom der **A**-Matrix und der DGL des Systems aufzeigen
- die Ähnlichkeitstransformation und ihre Auswirkung auf ein System erläutern
- die Diagonalform und die Normalform am Beispiel eines Systems 2. Ordnung berechnen
- die grafische Darstellung der Zustände in der Zustandsebene interpretieren

---

14.2 Zustandsgrößen und Zustandsraumdarstellung

14.2.1 Systeme 2. Ordnung

Den Ausgangspunkt für die Zustandsraumdarstellung bildet die normierte *lineare Differenzengleichung* (DGL) 2. Ordnung mit konstanten Koeffizienten

$$y[n] + a_1 y[n-1] + a_2 y[n-2] = b_0 x[n] + b_1 x[n-1] + b_2 x[n-2] \quad \text{mit } a_0 = 1 \quad (14.1)$$

Ist $x[n]$ eine rechtsseitige Folge, d. h. $x[n] = 0$ für $n < 0$, so ist für eine eindeutige Lösung die Kenntnis der zwei Anfangsbedingungen $y[-1]$ und $y[-2]$ erforderlich.

Beispiel System 2. Ordnung in transponierter Direktform II

Das System 2. Ordnung in *transponierter Direktform II* zur DGL (14.1) ist in Bild 14-1 zu sehen. Die beiden Verzögerungselemente (D) funktionieren als Zwischenspeicher. Im System treten somit innere Größen, die *Zustandsgrößen* $s_1[n]$ und $s_2[n]$, auf.

Anmerkungen: (i) In Anlehnung an die englische Bezeichnung für Zustandsraum „state space representation" und „state variable" für Zustandsgröße (-variable) wählen wir den Formelbuchstaben s. Eine Verwechslung mit der Sprungfunktion ist ausgeschlossen, da wir für die Zustandsgrößen stets Indizes verwenden. In der deutschsprachigen Literatur sind auch häufig die Formelbuchstaben z und x zu finden. (ii) Wie noch gezeigt wird, ist es sinnvoll die Zustandsgrößen vom Ausgang her zu nummerieren. Dann entspricht der Index minus eins der Zahl der Verzögerungen, bis der Wert am Ausgang erscheint.

Die transponierte Direktform II ist eine Realisierung mit minimaler Anzahl von Speichern und Multiplizierern; für ein System N-ter Ordnung genau N Speicher und $2N + 1$ Multiplizierer. Die daraus abgeleitete Zustandsbeschreibung besitzt die minimale Zahl von N Zuständen für ein System N-ter Ordnung. Man spricht deshalb von einer minimalen Realisierung oder der *kanonischen Form*. In der Regelungstechnik wird die Struktur auch *Beobachtungsnormalform* genannt.

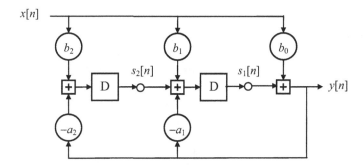

Bild 14-1 Blockdiagramm eines zeitdiskreten Systems 2. Ordnung in transponierter Direktform II (Beobachtungsnormalform, 1. kanonische Form) mit den Zustandsgrößen $s_1[n]$ und $s_2[n]$

Zur Analyse des Systems in Bild 14-1 stellen wir die Abhängigkeiten der Ausgangsgröße und der Zustandsgrößen in der Verzögerungskette von links nach rechts dar.

$$
\begin{aligned}
s_2[n] &= \mathrm{D}\big(b_2 x[n] - a_2 y[n]\big) \\
s_1[n] &= \mathrm{D}\big(s_2[n] + b_1 x[n] - a_1 y[n]\big) \\
y[n] &= s_1[n] + b_0 \cdot x[n]
\end{aligned}
\tag{14.2}
$$

Für die Zustandsgrößen ergibt sich im nächsten Zeitschritt die Rekursion

$$
\begin{aligned}
s_2[n+1] &= b_2 x[n] - a_2 y[n] && = b_2 x[n] - a_2 \cdot \big(s_1[n] + b_0 x[n]\big) \\
s_1[n+1] &= s_2[n] + b_1 x[n] - a_1 y[n] && = s_2[n] + b_1 x[n] - a_1 \cdot \big(s_1[n] + b_0 x[n]\big)
\end{aligned}
\tag{14.3}
$$

Mit dem Vektor der Zustandsgrößen $\mathbf{s}[n]$ wird die Rekursion in Matrix-Vektorform kompakt geschrieben.

$$\begin{pmatrix} s_1[n+1] \\ s_2[n+1] \end{pmatrix} = \mathbf{s}[n+1] = \begin{pmatrix} -a_1 & 1 \\ -a_2 & 0 \end{pmatrix} \cdot \mathbf{s}[n] + \begin{pmatrix} b_1 - a_1 b_0 \\ b_2 - a_2 b_0 \end{pmatrix} x[n] \tag{14.4}$$

Wir erhalten die *Zustandsraumdarstellung* mit der *Ausgangsgleichung* und der *Zustandsgleichung*

$$\begin{aligned} y[n] &= \mathbf{c}_2^T \cdot \mathbf{s}[n] + d_2 \cdot x[n] \\ \mathbf{s}[n+1] &= \mathbf{A}_2 \cdot \mathbf{s}[n] + \mathbf{b}_2 \cdot x[n] \end{aligned} \tag{14.5}$$

mit der **A**-Matrix und den Vektoren **b** und **c** und der skalaren Größe d.

$$\mathbf{A}_2 = \begin{pmatrix} -a_1 & 1 \\ -a_2 & 0 \end{pmatrix} \; , \quad \mathbf{b}_2 = \begin{pmatrix} b_1 - a_1 b_0 \\ b_2 - a_2 b_0 \end{pmatrix} \; , \quad \mathbf{c}_2^T = \begin{pmatrix} 1 & 0 \end{pmatrix} \; , \quad d_2 = b_0 \tag{14.6}$$

Der Index „2" bezieht sich auf die transponierte Direktform II, die der Herleitung aus Bild 14-1 zugrunde liegt.

Beispiel   System 2. Ordnung in Direktform II

Da die transponierte Direktform durch Umkehrung der Pfeilrichtungen und Vertauschen von Eingangs- und Ausgangsgröße entsteht, erhalten wir aus Bild 14-1 die nicht transformierte Form in Bild 14-2, wenn wir diese Operationen nochmals durchführen. Dadurch ändert sich das Übertragungsverhalten des Systems nicht.

Anmerkung: In Bild 14-2 ist wie üblich der Eingang links gezeichnet, so dass Blockdiagramm nach dem Vertauschen gedreht wurde.

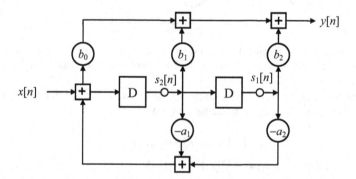

Bild 14-2   Blockdiagramm eines zeitdiskreten Systems 2. Ordnung in Direktform II (*Regelungsnormalform*, 2. kanonische Form) mit den Zustandsgrößen $s_1[n]$ und $s_2[n]$

Aus Bild 14-2 folgt die Systembeschreibung

$$\begin{aligned} s_1[n] &= \mathrm{D}\big(s_2[n]\big) \\ s_2[n] &= \mathrm{D}\big(-a_2 s_1[n] - a_1 s_2[n] + x[n]\big) \\ y[n] &= (b_2 - a_2 b_0) \cdot s_1[n] + (b_1 - a_1 b_0) \cdot s_2[n] + b_0 \cdot x[n] \end{aligned} \tag{14.7}$$

Die Rekursion der Zustandsgrößen liefert die Systembeschreibung (14.5) mit der **A**-Matrix und den Vektoren **b** und **c** und dem Skalar d.

$$\mathbf{A}_1 = \begin{pmatrix} 0 & 1 \\ -a_2 & -a_1 \end{pmatrix}, \quad \mathbf{b}_1 = \begin{pmatrix} 0 \\ 1 \end{pmatrix}, \quad \mathbf{c}_1^T = \begin{pmatrix} b_2 - a_2 b_0 & b_1 - a_1 b_0 \end{pmatrix}, \quad d_1 = b_0 \quad (14.8)$$

Der Index „1" bezieht sich auf Herleitung aus der Direktform II.

Der Zusammenhang zwischen den beiden Strukturen kann nun auch analytisch hergestellt werden. Es gilt

$$\mathbf{A}_2 = \begin{pmatrix} 0 & 1 \\ 1 & 0 \end{pmatrix} \mathbf{A}_1^T \begin{pmatrix} 0 & 1 \\ 1 & 0 \end{pmatrix}, \quad \mathbf{b}_2 = \begin{pmatrix} 0 & 1 \\ 1 & 0 \end{pmatrix} \mathbf{c}_1, \quad \mathbf{c}_2^T = \mathbf{b}_1^T \begin{pmatrix} 0 & 1 \\ 1 & 0 \end{pmatrix}, \quad d_2 = d_1 \quad (14.9)$$

Die Matrix $\mathbf{A}_1$ wird transponiert. Daher die Bezeichnung transponierte Direktform für die daraus entstehende Struktur mit $\mathbf{A}_2$. Die Matrizen mit Nullen in den Hauptdiagonalen beschreiben die Vertauschung der Zustandsgrößen, vgl. Bild 14-1 und Bild 14-2. Sie wird deshalb *Permutationsmatrix* genannt.

Beispiel A-Matrix der transponierten Direktform II

Wir beginnen mit der Transposition der Matrix $\mathbf{A}_1$

$$\mathbf{A}_1^T = \begin{pmatrix} 0 & 1 \\ -a_2 & -a_1 \end{pmatrix}^T = \begin{pmatrix} 0 & -a_2 \\ 1 & -a_1 \end{pmatrix} \quad (14.10)$$

Nun werden die Zustandsgrößen vertauscht.

$$\begin{aligned} \mathbf{A}_2 &= \begin{pmatrix} 0 & 1 \\ 1 & 0 \end{pmatrix} \mathbf{A}_1^T \begin{pmatrix} 0 & 1 \\ 1 & 0 \end{pmatrix} = \begin{pmatrix} 0 & 1 \\ 1 & 0 \end{pmatrix} \begin{pmatrix} 0 & -a_2 \\ 1 & -a_1 \end{pmatrix} \begin{pmatrix} 0 & 1 \\ 1 & 0 \end{pmatrix} = \\ &= \begin{pmatrix} 1 & -a_1 \\ 0 & -a_2 \end{pmatrix} \begin{pmatrix} 0 & 1 \\ 1 & 0 \end{pmatrix} = \begin{pmatrix} -a_1 & 1 \\ -a_2 & 0 \end{pmatrix} \end{aligned} \quad (14.11)$$

14.2.2 Systeme höherer Ordnung

Die Zustandsbeschreibungen der Systeme 2. Ordnungen können ebenso wie die Signalflussgraphen auf Systeme höherer Ordnungen erweitert werden. Aus der DGL N-ter Ordnung

$$\sum_{k=0}^{N} a_k y[n-k] = \sum_{l=0}^{M} b_l x[n-l] \quad \text{mit } a_0 = 1 \text{ und } N \geq M \quad (14.12)$$

folgt unmittelbar der Signalflussgraph zur transponierten Direktform II in Bild 14-3.

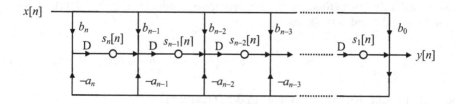

Bild 14-3 Signalflussgraph eines zeitdiskreten Systems N-ter Ordnung in transponierter Direktform II
mit den Zustandsgrößen $s_1[n]$, $s_2[n]$, ..., $s_n[n]$

Anmerkungen: (i) Mit $a_0 = 1$ liegt die normierte Form vor. (ii) Im Weiteren wird der Einfachheit halber N
gleich M angenommen.

Die Systembeschreibung N-ter Ordnung für die Struktur in transponierter Direktform II
geschieht mit

$$
\mathbf{A}_2 = \begin{pmatrix} -a_1 & 1 & 0 & \cdots & 0 \\ -a_2 & 0 & 1 & \ddots & \vdots \\ -a_3 & 0 & 0 & \ddots & 0 \\ \vdots & \vdots & \vdots & \ddots & 1 \\ -a_n & 0 & 0 & \cdots & 0 \end{pmatrix} , \quad \mathbf{b}_2 = \begin{pmatrix} b_1 - a_1 b_0 \\ b_2 - a_2 b_0 \\ b_3 - a_3 b_0 \\ \vdots \\ b_n - a_n b_0 \end{pmatrix} \tag{14.13}
$$

$$
\mathbf{c}_2^T = \begin{pmatrix} 1 & 0 & 0 & \cdots & 0 \end{pmatrix} , \quad d_2 = b_0
$$

Entsprechendes gilt für die Direktform II. Der Signalflussgraph des Systems N-ter Ordnung
wird in Bild 14-4 gezeigt.

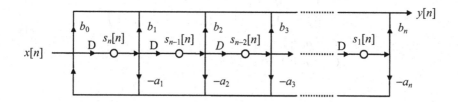

Bild 14-4 Signalflussgraph eines zeitdiskreten Systems N-ter Ordnung in Direktform II mit den
Zustandsgrößen $s_1[n]$, $s_2[n]$, ..., $s_n[n]$

Für die **A**-Matrix erhält man eine *Frobenius-Matrix*, auch Begleitmatrix genannt. Sie ist von
besonderem Interesse, da mit ihr der Zusammenhang zur charakteristischen Gleichung der
DGL und den Eigenschwingungen des Systems hergestellt werden kann, wie in Abschnitt 14.3
noch gezeigt wird.

Anmerkung: Ferdinand Georg Frobenius: *1849/†1917, deutscher Mathematiker.

$$\mathbf{A}_1 = \begin{pmatrix} 0 & 1 & 0 & 0 & \cdots & 0 \\ 0 & 0 & 1 & 0 & & 0 \\ 0 & 0 & 0 & 1 & \ddots & \vdots \\ \vdots & & & \ddots & & 0 \\ 0 & 0 & 0 & \cdots & 0 & 1 \\ -a_n & -a_{n-1} & -a_{n-2} & \cdots & -a_2 & -a_1 \end{pmatrix}, \quad \mathbf{b}_1 = \begin{pmatrix} 0 \\ 0 \\ 0 \\ \vdots \\ 0 \\ 1 \end{pmatrix} \tag{14.14}$$

$$\mathbf{c}_1^T = \begin{pmatrix} b_n - a_n b_0 & b_{n-1} - a_{n-1} b_0 & b_{n-2} - a_{n-2} b_0 & b_{n-3} - a_{n-3} b_0 & \cdots & b_1 - a_1 b_0 \end{pmatrix}$$

$$d_1 = b_0$$

14.2.3 Allgemeine Struktur

Die Zustandsraumdarstellung wurde am Beispiel der Systeme 2. Ordnung eingeführt. Je nach Struktur ergeben sich unterschiedliche Lösungen für die **A**-Matrix, und die Vektoren **b** und $\mathbf{c}^T$. Die *Zustandsraumdarstellung* selbst ist von einheitlicher Form mit der *Ausgangsgleichung*

$$y[n] = \mathbf{c}^T \cdot \mathbf{s}[n] + d \cdot x[n] \tag{14.15}$$

und der *Zustandsgleichung*

$$\mathbf{s}[n+1] = \mathbf{A} \cdot \mathbf{s}[n] + \mathbf{b} \cdot x[n] \tag{14.16}$$

Daraus leitet sich eine allgemeine Struktur der Systeme ab, das Blockdiagramm in Bild 14-5. Die Doppelpfeile deuten die Vektorgrößen und -operationen an. Da ein System mit nur einem Eingang und einem Ausgang vorausgesetzt wurde, treten dort skalare Größen auf. Das nachfolgende Beispiel illustriert das Ergebnis für Systeme 2. Ordnung.

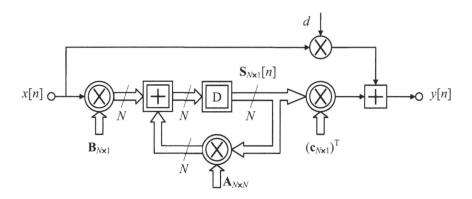

Bild 14-5 Allgemeine Struktur des zeitdiskreten Systems N-ter Ordnung mit Zustandsraumbeschreibung mit dem Vektor der Zustandsgrößen $\mathbf{s}[n]$ und einem Eingang und einem Ausgang

Beispiel   System 2. Ordnung

Für ein System 2. Ordnung spezialisiert sich die allgemeine Struktur in Bild 14-5 auf das Blockdiagramm in Bild 14-6. Im Bild deutlich zu erkennen sind die Funktionen der Matrix **A** und der Vektoren **b** und **c** und des Skalars d. Letzterer beschreibt den Durchgriff vom Eingang zum Ausgang. Der Vektor **b** definiert die Steuerung der Zustandsgrößen durch das Eingangssignal. Und der Vektor **c** legt fest, ob und mit welchem Gewicht jeweils die Zustandsgrößen am Ausgang beobachtet werden können.

Die Rekursion der Zustandsgrößen beschreibt die **A**-Matrix. Sind alle Elemente der **A**-Matrix von Null verschieden, so ergibt sich die Struktur in Bild 14-6. Die Direktform II und ihre Transponierte in Bild 14-1 bzw. Bild 14-2 stellen Sonderfälle dar.

Anmerkung: Steuerbarkeit und Beobachtbarkeit der Systeme spielen in den Anwendungen eine wichtige Rolle. Für ihre Definitionen und die Überprüfung der Eigenschaften anhand der **A**-Matrix und der Vektoren **b** bzw. **c** siehe in der Einführung 12.1 angegebene Literatur.

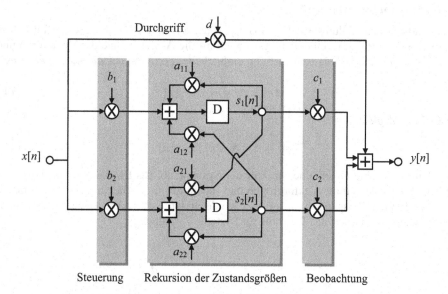

Bild 14-6   Allgemeine Struktur des zeitdiskreten Systems 2. Ordnung mit Zustandsraumbeschreibung mit dem Vektor der Zustandsgrößen **s**[n] und einem Eingang und einem Ausgang

14.2.4 Übertragungsfunktion und Impulsantwort

Aus der Zustandsbeschreibung kann die Übertragungsfunktion über die Eigenfunktionen der LTI-Systeme abgeleitet werden. Hierzu gehen wir von einer exponentiellen Erregung $x[n] = X(z) \cdot z^n$ mit der komplexen Amplitude $X(z)$ aus und nehmen für die Zustandsgrößen ebenfalls ein exponentielles Verhalten $s[n] = \mathbf{S}(z) \cdot z^n$ an.

Damit erhalten wir

$$Y(z)z^n = \mathbf{c}^T \cdot \mathbf{S}(z)z^n + d \cdot X(z)z^n$$
$$z\,\mathbf{S}(z)z^n = \mathbf{A} \cdot \mathbf{S}(z)z^n + \mathbf{b} \cdot X(z)z^n$$

$$(14.17)$$

Nach dem Kürzen von z^n gilt

$$z\,\mathbf{S}(z) = \mathbf{A} \cdot \mathbf{S}(z) + \mathbf{b} \cdot X(z)$$
$$Y(z) = \mathbf{c}^T \cdot \mathbf{S}(z) + d \cdot X(z) \qquad (14.18)$$

Aus der Zustandsgleichung ergibt sich für den Vektor der komplexen Amplituden der Zustandsgrößen schließlich

$$(z\mathbf{I} - \mathbf{A}) \cdot \mathbf{S}(z) = \mathbf{b} \cdot X(z)$$
$$\mathbf{S}(z) = (z\mathbf{I} - \mathbf{A})^{-1}\mathbf{b} \cdot X(z) \qquad (14.19)$$

Anmerkungen: (i) Die Einheitsmatrix wird mit $\mathbf{I}$ bezeichnet, engl. Identity Matrix. Ihre Elemente auf der Hauptdiagonalen sind eins. Alle anderen Elemente sind null. (ii) Man beachte die Rechenregeln für Matrizen, d. h. hier die Multiplikation von links mit der inversen Matrix (Kehrmatrix). (iii) Die Existenz der inversen Matrix wird vorausgesetzt. $(z\mathbf{I}-\mathbf{A})$ ist eine nicht-singuläre Matrix. (iv) Eine quadratische Matrix $\mathbf{B}$ ist nicht-singulär, auch regulär genannt, wenn für die Determinante gilt $\det(\mathbf{B}) \neq 0$.

Der Zustand $\mathbf{S}(z)$ in die Ausgangsgleichung (14.18) eingesetzt, ergibt

$$Y(z) = \mathbf{c}^T \cdot (z\mathbf{I} - \mathbf{A})^{-1} \cdot \mathbf{b} \cdot X(z) + d \cdot X(z) \qquad (14.20)$$

Für das Verhältnis von Ausgangsgröße zu Eingangsgröße, die *Übertragungsfunktion*, resultiert

$$\frac{Y(z)}{X(z)} = H(z) = \mathbf{c}^T \cdot (z\mathbf{I} - \mathbf{A})^{-1} \cdot \mathbf{b} + d \qquad (14.21)$$

Damit der gefundene Zusammenhang für beliebige z im Konvergenzgebiet der Übertragungsfunktion gilt, muss die inverse Matrix zu $(z\mathbf{I}-\mathbf{A})$ jeweils existieren. Dann ist die Übertragungsfunktion aus der Zustandsraumdarstellung eindeutig bestimmt.

Beispiel System 2. Ordnung in der Direktform II

Wir gehen von der Zustandsraumdarstellung der Direktform II aus und bestimmen die Übertragungsfunktion. Zuerst berechnen wir die inverse Matrix.

$$(z\mathbf{I} - \mathbf{A}_1)^{-1} = \begin{pmatrix} z & -1 \\ a_2 & z + a_1 \end{pmatrix}^{-1} = \frac{1}{z \cdot (z + a_1) - (-1) \cdot a_2} \begin{pmatrix} z + a_1 & 1 \\ -a_2 & z \end{pmatrix} \qquad (14.22)$$

Dann erhalten wir aus (14.21) nach kurzer Zwischenrechnung die bekannte Übertragungsfunktion eines Systems 2. Ordnung

$$H(z) = \mathbf{c}_1^T \cdot (z\mathbf{I} - \mathbf{A}_1)^{-1} \cdot \mathbf{b}_1 + \mathbf{d}_1 =$$
$$= \frac{1}{z^2 + a_1 z + a_2} \cdot \begin{pmatrix} b_2 - a_2 b_0 & b_1 - a_1 b_0 \end{pmatrix} \cdot \begin{pmatrix} z + a_1 & 1 \\ -a_2 & z \end{pmatrix} \cdot \begin{pmatrix} 0 \\ 1 \end{pmatrix} + b_0 = \qquad (14.23)$$
$$= \frac{b_2 - a_2 b_0 + (b_1 - a_1 b_0) \cdot z}{z^2 + a_1 z + a_2} + b_0 = \frac{b_0 z^2 + b_1 z + b_2}{z^2 + a_1 z + a_2}$$

Die Impulsantwort ist die Reaktion auf eine Impulserregung, $x[n] = \delta[n]$, bei energiefreiem System, $s[0] = 0$. Für den Zustandsvektor folgt aus der Zustandsgleichung (14.16)

$$s[0] = 0, \quad s[1] = b, \quad s[2] = Ab, \quad s[3] = A^2 b, \dots \tag{14.24}$$

und für die Impulsantwort mit der Ausgangsgleichung (14.15)

$$h[0] = d, \quad h[1] = c^T s[1], \quad h[2] = c^T s[2], \quad h[3] = c^T s[3], \dots \tag{14.25}$$

Setzt man in die letzte Gleichung den Zustandsvektor aus der Gleichung davor ein, resultiert für die *Impulsantwort*

$$h[n] = \begin{cases} 0 & n < 0 \\ d & n = 0 \\ c^T A^{n-1} b & n > 0 \end{cases} \tag{14.26}$$

Die Impulsantwort lässt sich mit der Impulsfunktion und Sprungfunktion auch in eine Zeile schreiben.

$$h[n] = d \cdot \delta[n] + \left(c^T A^{n-1} b \right) \cdot u[n-1] \tag{14.27}$$

14.3 Charakteristische Gleichung, Diagonalform und Ähnlichkeitstransformation

14.3.1 Charakteristische Gleichung und Eigenwerte

Nimmt man eine quadratische nicht-singuläre Matrix $A_{N \times N}$ und multipliziert von rechts mit einem Spaltenvektor erhält man wieder einen Spaltenvektor. Die Matrix A definiert eine lineare Abbildung. Gilt

$$Ax = \lambda x \tag{14.28}$$

mit einem Skalar λ und einem vom Nullvektor verschiedenen Vektor x, so spricht man vom *Eigenwert* λ und *Eigenvektor* x der Matrix A. Der Eigenvektor wird durch die Matrix bis auf den Faktor λ auf sich selbst abgebildet.

Die Bestimmungsgleichung für den Eigenvektor liefert die Umstellung mit der Einheitsmatrix I

$$(\lambda I - A) x = 0 \tag{14.29}$$

Die Matrix A besitzt nur dann von null verschiedene Eigenvektoren, wenn die Determinante zu (14.29) null ist.

$$\det(\lambda I - A) = P(\lambda) = 0 \tag{14.30}$$

Man erhält die *charakteristische Gleichung* der **A**-Matrix mit dem *charakteristischen Polynom* $P(\lambda)$. Die Nullstellen des Polynoms $P(\lambda)$ sind die Eigenwerte der Matrix **A**.

Beispiel   System 2. Ordnung in Direktform II

Mit der **A**-Matrix des Systems 2. Ordnung zur Direktform II resultiert das charakteristische Polynom

$$\det(\lambda\mathbf{I}-\mathbf{A}_1) = \det\begin{pmatrix} \lambda & -1 \\ a_2 & \lambda+a_1 \end{pmatrix} = \lambda\cdot(\lambda+a_1)-(-1)\cdot a_2 = \lambda^2+a_1\lambda+a_2 \quad (14.31)$$

Für $\lambda = z$ ist (14.31) gleich dem charakteristischen Polynom der DGL mit $a_0 = 1$ (normiert) in (4.47), Abschnitt 4.8. Setzt man $\lambda = z^{-1}$, so erhält man das Nennerpolynom der Übertragungsfunktion in Abschnitt 6.3.1.

Anmerkung: Entsprechendes gilt bei transponierter Direktform II. Da den Strukturen die gleiche DGL zugrunde liegt, muss sich das gleiche charakteristische Polynom ergeben.

Beispiel   System 3. Ordnung in Direktform II

Mit der **A**-Matrix des Systems 3. Ordnung zur Direktform II und der Regel von Sarrus resultiert das charakteristische Polynom

$$\det(\lambda\mathbf{I}-\mathbf{A}_1) = \det\begin{pmatrix} \lambda & -1 & 0 \\ 0 & \lambda & -1 \\ a_3 & a_2 & \lambda+a_1 \end{pmatrix} = $$
$$= \lambda\cdot\lambda\cdot(\lambda+a_1)+(-1)\cdot(-1)\cdot a_3+0-0-a_2\cdot(-1)\cdot\lambda-0 \quad (14.32)$$
$$= \lambda^3+a_1\lambda^2+a_2\lambda+a_3$$

Wie erwartet ergibt sich der oben genannte Zusammenhang zum charakteristischen Polynom der DGL 3. Ordnung und der Übertragungsfunktion 3. Grades.

Bei höherer Ordnung wird die Determinante mit dem laplaceschen Entwicklungssatz bestimmt. Man erhält mit dem charakteristischen Polynom der Matrix stets das charakteristische Polynom der DGL und den Nenner der Übertragungsfunktion. Da die Nullstellen des charakteristischen Polynoms die normierten Eigenkreisfrequenzen $z_{\infty i}$ ergeben, ist damit das Ein- und Ausschwingverhalten der Systeme festgelegt.

14.3.2 Modalmatrix und Diagonalform

Zur weiteren Analyse der Systeme führen wir eine Diagonalisierung der **A**-Matrix durch. Dabei gehen wir von dem praktisch wichtigen Fall aus, dass die **A**-Matrix der Dimension $N{\times}N$ genau N von null verschiedene Eigenwerte $\lambda_1, ..., \lambda_N$ mit den N unabhängigen Eigenvektoren $\mathbf{x}_1, ..., \mathbf{x}_N$ besitzt. Da die Eigenwerte die Pole der Übertragungsfunktion sind, nennen wir sie im Folgenden $z_{\infty 1}, ..., z_{\infty N}$.

Anmerkungen: (i) Für reellwertige Systeme, d. h. nur reelle Koeffizienten der DGL oder äquivalent nur reelle Elemente in der Matrix $\mathbf{A}$ und den Vektoren $\mathbf{b}$, $\mathbf{c}$ und d, ergeben sich nur reelle Pole oder konjugiert komplexe Polpaare der Vielfachheit eins. (ii) Sind alle Eigenwerte verschieden, so sind die Eigenvektoren paarweise linear unabhängig.

Mit den N Eigenvektoren $\mathbf{x}_i$ bilden wir die Matrix der Eigenvektoren, die *Modalmatrix*

$$\mathbf{M} = \begin{pmatrix} \mathbf{x}_1 & \mathbf{x}_2 & \cdots & \mathbf{x}_N \end{pmatrix} \qquad (14.33)$$

Die Überführung in die *Diagonalmatrix* $\mathbf{\Lambda}$ gelingt mit der Transformation

$$\mathbf{M}^{-1}\mathbf{A}\mathbf{M} = \mathbf{\Lambda} = \begin{pmatrix} z_{\infty 1} & 0 & \cdots & 0 \\ 0 & z_{\infty 2} & \ddots & \vdots \\ \vdots & \ddots & \ddots & 0 \\ 0 & \cdots & 0 & z_{\infty N} \end{pmatrix} \qquad (14.34)$$

Anmerkungen: (i) Da alle Eigenvektoren unabhängig sind, ist $\mathbf{M}$ nicht-singulär, so dass $\mathbf{M}^{-1}$ existiert. (ii) (14.34) zeigt man schnell, indem man $\mathbf{A}\,\mathbf{M} = \mathbf{M}\,\mathbf{\Lambda}$ prüft und dann mit $\mathbf{M}^{-1}$ von links multipliziert.

Die Berechnungsformel der Diagonalmatrix $\mathbf{\Lambda}$ (14.34) legt die Idee nahe die Zustandsraumdarstellung so umzuformen, dass die resultierende $\mathbf{A}$-Matrix *Diagonalform* aufweist. Dann gibt es keine wechselseitige Beeinflussung der Zustandsgrößen. Das System zerfällt in eine Parallelschaltung aus N Teilsystemen, anders als in Bild 14-6.

Anmerkung: Fasst man die konjugiert komplexen Polpaare zusammen, entstehen zu den Teilsystemen 1. Ordnung für die reellen Pole zusätzlich Teilsysteme 2. Ordnung für die Polpaare.

Voraussetzung ist selbstverständlich, dass sich das Übertragungsverhalten des Systems dabei nicht ändert. Wie im nächsten Abschnitt gezeigt wird, ist dies der Fall, wenn eine Ähnlichkeitstransformation vorliegt. Wir zeigen im Folgenden das Verfahren anhand eines Systems 2. Ordnung und holen die Rechtfertigung im nächsten Abschnitt nach.

Beispiel   System 2. Ordnung mit zwei reellen Polen

Der Anschaulichkeit halber wählen wir ein konkretes Zahlenwertbeispiel. Den Ausgangspunkt bildet die Übertragungsfunktion mit den Polen und Nullstellen. Zunächst berechnen wir die Eigenwerte und Eigenvektoren und bestimmen so die Modalmatrix. Danach bringen wir die Matrix $\mathbf{A}$ auf Diagonalform.

Für das Zahlenwertbeispiel geben wir ein kausales und stabiles System 2. Grades vor. Dazu wählen wir eine Übertragungsfunktion mit zwei reellen Polen im Einheitskreis der komplexen z-Ebene.

$$H(z) = \frac{(z+j)(z-j)}{(z-1/2)(z+1/4)} = \frac{z^2+1}{z^2 - z/4 - 1/8} \qquad (14.35)$$

Daraus folgt mit (14.23) und (14.8) die Zustandsraumdarstellung zur Direktform II

$$\mathbf{A} = \begin{pmatrix} 0 & 1 \\ 1/8 & 1/4 \end{pmatrix}, \quad \mathbf{b} = \begin{pmatrix} 0 \\ 1 \end{pmatrix}, \quad \mathbf{c}^T = \begin{pmatrix} 9/8 & 1/4 \end{pmatrix}, \quad d = 1 \qquad (14.36)$$

Die Struktur des Systems zeigt Bild 14-7, vgl. Bild 14-6.

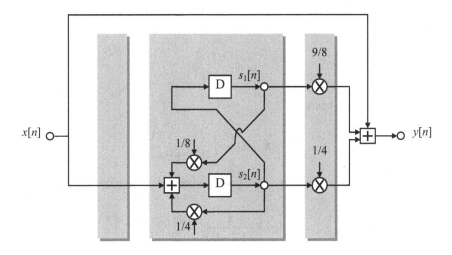

Bild 14-7 Struktur des zeitdiskreten Systems 2. Ordnung (Direktform II)

Die Eigenwerte der **A**-Matrix bestimmen wir aus der charakteristischen Gleichung der **A**-Matrix (14.31), der quadratischen Gleichung

$$z_{\infty 1,2} = \frac{1}{2} \cdot \left(-a_1 \pm \sqrt{a_1^2 - 4a_2}\right) = \frac{1}{2} \cdot \left(\frac{1}{4} \pm \sqrt{\frac{1}{16} + \frac{4}{8}}\right) = \frac{1}{8} \cdot (1 \pm 3) \qquad (14.37)$$

Wir erhalten die beiden reellen Pole

$$z_{\infty 1} = 1/2 \quad \text{und} \quad z_{\infty 2} = -1/4 \qquad (14.38)$$

Damit sind die Eigenwerte der **A**-Matrix bestimmt. Wir suchen die zugehörigen Eigenvektoren. Für $z_{\infty 1}$ ergibt sich aus (14.29) das Gleichungssystem

$$(z_{\infty 1}\mathbf{I} - \mathbf{A})\mathbf{x} = \begin{pmatrix} 1/2 & -1 \\ -1/8 & 1/2 - 1/4 \end{pmatrix} \begin{pmatrix} x_1 \\ x_2 \end{pmatrix} = \begin{pmatrix} 0 \\ 0 \end{pmatrix} \qquad (14.39)$$

Äquivalent ergibt sich

$$\begin{aligned} +x_1 - 2x_2 &= 0 \\ -x_1 + 2x_2 &= 0 \end{aligned} \qquad (14.40)$$

und somit aus $x_1 = 2 \cdot x_2$ der Eigenvektor zu $z_{\infty 1}$

$$\mathbf{x}_1 = \begin{pmatrix} 1 \\ 1/2 \end{pmatrix} \qquad (14.41)$$

Anmerkungen: (i) Der Eigenvektor ist bis auf einen Skalierungsfaktor eindeutig bestimmt. (ii) Dass der gesuchte Eigenvektor vorliegt, kann durch Multiplikation der Matrix **A** mit $\mathbf{x}_1$ verifiziert werden.

Entsprechend wird für den zweiten Eigenwert $z_{\infty 2}$ verfahren. Nach kurzer Zwischenrechnung ergibt sich

$$\mathbf{x}_2 = \begin{pmatrix} 1 \\ -1/4 \end{pmatrix} \tag{14.42}$$

Damit ist die Modalmatrix bekannt

$$\mathbf{M} = (\mathbf{x}_1 \quad \mathbf{x}_2) = \begin{pmatrix} 1 & 1 \\ 1/2 & -1/4 \end{pmatrix} \tag{14.43}$$

Im Falle zweidimensionaler Matrizen ist die Inverse schnell bestimmbar, siehe (14.22)

$$\mathbf{M}^{-1} = \begin{pmatrix} 1 & 1 \\ 1/2 & -1/4 \end{pmatrix}^{-1} = \frac{1}{-1/4-1/2} \begin{pmatrix} -1/4 & -1 \\ -1/2 & 1 \end{pmatrix} = \frac{1}{3} \begin{pmatrix} 1 & 4 \\ 2 & -4 \end{pmatrix} \tag{14.44}$$

Anmerkung: Die Richtigkeit des Ergebnisses prüft man mit $\mathbf{M}\,\mathbf{M}^{-1} = \mathbf{I}$.

Mit der Modalmatrix kann nun die **A**-Matrix in die Diagonalform überführt werden

$$\begin{aligned} \mathbf{\Lambda} = \mathbf{M}^{-1}\mathbf{A}\mathbf{M} &= \frac{1}{3} \begin{pmatrix} 1 & 4 \\ 2 & -4 \end{pmatrix} \cdot \frac{1}{8} \begin{pmatrix} 0 & 8 \\ 1 & 2 \end{pmatrix} \cdot \frac{1}{4} \begin{pmatrix} 4 & 4 \\ 2 & -1 \end{pmatrix} = \\ &= \frac{1}{96} \begin{pmatrix} 1 & 4 \\ 2 & -4 \end{pmatrix} \begin{pmatrix} 16 & -8 \\ 8 & 2 \end{pmatrix} = \frac{1}{96} \begin{pmatrix} 48 & 0 \\ 0 & -24 \end{pmatrix} = \begin{pmatrix} 1/2 & 0 \\ 0 & -1/4 \end{pmatrix} \end{aligned} \tag{14.45}$$

Der Zusammenhang mit der Systembeschreibung wird im nächsten Abschnitt hergestellt.

14.3.3 Ähnlichkeitstransformation und Normalform

Die Berechnungsformel der Diagonalmatrix $\mathbf{\Lambda}$ (14.34) legt die Idee nahe, die Zustandsraumdarstellung so umzuformen, dass die resultierende **A**-Matrix Diagonalform aufweist. Voraussetzung ist selbstverständlich, dass sich das Übertragungsverhalten des Systems dabei nicht ändert.

Um dies zu zeigen, lösen wir (14.34) nach der Matrix **A** auf

$$\mathbf{A} = \mathbf{M}\mathbf{\Lambda}\mathbf{M}^{-1} \tag{14.46}$$

Und substituieren in der Zustandsgleichung

$$\mathbf{s}[n+1] = \mathbf{M}\mathbf{\Lambda}\mathbf{M}^{-1} \cdot \mathbf{s}[n] + \mathbf{b} \cdot x[n] \tag{14.47}$$

Durch geschicktes Umformen können wir die allgemeine Form der Zustandsgleichung wiedergewinnen. Wir multiplizieren die Zustandsgleichung mit der inversen Modalmatrix $\mathbf{M}^{-1}$ von links

$$\underbrace{\mathbf{M}^{-1} \cdot \mathbf{s}[n+1]}_{\mathbf{s}_d[n+1]} = \underbrace{\mathbf{M}^{-1}\mathbf{M}}_{\mathbf{I}}\mathbf{\Lambda}\underbrace{\mathbf{M}^{-1} \cdot \mathbf{s}[n]}_{\mathbf{s}_d[n]} + \underbrace{\mathbf{M}^{-1} \cdot \mathbf{b}}_{\mathbf{b}_d} \cdot x[n] \tag{14.48}$$

und fassen das Produkt

$$\mathbf{s}_d[n] = \mathbf{M}^{-1} \cdot \mathbf{s}[n] \tag{14.49}$$

als lineare Abbildung des Zustandsvektors auf. Es resultiert die Zustandsraumdarstellung

$$\begin{aligned}
y[n+1] &= \mathbf{c}_d^T \cdot \mathbf{s}_d[n] + d \cdot x[n] \\
\mathbf{s}_d[n+1] &= \mathbf{\Lambda} \cdot \mathbf{s}_d[n] + \mathbf{b}_d \cdot x[n]
\end{aligned} \tag{14.50}$$

mit den Vektoren

$$\mathbf{b}_d = \mathbf{M}^{-1} \cdot \mathbf{b} \quad \text{und} \quad \mathbf{c}_d^T = \mathbf{c}^T \cdot \mathbf{M} \tag{14.51}$$

Das so modifizierte System mit den Zustandsvektoren $\mathbf{s}_d[n]$ liefert bei gleichen Eingangswerten die gleichen Ausgangswerte wie das System vor der Transformation.

Beispiel   System 2. Ordnung mit zwei reellen Polen (Fortführung)

Wir führen das Zahlenwertbeispiel aus dem letzten Unterabschnitt fort. Es ergibt sich der neue Zustandsvektor

$$\mathbf{s}_d[n] = \mathbf{M}^{-1}\mathbf{s}[n] = \frac{1}{3}\begin{pmatrix} 1 & 4 \\ 2 & -4 \end{pmatrix} \cdot \mathbf{s}[n] \tag{14.52}$$

mit der **A**-Matrix und den Vektoren **b**, **c** und d

$$\mathbf{A}_d = \mathbf{\Lambda} = \begin{pmatrix} 1/2 & 0 \\ 0 & -1/4 \end{pmatrix}, \quad \mathbf{b} = \begin{pmatrix} 4/3 \\ -4/3 \end{pmatrix}, \quad \mathbf{c}^T = \begin{pmatrix} 20/16 & 17/16 \end{pmatrix}, \quad d = 1 \tag{14.53}$$

Die Struktur des diagonalisierten Systems zeigt Bild 14-8, vgl. Bild 14-7. Die Zustandsgrößen sind jetzt entkoppelt.

Das Beispiel hat gezeigt, dass eine Transformation wie in (14.50) das Übertragungsverhalten des Systems nicht ändert. Man spricht dann von einer *Ähnlichkeitstransformation*.

Vorraussetzung dafür ist die Existenz einer nicht-singulären $N \times N$ *Transformationsmatrix* **T**, für die gilt

$$\mathbf{s}_t[n] = \mathbf{T}^{-1}\mathbf{s}[n] \quad \text{mit} \quad \mathbf{A}_t = \mathbf{T}^{-1}\mathbf{A}\mathbf{T} \tag{14.54}$$

Anmerkung: Wir folgen hier der üblichen Definition in der Fachliteratur der digitalen Signalverarbeitung mit der Multiplikation von $\mathbf{T}^{-1}$ von links, z. B. [RoMu87], [Schü94].

Es resultiert die Zustandsraumbeschreibung

$$\begin{aligned}
y[n+1] &= \mathbf{c}_t^T \mathbf{s}_t[n] + d \cdot x[n] \\
\mathbf{s}_t[n+1] &= \mathbf{A}_t \mathbf{s}_t[n] + \mathbf{b}_t x[n]
\end{aligned} \tag{14.55}$$

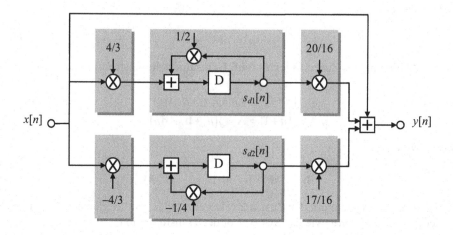

Bild 14-8 Struktur des zeitdiskreten Systems 2. Ordnung in Diagonalform mit zwei reellen Polen

Mit den Vektoren

$$\mathbf{b}_t = \mathbf{T}^{-1}\mathbf{b} \quad \text{und} \quad \mathbf{c}_t^T = \mathbf{c}^T\mathbf{T} \tag{14.56}$$

Wir verifizieren anhand der Übertragungsfunktion, dass sich das Übertragungsverhalten durch die Ähnlichkeitstransformation nicht ändert. Dazu gehen wir von (14.21) aus und zeigen die Identität in mehreren Schritten.

Wir beginnen mit der für das charakteristische Polynom bestimmenden Matrix

$$z\mathbf{I} - \mathbf{A}_t = z\mathbf{I} - \mathbf{T}^{-1}\mathbf{A}\mathbf{T} = z\underbrace{\mathbf{T}^{-1}\mathbf{T}}_{\mathbf{I}}\mathbf{I} - \mathbf{T}^{-1}\mathbf{A}\mathbf{T} = \mathbf{T}^{-1}(z\mathbf{I} - \mathbf{A})\mathbf{T} \tag{14.57}$$

Für das charakteristische Polynom folgt mit den Rechenregeln für Determinanten

$$P(\lambda) = \det(z\mathbf{I} - \mathbf{A}_t) = \det\left(\mathbf{T}^{-1}(z\mathbf{I} - \mathbf{A})\mathbf{T}\right) = \det(z\mathbf{I} - \mathbf{A}) \tag{14.58}$$

Das charakteristische Polynom ändert sich durch die Ähnlichkeitstransformation nicht.

Anmerkungen: Rechenregeln für Determinanten: (i) $\mathbf{A}\cdot\mathbf{A}^{-1} = \mathbf{I}$. (ii) $\det(\mathbf{A}\cdot\mathbf{B}) = \det(\mathbf{B}\cdot\mathbf{A}) = \det(\mathbf{A})\cdot\det(\mathbf{B})$. (iii) $\det(\mathbf{A})\cdot\det(\mathbf{A}^{-1}) = 1$. (iv) $\det(\mathbf{A}^T) = \det(\mathbf{A})$.

Für die in (14.21) zu invertierende Matrix gilt mit den Rechenregeln für Kehrmatrizen

$$(z\mathbf{I} - \mathbf{A}_t)^{-1} = \left(\mathbf{T}^{-1}(z\mathbf{I} - \mathbf{A})\mathbf{T}\right)^{-1} = \mathbf{T}^{-1}(z\mathbf{I} - \mathbf{A})^{-1}\mathbf{T} \tag{14.59}$$

Anmerkungen: Rechenregeln für Kehrmatrizen: (i) $(\mathbf{A}\cdot\mathbf{B})^{-1} = \mathbf{B}^{-1}\cdot\mathbf{A}^{-1}$ (geänderte Reihenfolge beachten). (ii) $(\mathbf{A}^T)^{-1} = (\mathbf{A}^{-1})^T$. (iii) $(\mathbf{A}^{-1})^{-1} = \mathbf{A}$.

Damit in die Berechnungsgleichung der Übertragungsfunktion (14.21) eingesetzt, folgt die Übereinstimmung der Übertragungsfunktionen vor und nach Ähnlichkeitstransformation.

$$H_t(z) = \mathbf{c}_t^T \cdot (z\mathbf{I} - \mathbf{A}_t)^{-1} \cdot \mathbf{b}_t + d_t = \mathbf{c}^T \mathbf{T} \cdot (z\mathbf{I} - \mathbf{A}_t)^{-1} \cdot \mathbf{T}^{-1} \mathbf{b} + d =$$
$$= \mathbf{c}^T \mathbf{T} \cdot \mathbf{T}^{-1} (z\mathbf{I} - \mathbf{A})^{-1} \mathbf{T} \cdot \mathbf{T}^{-1} \mathbf{b} + d = \mathbf{c}^T (z\mathbf{I} - \mathbf{A})^{-1} \mathbf{b} + d = H(z) \tag{14.60}$$

Die Voraussetzung für die Ähnlichkeitstransformation (14.54) lässt unendlich viele Möglichkeiten zu. In der digitalen Signalverarbeitung ist die Transformation auf Normalform von großer praktischer Bedeutung [RoMu87], [Schü94], [Wer07]. Wir stellen sie beispielhaft vor.

Beispiel System 2. Ordnung in Normalform

Eine $N \times N$-Matrix $\mathbf{A}$ heißt *normal* wenn gilt

$$\mathbf{A}^T \mathbf{A} = \mathbf{A}\mathbf{A}^T \tag{14.61}$$

Anmerkungen: (i) Die Definition „normal" kann mit $(\mathbf{A}^*)^T \mathbf{A} = \mathbf{A}(\mathbf{A}^*)^T$ auf Matrizen mit komplexen Elementen erweitert werden. (ii) Siehe auch Abschnitt 10.4.

Für die $\mathbf{A}$-Matrix der transponierten Direktform II mit einem konjugiert komplexen Polpaar $z_{\infty 1} = z_\infty$ und $z_{\infty 2} = z_\infty{}^*$ liefert die Transformationsmatrix [Schü94]

$$\mathbf{T}^{-1} = \begin{pmatrix} \mathrm{Re}(z_\infty) & 1 \\ -\mathrm{Im}(z_\infty) & 0 \end{pmatrix} \tag{14.62}$$

eine neue $\mathbf{A}$-Matrix in Normalform.

$$\mathbf{A}_t = \mathbf{T}^{-1} \mathbf{A}_2 \mathbf{T} \tag{14.63}$$

Wir bestätigen die Behauptung durch Nachrechnen. Zuerst bestimmen wir die inverse Transformationsmatrix

$$\mathbf{T} = \frac{1}{\mathrm{Im}(z_\infty)} \begin{pmatrix} 0 & -1 \\ \mathrm{Im}(z_\infty) & \mathrm{Re}(z_\infty) \end{pmatrix} \tag{14.64}$$

Nun können wir die transformierte $\mathbf{A}$-Matrix berechnen.

$$\mathbf{A}_t = \mathbf{T}^{-1} \mathbf{A}_2 \mathbf{T} = \begin{pmatrix} \mathrm{Re}(z_\infty) & 1 \\ -\mathrm{Im}(z_\infty) & 0 \end{pmatrix} \begin{pmatrix} -a_1 & 1 \\ -a_2 & 0 \end{pmatrix} \frac{1}{\mathrm{Im}(z_\infty)} \begin{pmatrix} 0 & -1 \\ \mathrm{Im}(z_\infty) & \mathrm{Re}(z_\infty) \end{pmatrix} =$$
$$= \frac{1}{\mathrm{Im}(z_\infty)} \begin{pmatrix} \mathrm{Re}(z_\infty) & 1 \\ -\mathrm{Im}(z_\infty) & 0 \end{pmatrix} \begin{pmatrix} \mathrm{Im}(z_\infty) & a_1 + \mathrm{Re}(z_\infty) \\ 0 & a_2 \end{pmatrix} = \tag{14.65}$$
$$= \begin{pmatrix} \mathrm{Re}(z_\infty) & \dfrac{a_1 \mathrm{Re}(z_\infty) + \mathrm{Re}^2(z_\infty) + a_2}{\mathrm{Im}(z_\infty)} \\ -\mathrm{Im}(z_\infty) & -a_1 - \mathrm{Re}(z_\infty) \end{pmatrix}$$

Die **A**-Matrix kann vereinfacht werden, da die Systemkoeffizienten a_1 und a_2 vom Pol z_∞ abhängen. Aus dem Nennerpolynom der Übertragungsfunktion eines Systems 2. Ordnung mit konjugiert komplexem Polpaar

$$N(z) = (z - z_\infty)(z - z_\infty^*) = z^2 - z \cdot 2\operatorname{Re}(z_\infty) + |z_\infty|^2 = z^2 + a_1 z + a_2 \qquad (14.66)$$

folgt der Zusammenhang

$$a_1 = -2\operatorname{Re}(z_\infty) \quad \text{und} \quad a_2 = |z_\infty|^2 = \operatorname{Re}^2(z_\infty) + \operatorname{Im}^2(z_\infty) \qquad (14.67)$$

In $\mathbf{A}_t$ eingesetzt vereinfachen sich die Elemente

$$a_{t12} = \frac{a_1 \operatorname{Re}(z_\infty) + \operatorname{Re}^2(z_\infty) + a_2}{\operatorname{Im}(z_\infty)} = \operatorname{Im}(z_\infty) \qquad (14.68)$$

$$a_{t22} = -a_1 - \operatorname{Re}(z_\infty) = \operatorname{Re}(z_\infty)$$

so dass insgesamt die kompakte Form resultiert

$$\mathbf{A}_t = \mathbf{T}^{-1}\mathbf{A}_2\mathbf{T} = \begin{pmatrix} \operatorname{Re}(z_\infty) & \operatorname{Im}(z_\infty) \\ -\operatorname{Im}(z_\infty) & \operatorname{Re}(z_\infty) \end{pmatrix} \qquad (14.69)$$

Die Normalform liefert eine vollbesetzte **A**-Matrix, aus der das konjugiert komplexe Polpaar direkt abgelesen werden kann.

Schnell kann die Normalform für die transformierte Matrix $\mathbf{A}_t$ nachgewiesen werden

$$\mathbf{A}_t^T\mathbf{A}_t = \mathbf{A}_t\mathbf{A}_t^T = \begin{pmatrix} |z_\infty|^2 & 0 \\ 0 & |z_\infty|^2 \end{pmatrix} \qquad (14.70)$$

Beispiel   System 2. Ordnung mit konjugiert komplexem Polpaar

Wir gehen von einem Zahlenwertbeispiel für die Übertragungsfunktion aus.

$$H(z) = \frac{(z + j)(z - j)}{(z - z_\infty)(z - z_\infty^*)} = \frac{z^2 + 1}{z^2 - 1{,}6z + 0{,}8} \quad \text{mit} \quad z_\infty = 0{,}8 + j0{,}4 \qquad (14.71)$$

Damit ergibt sich die Zustandsraumdarstellung für die transponierte Direktform II, siehe (14.6)

$$\mathbf{A}_2 = \begin{pmatrix} 1{,}6 & 1 \\ -0{,}8 & 0 \end{pmatrix}, \quad \mathbf{b}_2 = \begin{pmatrix} 1{,}6 \\ 0{,}2 \end{pmatrix}, \quad \mathbf{c}_2^T = (1 \quad 0), \quad d_2 = 1 \qquad (14.72)$$

Für die Normalform folgt die **A**-Matrix mit (14.69)

$$\mathbf{A}_N = \begin{pmatrix} 0{,}8 & 0{,}4 \\ -0{,}4 & 0{,}8 \end{pmatrix} \qquad (14.73)$$

Die Transformation der Zustandsgrößen führt auf

$$\mathbf{b}_N = \mathbf{T}\mathbf{b} = \begin{pmatrix} 0,8 & 1 \\ -0,4 & 0 \end{pmatrix} \cdot \begin{pmatrix} 1,6 \\ 0,2 \end{pmatrix} = \begin{pmatrix} 1,48 \\ -0,64 \end{pmatrix} \tag{14.74}$$

und

$$\mathbf{c}_N^T = \begin{pmatrix} 1 & 0 \end{pmatrix} \cdot \frac{1}{0,4} \begin{pmatrix} 0 & -1 \\ 0,4 & 0,8 \end{pmatrix} = \begin{pmatrix} 0 & -2,5 \end{pmatrix} \tag{14.75}$$

Der Skalar d, der Durchgriff vom Eingang zum Ausgang, ändert sich durch die Transformation nicht.

Die Struktur des Systems in Normalform zeigt Bild 14-9.

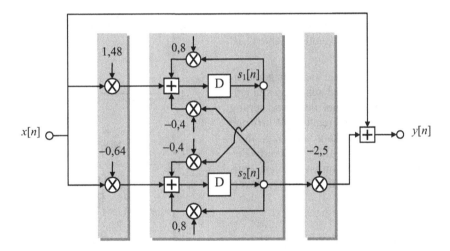

Bild 14-9   Struktur des zeitdiskreten Systems 2. Ordnung in Normalform mit $z_\infty = 0,8 + j0,4$

Die Aussteuerung der Zustandsgrößen ist gleichmäßiger als bei der Realisierung in der transponierten Direktform II. Dies wird an dem Simulationsbeispiel in Bild 14-10 deutlich. Das System wurde in MATLAB sowohl in transponierter Direktform II als auch in Normalform simuliert, siehe Übungsteil. Als Eingangssignal wurde die Impulsfunktion $\delta[n]$ gewählt, so dass die Systeme mit den Impulsantworten reagierten. In beiden Fällen ergaben sich, wie gefordert, die gleichen Werte. Die ersten 31 Werte der Impulsantwort sind im Bild oben links zu sehen.

Die Dynamik der inneren Zustände der Systeme wird in der Zustandsebene veranschaulicht. In Bild 14-10 rechts oben sind die ersten 21 Werte der Zustandsvariablen für die Realisierung in transponierter Direktform II zu sehen. Das System startet für $n = 0$ im energiefreien Zustand $(s_1[0], s_2[0]) = (0; 0)$. Nach einem Zeitschritt ergibt sich $(s_1[1], s_2[1]) = (1,6; 0,2) = \mathbf{b}_2^T$. Der Wert ist in der Zustandsebene mit dem Zeitindex $n = 1$ parametrisiert. Für die folgenden Werte gilt entsprechendes. Deutlich zu erkennen ist der spiralförmige Verlauf, mit dem der innere Zustand des Systems nach der Impulserregung asymptotisch in den Ursprung zurückkehrt.

Man beachte besonders die Gruppierung der Wertepaare um die Winkelhalbierende des 2. und 4. Quadranten, was einer starken negativen Korrelation der Zustandsvariablen entspricht.

Im Fall der Realisierung in der Normalform gibt sich auf dem ersten Blick ein ähnliches Bild. Das System beginnt im energiefreien Zustand, $(s_1[0], s_2[0]) = (0; 0)$. Nach der Impulserregung erhält man $(s_1[1], s_2[1]) = (1{,}48; -0{,}64) = \mathbf{b}_N^T$. Auf dem zweiten Blick wird der Unterschied deutlich. Die Maximalwerte der Zustandsvariablen sind etwa nur halb so groß wie im vorherigen Fall, siehe Achsenbeschriftung. Darüber hinaus zeigt sich eine offenere Spiralbahn. Die Verteilung der Wertepaare, die Aussteuerung der Zustandsvariablen, ist gleichmäßiger.

Dem hier an einem Beispiel sichtbar gemachten Effekt liegt ein systematischer Zusammenhang zugrunde. Er wird bei der Realisierung von Systemen mit begrenzter Wortlänge benutzt. Für die Systeme kann eine bzgl. ihres inneren Rauschens und der Überlaufwahrscheinlichkeiten der Zustandsvariablen optimale Struktur (Transformation) berechnet werden [RoMu87], [Wer07].

14.4   Zusammenfassung

Mit der Zustandsraumdarstellung wird der Blick in die LTI-Systeme mit DGL eröffnet. Die Darstellung in Matrixform ermöglicht die Anwendung der Methoden der linearen Algebra zur Systemanalyse und -synthese. Die inneren Zustände der Systeme werden für praktische Anwendungen der Optimierung zugänglich.

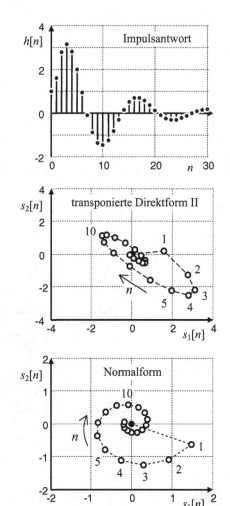

Bild 14-10 Impulsantwort und Zustandsgrößen in der Zustandsebene des zeitdiskreten Systems 2. Ordnung in transponierter Direktform II (oben) und Normalform (unten) mit $z_\infty = 0{,}8 + j\ 0{,}4$ (Darstellungen für $n = 0, \ldots, 30$ bzw. 21)

Darüber hinaus ist die Zustandsraumdarstellung der Ausgangspunkt für anspruchsvolle Anwendungen in der Regelungstechnik zur dynamischen Systemidentifikation und Prozessregelung.

Online-Ressourcen zu Kapitel 14 mit Übungsaufgaben und MATLAB-Übungen

Anhang

A.1   Formelzeichen

$\varnothing$	leere Menge, unmögliches Ereignis
λ	Eigenwert
μ	linearer Mittelwert
ρ_{XY}	Korrelationskoeffizient
σ	Realteil von s / Standardabweichung
σ^2	Varianz, Dispersion, (2. Zentralmoment)
τ	Zeitkonstante des RC-Tiefpasses
ω	Kreisfrequenz, Imaginärteil von s
ω_i	Ereignis
ω_∞	Eigenkreisfrequenz
Λ	Diagonalmatrix
Ω	normierte Kreisfrequenz / Ohm / Menge aller möglichen Ereignisse
Ω_∞	normierte Eigenkreisfrequenz
a_k	Nennerkoeffizient der Übertragungsfunktion / Fourier-Koeffizient (cos)
b_k	Zählerkoeffizient der Übertragungsfunktion / Fourier-Koeffizient (sin)
$\mathbf{b}$	Vektor der Zustandsraumdarstellung (Eingangskoeffizienten)
$\mathbf{b}_i$	i-ter Basisvektor
c_k	komplexe Fourier-Koeffizienten
$\mathbf{c}$	Vektor der Zustandsraumdarstellung (Ausgangskoeffizienten)
d	Klirrfaktor
$\mathbf{d}$	Vektor der Zustandsraumdarstellung (Durchgriff)
dB	Dezibel (logarithmisches Maß)
f	Frequenz
f_a	Abtastfrequenz
j	imaginäre Einheit, $j^2 = -1$
k	Boltzmann-Konstante, $k \approx 1{,}3805 \cdot 10^{-23}$ Ws/K
m_{2X}	Zweites Moment einer SV
n	normierte Zeit (-variable)
p_i	(Einzel-) Wahrscheinlichkeit
r_{XY}	empirischer Korrelationskoeffizient
r_∞	Absolutbetrag des Pols
$s = \sigma + j\omega$	komplexe Frequenz, komplexe Variable der Laplace-Transformation
s_0, z_0	Nullstelle der Übertragungsfunktion
s_∞, z_∞	Pol der Übertragungsfunktion
$\hat{u}$	Amplitude einer sinusförmigen Funktion
t	Zeit(-variable)

$z = r \cdot e^{j\Omega}$	komplexe Variable der z-Transformation
$\bar{x}$	Zeitmittelwert
A	Ampere
A	Matrix der Zustandsraumdarstellung (Rekursion)
B	Bandbreite bzgl. der Frequenz
B_{kl}	Koeffizient der Partialbruchzerlegung
B_{neq}	Äquivalente Rauschbandbreite (Noise equivalent bandwidth)
C	Kapazität
C_k	Fourier-Koeffizient der harmonischen Form
C	Transformationsmatrix der DCT
D	Unterabtastungsfaktor (Dezimierungsfaktor)
E	Energie
I	Einheitsmatrix
J	Funktionaldeterminante
L	Induktivität / Interpolationsfaktor
M	Modalmatrix
N_0	Periode
$N_0/2$	Amplitude des zweiseitigen LDS bei weißem Rauschen
P	Leistung
P_b	Bitfehlerwahrscheinlichkeit
R	ohmscher Widerstand, Konvergenzgebiet
T	Temperatur
T_a	Abtastintervall
T_0	Periode
T	Transformationsmatrix
U	komplexe Amplitude der Spannung in der Wechselstromrechnung
V	Volt
V_k	Vielfachheit des k-ten Pols
W	Bandbreite bzgl. der Kreisfrequenz
W	Transformationsmatrix der DFT
x, y	Vektoren (Spalten)
X	stochastische Variable, allgemein

Signale und Funktionen

$\delta(t)$, $\delta[n]$	Impulsfunktion
$\rho(t)$, $\rho[n]$	Betrag der komplexen Funktion
$\tau_g(\omega)$, $\tau_g(\Omega)$	Gruppenlaufzeit
$\varphi(t)$, $\varphi[n]$	Argument der komplexen Funktion
$\Pi_T(t)$, $\Pi_N[n]$	Rechteckimpuls
$\Phi(x)$	gaußsches Fehlerintegral
$\Phi_{XX}(z)$	z-Transformierte der (Zeit-)AKF
$a(\omega)$, $a(\Omega)$	Frequenzgang der Dämpfung
$b(\omega)$, $b(\Omega)$	Frequenzgang der Phase
$b_i[n]$	Barker-Code(-folge) der Länge i

$c(t)$, $c[n]$	Chirp-Signal
$\mathrm{erf}(x)$, $\mathrm{erfc}(x)$	Fehlerfunktion, komplementäre
$f_X(x)$	WDF der SV X
$g(t)$	Sendegrundimpuls
$h(t)$, $h[n]$	Impulsantwort
$h_{\mathrm{MF}}(t)$, $h_{\mathrm{MF}}[n]$	Impulsantwort des Matched-Filters
$\lg(.)$	Zehnerlogarithmus, $\log_{10}(.)$
$s(t)$, $s[n]$	Sprungantwort
$\mathbf{s}(t)$, $\mathbf{s}[n]$	Vektor der Zustandsgrößen
$s_i(t)$, $s_i[n]$	Zustandsgrößen
$\mathrm{sgn}(.)$	Signumfunktion
$\mathrm{si}(.)$	si-Funktion, $\sin(x)/x$-Funktion
$\mathrm{sinc}(.)$	si-Funktion, $\mathrm{sinc}(x) = \mathrm{si}(\pi x)$
$u(t)$, $u[n]$	Sprungfunktion
$x(t)$	Funktion allgemein
$x_g(t)$, $x_u(t)$	gerader bzw. ungerader Anteil
$x_r(t)$, $x_i(t)$	Real- bzw. Imaginärteil der komplexen Funktion
$x_a(t)$	Abtastsignal
$x[n]$	zeitdiskrete Funktion allgemein, Folge
$x_g[n]$, $x_u[n]$	gerader bzw. ungerader Anteil
$x_r[n]$, $x_i[n]$	Real- bzw. Imaginärteil der komplexen Folge
$y_{aus}(t)$, $y_{aus}[n]$	Ausschwinganteil
$y_e(t)$, $y_e[n]$	Erregeranteil
$y_{ein}(t)$, $y_{ein}[n]$	Einschwinganteil
$y_h(t)$, $y_h[n]$	homogene Lösung der DGL
$y_p(t)$, $y_p[n]$	partikuläre Lösung der DGL
$y_s(t)$, $y_s[n]$	stationärer Anteil
$y_{tr}(t)$, $y_{tr}[n]$	Transiente
$F_X(x)$	WVF der SV X
$H(s)$, $H(z)$	Übertragungsfunktion
$H(j\omega)$, $H(e^{j\Omega})$	Frequenzgang
$|H(j\omega)|^2$, $|H(e^{j\Omega})|^2$	Leistungsübertragungsfunktion
$N(\mu, \sigma^2)$	Normalverteilung, Gaußverteilung
$P(.)$	Wahrscheinlichkeit
$R_{hh}(\tau)$, $R_{hh}[l]$	Zeit-AKF zu $h(t)$ bzw. $h[n]$
$R_{XX}(\tau)$, $R_{XX}[l]$	AKF des stochastischen Prozesses $X(t)$ bzw. $X[n]$
$S_{hh}(\omega)$, $S_{hh}(\Omega)$	Fourier-Transformierte der Zeit-AKF
$S_{XX}(\omega)$, $S_{XX}(\Omega)$	LDS des stochastischen Prozesses $X(t)$ bzw. $X[n]$
$X(\omega, t)$	stochastischer Prozess, allgemein
$X[k]$	DFT von $x[n]$
$X(s)$	Laplace-Transformierte von $x(t)$
$X(t)$, $X[n]$	stochastischer Prozess
$X(z)$	z-Transformierte von $x[n]$

Transformationen und Operatoren

*	Faltungssymbol, Faltungsstern
$(.)^T$	Transposition eines Vektors bzw. einer Matrix
arg(.)	Argument der komplexen Zahl
COV(.)	Kovarianz
D(.)	Verzögerungsoperator
$D(.)$	Dispersion
det(.)	Determinante einer Matrix
DFT{.}, DFT^{-1}{.}	diskrete Fourier-Transformation, inverse diskrete Fourier-Transformation
$E(.)$	Erwartungswert
F{.}, F^{-1}{.}	Fourier-Transformation, inverse Fourier-Transformation
Im(.)	Imaginärteil
L{.}, L^{-1}{.}	Laplace-Transformation, inverse Laplace-Transformation
$\text{mod}_N(.)$	Modulo-N-Operator
Re(.)	Realteil
T(.)	Systemoperator
Z{.}, Z^{-1}{.}	z-Transformation, inverse z-Transformation
$x(t) \leftrightarrow X(j\omega)$	Fourier-Transformationspaar
$x(t) \leftrightarrow X(s)$	Laplace-Transformationspaar
$x[n] \leftrightarrow X(z)$	z-Transformationspaar
$x[n] \leftrightarrow X(e^{j\Omega})$	Fourier-Transformationspaar für Folgen
$x[n] \leftrightarrow X[k]$	DFT-Transformationspaar

A.2   Abkürzungen

A/D-	Analog/Digital-
AKF	Autokorrelationsfunktion/-folge
BIBO	Bounded Input - Bounded Output
BP	Bandpass
D/A-	Digital/Analog-
DB	Durchlassbereich
DCT	Diskrete Kosinus-Transformation (Discrete Cosine Transform)
DFT	Diskrete Fourier-Transformation
DGL	Differentialgleichung / Differenzengleichung
DSV	Digitale Signalverarbeitung
FFT	Schnelle Fourier-Transformation (Fast Fourier Transform)
FIR	Endlich lange Impulsantwort (Finite Impulse Response)
HP	Hochpass
IIR	Unendlich lange Impulsantwort (Infinit Impulse Response)
LDS	Leistungsdichtespektrum
LTI	Linear Time-Invariant
SB	Sperrbereich
SNR	Signal-Geräuschverhältnis (Signal-to-Noise Ratio)
SV	Stochastische Variable

TP   Tiefpass
WDF   Wahrscheinlichkeitsdichtefunktion
WVF   Wahrscheinlichkeitsverteilungsfunktion

A.2   Tabellenverzeichnis

Literaturverzeichnis

[Ach85]   D. Achilles: *Die Fouriertransformation in der Signalverarbeitung. Kontinuierliche und diskrete Verfahren der Praxis*. 2. Aufl., Berlin: Springer Verlag, 1985

[BHPT80]   O. Beyer, H. Hackel, V. Pieper, J. Tiedge: *Wahrscheinlichkeitsrechnung und mathematische Statistik*. Thun: Verl. Harri Deutsch, 1980

[Bei95]   F. Beichelt: *Stochastik für Ingenieure*. Stuttgart: B. G. Teubner Verlag, 1995

[Bei97]   F. Beichelt: *Stochastische Prozesse für Ingenieure*. Stuttgart: B. G. Teubner Verlag, 1997

[Ben95]   F. Bening: *Z-Transformation für Ingenieure. Grundlagen und Anwendungen*. Stuttgart: B. G. Teubner, 1995

[Böh98]   J. F. Böhme: *Stochastische Signale. Eine Einführung in Modelle, Systemtheorie und Statistik mit Übungen in einem MATLAB-Praktikum*. 2. Aufl., Stuttgart: Teubner, 1998

[Bos95]   K. Bosch: *Elementare Einführung in die Wahrscheinlichkeitsrechnung*. 6. Aufl., Braunschweig/ Wiesbaden: Vieweg Verlag, 1995

[Bri97]   R. Brigola: *Fourieranalysis, Distributionen und Anwendungen*. Braunschweig/ Wiesbaden: Vieweg Verlag, 1997

[BrSt02]   J. Bray, C. F. Sturman: *Bluetooth 1.1. Connection Without Cables*. 2. Aufl., Upper Saddle River, NJ: Prentice Hall PTR, 2002

[BSMM99]   I. N. Bronstein, K. A. Semendjajew, G. Musiol, H. Mühlig: *Taschenbuch der Mathematik*. 4. Aufl., Thun: Verlag Harri Deutsch, 1999

[Che98]   W. Y. Chen: *DSL, Simulation Techniques and Standards. Development for Digital Subscriber Line Systems*. Indianapolis: Macmillan Technical Pub., 1998

[CoTu65]   J. W. Cooley, J. W. Tuckey: An Algorithm for the machine calculation of complex Fourier series. *Mathematics of Computation*. Bd. 19, S. 297-301, 1965

[Dob07]   G. Doblinger: *Zeitdiskrete Signale und Systeme. Eine Einführung in die grundlegenden Methoden der digitalen Signalverarbeitung*. Weil der Stadt: J. Schlembach Fachbuchverlag, 2007

[Doe76]   G. Doetsch: *Einführung in die Theorie und Anwendung der Laplace-Transformation*. 3. Aufl., Stuttgart: Birkhäuser Verlag, 1976

[Doe85]   G. Doetsch: *Anleitung zum praktischen Gebrauch der Laplace-Transformation und der Z-Transformation*. 5. Aufl., München/Wien: Oldenbourg Verlag, 1985

[FlGa07]   N. Fliege, M. Gaida: *Signale und Systeme. Grundlagen und Anwendungen mit MATLAB*. Weil der Stadt: J. Schlembach Fachbuchverlag, 2007

[FrBo04]   Th. Frey, M. Bossert: *Signal- und Systemtheorie*. Stuttgart: B. G. Teubner, 2004

[Gig03]   G. Gigerenzer: *Das Einmaleins der Skepsis. Über den richtigen Umgang mit Zahlen und Risiken*. 3. Aufl., Berlin: Berlin Verlag, 2003

[Goe58]   G. Goertzel: „An algorithm for evaluation of finite trigonometric series." *American Mathematical Monthly*. Bd. 65, S. 34-35, Januar 1958

[GRS07]   B. Girod, R. Rabenstein, A. Stenger: *Einführung in die Systemtheorie*. 4. Aufl., Stuttgart: B. G. Teubner Verlag, 2007

[Grü04]   D. Ch. v. Grünigen: *Digitale Signalverarbeitung.* 3. Aufl., Leipzig: Fachbuch-
            verlag Leipzig, 2004

[Hän01]   E. Hänsler: *Statistische Signale. Grundlagen und Anwendungen.* 3. Aufl., Berlin:
            Springer Verlag, 2001

[HaMo05]   S. Haykin, M. Moher: *Modern Wireless Communications.* Upper Saddle River,
            NJ: Pearson Education, 2005

[Hay02]   S. Haykin: *Adaptiv Filter Theory.* 4. Aufl., Englewood Cliffs (NJ): Prentice Hall,
            2002

[Hen03]   N. Henze: *Stochastik für Einsteiger. Eine Einführung in die faszinierende Welt
            des Zufalls.* 4. Aufl., Braunschweig/Wiesbaden: Vieweg Verlag, 2003

[Hüb03]   G. Hübner: *Stochastik. Eine anwendungsorientierte Einführung für Informatiker,
            Ingenieure und Mathematiker.* 4. Aufl., Wiesbaden: Vieweg Verlag, 2003

[JoWi02]   F. Jondral, A. Wiesler: *Wahrscheinlichkeitsrechnung und stochastische Prozes-
            se. Grundlagen für Ingenieure und Naturwissenschaftler.* 2. Aufl., Stuttgart: B.
            G. Teubner Verlag, 2002

[KaKr06]   K.-D. Kammeyer, K. Kroschel: *Digitale Signalverarbeitung. Filterung und
            Spektralanalyse mit MATLAB-Übungen.* 6. Aufl., Stuttgart: B. G. Teubner
            Verlag, 2006

[Kam04]   K.-D. Kammeyer: *Nachrichtenübertragung.* 3. Aufl., Wiesbaden: B. G. Teubner
            Verlag, 2004

[KiJä05]   U. Kiencke, H. Jäkel: *Signale und Systeme.* 3. Aufl., München: Oldenbourg
            Verlag, 2005

[Kar05]   U. Karrenberg: *Signale - Prozesse - Systeme. Eine multimediale und interaktive
            Einführung in die Signalverarbeitung.* 4. Aufl., Berlin: Springer Verlag, 2005

[KSW95]   R. Kories, H. Schmidt-Walter: *Taschenbuch der Elektrotechnik. Grundlagen und
            Elektronik.* 2. Aufl. Thun: Verlag Harri Deutsch, 1995

[LiOp88]   J. S. Lim, A. V. Oppenheim (Hrsg.): *Advanced Topics in Signal Processing.*
            Englewood Cliffs (NJ): Prentice Hall, 1988

[Lud02]   A. K. Ludloff: *Praxiswissen Radar und Radarsignalverarbeitung.* 3. Aufl.,
            Braunschweig/Wiesbaden: Vieweg Verlag, 2002

[LüOh05]   H. D. Lüke, J.-R. Ohm: *Signalübertragung.* 9. Aufl., Berlin: Springer Verlag,
            2005

[MMZM73]   D. Meadows, D. Meadows, E. Zahn, P. Milling: *Die Grenzen des Wachstums.
            Bericht des Club of Rome zur Lage der Menscheit.* Reinbek bei Hamburg: Ro-
            wohlt Taschenbuch Verlag, 1973

[MMR92]   D. Meadows, D. Meadows, J. Randers: *Die neuen Grenzen des Wachstums; Die
            Lage der Menschheit: Bedrohung und Zukunftschancen.* Stuttgart: Deutsche
            Verlags-Anstalt, 1992

[Mey02]   M. Meyer: *Grundlagen der Informationstechnik. Signale, Systeme, Filter.*
            Braunschweig/Wiesbaden: Vieweg Verlag, 2002

[Mey06]   M. Meyer: *Signalverarbeitung. Analoge und digitale Signale, Systeme und
            Filter.* 4. Aufl., Braunschweig/Wiesbaden: Vieweg Verlag, 2006

[Mil94]   O. Mildenberger: *Aufgabensammlung System- und Signaltheorie.* Braunschweig/
            Wiesbaden: Vieweg Verlag, 1994

[Mil95]   O. Mildenberger: *System- und Signaltheorie.* 3. Aufl., Braunschweig/Wiesbaden:
            Vieweg Verlag, 1995

[Mit06]   S. K. Mitra: *Digital Signal Processing. A Computer-Based Approach.* 2. Aufl.,
            New York: McGraw-Hill, 2006

[Mül99]   D. Müller-Wichards: *Transformationen und Signale.* Stuttgart: B. G. Teubner
            Verlag, 1999

[Mun99]   D. C. Munson: *ECE 310 Course Notes: Digital Signal Processing.* University of
            Illinois at Urbana-Champaign, 1999

[OpSc99]   A. V. Oppenheim, R. W. Schäfer: *Zeitdiskrete Signalverarbeitung. Mit 112
            Beispielen und 403 Aufgaben.* 3. Aufl., München: Oldenbourg Verlag, 1999

[OpWi89a]   A. V. Oppenheim, A. S. Willsky: *Signale und Systeme. Lehrbuch.* Weinheim:
            VCH Verlagsgesellschaft, 1989

[OpWi89b]   A. V. Oppenheim, A. S. Willsky: *Signale und Systeme. Arbeitsbuch.* Weinheim:
            VCH Verlagsgesellschaft, 1989

[OSB98]   A. V. Oppenheim, R. W. Schäfer, J. R. Buck: *Discrete-time Signal Processing.*
            2. Aufl., Englewood Cliffs (NJ): Prentice-Hall, 1998

[OWN97]   A. V. Oppenheim, A. S. Willsky, S. H. Nawab: *Signals & Systems.* 2. Aufl.
            London: Prentice-Hall Int., 1997

[Pap62]   A. Papoulis: *The Fourier Integral and ist Application.* New York: McGraw-Hill,
            1962

[Pap65]   A. Papoulis: *Probability, Random Variables and Stochastic Processes.* New
            York: McGraw-Hill, 1965

[Pap80]   A. Papoulis: *Circuits and Systems. A Modern Approach.* New York: Holt,
            Rinehart and Wilston, Inc., 1980

[PaPi02]   A Papoulis, S. U. Pillai: *Probability, Random Variables and Stochastic Proces-
            ses.* 4. Aufl., New York: McGraw-Hill, 2002

[PrIn03]   J. G. Proakis, V. K. Ingle: *A Self-Study Guide to Digital Signal Processing.*
            Englewood Cliffs (NJ): Prentice-Hall, 2003

[PrMa06]   J. G. Proakis, D. Manolakis: *Digital Signal Processing. Principles Algorithms
            and Applications.* 4. Aufl., Englewood Cliffs (NJ): Prentice-Hall, 2006

[RoMu87]   R. a. Roberts, C. T. Mullis: *Digital Signal Processing.* Reading (MA): Addison-
            Wesley, 1987

[Sac92]   L. Sachs: *Angewandte Statistik. Anwendung statistischer Methoden.* 7. Aufl.,
            Berlin: Springer Verlag, 1992

[Sche05]   R. Scheithauer: *Signale und Systeme.* 2. Aufl., Stuttgart: B. G. Teubner Verlag,
            2005

[Schl88]   H. Schlitt: *Regelungstechnik. Physikalisch orientierte Darstellung fachüber-
            greifender Prinzipien.* Würzburg: Vogel Buchverlag, 1988

[Schl92]   H. Schlitt: *Systemtheorie für stochastische Prozesse. Statistische Grundlagen,
            Systemdynamik, Kalman-Filter.* Berlin: Springer Verlag, 1992

[Schü73]   H. W. Schüßler: *Digitale Systeme zur Signalverarbeitung.* Berlin: Springer
            Verlag, 1973

[Schü88]   H. W. Schüßler: *Netzwerke, Signale und Systeme 1.* 2. Aufl., Berlin: Springer
            Verlag, 1988

[Schü91]   H. W. Schüßler: *Netzwerke, Signale und Systeme 2.* 3. Aufl., Berlin: Springer
            Verlag, 1991

[Schü94]   H. W. Schüßler: *Digitale Signalverarbeitung 1.* 4. Aufl., Berlin: Springer Verlag,
            1994

[Ste03]   S. D. Stearns: *Digital Signal Processing with Examples in MATLAB*. Boca Raton: CRC Press, 2003

[StHu99]   S. D. Stearns, D. R. Hush: *Digitale Verarbeitung analoger Signale*. 7. Aufl., München: Oldenbourg Verlag, 1999

[Tar98]   L. Tarassow: *Wie der Zufall will? Vom Wesen der Wahrscheinlichkeit*. Heidelberg, Berlin: Spektrum, Akad. Verlag, 1998

[TiSc02]   U. Tietze, C. Schenk: *Halbleiterschaltungstechnik*. 12. Aufl., Berlin: Springer Verlag 2002

[Unb93]   R. Unbehauen: *Netzwerk- und Filtersynthese*. 4. Aufl., München: Oldenbourg Verlag, 1993

[Unb98]   R. Unbehauen: *Systemtheorie 2. Mehrdimensionale, adaptive und nichtlineare Systeme*. 4. Aufl. München: Oldenbourg Verlag, 1998

[Unb02]   R. Unbehauen: *Systemtheorie 1. Allgemeine Grundlagen, Signale und lineare Systeme im Zeit- und Frequenzbereich*. 4. Aufl., München: Oldenbourg Verlag, 2002

[VVH98]   P. Vary, U. Heute, W. Hess: *Digitale Sprachsignalverarbeitung*. Stuttgart: B. G. Teubner Verlag, 1998

[Vog99]   P. Vogel: *Signaltheorie und Kodierung*. Berlin: Springer Verlag, 1999

[Web92]   H. Weber: *Einführung in die Wahrscheinlichkeitsrechnung und Statistik für Ingenieure*. 3. Aufl., Stuttgart: B. G. Teubner Verlag, 1992

[WeUl07]   H. Weber, H. Ulrich: *Laplace-Transformation. Grundlagen – Fourierreihen und Fourierintegral – Anwendungen*. 8. Aufl., Stuttgart: B. G. Teubner Verlag, 2007

[Wer06]   M. Werner: *Nachrichtentechnik: Eine Einführung für alle Studiengänge*. 5. Aufl., Wiesbaden: Vieweg Verlag, 2006

[Wer06a]   M. Werner: *Digitale Signalverarbeitung mit MATLAB: Intensivkurs mit 16 Versuchen*. 3. Aufl. Wiesbaden: Vieweg Verlag, 2006

[Wer06b]   M. Werner: *Nachrichtenübertragungstechnik. Analoge und digitale Verfahren mit modernen Anwendungen*. Wiesbaden: Vieweg Verlag, 2006

[Wer07]   M. Werner: *Digitale Signalverarbeitung mit MATLAB-Praktikum. Zustandsraumdarstellung, Lattice-Strukturen, Prädiktion und adaptive Filter*. Wiesbaden: Vieweg Verlag, 2007

[Wie48]   N. Wiener: *Cybernetics or Control and Communication in the Animal and the Machine*. Paris: Hermann, 1948
             N. Wiener: *Regelung und Nachrichtenübertragung in Lebewesen und in der Maschine*. Düsseldorf/ Wien: Econ Verlag, 1963

[WiSt85]   B. Widrow, S. D. Stearns: *Adaptive Signal Processing*. Englewood Cliffs (NJ): Prentice-Hall, 1985

[ZiBr93]   A. Vlecek, H. L. Hartnagel (Hrsg.): *Hochfrequenztechnik 2. Elektronik und Signalverarbeitung*. 4. Aufl., Berlin: Springer Verlag, 1993

[Zöl05]   U. Zölzer: *Digitale Audiosignalverarbeitung*. 3. Aufl., Stuttgart: B. G. Teubner Verlag, 2005

Sachwortverzeichnis

A

A-Matrix 356
Abbildung 16
Abtasttheorem 245
Abtastung 3, 243, 262
Additivität 18
Ähnlichkeitstransformation 367
Aliasing 245
Amplitudenentzerrung 268
Amplitudenspektrum 148
Amplitudenverzerrung 167
Analog-Digital-Umsetzer (A/D-) 4,
    250
aperiodische Faltung 215
äquivalente Rauschbandbreite 339
Arcustangens-Verzerrung 255
Assoziativität (Faltung) 26, 34
Ausblendeigenschaft 13, 15
Ausgangsgleichung 356, 359
Ausschwinganteil 51, 52, 78, 80
Autokorrelationsfunktion (AKF) 301

B

Bandbreite 161, 194
Bandpass, -sperre 170, 198
Barker-Code 31
Basis, -vektor 232
Basisbandübertragung 328
Beobachtungsnormalform 355
Betragsfrequenzgang → Frequenzgang
Bezugsgrößen (Schaltungsnormierung)
    128
BIBO-Stabilität 19, 29, 36, 98, 122
Bildelement (Pixel), -signal 9, 22, 228, 239
bilineare Transformation 242, 255,
    259
Bitfehlerwahrscheinlichkeit 330
Bit Reversed Order 228
Block-Transformation 208, 230
Bluetooth 293
Bode-Diagramm 177
Boltzmann-Konstante 318
Butterfly 226
Butterworth-Tiefpass 182, 256

C

charakteristische Gleichung/Polynom 46, 72,
    363
Chirp-Signal, -Rate 334

D

Dämpfung, -sverzerrung 167, 196
Dämpfungspol 260
3dB-Bandbreite, -Grenzfrequenz, -Punkt 161,
    162, 171
3D-Darstellung 108
DCT → diskrete Kosinus-Transformation
Decimation-in-frequency Decomposition 228
Decimation-in-time Decomposition 225
Deemphase 179
Deltafunktion → Impulsfunktion
Derivierung 14
Detektion, -svariable 320, 321
Detektionsgrundimpuls 329
Dezibel 161
Dezimator 262
DFT → diskrete Fourier-Transformation
Diagonalform, -matrix 364
Differenzengleichung (DGL) 41
 − homogene/ partikuläre Lösung 46
 − normierte Form 42
Differenzialgleichung (DGL) 71
 − homogene/ partikuläre Lösung 72
Differenziationssatz (einseitige L.-T.) 131
Digital-Analog-Umsetzer (D/A-) 4, 251, 266
Dirac-Impuls/ -Stoß → Impulsfunktion
Direktform I, II, transponierte 42, 74, 96, 121,
    355
diskrete Fourier-Reihe 209
diskrete Fourier-Transformation (DFT) 208, 230
diskrete Kosinus-Transformation (DCT) 235,
    237
Dispersion → Varianz
Distributivität (Faltung) 26, 34
Doppelton-Mehrfrequenz-Signal (DTMF-) 247
Dreieckimpuls 28, 35
Dualität 160
Durchlassbereich 170, 198

Informationstechnik

Frey, Thomas / Bossert, Martin
Signal- und Systemtheorie
hrsg. von Norbert Fliege und Martin Bossert
2004. XII, 346 S. mit 117 Abb. u. 26 Tab. und 64 Aufg. Br. EUR 34,90
ISBN 978-3-519-06193-9

Kammeyer, Karl Dirk
Nachrichtenübertragung
hrsg. von Norbert Fliege und Martin Bossert
4., neu bearb. und erg. Aufl. 2008. XVI, 845 S. mit 468 Abb. u. 35 Tab.
(Informationstechnik) Br. EUR 54,90
ISBN 978-3-8351-0179-1

Girod, Bernd / Rabenstein, Rudolf / Stenger, Alexander K. E.
Einführung in die Systemtheorie
Signale und Systeme in der Elektrotechnik und Informationstechnik
4., durchges. und akt. Aufl. 2007. XII, 433 S. mit 388 Abb. u. 113 Beisp.
sowie über 200 Übungsaufg. Br. EUR 39,90
ISBN 978-3-8351-0176-0

Werner, Martin
Digitale Signalverarbeitung mit MATLAB-Praktikum
Zustandsraumdarstellung, Lattice-Strukturen, Prädiktion und adaptive Filter
2008. X, 222 S. mit 118 Abb. u. 29 Tab. zahlr. Praxisbeispielen
(Studium Technik) Br. EUR 19,90
ISBN 978-3-8348-0393-1

**VIEWEG+
TEUBNER**
Abraham-Lincoln-Straße 46
65189 Wiesbaden
Fax 0611.7878-400
www.viewegteubner.de

Stand Januar 2008.
Änderungen vorbehalten.
Erhältlich im Buchhandel oder im Verlag.

Informationstechnik

Fricke, Klaus
Digitaltechnik
Lehr- und Übungsbuch für
Elektrotechniker und Informatiker
5., verb. u. akt. Aufl. 2007. XII, 318 S.
mit 210 Abb. u. 103 Tab. Br. EUR 26,90
ISBN 978-3-8348-0241-5

Kark, Klaus W.
Antennen und Strahlungsfelder
Elektromagnetische Wellen auf
Leitungen, im Freiraum und ihre
Abstrahlung
2., überarb. u. erw. Aufl. 2006. XVI,
424 S. mit 253 Abb. u. 79 Tab.
u. 125 Übungsaufg.
(Studium Technik) Br. EUR 34,90
ISBN 978-3-8348-0216-3

Küveler, Gerd / Schwoch, Dietrich
**Informatik für Ingenieure und
Naturwissenschaftler 2**
PC- und Mikrocomputertechnik,
Rechnernetze
5., vollst. überarb. u. akt. Aufl. 2007.
XII, 322 S. Br. EUR 29,90
ISBN 978-3-8348-0187-6

Meyer, Martin
Signalverarbeitung
Analoge und digitale Signale, Systeme
und Filter
4., überarb. u. erw. Aufl. 2006. X,
324 S. mit 161 Abb. u. 23 Tab.
(Studium Technik) Br. EUR 27,90
ISBN 978-3-8348-0243-9

Kammeyer, Karl Dirk /
Kroschel, Kristian
Digitale Signalverarbeitung
Filterung und Spektralanalyse
mit MATLAB-Übungen
6., korr. und erg. Aufl. 2006. XIV,
533 S. mit 312 Abb. u. 33 Tab.
Br. EUR 37,90
ISBN 978-3-8351-0072-5

Werner, Martin
**Digitale Signalverarbeitung mit
MATLAB**
Grundkurs mit 16 ausführlichen
Versuchen
3., vollst. überarb. u. akt. Aufl. 2006.
XII, 263 S. mit 159 Abb. u. 67 Tab.
(Studium Technik) Br. EUR 24,90
ISBN 978-3-8348-0043-5

**VIEWEG+
TEUBNER**
Abraham-Lincoln-Straße 46
65189 Wiesbaden
Fax 0611.7878-400
www.viewegteubner.de

Stand Januar 2008.
Änderungen vorbehalten.
Erhältlich im Buchhandel oder im Verlag.